互联网人才培养重点建设教材

网络安全与维护

主　编	杨志波	张秀清	胡玉琴	
副主编	李小坤	韩世武	王奇朋	马茂彬
编　委	华志伟	郑琨	张　良	秦蕾蕾

U0304572

中国原子能出版社

图书在版编目（CIP）数据

网络安全与维护 / 杨志波，张秀清，胡玉琴主编.
—北京：中国原子能出版社，2021.9（2023.1重印）
ISBN 978-7-5221-1595-5

Ⅰ.①计⋯ Ⅱ.①杨⋯ ②张⋯ ③胡⋯ Ⅲ.①计算机
网络 – 网络安全 Ⅳ.① TP393.08

中国版本图书馆 CIP 数据核字（2021）第 191460 号

网络安全与维护

出　　版	中国原子能出版社（北京海淀区阜成路 43 号 100048）
责任编辑	白皎玮
责任印刷	赵明
印　　刷	河北宝昌佳彩印刷有限公司
经　　销	全国各地新华书店
开　　本	787 mm × 1092 mm　1/16
字　　数	450 千字
印　　张	20
版　　次	2021 年 9 月第 1 版　　2023 年 1 月第 2 次印刷
书　　号	978-7-5221-1595-5
定　　价	98.00 元

前　言

近年来，伴随着科学技术及经济快速发展，互联网技术已经迅速覆盖了全球。目前，计算机、网络设备等的普及程度越来越高，为人们提供了极大的方便同时，我们也正受到日益严重的来自网络的安全威胁。网络和现实中充斥着众多的数据窃贼、网络黑客、病毒发布者，甚至系统内部的泄密者，他们为了各种利益，不惜手段地窃取可以为他们创造利益的数据信息。

没有网络安全就没有国家安全和经济社会的稳定运行，广大人民群众的利益也难以得到保障。当前，各种形式的网络攻击、黑客入侵、恶意代码、安全漏洞层出不穷，对关键信息基础设施安全、数据安全、个人信息安全构成严重威胁。网络安全的本质是技术对抗，保障网络安全离不开网络安全技术和产业的有力支撑。

尽管我们正在广泛使用各种复杂的软件技术，如防火墙、代理服务器、侵袭探测器、通道控制机制，但是全球的黑客活动越来越猖獗，他们无孔不入，对社会造成了严重的危害。针对各种来自网上的安全威胁，如何才能确保网络信息的安全性，尤其是网络上重要的数据的安全性，已变得越来越重要。

本书系统介绍了网络安全基础知识，TCP/IP基础知识，检测与防范技术，计算机病毒与反病毒技术，防火墙技术，Web服务的安全性，以及常见网络安全故障处理。通过对本书的学习，可以使读者提高网络安全意识，掌握网络安全基本技术，从而有效地防范网络黑客、病毒的入侵。

为了提升网络安全技术的支撑保障水平，同时为了帮助广大读者更好地学习网络安全相关知识，培养高素质的网络安全人才，我们精心规划和编写了本书。由于编写时间和水平有限，书中难免有错误和不足之处，恳请广大读者批评指正。

编　者

目录

第一章　网络安全概述

2021 年注定是难忘的一年，COVID-19 的大流行几乎影响到人类生活的每个方面。同样，在网络领域也产生了重大影响，疫情改变了企业和组织的运作方式，使它们面临一系列新的风险和恶意攻击，同样也对网络犯罪的行为产生影响。

网络日益普及的今天，互联网已逐步成为人们生活和工作中必不可少的组成部分。网络涉及国家的政府、军事、文教等诸多领域。其中，存储、传输和处理的信息有许多是重要的政府宏观调控决策、商业经济信息、银行资金转账、股票证券、能源资源数据、科研数据等重要信息。通过网上的协同和交流，人的智能和计算机快速运行的能力汇集并融合起来，创造了新的社会生产力，交流、学习、医疗、消费、娱乐、安全感、安全环境、电子商务、网上购物等满足着人们的各种社会需要。然而，与此同时，网络社会与生俱来的不安全因素，如信息泄漏、信息窃取、数据篡改、数据删添、计算机病毒等各种人为攻击也无时无刻不在威胁着网络的健康发展。基于网络的威胁潜伏在每一个角落。

第一节　网络安全形势

互联网自 21 世纪初，在世界各国都得到了前所未有的发展，尤其在中国，可谓是突飞猛进。我们可以看到随着互联网的快速发展，虚拟与现实生活越来越难以割裂，政府、企业发展都与互联网的发展息息相关，个人的生活、工作也越来越依赖于计算机网络，互联网的发展给整个世界的发展带来了一次伟大的革命。人与人、国与国之间距离在不断缩小，从"地球村"到"世界是平的"一说，都意味着人类越来越意识到互联网的含义。越来越多的人发现，随着互联网的发展，他们能够找到更多的合作对象和竞争对手，地球上的各个知识中心都将被统一到了单一的全球网络中。但不幸的是，随着网络发展而衍生出来的网络安全问题也时刻威胁着"地球村"的"村民"们，例如计算机病毒、流氓软件、间谍软件等。由于 Internet 的开放性和超越组织与无国界等特点，使它在安全性上也同样存在着开放性和无国界性，因此，给网民带来了严重的安全隐患问题。那么，何为网络安全威胁，网络安全威胁到底会给社会带来怎样的后果呢？

网络安全关系政治、经济、军事、科技和文化等国家信息安全。

2021 年上半年是不平静的上半年，世界各地发生多起重大网络安全事件，既有公民信息遭泄露，也发生多起因为遭遇勒索软件攻击而被迫停工停产事件，今天我们就一起来看看 2021 年上半年，都发生了哪些重大网络安全事件。

1 月 5 日，国外安全研究团队 Cyble 发现有多个帖子在出售中国公民的个人信息，经分析这些个人信息可能来自微博、QQ 等社交媒体，这些被发现的帖子中，与中国公民有关的记录总数超过 2 亿条。

1 月 26 日，巴西一数据库发生重大数据泄露，据 PSafe 的网络安全实验室 dfndr 报告称，泄露数据包含巴西人的 CPF 号码及其他机密信息，以及 1.04 亿辆汽车和约 4000 万家公司的详细信息，受影响人员数量可能有 2.2 亿。

姓名、出生日期、汽车底盘号、牌照、所在城市、型号、生产日期等数据全部泄露……这些数据很有可能被挂到暗网上非法交易，用于网络钓鱼、诈骗等犯罪行为。

3 月 2 日，微软发布了 Microsoft Exchange Server 的安全更新公告，其中包含多个 Exchange Server 严重安全漏洞，危害等级为"高危"，未经身份验证的攻击者能够通过这些漏洞构造 HTTP 请求扫描内网并通过 Exchange Serve 进行身份验证。

3 月 20 日，IoT 解决方案供应商 Sierra Wireless 遭到勒索软件攻击，内部运行系统受到破坏，官网无法访问，所有生产基地被迫关闭。这一次攻击，虽然没有影响到客户所使用的产品及服务，但对 Sierra Wireless 的业务造成了严重影响，Sierra Wireless 不得不撤回对今年第一季度的财报预估，当天该公司股价下跌 11.95%。

3 月底，台湾宏碁遭遇勒索软件攻击，REvil 组织公布了入侵宏碁系统的截图，数据涉及财务电子表格、银行结余、往来信息等文档。该组织要求宏碁支付 5000 万美元的赎金，以解除

但侵犯信息隐私权的事件在网络上大量存在。网络一旦遭到非法攻击，网络操作系统中的用户全称、电话号码和办公地点等信息，就可能被复制或篡改，网民的基本信息就得不到保障。

第二节　网络安全发展趋势

一、网络安全问题态势

1. 恶意软件态势

2020 上半年由于受新冠疫情的影响恶意软件拦截量较少，2020 年下半年恶意软件拦截量比上半年增长超过 30%，逐渐恢复到 2019 年水平。其中，加密挖矿仍是网络犯罪分子主要研究的恶意活动之一，在恶意软件中占比 30.64%。其次是传播性较强的木马远控和蠕虫病毒，分别占比 26.98% 和 16.76%。

其中，勒索软件攻击方面，2020 年加密货币暴涨，勒索软件同样加速演变进化。2020 年下半年勒索软件展开疯狂攻势，安全事件数量在 9 月达到峰值，攻击规模、赎金要求都屡创新高，数据泄露结合加密勒索的勒索方式使得受害者缴纳赎金的概率大大增加。勒索软件犯罪团伙逐渐专注大型机构，进行精确地攻击行动，持续潜伏、制造严重破坏，索要大额赎金。

在挖矿软件攻击方面，相较 2019 年挖矿软件的攻击继续持续放缓，但随着虚拟货币的持续上涨，2020 下半年挖矿软件活动拦截增长超过 20%，并总共检测到超过 50 个传播采矿木马的主要网络犯罪集团。其中，NDay 漏洞利用攻击、暴力破解仍然是常用攻击方式，无文件攻击也仍然受到挖矿团伙的青睐。

图 1-2　网络安全提示图

为防止恶意软件对企业的造成损害，建议企业用户做好以下的防护措施：在网络层面，进行多层防护措施，在恶意软件传播到系统造成真正损害之前将其阻止。在系统层面，用户可假设恶意软件已经渗透到企业系统的某一层级，然后相应地采取有效措施予以限制其可能带来的进阶影响并加快安全响应速度。

2．漏洞安全态势

2020 年 CNVD 共收录漏洞信息 19964 条，同比增长 24%，接近 2011 年的 3 倍，漏洞披露数量持续创新高，中高危漏洞信息占比超九成，漏洞形势依然严峻。此外，2020 年移动端、物联网设备等多平台爆出越来越多 0day 漏洞，Excel4.0 宏等的使用增加了攻击者的入侵效率和灵活性。为了能够及时处置并闭环漏洞问题，建议企业单位的安全补救措施在基于暴露面、可利用性和其他因素进行考虑，以保持能及时补救关键风险。

3．网站安全态势

互联网带来便利的同时，安全问题也伴随而来。研究显示，自 2003 年以来，Web 应用程序已成为最受欢迎的被利用目标之一。当前网站安全形势仍较为严峻，不容乐观，建议相关单位部门及时做好重要网站的应急处置工作，积极应对各种网站攻击。

网站漏洞方面，2020 年网站漏洞检测数量整体呈现增长趋势，其中 6 月网站漏洞检测数量达到全年检测数量峰值，中高危漏洞检测数量占据半壁江山，平稳中上涨，需要重点关注。从网站的漏洞类型来看，CSRF 跨站请求伪造所占比例最高，为 29%。其次是信息泄露和配置不当，分别占比 24% 和 17%。

网站篡改方面，深信服云眼系统 2020 年累计授权监测网站 178828 个，其中监测到被篡改站点 41546 个，占总站点数量 23%，超过 1/5。网站被篡改数量在平稳中持续增长，被篡改网站类型中，网络色情占比最高为 43%，其次是网络博彩为 41%。

4．数据泄露态势

2020 年，全球数据泄露事件频发，企业单位面临的数据泄露问题依然严峻。远程工作的常态下会增加数据泄露的成本和事件响应时间，而勒索病毒的"窃密"勒索策略变化则促进了数据泄露事件的发生，受害者不支付赎金，攻击者就会公开或出售这些被盗数据。

5．高级持续性威胁态势

亚洲地区是 APT 攻击（高级持续性威胁攻击）在 2020 年最活跃的地区，另外中东与东欧也相对频繁。此外，在疫情背景下，围绕病毒及其影响的这种不确定性和恐惧为威胁行为者利用局势提供了绝佳机会，多个 APT 组织利用冠状病毒主题的钓鱼邮件作为感染媒介，在受害机器上获得立足点。

从整体活动分析，APT 攻击未来可能呈现以下趋势：

（1）地缘政治攻击

从整体活动分析，局势敏感以及动荡的地区相关的 APT 攻击活动会更加频繁，未来地缘政治仍然是 APT 威胁组织的重要目标。

（2）漏洞开发与 0day 网络军火商兴起

漏洞是 APT 武器库中不可缺失的资产之一，顶级 APT 组织会继续挖掘漏洞与开发相关利用工具；而不具有漏洞挖掘的组织可以通过 0day 网络军火商购买相关的漏洞利用工具。

（3）利用入口设备与管理软件

2020 年国内外已经出现了多起 VPN 漏洞攻击事件、网络边界设备漏洞攻击事件。未来，APT 组织更多聚焦在这类设备与软件，深入分析该类设备以及软件，挖掘其中的安全漏洞，实现以点击面的攻击效果，甚至达到供应链攻击的效果。

（4）多平台攻击一体化

除了传统的 Windows、Linux 以及 MACOS 系统平台，越来越多的 APT 组织已经在移动端进行监控布局与攻击，多平台一体化逐渐成为未来趋势之一，例如 Lazarus 组织的三平台一体化攻击框架 MATA。

二、我国网络安全发展趋势

1．等保和关保条例有望出台并进一步推动网络安全产业生态蓬勃向好

《网络安全审查办法》和《贯彻落实网络安全等级保护制度和关键信息基础设施安全保护制度的指导意见》明确了关键基础设施的保护要求和工作要求。《网络安全等级保护条例》《关键信息基础设施安全保护条例》有望陆续出台，这意味着网络安全保护相关的一系列制度要素将进一步细化，促使各行业各领域网络安全投入持续加大。

2．网络攻防对抗朝人工智能方向发展演化

随着人工智能（AI）技术的普及应用，攻击方利用 AI 实现更快、更准地发现漏洞，从而产生更难以检测识别的恶意代码，而防守方需要利用 AI 提升网络安全检测、防御及自动化响应能力。网络安全将从现阶段的人与人对抗、人机对抗逐渐向基于 AI 攻防对抗发展演化。

3．数据安全相关法律的出台加速完善数据与个人信息保护体系

《民法典》明晰了个人信息处理的内涵、原则和条件，《数据安全法（草案）》《个人信息保护法（草案）》立法进程加快，有望陆续出台，包括个人信息在内的数据收集、存储、加工、使用、提供、交易、公开等环节的法律约束将更为规范，数据安全合规管理将成为各行业的必备能力，促进各行业多维度落实法律法规要求。

4．网络安全人才需求看涨

网络安全人才需求单位越来越多、要求越来越高，但网络安全人才队伍培养没有跟上网络安全人才需求，预计未来我国网络安全人才数量缺口将突破百万，而实战型实用型的网络安全人才也将在 2025 年之前面临很大的缺口。

5．数据交换共享的安全需求越来越强烈

数据蕴含着巨大的价值，已成为重要的生产要素和战略资产，数据的共享是数据开发、利用和增值的重要一环，但数据安全一直是制约数据共享的瓶颈。平衡数据共享与数据安全，加速释放数据要素市场红利，促进数字经济整体健康、持续发展的需求越来越强。

6．网络攻防演练推动网络安全保护常态化和实战化

最近几年的实战网络攻防演练取得实效，得到政府和企事业单位的普遍认可，有效地提升了我国网络安全的防护与应急响应能力，实战化攻防演练将成为政企网络安全防御新思路，成为网络安全保护的常态。

7．信创政策促进自主可控产业发展

近年来，在新的复杂的国际经济、政治、科技形势下，构建自主的 IT 底层架构和标准，形成可控的 IT 供应链，是保障网络与数据安全的重中之重，在国家、地方性政策不断牵引下，信创产业将带动从 IT 底层的基础软硬件到上层的应用软件全产业链的安全与自主可控。

8．国家级网络攻击愈演愈烈

网络安全威胁国家安全，事关政治安全，网上渗透、破坏和颠覆的博弈日益尖锐复杂，地缘政治背景下的国家网络空间冲突将愈演愈烈，以黑客攻击炒作、窃取敏感数据、破坏关键基础设施为目的的国家 APT 活动将会更加频繁和活跃。

9．深化打击整治网络犯罪背后的灰色产业链

网络黑灰产业链成为网络犯罪多发高发的重要原因。2020 年中央政法工作会议中提出要防控新型网络安全风险，深化打击整治行动，坚决打掉网络黑灰产业链，之后国务院打击治理电信网络新型违法犯罪工作部际联席会议部署在全国范围内开展"断卡"行动，公安部等五部委发文强调零容忍打击买卖电话卡和银行卡等灰黑产业。预计 2021 年政法机关将会继续深化打击网络黑灰产生态圈，为网络犯罪"断粮"。

10．工业数字化进程导致工控安全问题凸显

作为能源、制造、军工等国家命脉行业的重要基础设施，工业控制系统具备体量大、种类多、结构复杂、体系结构复杂等特性。随着工业数字化进程的加快，工控系统接入设备种类和数量增长、应用范围更广，工控系统的整体受攻击面也随之扩大。此外，随着云计算、大数据、物联网等新技术在工控中的应用不断增加，工业处理流程的开放性和不确定性进一步增加，传统信息安全问题在工业控制领域不断延伸，工业控制系统将面临更严峻的考验，工控问题将更为凸显。

第三节 网络安全概述

一、网络安全的基本内涵

党的十九大报告指出，"国家安全是安邦定国的重要基石，维护国家安全是全国各族人民根本利益所在"。网络安全是国家安全的关键一环。对于个人而言，重视网络安全将有助于避免由于遭受网络安全问题而导致的个人财产损失甚至生命安全威胁；对于社会而言，重视网络安全有助于降低发生重大网络安全事件的概率，维护社会和谐有序；对于国家而言，重视网络安全有助于在国际网络空间竞争中占据主动地位，维护国家安全稳定。因此，加强网络安全教育、增强网络安全意识应当成为全社会的共识。在这当中，学习和了解网络安全的基本内涵是基本功和"敲门砖"。

（一）互联网的沿革与特点

网络安全问题是与互联网的发展相生相伴的，可以说，有互联网的地方就有可能出现网络安全问题。因此，了解互联网的起源、发展与特点有助于人们更好地理解网络安全问题。

1．互联网的起源

20 世纪中叶，美国组建了高级研究计划局（Advanced Research Projects Agency，ARPA），

即现在的美国国防高级研究计划局（Defense Advanced Research Projects Agency，DARPA）的前身。1968 年，ARPA 计划开发一个能够与欧洲各国连接起来的计算机网络系统。在这种需求下，ARPA 于 1969 年建立了一个实验性网络 ARPANET。后来，该网络将美国西南部的加利福尼亚大学洛杉矶分校、斯坦福大学研究学院、加利福尼亚大学圣巴巴拉分校和犹他大学的 4 台计算机连接起来。当时的网络传输能力只有 50 kbit/s，相比于现在高速互联网的网速来说是非常低的，但是这一网络却使计算机互联变成现实，它是第一个简单的纯文字系统的互联网，具有划时代意义。从 1970 年开始，加入 ARPANET 的节点数不断增加。1972 年，ARPANET 在首届国际计算机通信大会上首次与公众见面，并验证了分组交换技术的可行性。由此，ARPANET 成为现代计算机网络诞生的标志。

互联网诞生后，TCP/IP 的出现使互联网迅速发展起来。1974 年，罗伯特·卡恩和温顿·瑟夫共同研究出了一种新的网络协议 TCP/IP，即传输控制协议 / 互联网协议。该协议能够使网络上连接的所有计算机之间实现互相通信。最初的计算机网络是给计算机专家、工程师和科学家使用的，那时还没有家庭和办公计算机网络，且计算机网络系统非常复杂，普通民众无法使用。TCP/IP 的出现及发展，使互联网在 20 世纪 70 年代迅速发展起来。

图 1-3　网络安全锁

万维网和浏览器的发明则使互联网逐渐成为"接地气"的高科技应用。1989 年，欧洲粒子物理研究所提出了万维网（World Wide Web，WWW）的概念，为推动互联网走入千家万户提供了技术支持。WWW 服务是目前应用最广的一种基本互联网应用，我们每天上网都要用到这种服务。通过 WWW，网民可以从本地获取世界上任何地方的信息。1990 年，第一个网页浏览器诞生，让用户可以浏览互联网上的信息，此浏览器后改名为 Nexus。1993 年，位于伊利诺伊大学厄巴纳 – 香槟分校的美国国家超级计算应用中心（National Center for Supercomputing Applications，NCSA）开发出了图片浏览器—Mosaic 浏览器。该浏览器是一个可以显示图片的浏览器，因为具有实用性、直观性及便捷性，它得以在公众中流行。万维网和浏览器这两大技术的发明使互联网从特定领域走向商业和大众，从此互联网进入快速发展时代。

2．我国互联网的发展历程

我国互联网的发展与欧美互联网的发展相比晚了许多。对于普通老百姓来说，互联网好像是突然就来到我们的身边。许多老百姓刚刚接触互联网时，便可以使用浏览器上网，使用电子邮箱发送邮件，使用办公软件编辑文档。我国已经发展成为互联网大国，上网人数多，联网范围广，那么互联网到底是如何进入我国的呢？

1987 年 9 月，中国学术网（Chinese Academic Network，CANET）在北京计算机应用技术研究所内正式建成我国第一个国际互联网电子邮件节点，并于 9 月 14 日发出了我国第一封电子邮件："Across the Great Wall we can reach every corner in the world（越过长城，走向世界）"。这一封邮件作为我国互联网的"开山之笔"，揭开了中国人使用互联网的序幕。

1994 年 4 月 20 日，中国国家计算机和网络设施（National Computing and Networking Facilityof China，NCFC）通过美国 Sprint 公司接入国际互联网的 64K 国际专线开通，标志着我国正式全功能接入国际互联网。从此，我国被国际上正式承认为第 77 个真正拥有全功能互联网的国家。

1994 年 5 月 21 日，在钱天白教授和德国卡尔斯鲁厄大学维纳·措恩教授的协助下，我国完成国家顶级域名（.CN）的注册，运行了中国自己的域名服务器。之后不久，我国在 NCFC 的主干网架设了主服务器，改变了我国的顶级域名服务器一直在国外运行的现状。我国正式接入国际互联网后，中国科技网（China Science and Technology Network，CSTNET）、中国公用计算机互联网（China Net）、中国教育和科研计算机网（China Education and Research Network，CERNET）、中国金桥信息网（China Golden Bridge Network，China GBN）等四大骨干网相继展开建设，我国互联网迈开了发展的步伐。

从 1997 年开始，我国互联网开始进入高速发展阶段。中国互联网络信息中心（China Internet Network Information Center，CNNIC）发布的统计报告显示，1997 年至 2001 年期间，我国互联网用户数基本保持每半年翻一番的增长速度。在此期间，我国有大批的年轻人参与互联网创业，互联网企业如雨后春笋般出现。网易、搜狐、腾讯、新浪、百度等国内互联网公司纷纷抢占互联网高地，推出的免费邮箱、新闻资讯、即时通信等应用被人们广泛使用。2000 年，新浪、网易、搜狐等门户网站在纳斯达克上市，我国互联网发展的春天到来。然而受美国互联网泡沫破灭的影响，2000 年至 2002 年，我国有大量的互联网公司因投资失败被并购或关门，我国互联网的发展经历了短暂的回落期。

2002 年以后，我国互联网再次迎来高速发展。互联网发展呈现百花齐放的格局，电子商务、网络游戏、社交媒体、视频网站等新型互联网应用不断出现。

2008 年 6 月，我国网民数量达到 2.53 亿人，首次超过美国，我国成为世界上网民数量最多的国家。移动互联网的兴起及发展改变了我国互联网的发展格局。2000 年 12 月，中国移动正式推出移动互联网业务品牌"移动梦网"。通过移动梦网平台，用户可以用手机上网。

2009 年，我国开始大规模部署 3G 网络，实现了移动通信基础设施的升级换代，为移动互联网的大规模普及奠定了网络基础。也是从 2009 年开始，在电信运营商的强力推广下，智能手机开始在我国普及，越来越多的网民开始使用手机上网。根据 CNNIC 发布的统计报告，2012 年，手机首次超越台式计算机成为第一大上网终端。随着互联网对国家、社会和人民生活产生的影响越来越大，我国开始将互联网发展上升到国家战略高度。

2015 年 3 月 5 日，在第十二届全国人民代表大会第三次会议上，国务院总理李克强在政府工作报告中提出，"制定'互联网+'行动计划，推动移动互联网、云计算、大数据、物联网等与现代制造业结合，促进电子商务、工业互联网和互联网金融健康发展，引导互联网企业拓展国际市场"。

2015 年 7 月 1 日，国务院印发的《关于积极推进"互联网+"行动的指导意见》提出，推动互联网由消费领域向生产领域拓展，加速提升产业发展水平，增强各行业创新能力，构筑经济社会发展新优势和新动能。党的十八届五中全会、"十三五"规划纲要都提出，要坚持创新发展，实施"互联网+"行动计划，发展分享经济，实施国家大数据战略。党的十九大报告提出，"加强应用基础研究，拓展实施国家重大科技项目，突出关键共性技术、前沿引领技术、现代工程技术、颠覆性技术创新，为建设科技强国、质量强国、航天强国、网络强国、交通强国、数字中国、智慧社会提供有力支撑"。

2020 年底，中国网民规模为 9.89 亿人，互联网普及率达到 70.4%，特别是移动互联网用户总数超过 16 亿；5G 网络用户数超过 1.6 亿，约占全球 5G 总用户数的 89%；基础电信企业移动网络设施，特别是 5G 网络建设步伐加快，2020 年新增移动通信基站 90 万个，总数达 931 万个；工业互联网产业规模达到 9164.8 亿元；数字经济持续快速增长，信息技术与实体经济加速融合，规模达到 39.2 万亿元，总量跃居世界第二。

总体来看，2020 年，我国互联网行业实现快速发展，网民规模稳定增长，网络基础设施日益完备，产业数字化转型效果明显，创新能力不断提升，信息化发展环境持续优化，数字经济蓬勃发展，网络治理逐步完善，为网络强国建设提供有力支撑。

2021 年是我国进入"十四五"规划的开局之年，是乘势而上开启全面建设社会主义现代化国家新征程、向第二个百年奋斗目标进军的开启之年，也是中国互联网协会成立 20 周年。中国互联网协会将继续以"创新的思维，协作的文化，开放的平台，有效的服务"为指导思想和出发点，全面开启"十四五"发展规划新篇章。下一步，中国互联网协会将陆续发布互联网细分领域报告，期待为互联网管理部门、企业及业界专家提供专业的参考和借鉴。

图 1-4　网络安全保护文件

3. 我国互联网历史上的"第一次"

（1）第一家互联网公司

1995 年，张树新在北京创办了瀛海威公司，该公司是国内第一家大型互联网公司。1996 年春，瀛海威公司在中关村竖起了一个硕大的广告牌，上面写着"中国人离信息高速公路有多远——向北 1500 米"。

（2）第一个商业信息发布网站

1995 年，马云夫妇及好友何一兵在杭州创办"中国黄页"，专门给企业做主页，这是我国第一个互联网商业信息发布网站。

（3）教育网第一个 BBS

1994 年 5 月，国家智能计算机研究开发中心（现改名为高性能计算机研究中心）开通曙光电子公告板（Bulletin Board System，BBS），这是我国第一个开放的网络论坛平台。1995 年 8 月初，一个网名为"ACE"的用户为使清华大学内部能有自己的 BBS，在自己实验室的一台运行 Linux 系统的 386 计算机上架设了一个 BBS 软件。1995 年 8 月 8 日，这个 BBS 正式开放，并且定名为"水木清华"。水木清华 BBS 是我国第一个同时在线人数超过 100 的"大型"网站。

（4）第一家网吧

1996 年 5 月，我国第一家网吧"威盖特"在上海开张，上网价格为 40 元 / 时。1996 年 11 月，北京首都体育馆西门的"实华开网络咖啡屋"开业，成为我国第一家网络咖啡屋。

（5）第一个互联网广告

1997 年 3 月，我国第一个互联网广告诞生。该广告是 IBM 与英特尔联合出资为 AS400（一种计算机系统）制作的宣传广告，被发布在 China Byte（比特网）上。IBM 为这个广告支付了 3000 美元。这是国内第一个网络广告，开创了我国互联网广告的先河。

（6）第一家互联网上市公司

1999 年 7 月，中华网在美国纳斯达克上市，成为首个赴美上市的中国互联网公司。中华网成立于 1999 年 5 月，是我国最早成立的门户网站之一。2000 年 2 月，由于正值互联网历史上最大的泡沫期，中华网股价一度高达 220.31 美元，市值更一度超过 50 亿美元。中华网在纳斯达克获得成功后，新浪、网易、搜狐等门户网站也在纳斯达克上市。2011 年，中华网投资集团向法院提交破产保护申请。2013 年 10 月，中华网被收购，经过优质资源整合和战略定位调整，中华网发展成为较好的综合性网络媒体。

（7）第一家电子商务网站

1999 年 5 月 18 日成立的 8848 网站是我国第一个电子商务网站。1999 年 11 月，英特尔公司总裁克瑞格·贝瑞特访华时，称 8848 是"中国电子商务领头羊"。2000 年 2 月，美国《时代》周刊称，8848 网站是"中国最热门的电子商务站点"。

（8）第一个"政府网"站点

1998 年 7 月 1 日，北京市国家机关在互联网上统一建立的网站群"首都之窗"正式开通，成为我国第一个大规模"政府网"。通过首都之窗，北京市政府可以统一、规范地宣传首都形象，为民众提供政务信息，人们也可通过"市长信箱"等功能直接与市长沟通 [4]。

（9）第一个全中文网上搜索引擎

1998 年 2 月 15 日，张朝阳创办的爱特信信息技术有限公司推出了大型分类查询搜索引擎"搜狐"（SOHU），这是我国第一个全中文的网上搜索引擎。从此，搜索引擎成为人们生活、工作和学习不可缺少的平台。

（10）第一个上网的媒体

1995 年 10 月 20 日，《中国贸易报》在互联网上发行，成为我国第一家在互联网上发行的报纸。从此之后，大批国内媒体开始开展互联网业务。

4．互联网的特点

互联网开放的理念和自身的机制决定了互联网有五大基础属性，即开放性、交互性、全球性、匿名性和快捷性。

开放性是互联网的固有属性，也是最基本的属性。互联网采用的分布式体系架构、TCP/IP和超文本标识语言等技术，从技术层面决定了互联网各节点之间是平等的，互联网上的各个终端之间可以相互传递信息。这也意味着，任何人都可以从互联网上获取信息，任何个人、组织甚至国家和政府都不能完全控制互联网。

交互性是互联网的强大优势。各类网站可以实时发布信息，网民可以通过互联网自由发表言论，人们可以通过互联网获得自己需要的各类信息，人与人之间也可以通过互联网进行实时的无障碍交流。原本通过信件数天才能获取的信息，通过互联网立刻就可以获取，这使得人们之间的交流更加方便、快捷。

图 1-5　网络云安全

全球性使互联网能够渗透到人类的各个领域和世界的各个角落。全球性也意味着这个网络是属于全人类的，不会被任何个人或国家独占。通过互联网，人们坐在家中即可以获取世界上任何一个角落的信息，实现了全球范围内的信息实时交互。同时，互联网也拉近了人与人之间的距离，世界各地的人们通过网络聚集在了一起。

匿名性是指人们无须表明身份就可以在互联网上任意发表言论，这在很大程度上保障了人们的言论自由。但是随着网络的日益普及，网络匿名性使互联网上谣言、虚假信息、偏激言论等泛滥。部分网民在网络中肆意谩骂、宣泄消极情绪、发表恶意言论，更有不法分子利用互联网的匿名性进行网络犯罪，对人们的日常生活以及社会稳定造成了不利影响。互联网的匿名性易使网民在使用网络的过程中忽略自己的现实身份以及道德、制度约束等社会压力。

快捷性打破了信息传递的时间和空间限制，使信息能够迅速传遍世界各地，大大提高了人们的生活和工作效率，降低了时间成本。网络购物使人们可以在家坐收来自天南海北的商品，移动支付让纸币常年沉积于钱包，电子邮件使人们可以方便快速地收到远方亲友的信息……特别是移动互联网的普及，使人们可以随时随地、随心所欲地进行沟通联系与工作学习。

（二）网络安全的概念与特征

互联网自诞生以来，在这 50 多年的时间里，已经成为人类社会进步和发展不可缺少的重要基础设施，与此同时，网络安全问题不断显现，这已成为各国政府的重要议题。

1．网络安全的概念

网络安全的覆盖范围较广，既包括计算机网络的安全，也包括计算机软件、硬件的安全，还包括计算机系统中的数据安全等。对于网络安全的不同方面，有不同的定义和理解。

国际标准化组织（International Organization for Standardization，ISO）对计算机安全给出的定义是：为数据处理系统建立和采取的技术和管理的安全保护，保护计算机硬件、软件、数据不因偶然和恶意的原因而遭到破坏、更改和泄露。

1994年公布的《中华人民共和国计算机信息系统安全保护条例》规定，计算机信息系统的安全保护，应当保障计算机及其相关的和配套的设备、设施（含网络）的安全，运行环境的安全，保障信息的安全，保障计算机功能的正常发挥，以维护计算机信息系统的安全运行。主要防止信息被非授权泄露、更改、破坏或使信息被非法的系统辨识与控制，确保信息的机密性、完整性、可用性、可控性和可审查性。

我国2017年6月1日起正式实施的《网络安全法》对网络的定义为：由计算机或者其他信息终端及相关设备组成的按照一定的规则和程序对信息进行收集、存储、传输、交换、处理的系统。《网络安全法》对网络安全的定义为：通过采取必要措施，防范对网络的攻击、侵入、干扰、破坏和非法使用以及意外事故，使网络处于稳定可靠运行的状态，以及保障网络数据的完整性、保密性、可用性的能力。

从以上定义可以看出，网络安全的重点在于保护计算机和网络的设备安全、数据安全和运行安全。

2．网络安全的主要特性

从技术方面分析，网络安全包括5个基本的属性：机密性、完整性、可用性、可控性与不可抵赖性。

机密性又被称为保密性，是指网络信息不被泄露给非授权的用户、实体或过程。网络上的信息可以是国家机密、企业和社会团体或组织的商业和工作秘密，也可以是个人秘密和隐私，如银行账号、身份证号、家庭住址、电子邮件等。人们最熟悉和最常见的保密措施就是密码保护，如通过网络登录个人网银账号需要输入账号、密码，有时还需输入短信验证码、进行指纹识别或人脸识别。信息窃取是最常见的破坏计算机信息机密性的攻击方式。如2017年，美国征信企业Equifax的网络遭到黑客攻击，导致1.43亿用户的个人信息泄露。

完整性是指信息真实可信，即网络上的信息不会被偶然或蓄意地进行删除、修改、伪造、插入等破坏，保证授权用户得到的信息是真实的。完整性与机密性的区别在于，机密性要求信息不能被泄露给未获得授权的人，而完整性则要求信息不能受到篡改或破坏。网页篡改就是一种破坏网络完整性的攻击手段，是指恶意破坏、更改网页内容，使网站显示黑客插入的非正常网页内容。一些网站因网络安全意识薄弱、网络防护措施不到位等，导致网站页面被攻击篡改成赌博网站或色情网站，造成了不良社会影响。

第二章　网络安全意识

　　信息化社会改变了人们的工作、学习和生活习惯，使人们对信息网络的依赖不断增强。人们在享受信息化社会带来的种种便利的同时，却经常缺乏网络安全意识，忽视网络安全保障。如何认识、理解网络安全，逐步提升网络安全意识是本章探讨的重点。

第一节　网络安全最薄弱的环节——人的因素

2016 年 4 月 19 日，国家主席习近平在主持召开网络安全和信息化工作座谈会时指出："没有意识到风险是最大的风险。"网络安全意识不足的表现包括：不清楚风险在哪里、不了解基本的安全常识、不知道如何应对常见风险；其结果是："一念之差就把敌人引进了家门""一项误操作就进入了别人设下的圈套""出了大事还在火上浇油"。网络安全意识可谓网络安全最薄弱的环节。

一、人是引发网络安全事件的关键

随着越来越多网络硬件设备和安全软件的引入以及网络安全解决方案的不断完备，单纯地使用技术手段完成入侵的难度大大增加。如果完成一次入侵所付出的代价远远大于所获得信息的价值，那么仍然可以认为这次入侵是不成功的。而单纯地使用非技术手段进行攻击，对于有一定经验和安全意识的人来说，可以从他们身上获取资金的机会很有限，或是获得了一些初步的信息和数据之后，也无法进行下一步的攻击。在巨大的商业价值等因素的驱动下，技术娴熟的黑客们开始通过人作为突破口，通过自然的、社会的和制度上的途径，利用人的心理弱点，以及规则制度上的漏洞与攻击者和被攻击者之间建立起信任关系，获得有价值的信息，结合传统的黑客技术，进行各种渗透和攻击，最终通过未经授权的路径访问某些重要数据，这些路径被称为"人类硬件漏洞"，这个过程被称为"社会工程学"。在整个环节里面，人成了引发网络安全事件的关键。

1. 什么是社会工程学

社会工程学，是一种通过对受害者心理弱点、本能反应、好奇心、信任、贪婪等心理陷阱进行诸如欺骗、伤害等危害手段，取得自身利益的手法。近年来已成迅速上升甚至滥用的趋势。所谓社会工程学陷阱，通常以交谈、欺骗、假冒等方式，从合法用户中套取用户系统的密码，例如用户名单、用户密码及网络结构等。电子邮件也是利用的一种陷阱，只要有一个人抗拒不了自身的好奇心看了邮件，病毒就可能大行肆虐。所以一旦掌握了社会工程学理论，可以获取正常的访问权限，再结合一些网络攻击手段，可以很容易地攻破一个网络，而不管系统的软件和硬件的配置有多高。

2. 人有哪些弱点成为攻击对象

攻击者主要利用人性的弱点采取行动，进行网络攻击，以达到其目的，主要利用了人性的以下各种弱点。

（1）利用人们的信任心理

信任是人性最大的弱点之一，也是社会工程学攻击者最常用的手段之一。信任也是一切安全的基础。信任一般被认为是整个安全链中最薄弱的一环，人类那种天生愿意相信他人说辞的倾向让大多数人都容易被这种手段所利用。这也是许多有经验的安全专家所强调的。在网络攻击中攻击者经常扮演的角色有：维修人员、技术支持人员、经理、可信的第三方人员，或者是企业同事。

大哥，我有急事，请汇钱来。

网络诈骗

图 2-1 信任骗局

在一个大公司这点是不难实现的。因为每人不可能都认识，公司中的身份标识是可以伪造的。这些角色中的大多数都具有一定的权威，让别人会不住去巴结，大多数的雇员都想讨好老板，所以他们会对那些有权威的人言听计从。最流行的社会工程学攻击手段是通过电话进行的。攻击者可以冒充一个权威很大或是很重要的人物的身份打电话从其他用户那里获得信息。一般机构的咨询台容易成为这类攻击的目标。攻击者可以伪装成是从该机构的内部打电话来欺骗。所以说依赖于对打电话的人身份的确认并不是很安全的做法。咨询台之所以容易受到社会工程学的攻击是因为他们所处的位置就是为他人提供帮助的，因此就可能被人利用来获取非法信息。咨询台人员一般接受的训练都是要求他们待人友善并能够提供别人所需要的信息，所以这就成了社会工程学者的金矿。大多数咨询台人员所接受的安全领域的培训与教育很少，这也就造成了很大的安全隐患。

一名在计算机安全机构中工作的专家曾经做过这样的实验来揭示咨询台所隐藏的安全漏洞。他打电话到一家公司的前台。"请问今晚值班负责人是谁？""是老李。""我有事情需要和老李讲。"他的电话被转接到了老李那里。"嗨，老李，今天很糟吧？""不啊，为什么这样说呢？""你的系统出问题了。""我的系统没有问题呀，运行情况很好啊"他说："你最好退出重新登录一下。"老李退出并重新登录，说"我这里一点变化也没有啊。"他说"再退出再重新登录看看。"老李还是很听话地照做了。"老李，看来我得从这里用你的账号直接登录来看看究竟你的账号出了什么问题。现在把你的账号和密码都告诉我。"然后老李就把自己的账号和密码告诉他了。

（2）利用人们的好奇心理

好奇心也是人类的弱点之一，所以也是社会工程学者常用的攻击手段。举一个简单的案例：某某捡到 U 盘，第一时间就插进电脑，想偷看隐私，殊不知遇到的是各种陷阱。电子邮件也是常用的一种攻击手段，攻击者在电子邮件的附件中设置陷阱，只要机构中有一个人抗拒不了本身的好奇心看了邮件，攻击者在附件中所设置的陷阱就会成功地安装或传播了。

图 2-2　好奇心骗局

电子邮件还可以被用来作为更直接获取系统访问权限的手段。一个很好的：黑客对于美国在线服务公司（AOL）的攻击。在这个案例中，黑客打电话给 AOL 术支持中心，并与技术支持人员进行了近一个小时的谈话。在谈话中黑客提到他有意低价出售他的汽车。那名技术支持人员对此很感兴趣，于是黑客就发送了一篇带有注明"汽车照片"附件的电子邮件给他。在他打开照片附件时，邮件执行了一个后门程序让黑客可以透过 AOL 的防火墙建立连接。这样就达到了其攻击 AOL 的目的。

（3）利用人们的贪心心理

贪念也是人性的弱点之一，所以也必然是社会工程学者利用攻击的手段。国际互联网是使用是社会工程学者获取密码的乐园。这主要是因为许多用户都把自己所有账号的密码设置为同一个。所以一旦黑客拥有了其中的一个密码以后，就获得了多个账号的使用权。

图 2-3　贪心心理骗局

网络钓鱼（Phishing）就是黑客常用的一种入侵方法，Phishing 就是指入侵者通过处心积虑的技术手段伪造出一些以假乱真的网站，诱惑受害者根据指定方法操作，使受害者"自愿"交出重要信息。入侵者并不需要主动攻击，他只需要静静等候这些钓竿的反应并提起一条又一条鱼就可以了，就好像是"姜太公钓鱼，愿者上钩"。例如：某国有银行网站被假冒，用户登录这一假网站后发现页面风格与真网站无二，但多出了要用户填写卡号一栏，用户如果填写了卡号与密码这一骗局就会得逞，从而造成用户信息泄露。还有黑客也有可能放置弹出窗口并让它看起来像是整个网站的一部分，声称是用来解决某些问题，诱使用户重新输入账号与密码。另外黑客也可能利用一些免费工具软件下载的方式，让用户在安装软件的同时，把病毒、蠕虫或后门程序也安装在电脑或网络上，以盗取用户的密码等。

（4）利用人们的互惠心理

网络世界是个信息共享的世界，人们在网上寻找知识，获取帮助，很多人都得到过网上不知名者的帮助，所以在有人需要帮助时，也必然会伸出援助。社会工程学者正是利用人们的这种心理状态进行攻击，比如一些电话诈骗。

图 2-4　电话诈骗

3. 以人为目标的攻击方法有哪些

具体来讲包括以下方式。

（1）假托（Pretexting）。这是一种制造虚假情形，以迫使针对受害人吐露平时不愿泄露的信息的手段，该方法通常预含对特殊情境专用术语的研究，以建立合情合理的假象。

图 2-5　假托

（2）调虎离山（Diversion Theft）。这个多看看抢银行的片子应该就很好理解押款车既定的路线车而安防，如果让其被迫改道，则实施攻击就容易多了。如果用户电脑存有机密资料，想要获取的有心人可以临时叫用户出去喝杯咖啡，另外的人就可以在其之上进行信息偷窃。

（3）钓鱼（Phishing）。这个估计大家也有所耳闻——给用户发封邮件告诉用户由于安全事故可能导致用户银行的密码泄漏，然后给个链接修改密码。打不中，整个界面和 XX 银行的修改密码的界面高度一致，显著（或者不那么显著）在于界面有差异，如果用户注意不到这点，输入了卡号和密码进行密码修改，银行卡的信息就被黑客获得，并由此可能被盗刷。

（4）下饵（Baiting）。这个手段就多得去了，用户下载的软件，打开的 E-mail 附件都有可能被注入各种各样的恶意代码。

图 2-6　钓鱼网站

（5）等价交换（Quidproquo）。攻击者伪装成市场推广人员或者问卷调查人员，通常以企业品牌推广的名义，用小礼品作为交换请求消费者进行微信扫码，悄悄植入恶意程序或盗取信息。

图 2-7　邮件信息泄露

图 2-8 扫码骗局

（6）尾随（Tailgating）。当用户不经过任何安全处理，丢弃含有商业机密的企业文件的时候，自然会有人悄悄跟在用户后面。

4．以人为目标的攻击套路有哪些

社会工程学是一种通过人际交流的方式获得信息的非技术渗透手段。人们经常会遇到下面的套路。

（1）熟人好说话。这是社会工程学攻击者中使用最为广泛的方法，原理大致是这样的：黑客首先通过各种手段成为你经常接触到的熟人，然后逐渐被你公司的其他同事认可　他们时常造访你的公司，并最终赢得信赖，可以在公司中获得很多权限来实施计划，例如访问那些本不应该允许的区域或者下班后还能进入办公室等。

（2）伪造相似的信息背景。当你接触到一些人，他们看起来很熟悉组织内部，拥有一些未公开的信息时，你很容易把他们当作自己人。所以当有陌生人以公司或员工的名义进入办公室时，也很容易获得许可。但在现在这个社会，从各种社交网络针对性获得个人信息太容易不过了。所以下次，再有陌生人声称对某位同事非常熟悉，可以让该员工在指定区域接待：

（3）伪装成新人打入内部。如果希望非常确定地获取公司信息，黑客还可以专门去应聘，从而成为真正的自己人。这也是每个新员工应聘都必须经过彻底审查阶段的原因之一。当然，还是有些黑客可以瞒天过海，所以新员工的环境也应有所限制，这听起来有些严酷，但必须给新员工一段时间来证明，他们对宝贵的公司核心资产来说是值得信任的。即使如此，优秀的黑客都通晓这套工作流程，在完全获得信任后才展开攻击。

（4）利用面试机会。很多重要信息在面试时的交流中也可能泄露出去，精通工程学的黑客会利用这点，无须费心去上一天班，就可以通过参加面试获得重要信息。公司需要确保面试过程中给出的信息没有机密资料，尽量浅白标准。

（5）恶人无禁忌。这可能听起来有些违背直觉，但确实奏效。普通人一般对表现出愤怒和凶恶的人避而远之，当看到前面有人手持手机大声争吵，或愤怒地咒骂不停。你一般会避开他们。事实上大多数人都会这样选择，从而为他让出了一条通向公司内部和数据的通道。不要被种伎俩骗了，一旦看到类似的事情发生，通知保安就好。

（6）他懂我就像我肚里的蛔虫。一个经验丰富的社会工程学黑客也精于读懂他人肢体语言并加以利用。他可能和你同时出现一个音乐会上，和你一样对某个节段异常欣赏，和你交流时总能给予适当的反馈，你感觉遇到知己，你和他之间开始建立一个双向开放的纽带，慢慢地他就开始影响你，进而操纵你获得公司的机密信息。听起来就像一个间谍故事·但事实上经常发生。

（7）美人当前，难免浮夸。老祖宗早就提到过美人计的厉害，但大多数人是无法抵抗这招的。就像电影、电视剧的梦幻情节，忽然某天一位美女（或帅哥）约你出去，期间你俩一见投缘，谈笑甚欢，更美妙的是，其后一次次约会接踵而来，直到她（或他）可以像讨论吃饭一样从你口中套出公司机密。

（8）外来的和尚会念经。这种事情已经在发生了。一个社会工程攻击者经常会扮演成某个专业顾问，在完成顾问工作的同时获取了你的信息，对于IT顾问来说尤为如此，你必须对这些顾问进行审查同时确保不会给他们任何泄露机密的可乘之机。切忌仅仅因为某人有能力解决你的服务器或网络问题就轻信他人并不意味着他们不会借此来创建一个后面，或是直接拷贝你的数据。所以关键还是审查，审查，再审查。

（9）善良是善良者的墓志铭。这是有一点道理的。入侵者等待目标公司的员工用自己的密码开门时，紧随其后来进入公司。很巧妙的做法是扛着沉重的箱子并以此要求员工为他们扶住门。善良的员工一般会在门口帮助他们。之后，黑客就可以开始自己的任务。

5．企业如何防范以人为目标的网络安全攻击

俗话说道高一尺，魔高一丈。面对社会工程学带来的安全挑战，企业必须采用新的对策，主要包括以下内容。

（1）建立完善的网络安全管理策略。网络安全管理策略是通过对系统整体中关于安全问题所采取的原则、对安全产品使用的要求、如何保护重要数据信息，以及关键系统的安全运行。网络安全策略中确定对每个资源管理授权片的同时还要设立安全监督员。如果安全监督员没有对资源管理授权者的操作进行审核，就无法对资源的合法使用进行约束和监管。对于系统中的关键数据资源，对其可操作的范围应尽可能缩小范围，范围越小就越容易管理，相对也就越安全。

（2）要把网络安全管理策略与培训相结合。对系统管理相关人员进行培养网络安全培训机制，制定相应的培训计划，确定什么是敏感信息，提高安全；要强化用户名和密码保护意识，不要用常见或常用信息作为用户名或密码复杂性要高。

（3）应建立安全事件应急响应小组。安全事件响应小组应当由经验丰富权限较高的人员组成，由小组负责进行安全事件应急演练，有效地针对不同的攻击手段分析出入侵的目的与薄弱环节。同时，要模拟攻击环境和攻击测试进行自查分析，就能有效地评价安全控制措施是否得当，并制定相应的对策和解决方案。

6．个人如何防范以人为目标的网络安全攻击

对于个人用户来说，提高网络安全意识，养成较好的上网和生活习惯才是防范黑客社会工程学攻击的主要途径。防范黑客社会工程学攻击，可以从以下几方面做起。

（1）保护个人信息资料不外泄。目前网络环境中，论坛、博客、新闻系统、电子邮件系统等多种应用中都包含了用户个人注册的信息，其中也包含了很多包括用户名账号密码、电话号码、通信地址等私人敏感信息，尤其是目前网络环境中大量的社交网站，它无疑是网民用户无意识泄露敏感信息的最好地方，这些是黑客最喜欢的网络环境。因此，网民在网络上注册信息时，如果需要提供真实信息的，需要查看注册的网站是否提供了对个人隐私信息的保护功能，是否

具有一定的安全防护措施，尽量不要使用真实的信息，提高注册过程中使用密码的复杂度，尽量不要使用与姓名、生日等相关的信息作为密码，以防止个人资料泄露或被黑客恶意暴力破解利用。

（2）时刻提高警惕。在网络环境中，利用社会工程学进行攻击的手段复杂多变，网络环境中充斥着各种诸如伪造邮件、中奖欺骗等攻击行为，网页的伪造是很容易实现的，收发的邮件中收件人的地址也是很容易伪造的，因此要求网民用户要时刻提高警惕，不要轻易相信网络环境中的所看到的信息。

（3）保持理性思维。很多黑客在利用社会工程学进行攻击时，利用的方式大多数是利用人感性的弱点，进而施加影响。当网民用户在与陌生人沟通时，应尽量保持理性思维，以减少上当受骗的概率。

（4）不要随意丢弃废物。日常生活中，很多的垃圾废物中都会包含用户的敏感信息，如发票、取款机凭条等，这些看似无用的废弃物可能会被有心的黑客利用实施社会工程学攻击，因此在丢弃废物时，需小心谨慎，将其完全销毁后再丢弃到垃圾桶中，以防止因未完全销毁而被他人捡到造成个人信息的泄露。

二、人是保障网络安全的重中之重

（一）为什么人是保障网络安全的重中之重

面对网络安全问题，人们往往第一时间想到使用各种安全产品来解决，但只靠安全产品的纯粹技术手段解决方法往往会使网络安全保障工作处于更加被动的即只有等待系统出现问题时才去处理，企业的技术人员穷于应付技术问题的现行问题。因此在网络安全保障过程中，"技防""物防"需要以"人防"作为基础，只有相关人员具备相应的网络安全保障意识，"人防"工作做到位，"技防""物防"才能发挥出100%的作用。

（二）哪些人是保障网络安全的重点

1.安全管理人员

安全管理人员负责网络安全保障体系规划和建设、网络安全威胁治理、网络安全监督检查、网络安全应急保障等管理工作。定期开展网络安全生产分析，协调资源做好安全风险管理。根据该岗位的定位、职责和工作内容等要求，需要人员熟悉国际、国内的安全标准、行业标准和要求，对通信行业安全管理、应急服务、风险评估等专业知识有综合性的了解和认识。

2.业务安全运行人员

业务安全运行人员工作职责是每个人员对口一个或多个专业，在"谁维护，谁负责"原则下，支撑对口专业业务系统全生命周期内的安全工作，参与该专业安全事件应急预案制定和安全事件处置；根据该岗位的职责、定位和工作内容，需要人员熟练使用各种安全手段，具备基本的安全风险评估能力和较强的沟通能力，有较强的网络和业务异常分析、事件定位、应急处置、分析汇总等综合技能。

3.安全评估和风险管理人员

该岗位的工作定位是，支撑业务安全运行，提供系统风险评估服务，支撑网络部安全管理人员完成安全监督检查、考评和配合外部检查等工作；工作职责是利用各类平台化安全设备、评估渗透工具以及风险评估岗人员技能，对省公司或地市公司维护的系统开展定期安全检测、安全风险评估和渗透测试，覆盖组网、设备可管理、设备配置、漏洞管理、安全防护设备部署、业务层安全各个方面。对发现的问题进行闭环管理，并协助各专业维护人员整改；根据该岗位的工作定位、工作职责和内容要求，需要人员具备较强的安全攻防、渗透测试、漏洞挖掘和利用能力，熟练运用各类安全设备、专用评估渗透软硬件等。

4. 安全手段运营支撑人员

该类人员的工作定位是对业务安全运行支撑岗、安全评估和风险管理岗、网络安全监控岗提供技术手段支撑；工作职责包括负责集中化安全手段日常参数配置、设备可用性维护、故障管理、监督并配合各专业进行资源自主接入、重要数据备份、为其他专业维护业务系统内部专用安全防护手段提供优化支撑、编制安全告手册等服务；根据该岗位工作定位和工作内容、职责要求等，该岗位需要人练掌握各类安全手段配置和运营方法，并具备编制安全需求和一定的软件能力。

5. 网络安全监控人员

该类人员主要面向安全生产专业、系统维护人员提供安全事件监控服务；工作职责包括开展 7×24 小时安全监控、预处理、派单等工作；根据该岗位的具体职责和工作内容要求，该岗位需要人员熟练使用成熟的网络安全监控手段，掌握各类典型安全事件监控处置流程，能够跨专业开展基本安全事件关联分析和处置派单。

6. 系统维护人员

系统维护人员作为系统维护也是系统安全运行的第一责任人，负责本系统安全入网验收、日常变更安全管理、安全加固、事件处置、ISMP 资产接入（接入 4A，配置各个网元敏感操作记录功能、日志转发功能）、本系统中防火墙等专用安全设备的策略配置和优化、互联关系白名单确认、端口服务进程确认等工作，并配合安全专职人员梳理日志自动化审计策略等等；技能要求是，熟练使用 ISMP 漏洞扫描器等相关手段开展日常维护、自查整改，熟悉各类相关主机、硬件、数据库、应用层安全加固，掌握各类典型安全事件判断、处置流程，能够跨专业开展基本安全事件关联分析和处置派单。

第二节　网络安全意识模型

一、网络安全意识概述

要了解网络安全意识，可以从三个层次进行剖析。

1. 什么是安全

所谓安全，通俗地讲就是"不出事或感觉不到要出事的威胁"。可见，安全关系到两件事：一件是已经发生的事，即安全事件；另一件是未发生但可能引发安全事件的事，即安全风险。

例如：操作系统遭受漏洞型病毒攻击事件属于已经发生的安全事件，而操作系统没有更新补丁而存在被攻击的系统漏洞则是属于系统的脆弱性，是可能导致安全事件的安全风险。

根据上述观点，要解决安全问题必须从这两个方面入手，做好安全事件的处理和应对，同时做好安全威胁的防范和脆弱性的避免，降低安全风险以减少损失。

2. 什么是网络安全

狭义的网络安全是指网络系统的硬件、软件及其系统中的数据受到保护，不因偶然的或者恶意的原因而遭受到破坏、更改、泄露，系统连续可靠正常地运行不中断。

延伸到网络信息安全，是指保持网络信息的机密性、完整性、可用性；另包括诸如真实性、可核查性、不可否认性和可靠性等。

3. 什么是网络安全意识

网络安全意识是指人们能够认识到可能存在网络安全风险的敏感程度，执行网络安全行为规范的符合程度，以及响应网络安全事件的灵敏程度。

二、什么是网络安全意识模型

模型是人们认识和描述客观世界的一种方法。网络安全意识模型是人们对网络安全意识和如何提升网络安全意识的理解。

网络安全意识主要包括风险意识、合规意识和响应意识三个方面。

知识主要包括数据、载体、边界、环境方面的常识，例如验证码一般不会上行传输、U盘拷贝容易遭受"摆渡"攻击、内网电脑不能给智能手机充电、外部人员不能随便进入单位机房等，具备一定的常识是网络安全意识提升的基础。

技能主要包括风险评估、技术保障、管理保障、资源保障四个方面，能够对所使用的信息资产进行风险评估，知道可能存在的典型风险；能够从技术、管理、资源三个方面对可能存在的风险进行预防和处置。具备一定的技能是网络安全预防关键。

经验主要包括相关人员进行网络安全风险评估、处置网络安全事件、开全演练的经验。"吃一堑长一智""百闻不如一见"，具备一定的经验是网络安全的重点。

三、如何提升网络安全意识

通过上面的模型分析，可以看出，网络安全意识提升需要从多个方面入手，各方面的积累，又可以促进其他方面相关能力的提升。学习知识必然会提升技能；技能通过反复使用，就会积累；有了丰富的经验，意识就会不断加强；意识到了，会更加注重知识的学习。

下面通过两个案例来分析当事人在：哪些方面有所欠缺，需要如何提升网络安全意识。

案例一 网络诈骗 财务人员点开陌生邮件，96万元被骗走。

20××年年底，宁夏银川市某公司的财务人员小王，在QQ上收到公司老板张总的消息。张总询问了小王公司账户的数额，随后发给他一个账号，要求小王将96万元工程款打入此账户。

小王去银行汇完款，回到公司正好碰到张总。就告诉张总，那笔工程款已经汇过去了。张总纳闷，自己并没有让小王汇款啊！这时两人突然意识到遇到了骗子，便立即报警。由于报警及时，警方马上冻结了骗子账户上的30万元。专案组经过两个多月的调查，抓获了犯罪嫌疑人。

同时追回 10 万余元被骗款项。然而剩余的 50 余万元，早已被取走。案发后，小王将自己的笔记本电脑拿到公安部门检查，警察发现，在小王的 QQ 邮箱里有一封携带病毒的陌生邮件，正是它盗取了小王的 QQ 信息。

图 2-9　网银盗窃

骗子一般先在网上购买一款盗号木马，然后搜索各类财务人员的 QQ 群，人员的名义加入群内，再给群成员群发以财务考试、会计师考试等为题带有条件，只要打开邮件点击链接，病毒便会进入电脑盗取 QQ 密码。

骗子顺利登录小王的 QQ，经过观察，找到了公司老板张总的 QQ 号。删除张总的真正的号，同时添加了一个和他 QQ 头像、昵称等完全一样的 QQ 号。就这样，骗子轻易骗取了 96 万元。

案例分析：

1. 知识维度问题：公司财务流程应当规范，汇款等重要事项应当由负责人当面签字确认，涉及亲朋好友借钱也应当电话或当面确认。

2. 技能维度问题：电脑一定要安装杀毒软件，定期扫描系统、查杀病毒；及时更新病毒库、更新系统补丁。

3. 经验维度问题：不要打开陌生邮件。

4. 意识维度问题：作为财务人员，一定要格外注意环境的安全，包括财务软件运行环境的安全、账户环境安全、手机运行环境安全等。

案例二　女大学生玩网游遭遇中奖陷阱。

小朱来到烟台市区文化宫附近的一家网吧，玩起网络游戏《跑跑卡丁车》。没多久，屏幕右下角就不断弹出一个加好友的对话框，小朱点击"确定"后网上出现一条"幸运"提示："恭喜您被系统抽中为跑跑无限惊喜活动幸运玩家，您将获得世纪天成科技有限公司送出的惊喜奖金 32000 元以及三星公司赞助的笔记本电脑一台。"小朱非常兴奋，就打开所谓的"官方网站"，网站上清楚地写着"需要预先支付 600 元手续费"，为了能尽快得到奖金和奖品，小朱匆匆到网吧附近的银行给对方提供的银行账号汇去了 600 元钱。按照网页上的要求，小朱拨打区号为0898 的客服电话确认时，是一个南方口音的男子接电话称需再汇 6400 元的个人所得税，此时小朱才觉得不对劲儿。

案例分析：

1. 经验维度问题：这种通过虚假中奖消息，诈骗钱财的案例已经屡见不鲜，然而还是有人上当受骗。只能说这些受害者平时很少关注与网络安全有关的话题，没有一点经验积累。

2. 意识维度问题：案例中的受害者在上当受骗以后，及时发现了端倪，才没有构成更大的经济损失，可以说也是不幸中的万幸，所以说尽早意识到安全问题，才能尽可能地降低损失。

案例三　非法侵入他人电脑——造成危害可治安拘留或刑拘。

20××年，宁夏××县政府网站受到黑客攻击，首页变成了黑客分子的照片。经警方调查发现，一位黑客早些年到永宁县政府的网站里"溜达"了一圈后，随手放置了一个后门程序。

不久，××县政府网站存在的漏洞被黑客分子发现，便利用这名黑客先前放置的后门程序，"黑"了永宁县政府的网站。

根据《治安管理处罚法》第29条规定，违反国家规定，侵入计算机信息成危害的，处5日以下拘留：情节较重的，处5日以上10日以下拘留。

案例分析：

1. 知识维度问题：《刑法》第二百八十五条规定，违反国家规定，侵入国防建设、尖端科学技术领域的计算机信息系统的，处三年以下有期徒刑或拘役。

《刑法》二百八十六条规定，违反国家规定，对计算机信息系统功能进行删除、修改、增加，造成计算机信息系统不能正常运行，后果严重的，处五年以下有期徒刑或者拘役；后果特别严重的，处五年以上有期徒刑。

2. 意识维度问题：别人家的计算机，不是你想去溜达就能溜达。

案例四　QQ群内传播淫秽色情视频——6名管理员被依法批捕。

20××年年初，宁夏银川市几名年轻人闲来无聊，组建了一个QQ群，群内先后加入了400名成员。之所以能吸引这么多人纷纷加入群内，是因为群内上传了大量淫秽视频。

据统计6名群管理员，先后在群里上传了46部淫秽色情视频，然而这6名年轻人不知道，自己早已被网络警察盯上。警方发现后及时立案侦破，6名涉案的管理员已被依法批捕。

案例分析：

1. 知识维度问题：在公共空间，以牟利为目的，上传20部以上的淫秽视频，依照刑法第三百六十三条第一款的规定，以制作、复制、出版、贩卖、传播淫秽物品牟利罪定罪处罚。不以牟利为目的，上传40部以上的淫秽视频，依照刑法第三百六十四条第一款的规定，以传播淫秽物品罪定罪处罚。

此案中，6名管理员不以牟利为目的，根据刑法第三百六十四条相关规定，传播淫秽的书刊、影片、音像、图片或者其他淫秽物品，情节严重的，被判处两年以下有期徒刑、拘役或者管制。向不满十八周岁的未成年人传播淫秽物品的，从重处罚。

第三节　网络安全意识调研报告[1]

一、研究背景

网络安全问题日益严重，各种网络犯罪活动不断侵害普通网民。对于普通网民而言，防范各种网络侵害最有效的办法，可能并不仅是简简单单的给电脑或手机安装一套安全软件，更重要的是要形成正确的网络安全意识，掌握必要的网络安全技能。

本次调研主要通过 360 用户中心向普通网民发放调研问卷，为期 15 天。总计收集到全国网民提交的有效调查问卷 28303 份。通过对这 28303 份调研问卷的统计分析，我们在网民的上网安全感，安全知识的关注与学习，上网安全意识与习惯，网络诈骗防范意识，网络诈骗心理影响，网络诈骗受害者的个体因素等方面展开了深入的探讨和研究。

二、网民上网的安全感

安全感是一种复杂的心理因素，与个人经历、周边环境、知识水平都有关系。为了能更加全面的了解全国网民上网过程中的整体安全感，我们选择了网络环境的安全感、信息渠道的可信度和防范能力自我评价这三个角度，展开调研与分析。

1. 网络环境的安全感

对于自身所处的网络环境，中国网民的安全感还是相对比较高的，约九成的网民认为当前的网络环境是安全的。其中，6.9% 的网民认为非常安全；49.1% 的网民认为当前的网络环境比较安全；32.8% 的网民认为一般安全。与之相反的是，2.0% 的网民认为非常危险；9.2% 的网民认为当前的网络环境比较危险。

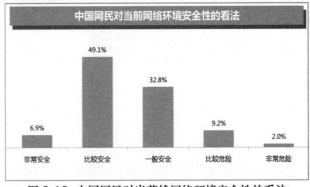

图 2-10　中国网民对当花钱网络环境安全性的看法

[1]360 互联网安全中心 . 中国网民网络安全意识调研报告［R/OL］.http://zt.360.cn/1101061855.php?dtid=1101062370&did=490805436

2．上网安全意识与习惯

良好的安全意识与上网习惯，是安全上网的基本保证。本次调研分别从安全软件使用习惯，账号密码设置习惯、公共 WiFi 连接习惯和常用软件下载渠道这四个方面展开研究。

三、安全软件使用习惯

统计显示，89.5% 的网民在手机和电脑上都安装了安全软件；9.1% 的网民仅电脑安装了安全软件；0.7% 的网民仅在手机上安装了安全软件；仅有 0.7% 的网民手机、电脑都没有安装安全软件。

图 2-11　中国网民安全软件使用情况分析

从各省情况来看，浙江、吉林、辽宁、上海、广西 5 省（直辖市、自治区）网民手机、电脑均安装安全软件情况相对较差。

表 2-1 各省网民安全软件使用情

区域	手机、电脑都安装	区域	手机、电脑都安装	区域	手机、电脑都安装
浙江	86.63%	贵州	89.55%	湖南	90.97%
吉林	87.70%	江苏	89.74%	山东	91.28%
辽宁	87.75%	福建	89.76%	山西	91.34%
上海	87.88%	天津	89.80%	宁夏	91.67%
广西	87.89%	江西	89.82%	河南	91.74%
广东	88.51%	陕西	89.88%	重庆	92.23%
北京	88.60%	湖北	90.06%	新疆	92.55%
青海	89.02%	云南	90.52%	甘肃	93.98%
黑龙江	89.06%	安徽	90.59%	西藏	96.88%
海南	89.09%	河北	90.85%	全国	89.50%
内蒙古	89.52%	四川	90.89%		

安装了安全软件，还要正确地使用安全软件。其中使用安全软件对电脑和手机进行日常检查，就是很重要的环节。统计显示，在网民中，57.9% 的人每天都会使用安全软件检查电脑或手机；23.5% 的人每 2～3 天检查一次；11.2% 的人每周检查一次。总体来看，网民有很好的安全软件使用习惯。

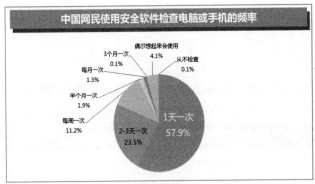

图 2-12 中国网民使用安全软件检查电脑或手机的频率

1. 账号密码设置习惯

弱密码问题，多账号共用密码的问题，一直是长期存在的网络安全顽疾。不过，多数网民还是能够有较好的密码管理习惯。

统计显示，24.1% 的网民每个账号密码都不同；61.4% 的网民会把账号密码做一定的区分；但仍有 13.8% 的网民将所有账号都使用同一个密码，十分危险。

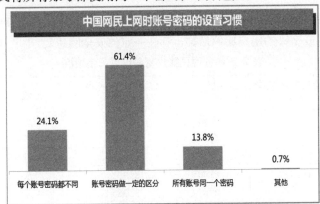

图 2-13 中国网民上网时账号密码的设置习惯

从各省情况来看，西藏、辽宁、黑龙江、新疆、内蒙古 5 省网民在上网时使用同一个账号密码的用户比例最高，存在一定的安全隐患。

表 2-2 各省网民账户密码设置习惯情况

区域	所有账号同一个密码	区域	所有账号同一个密码	区域	所有账号同一个密码
西藏	21.88%	海南	14.55%	湖南	12.62%
辽宁	17.99%	重庆	14.52%	福建	12.59%
黑龙江	17.51%	河北	14.23%	甘肃	12.37%
新疆	16.46%	山西	14.11%	安徽	11.88%
内蒙古	16.14%	北京	13.75%	上海	11.75%
吉林	16.02%	广西	13.52%	四川	11.47%
贵州	15.92%	江苏	13.46%	陕西	11.45%
青海	15.85%	山东	13.44%	云南	10.65%
宁夏	15.74%	广东	13.37%	江西	4.39%

区域	所有账号同一个密码	区域	所有账号同一个密码	区域	所有账号同一个密码
浙江	15.56%	天津	12.99%	全国	13.80%
河南	14.56%	湖北	12.80%		

从密码的组合构成方式来看，54%的网民使用数字＋字母的组合方式；37%的网民使用数字＋字母＋特殊符号的组合方式；8.1%的网民仅使用纯数字或纯字母密码，这一部分人群最为危险。

图2-14　中国网民密码设置一般采用的组合方式

从各省情况来看，吉林、宁夏、辽宁、黑龙江、青海5省（直辖市、自治区）网民设置账号密码时采用纯数字或字母的用户比例最高，存在一定的安全隐患。

表2-3　各省网民账户密码设置习惯情况

区域	仅使用数字或者字母	区域	仅使用数字或者字母	区域	仅使用数字或者字母
吉林	11.33%	山西	8.52%	贵州	7.46%
宁夏	11.11%	重庆	8.38%	甘肃	7.36%
辽宁	10.53%	天津	8.35%	四川	7.36%
黑龙江	10.40%	河南	8.33%	广东	7.17%
青海	9.76%	浙江	8.28%	江苏	7.06%
云南	9.65%	上海	8.23%	福建	6.96%
河北	9.54%	湖北	8.07%	陕西	6.66%
西藏	9.38%	安徽	8.00%	内蒙古	6.50%
湖南	9.30%	山东	7.90%	新疆	6.21%
海南	9.09%	北京	7.88%	全国	8.10%
江西	8.95%	广西	7.70%		

弱口令、弱密码对个人的隐私和财产都会带来安全隐患，口令密码要是保护不好，个人隐私和财产安全甚至社交活动都会受到影响。我们一般建议网络密码应当在15位以上，由数字、大小写字母、特殊符号共同组成，并定期更换。对于社交、支付、常用邮箱等核心账户，应当单独设置密码。

2. 公共WIFI连接习惯

通过公共WiFi上网，是一种方便快捷又经济的上网方式。不过，攻击者也常常会通过假设钓鱼WiFi等方式，来诱骗普通用户，并实施盗窃或欺诈犯罪。一般来说，有密码或有认证过程的WiFi会比没有密码的WiFi更加可靠。只不过，绝大多数网民对此缺乏足够的风险意识。

统计显示，60.3% 的网民会选择只连接带密码或知名品牌提供的 WiFi；19.4% 的网民不会连接任何公共 WiFi。特别值得注意的是，有 18.4% 的网民只要免费 WiFi 都连接。

图 2-15 中国网民连接公共 WIFI 的情况

从各省情况来看，吉林、湖南、青海、西藏、贵州 5 省（直辖市、自治区）网民只要免费 wifi 都会连接的用户比例最高，存在一定的安全隐患。

表 2-4 各省网民连接免费 wifi 情况

区域	只要免费，都连接	区域	只要免费，都连接	区域	只要免费，都连接
吉林	24.61%	河南	19.52%	新疆	16.77%
湖南	24.17%	山西	19.41%	上海	16.70%
青海	21.95%	湖北	19.19%	宁夏	16.67%
西藏	21.88%	广西	19.18%	北京	16.25%
贵州	21.14%	河北	18.85%	甘肃	16.05%
海南	20.91%	浙江	18.46%	福建	15.97%
黑龙江	20.79%	辽宁	18.37%	江苏	15.20%
山东	20.52%	重庆	18.20%	云南	14.98%
内蒙古	20.34%	安徽	18.00%	天津	10.76%
四川	20.23%	广东	17.57%	全国	18.40%
江西	19.82%	陕西	17.04%		

使用公共 WiFi 进行不同形式的上网活动，安全风险也不相同。统计显示，在连接公共 WiFi 时，所有网民都会浏览简单网页信息或看视频、听音乐；除此之外，25.1% 的网民也会登录邮箱发送邮件，登录个人社交账号聊天；13.6% 的网民还会购物和进行网银交易。如果连接到了钓鱼 wifi，或者存储安全漏洞的 wifi，这些操作很容易导致账号密码被盗甚至金融账号里的财产损失。

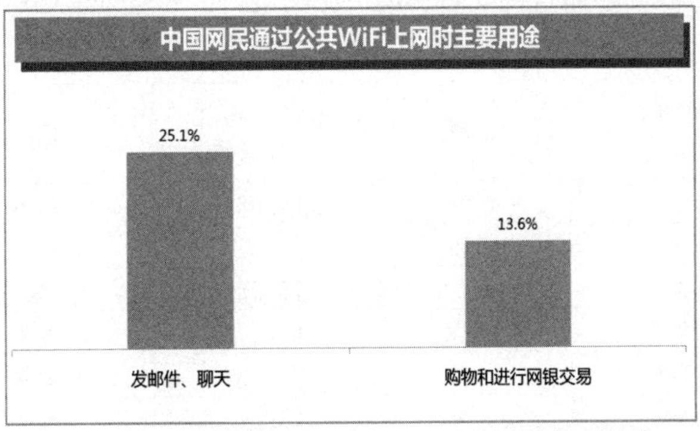

图 2-16 中国网民通过公共 WIFI 上网时主要用途

3. 常用软件下载渠道

从网民下载软件比较常用的渠道来看，95.8%的人从软件管家等应用商店下载；19.4%的人通过扫二维码下载；7.3%的人通过社交软件发送的链接下载；5.3%的人通过论坛、博客等渠道下载；2.3%的人通过短信链接下载。

互联网的发展也带来了应用的快速增长，随着智能终端的普及，各种应用商店也发展迅猛。这些应用也早已被不法分子盯上，或假冒应用程序，或嵌入恶意代码，用户在下载后就会中招。建议在下载互联网应用时。

尽量选择知名应用商店，或正规网站、官方认证的网站进行下载。

要提高自己的辨别能力，安装的时候要注意附加安装的软件，和应用所要求的权限是不是有问题。

安装杀毒软件，能够拦截相当一部分有问题的应用。

手机 APP 在安装过程中会提示用户获取权限。某些 APP 会超出功能范围获取手机权限，木马病毒更是会要求获取很多敏感权限。用户应当养成认真检查 APP 获取权限的良好习惯。统计显示，在网民中，40.4%的人表示会看一看，再安装；19.6%的人认为看了也没用，直接安装；只有25.5%的人表示会仔细看，如果遇到担心的问题，会不安装软件。

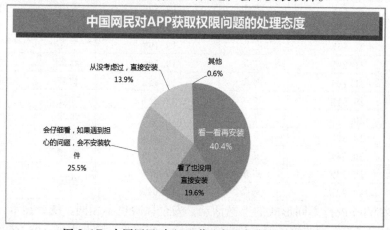

图 2-17 中国网民对 APP 获取权限问题的处理态度

从各省情况来看，西藏、海南、浙江、吉林、湖南 5 省（直辖市、自治区）网民在安装软件时从未考虑过 app 权限问题而直接安装的用户比例最高，安全意识相对薄弱。

表 2-5 各省网民对 APP 获取权限的处理情况

区域	从来没考虑过，直接安装	区域	从来没考虑过，直接安装	区域	从来没考虑过，直接安装
西藏	21.88%	广东	14.08%	江苏	12.66%
海南	20.00%	福建	14.02%	四川	12.61%
浙江	16.45%	山东	13.98%	内蒙古	12.37%
吉林	16.02%	广西	13.84%	青海	12.20%
湖南	15.80%	山西	13.83%	甘肃	12.04%
辽宁	15.69%	上海	13.67%	云南	11.98%
贵州	15.67%	河北	13.62%	天津	11.69%

区域	从来没考虑过，直接安装	区域	从来没考虑过，直接安装	区域	从来没考虑过，直接安装
河南	14.84%	陕西	13.05%	安徽	11.65%
黑龙江	14.77%	宁夏	12.96%	重庆	11.04%
江西	14.39%	湖北	12.89%	全国	13.90%
北京	14.38%	新疆	12.73%		

手机 APP 在安装之后，仍然可以进行权限管理。特别是 APP 对用户手机上的某些隐私信息，如短信、通信录、照片等的隐私访问权限，有必要进行有效的管理。在被问及如何管理手机 APP 的隐私访问权限时，48.4% 的网民表示用手机安全软件管理；41.2% 的网民会自己进行手动管理；10% 的网民完全不管理。

图 2-18　中国网民对 APP 访问隐私权限的管理

从各省情况来看，江西、黑龙江、浙江、辽宁、河南 5 省网民不管理手机访问隐私权限的用户比例最高，安全意识相对薄弱。

表2-6　各省网民对 APP 访问隐私权限的管理情况

区域	不管理，都同意	区域	不管理，都同意	区域	不管理，都同意
江西	12.28%	重庆	10.02%	贵州	9.20%
黑龙江	12.04%	海南	10.00%	湖北	9.06%
浙江	11.89%	四川	9.81%	安徽	8.94%
辽宁	11.67%	青海	9.76%	广西	8.81%
河南	10.85%	北京	9.70%	陕西	8.79%
江苏	10.64%	甘肃	9.70%	湖南	8.63%
上海	10.58%	福建	9.62%	山西	8.24%
内蒙古	10.48%	山东	9.58%	天津	7.42%
河北	10.46%	广东	9.54%	宁夏	5.56%
吉林	10.35%	西藏	9.38%	全国	10.00%
新疆	10.25%	云南	9.32%		

在对曾经被骗子成功诈骗的受害者进行的调研中，我们发现：在整个被骗过程中对骗子完全没有任何一点怀疑的人其实只占 8.1%，而 55.1% 人都会或多或少的有一点怀疑，还有 34.1% 的人表示，虽然自己也怀疑了很多次，但骗子骗术实在太高，最后自己还是信了。

第三章　计算机病毒概述

计算机病毒与医学上的"病毒"不同，它不是天然存在的，而是某些人利用计算机软、硬件所固有的脆弱性，编制的具有特殊功能的程序。由于它与生物医学上的"病毒"同样有传染和破坏的特性，例如，具有自我复制能力、很强的感染性、一定的潜伏性、特定的触发性和很大的破坏性等，因此由生物医学上的"病毒"概念引申出"计算机病毒"这一名词。

第一节 计算机病毒的产生与发展

一、计算机病毒定义

从广义上定义，凡是能够引起计算机故障、破坏计算机数据的程序统称为计算机病毒。依据此定义，诸如"逻辑炸弹""蠕虫"等均可称为计算机病毒。在国内，专家和研究者对计算机病毒也做过不尽相同的定义，但一直没有公认的明确定义，直至1994年2月18日，我国正式颁布实施了《中华人民共和国计算机信息系统安全保护条例》，在条例第二十八条中明确指出："计算机病毒，是指编制或者在计算机程序中插入的破坏计算机功能或者毁坏数据，影响计算机使用，并能自我复制的一组计算机指令或者程序代码。"此定义具有法律性、权威性。

计算机的信息需要存取、复制和传送，计算机病毒作为信息的一种形式可以随之繁殖、感染和破坏。并且，当计算机病毒取得控制权之后，它们会主动寻找感染目标、广泛传播。随着计算机技术发展得越来越快，计算机病毒技术与计算机反病毒技术的对抗也越来越尖锐。据统计，现在基本上每天都要出现几十种新的计算机病毒，其中很多计算机病毒的破坏性都非常大，计算机用户稍有不慎，就会给病毒可乘之机，造成严重的后果。计算机操作系统的弱点往往被计算机病毒利用，提高系统的安全性是预防计算机病毒的一个重要方面，但完美的系统是不存在的，提高一定的安全性必然会使系统让更多时间用于计算机病毒检查，系统也就失去了部分可用性与实用性；另一方面，信息保密的要求又让人在泄密和截获计算机病毒之间无法选择。这样，计算机病毒与反计算机病毒势必形成一个长期的技术对抗过程。计算机病毒主要由反计算机病毒软件来对付，而且反计算机病毒技术将成为一项长期的科研任务。

二、计算机病毒的起源

计算机病毒的来源多种多样，有的是计算机工作人员或业余爱好者纯粹为了寻求开心而制造出来的，有的则是软件公司为保护自己的产品被非法复制而制造的报复性惩罚，还有一种情况就是蓄意破坏，它分为个人行为和政府行为两种。个人行为多为雇员对雇主的报复行为，而政府行为则是有组织的战略战术手段。另外，有的计算机病毒还是为研究或实验而设计的"有用"程序，由于某种原因失去控制扩散出去，从而成为危害四方的计算机病毒。计算机病毒的起源到现在还没有一个确切的说法，下面是其中有代表性的几种。

1. 科学幻想起源说

1977年，美国科普作家托马斯·丁·雷恩推出了轰动一时的《P-1的青春》一书。作者构思了一种能够自我复制，利用信息通道传播的计算机程序，并称之为计算机病毒。这是世界上第一个幻想出来的计算机病毒。人类社会有许多现行的科学技术，都是在先有幻想之后才成为现实的。因此，不能否认这本书的问世对计算机病毒的产生所起的催化作用。

2．恶作剧起源说

恶作剧者大多是那些对计算机知识和技术均有兴趣的人，并且特别热衷那些别人认为是不可能做成的事情，因为他们认为世上没有做不成的事。这些人或是要显示一下自己在计算机知识方面的天赋，或是要报复一下他人或单位。这其中前者是无恶意的，所编写的计算机病毒也大多不是恶意的，只是和对方开个玩笑，显示一下自己的才能以达到炫耀的目的。后者的出发点则多少有些恶意成分在内，所编写的病毒往往比前者的破坏性要大一些，世界上流行的许多计算机病毒是恶作剧者的产物。

3．游戏程序起源说

20 世纪 70 年代，计算机在社会上还没有得到广泛的普及应用，美国贝尔实验室的计算机程序员为了娱乐，在自己实验室的计算机上编制吃掉对方程序的程序，看谁先把对方的程序吃光，有人猜测这是世界上第一个计算机病毒。

4．软件商保护软件起源说

计算机软件是一种知识密集型的高科技产品，由于对软件资源的保护不尽合理，使得许多合法的软件被非法复制，从而使得软件制造商的利益受到了严重的侵害，因此，软件制造商为了处罚那些非法复制者，在软件产品之中加入计算机病毒程序并由一定条件触发并传染。例如，Pakistani Brain 计算机病毒在一定程度上就证实了这种说法，该计算机病毒是巴基斯坦的两兄弟为了追踪非法复制其软件的用户而编制的，它只是修改磁盘卷标，把卷标改为 Brain 以便识别。也正因为如此，当计算机病毒出现之后，有人认为这是由软件制造商为了保护自己的软件不被非法复制所致。

关于计算机病毒起源的原因还有一些其他说法。归纳起来，计算机系统、Internet 的脆弱性是产生计算机病毒的根本技术原因之一，计算机科学技术的不断进步和快速普及应用是产生计算机病毒的加速器。人性心态与人的价值和法治的定位是产生计算机病毒的社会基础。基于政治、军事等方面的特殊目的是计算机病毒应用产生质变的催化剂。

三、计算机病毒发展背景

1．计算机病毒的祖先："Core War（磁芯大战）"

早在 1949 年，距离第一部商用计算机的出现还有好几年时，计算机的先驱者冯·诺依曼在他的一篇论文《复杂自动机组织论》中，提出了计算机程序能够在内存中自我复制，即已把计算机病毒程序的蓝图勾勒出来，但当时，绝大部分的计算机专家都无法想象这种会自我繁殖的程序是可能实现的，只有少数几个科学家默默地研究冯·诺依曼所提出的概念。直到 10 年之后，在美国电话电报公司（AT&T）的贝尔实验室中，3 个年轻程序员在工作之余想出一种电子游戏叫作 "Core War（磁芯大战）"。他们是道格拉斯·麦耀莱（H.Douglas McIlroy）、维特·维索斯基（Victor Vysottsky）以及罗伯·莫里斯（Robert T.Morris），当时 3 人年纪都只有二十多岁。Robert T.Morris 就是后来编写了一个 Worm，把 Internet 搞得天翻地覆，Robert T.Morris 的父亲当时刚好负责 Arpanet 网络安全。

Core War 的玩法如下：双方各编写一套程序，输入同一台计算机中。这两套程序在计算机内存中运行，它们相互追杀。有时它们会放下一些关卡，有时会停下来修复被对方破坏的指令。

当它们被困时，可以自己复制自己，逃离险境。因为它们都在计算机的内存（以前均用 Core 做内存）游走，因此叫"Core War"。

这个游戏的特点在于双方的程序进入计算机之后，玩游戏的人只能看着屏幕上显示的战况，而不能做任何更改，一直到某一方的程序被另一方的程序完全"吃掉"为止。磁芯大战是个笼统的名称，事实上还可细分成好几种。

McIlroy 所写的叫"达尔文"，包含了"物竞天择，适者生存"的意思。它的游戏规则跟以上所描述的最接近，游戏双方用汇编语言（Assembly Language）各写一套程序，叫"有机体（Organism）"。这两个有机体在计算机里争斗不休，直到一方把另一方杀掉而取代之，便算分出了胜负。

在比赛时 Morris 经常匠心独具，击败对手。另外有个叫"爬行者（Creeper）"的病毒，每一次把它读出时，它便自己复制一个副本。此外，它也会从一台计算机"爬"到另一台有网络的计算机，很快，计算机中原有的资料便被这些爬行者挤掉了。爬行者的唯一生存目的是繁殖。为了对付"爬行者"，有人编写出了"收割者（Reaper）"。它的唯一生存目的便是找到爬行者，把它们毁灭掉。当所有爬行者都被清除掉之后，收割者便执行程序中最后一项指令："毁灭自己"，然后即从计算机中消失。

2．计算机病毒的出现

在单机操作时代，每个计算机是互相独立的，如果有某部计算机受到计算机病毒的感染而失去控制，只需把它关掉。但是当计算机网络逐渐成为社会结构的一部分之后，一个会自我复制的计算机病毒程序便很可能带来无穷的祸害了。因此，长久以来，懂得玩"磁芯大战"游戏的计算机工作者都严守一条不成文的规则：不对大众公开这些程序的内容。

这项规则在 1983 年被打破了。科恩·汤普逊（Ken Thompson）是当年的一个杰出计算机得奖人。在颁奖典礼上，他做了一个演讲，不但公开地证实了计算机病毒的存在，而且还告诉所有听众怎样去写自己的计算机病毒程序。1983 年 11 月 3 日，弗雷德·科恩（Fred Cohen）博士研制出一种在运行过程中可以复制自身的破坏性程序，伦·艾德勒曼（Len Adleman）将它命名为计算机病毒（Computer Viruses），并在每周一次的计算机安全讨论会上正式提出，8 小时后专家们在 VAX11/750 计算机系统上运行，第一个计算机病毒实验成功，一周后又获准进行 5 个实验的演示，从而在实验上验证了计算机病毒的存在。

1984 年，《科学美国人》月刊（Scientific American）的专栏作家杜特尼（A.K.Dewdney）在五月号写了第一篇讨论"磁芯大战"的文章，并且只要寄上两美金，任何读者都可以收到他所写的有关编写这种程序的要领，并可以在自己家中的计算机上开辟战场。

3．"计算机病毒"一词的正式出现

在 1985 年 3 月份的《科学美国人》里，杜特尼再次讨论"Core War"和计算机病毒。在该文章中第一次提到"计算机病毒"这个名称。他说："意大利的罗勃吐·歇鲁帝（Roberto Cerruti）和马高·莫鲁顾帝（Marco Morocutti）发明了一种破坏软件的方法。他们想用计算机病毒，而不是蠕虫，来使得苹果二号计算机受感染"。歇鲁帝写了一封信给杜特尼，信内说："马高想写一个像'计算机病毒'一样的程序，可以从一台苹果计算机传染到另一台苹果计算机，使其受到感染。可是我们没法这样做，直到我想到这个计算机病毒要先使软盘受到感染，而计算机

只是媒介。这样，计算机病毒就可以从一张软盘传染到另一软盘了"。从此，计算机病毒就伴随着计算机的发展而发展起来了。

图 3-1 保护计算机

四、计算机病毒发展历史

自从 1987 年发现了全世界首例计算机病毒以来，计算机病毒的数量随着技术的发展不断递增，困扰着涉及计算机领域的各个行业，计算机病毒的危害及造成的损失是众所周知的。也许有人会问："计算机病毒是哪位先生发明的？"这个问题至今无法说清楚，但是有一点可以肯定，即计算机病毒的发源地是科学最发达的美国。

虽然全世界的计算机专家们站在不同立场或不同角度分析了计算机病毒的起因，但也没有能够对此做出最后的定论，只能推测计算机病毒源于上小节提到的几种情况：一、科幻小说的启发；二、恶作剧的产物；三、计算机游戏的产物；四、软件产权保护的结果。

IT 行业普遍认为，从最原始的单机磁盘病毒到现在逐步进入人们视野的手机病毒，计算机病毒主要经历了六个重要的发展阶段。

1．原始病毒阶段

第一阶段为原始病毒阶段，产生年限一般认为在 1986—1989 年，由于当时计算机的应用软件少，而且大多是单机运行，因此病毒没有大量流行，种类也很有限，病毒的清除工作相对来说较容易。主要特点是：攻击目标较单一；主要通过截获系统中断向量的方式监视系统的运行状态，并在一定的条件下对目标进行传染；病毒程序不具有自我保护的措施，容易被人们分析和解剖。

随着计算机反病毒技术的提高和反病毒产品的不断涌现，病毒编制者也在不断地总结自己的编程技巧和经验，千方百计地逃避反病毒产品的分析、检测和解毒，从而出现了第二代计算机病毒。

2．混合型病毒阶段

第二阶段为混合型病毒阶段。其产生的年限在 1989—1991 年，是计算机病毒由简单发展到复杂的阶段。计算机局域网开始应用与普及，给计算机病毒带来了第一次流行高峰。这一阶段病毒的主要特点为以下几点。

（1）病毒攻击的目标趋于混合型，可以感染多个/种目标。

（2）病毒程序采取隐蔽的方法驻留内存和传染目标。

（3）病毒传染目标后没有明显的特征。

（4）病毒程序采取了自我保护措施，如加密技术、反跟踪技术，制造障碍，增加人们剖析和检测病毒、解毒的难度。

（5）出现了许多病毒的变种，这些变种病毒较原病毒的传染性更隐蔽，破坏性更大。

这一时期出现的病毒不仅在数量上急剧地增加，更重要的是病毒从编制的方式方法，驻留内存，以及对宿主程序的传染方式方法等方面都有了较大的变化。

3. 多态性病毒阶段

第三阶段为多态性病毒阶段。此类病毒的主要特点是，在每次传染目标时，放入宿主程序中的病毒程序大部分都是可变的。因此防病毒软件查杀非常困难。如1994年在国内出现的"幽灵"病毒就属于这种类型。这一阶段病毒技术开始向多维化方向发展。

第三代病毒的产生年限从1992年开始至1995年，此类病毒称为"多态性"病毒或"自我变形"病毒。所谓"多态性"或"自我变形"的含义是指此类病毒在每次传染目标时，放入宿主程序中的病毒程序大部分都是可变的，即同一种病毒的多个样本中，病毒程序的代码绝大多数是不同的。

此类病毒的首创者是Mark Washburn，他是一位反病毒的技术专家，他编写的1260病毒就是一种多态性病毒，该病毒有极强的传染力，被传染的文件被加密，每次传染时都更换加密密钥，而且病毒程序都进行了相当大的改动。他编写此类病毒的目的是为了研究，证明特征代码检测法不是在任何场合下都是有效的。不幸的是，为研究病毒而发明的此种病毒超出了反病毒的技术范围，流入了病毒技术中。

1992年上半年，在保加利亚发现了"黑夜复仇者（Dark Avenger）"病毒的变种"Mutation Dark Avenger"。这是世界上最早发现的多态性的实战病毒，它可用独特的加密算法产生几乎无限数量的不同形态的同一病毒。据悉该病毒编写者还散布一种名为"多态性发生器"的软件工具，利用此工具将普通病毒进行编译即可使之变为多态性病毒。

1992年早期，第一个多台计算机病毒生成器"MtE"开发出来，同时，第一个计算机病毒构造工具集（Virus Construction Sets）—"计算机病毒创建库（Virus Create Library）"开发成功，这类工具的典型代表是"计算机病毒制造机（VCL）"，它可以在瞬间制造出成千上万种不同的计算机病毒，查解时就不能使用传统的特征识别法，需要在宏观上分析指令，解码后查解计算机病毒。变体机就是增加解码复杂程度的指令生成机制。这段时期出现了很多非常复杂的计算机病毒，如"死亡坠落（Night Fall）""胡桃钳子（Nutcracker）"等，以及一些很有趣的计算机病毒，如"两性体（Bisexual）""RNMS"等。

国内在1994年年底已经发现了多态性病毒——"幽灵"病毒，迫使许多反病毒技术部门开发了相应的检测和消毒产品。

由此可见，第三阶段是病毒的成熟发展阶段。在这一阶段中主要是病毒技术的发展，病毒

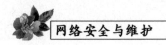

开始向多维化方向发展，计算机病毒将与其自身运行的时间、空间和宿主程序紧密相关，这无疑将导致计算机病毒检测和消除的困难。

五、网络病毒阶段

第四阶段为网络病毒阶段。从 20 世纪 90 年代中后期开始，随着互联网的发展壮大，依赖互联网络传播的邮件病毒和宏病毒等大量涌现，病毒传播快、隐蔽性强、破坏性大。也就是从这一阶段开始，反病毒产业开始萌芽并逐步形成一个规模宏大的新兴产业。

90 年代中后期，随着远程网、远程访问服务的开通，病毒的流行迅速突破地域的限制，通过广域网传播至局域网内，再在局域网内传播扩散。

随着 Windows 系统的日益普及，利用 Windows 系统进行工作的计算机病毒开始发展，它们修改（NE，PE）文件，典型的代表是 DS.3873，这类计算机病毒的机制更为复杂，它们利用保护模式和 API 调用接口工作。在 Windows 环境下的计算机病毒有"博扎（Win 95.Boza）""触角（Tentacle）""AEP"等，随着微软公司操作系统 Windows 95、Windows NT 和微软公司办公软件 Office 的流行，计算机病毒制造者不得不面对一个新的环境，他们开始使用一些新的感染和隐藏方法，制造出在新的环境下可以自我复制和传播的计算机病毒，在计算机病毒中增加多态、反跟踪等技术手段。随着 Windows Word 功能的增强，使用 Word 宏语言也可以编制计算机病毒，感染 Word 文件。针对微软公司字处理软件版本 6 和版本 7 的宏病毒"分享欢乐（Share Fun）"随后也出现了，这种计算机病毒的特殊之处在于除了通过字处理文档传播之外，还可以通过微软的邮件程序发送自己。

1996 年下半年，随着国内 Internet 的普及和 E-mail 的使用，夹杂于 E-mail 内的 WORD 宏病毒已成为病毒的主流。由于宏病毒编写简单、破坏性强、清除方法繁杂，加上微软公司对 DOC 文档结构没有公开，给直接基于文档结构清除宏病毒带来了诸多不便。从某种意义上来讲，宏病毒对文档的破坏已经不仅仅属于普通病毒的概念，如果放任宏病毒泛滥，不采取强有力的彻底解决方法，宏病毒对中国的信息产业将会产生不可预测的后果。

这一时期的病毒的最大特点是利用 Internet 作为其主要传播途径，因而，病毒传播快、隐蔽性强、破坏性大。新型病毒的出现向以行为规则判定病毒的预防产品、以病毒特征为基础的检测产品以及根据计算机病毒传染宿主程序的方法而消除病毒的产品提出了挑战，迫使人们在反病毒的技术和产品上不断进行更新和换代。

随着 Internet 的发展，各种计算机病毒也开始利用 Internet 进行传播，一些携带计算机病毒的数据包和邮件越来越多，出现了使用文件传输协议（FTP）进行传播的蠕虫病毒——"本垒打（Homer）""MIRC 蠕虫"，破坏计算机硬件的"CIH"计算机病毒，远程控制工具"后门（Back Orifice）"，"网络公共汽车（Net Bus）""阶段（Phase）"等类似的病毒。

随着 Internet 上 Java 的普及，利用 Java 语言进行传播和资料获取的计算机病毒开始出现，典型的代表是 Java Snake 病毒。还有一些利用邮件服务器进行传播和破坏的病毒 Mail-Bomb。第一个感染 Java 可执行文件的病毒是"陌生的酿造（Strange Brew）"；名为"兔子（Rabbit）"的病毒则充分利用了 Visual Basic 脚本语言专门为 Internet 所设计的一些特性进行传播；"梅丽莎（Melissa）"病毒利用邮件系统大量复制、传播，造成网络阻塞，甚至瘫痪，还会造成泄密。随着微软 Windows 操作系统逐步，COM 化和脚本化，脚本病毒成为这一时期的主流。脚本病毒和传统的病毒、木马程序相结合，给病毒技术带来了一个新的发展高峰，例如"爱虫"就是一种脚本病毒，它通过微软的电子邮件系统进行传播。

典型代表为"冲击波"病毒和"震荡波"病毒。21世纪，互联网渗入每一户人家，网络成为人们日常生活和工作的不可缺少的一部分。一个曾经未被人们重视的病毒种类遇到适合的滋生环境而迅速蔓延，这就是蠕虫病毒。蠕虫病毒是一种利用网络服务漏洞而主动攻击的计算机病毒类型。与传统病毒不同，蠕虫不依附在其他文件或媒介上，而是独立存在的病毒程序，利用系统的漏洞通过网络主动传播，可在瞬间传遍全世界。这类病毒利用操作系统的漏洞进行进攻型的扩散，不需要任何媒介和操作，用户只要接入互联网络，就有可能被感染，危害性极大。

即时通信工具作为应用层通信软件已经成为人们方便又时尚的聊天和工作工具，而几乎所有免费在线即时通信软件都正在承受着新型病毒的轮番攻击。继电子邮件之后，即时通信软件已经成为病毒黑客入侵的新"管道"。袭击即时通信软件的病毒主要分为三类，一类是只以QQ、MSN等即时通信软件为传播渠道的病毒；二类为专门针对即时通信软件，窃取用户的账号、密码的病毒；第三类是不断给用户发消息的骚扰型病毒。

随着移动通信网络的发展以及移动终端功能的不断强大，计算机病毒开始从传统的互联网络走进移动通信网络世界。随着即时通信软件的发展，依赖于即时通信的病毒也越来越多，手机作为即时通信的基本载体也不断地受到攻击。与互联网用户相比，手机用户覆盖面更广、数量更多，因而高性能的手机病毒一旦爆发，其危害和影响比"冲击波""震荡波"等互联网病毒还要大。

一般认为，手机病毒是以手机等移动通信设备为感染对象，以移动运营商网络为平台，通过发送短信、彩信、电子邮件、浏览网站、下载铃声等方式进行传播，从而导致用户手机关机、死机、SIM卡或芯片损毁、存储资料被删或向外泄露、发送垃圾邮件、拨打未知电话、通话被窃听、订购高额SP（服务提供者）业务等损失的恶意程序。

手机病毒的危害主要有以下几点：恶意扣费、恶意传播、远程语音窃听、个人资料被窃取。据统计80%的手机恶意软件存在至少两种恶意行为。其中，恶意扣费是手机恶意软件中最常见的行为，恶意扣费是在用户不知情或未经授权的情况下，恶意软件通过隐藏执行、欺骗用户点击等手段，订购各类移动增值收费业务、使用手机支付或直接扣除用户资费，导致用户经济损失。

综上所述，反病毒技术已经成为计算机安全的一种新兴产业或称反病毒工业。

六、计算机病毒的演化

计算机病毒的最新发展趋势主要可以归结为以下几点。

1．计算机病毒在演化

病毒和任何程序都一样，不可能十全十美，所以一些人还在修改以前的病毒，使其功能更完善，病毒在不断地演化，使杀毒软件更难检测。

2．千奇百怪的病毒出现

现在操作系统很多，因此，病毒也瞄准了不同的平台，不同的应用场景，不同的网络环境等。

3．病毒的载体也越来越隐蔽

一些新病毒变得越来越隐蔽，新型计算机病毒也越来越多，更多的病毒采用复杂的密码技术，在感染宿主程序时，病毒用随机的算法对病毒程序加密，然后放入宿主程序中，由于随机数算法的结果多达天文数字，放入宿主程序中的病毒程序每次都不相同。同一种病毒，具有多种形态，每一次感染，病毒的面貌都不相同，使检测和杀除病毒非常困难。

4. 病毒攻击的方法随着技术的发展不断进步

随着网络技术的发展和各种应用的扩展，计算机病毒采用不同的手段（包括系统漏洞、软件缺陷、应用模式、程序 BUG 等）采集各种信息，寻找攻击目标，获得各种信息，形成黑色产业链。

制造病毒和查杀病毒永远是一对矛盾，既然杀毒软件是杀病毒的，那么就有人在搞专门破坏杀病毒软件的病毒，一是可以避过杀病毒软件，二是可以修改杀病毒软件，使其杀毒功能改变。因此，反病毒是一个任重道远的事情，需要不断地采用新技术来保护系统和应用的安全。

第二节　计算机病毒的基本概念

一、计算机病毒的生物特征

生物病毒是一种独特的传染因子，它是能够利用宿主细胞的营养物质来自主地复制自身的 DNA 或 RNA、蛋白质等生命组成物质的微小生命体；而计算机病毒要复杂得多，计算机病毒是指编制或者在计算机程序中插入的破坏计算机功能或者毁坏数据，影响计算机使用，并能自我复制的一组计算机指令或者程序代码。生物病毒和计算机病毒是不同领域的两个概念，其物质基础也完全不同，但它们的一些性质却有惊人的相似之处，具体表现在以下几个方面。

1. 宿主

生物病毒都必须在活的宿主细胞中才能得以复制繁殖，利用宿主细胞的核苷酸和氨基酸来自主地合成自身的一些组件，以装配下一代个体。计算机病毒的行为则是将自身的代码插入一段利己的程序代码中去，利用宿主的程序代码被执行或复制的时候，复制自己或产生效应，令系统瘫痪或吞噬计算机资源。

2. 感染性

复制后的生物病毒裂解宿主细胞而被释放出去，感染新的宿主细胞。被复制的计算机病毒代码总要搜寻特定的宿主程序代码并将之感染。生物病毒的核酸好比计算机病毒的循环程序，其不断地循环，导致不断产生新的个体，因而比起计算机病毒更具有感染力。

3. 危害性

生物病毒给人类带来的危害很大，例如，HIV、狂犬病病毒等给人类带来生命的危险；而 TMV、马铃薯 Y 病毒给人带来财产损失。计算机病毒也是如此，一些恶性计算机病毒，会给计算机系统带来毁灭性的破坏，使计算机系统的资源被破坏得无法恢复,甚至会对硬件参数（CMOS 参数）进行修改。

4. 微小性

一般的生物病毒个体很小，必须在电子显微镜下才能见到其真面目。计算机病毒也相当短小精悍，其代码一般都较短。例如，Batch 计算机病毒（一种 *.bat 特洛伊木马型计算机病毒）只有 271 个字节左右的代码长度，Icelandic 计算机病毒只有 642~656 个字节的长度。

5. 简单性

生物病毒往往缺乏许多重要的生物酶系，如核酸合成酶系、呼吸酶系、蛋白质合成酶系等，因此生物病毒必须利用宿主来合成自身所需物质。计算机病毒程序代码一般也都不具备可执行文件的完整结构（Batch 计算机病毒和一些特洛伊木马除外），不可以单独地被激活、执行和复制，必须将其代码的不同部分嵌入到宿主程序的各个代码段中去，才能使其具有传染和破坏性。

6. 变异性

HIV 是生物病毒中最具代表性的一种，它的变异能力使人的免疫系统无法跟上它的变化。计算机病毒的变异力也大得惊人，已经存在的具有生物学意义的变异特性的计算机病毒，可以通过自身程序来完成变异的功能，这些计算机病毒即为多态性计算机病毒，如 DAME 计算机病毒，在其同样的复制品中，相同的代码不到 3 个。

7. 多样性

1892 年俄国植物学家 D.I-vanoskey 发现了烟草花叶病毒（TMV），此后，被发现的生物病毒的数量以惊人的速度增长。在 1982 年，美国的计算机专家 Fredric Cohen 博士在他的博士论文中阐述了计算机病毒存在的可能性之后，从 1987 年首例计算机病毒 Brain 被发现到现在，计算机病毒的数量已经不胜枚举了。

8. 特异性

不同的生物病毒具有不同的感染机制。计算机病毒也具有特异性，如 MacMag 计算机病毒是 Macintosh 计算机的病毒；Macro 计算机病毒只能攻击数据表格文件；Lehigh 计算机病毒只感染 COMMAND.com 文件；Invol 计算机病毒只感染 *.SYS 文件。

9. 相容性和互斥性

溶源性噬菌体是典型的具有相容性和互斥性的生物病毒，而计算机病毒 Jernsalem 只对 *.com 型文件感染一次，对 *.exe 文件则可以重复感染，每次都使文件增加 1808 个字节。

10. 顽固性

由于计算机病毒存在变异性，使得消灭计算机病毒的工作十分不易。斗争具有道高一尺、魔高一丈的特点，计算机技术的不断发展也为计算机病毒提供了更先进的技术和工具，人类要想真正完全地征服计算机病毒，具有相当大的困难。

二、计算机病毒的生命周期

计算机病毒的产生过程主要可分为：程序设计→传播→潜伏→触发→运行→实行攻击。计算机病毒拥有一个生命周期，即从生成作为其生命周期的开始到被完全清除作为其生命周期的结束。下面简要描述计算机病毒生命周期的各个阶段。

1．开发期

早期制造一种计算机病毒需要计算机编程语言的知识，但是今天有一点计算机编程知识的人都可能制造出一种计算机病毒。通常，计算机病毒是一些误入歧途的、试图传播计算机病毒和破坏计算机的个人或组织制造的。

2．传染期

在一种计算机病毒制造出来后，计算机病毒的编写者将其复制并确认其已被传播出去。通常所采用的办法是感染一个流行的程序，再将其放入 BBS 站点、校园和其他大型组织站点当中，并分发其复制物。

3．潜伏期

计算机病毒是自然地复制的。一个设计良好的计算机病毒可以在它激活前长时期里被复制，这就给了它充裕的传播时间。这时计算机病毒的危害在于暗中占据存储空间。

4．发作期

带有破坏机制的计算机病毒会在达到某一特定条件时发作，一旦遇上某种条件，例如，某个日期或出现了用户采取的某特定行为，计算机病毒就被激活了。

5．发现期

当一个计算机病毒被检测到并被隔离出来后，就被送到计算机安全协会或反计算机病毒厂家，在那里计算机病毒被通报和描述给反计算机病毒研究工作者。通常发现计算机病毒是在计算机病毒成为计算机社会的灾难之前完成的。

6．消化期

在这一阶段，反计算机病毒开发人员修改他们的软件以使其可以检测到新发现的计算机病毒。这段时间的长短取决于开发人员的素质和计算机病毒的类型。

7．消亡期

若是所有用户都安装了最新版的杀毒软件，那么已知的计算机病毒都将被扫除。这样没有什么计算机病毒可以广泛地传播，但有一些计算机病毒在消失之前有一个很长的消亡期。至今，还没有哪种计算机病毒已经完全消失，但是处于消亡期的某些计算机病毒会在很长时间里不再是一个重要的威胁了。

三、计算机病毒的传播途径

计算机病毒必须要"搭载"到计算机上才能感染系统，通常它们是附加在某个文件上。计算机病毒的传播主要通过文件复制、文件传送、文件执行等方式进行，文件复制与文件传送需要传输媒介，文件执行则是病毒感染的必然途径（宏病毒通过 Word、Excel 调用间接地执行），因此，病毒传播与文件传播媒体的变化有着直接关系。随着计算机技术的发展而进化，计算机病毒的传播途径大概可以分成以下几种。第一种途径：通过可移动存储设备来传播。这些设备包括硬盘、U 盘、CD、磁带等。第二种途径：通过网页浏览传播。网页病毒是一些非法网站在其网页中嵌入恶意代码，这些代码一般是利用浏览器的漏洞，在用户的计算机中自动执行传播病毒。第三种途径：通过网络主动传播。主要有蠕虫病毒。第四种途径：通过电子邮件传播，病毒在附件中，当打开附件时，病毒就会被激活。第五种途径：通过 QQ、MSN 等即时通信软件和点对点通信系统和无线通道传播。第六种途径：与网络钓鱼相结合的方法传播病毒。第七种途径：通过手机等移动通信设备传播，因为手机可以轻松上网，无线通信网络将成为病毒传播的新的平台。其他未知途径：计算机工业的发展在为人类提供更多、更快捷地传输信息方式的同时，也为计算机病毒的传播提供了新的传播途径。

Internet 开拓性的发展使病毒可能成为灾难，病毒的传播更迅速，反病毒的任务更加艰巨。网络使用的简易性和开放性使得这种威胁越来越严重。新技术、新病毒使得几乎所有人在不知情时无意中成为病毒扩散的载体或传播者。

四、计算机病毒发作的一般症状

计算机病毒是人为的特制程序，具有自我复制能力、很强的感染性、一定的潜伏性、特定的触发性和很大的破坏性。计算机病毒类似于生物病毒，它侵袭计算机以后可能很快发作，也可能在几周、几个月、几年内都潜伏，一旦满足某种条件便发作而使整个系统瘫痪。例如，"星期五"计算机病毒就在星期五发作；"CIH"计算机病毒就在每月的 26 日发作。计算机病毒发作时，总有一些症状是可以观察到的。通过以下一些简单的知识，人们就可以进行相应的防范。

（1）计算机无法启动。病毒破坏了操作系统的引导文件，最典型的病毒是 CIH 病毒。

（2）计算机经常死机。病毒打开了较多的程序，或者是病毒自我复制，占用了大量的系统资源，造成机器经常死机。对于网络病毒，由于病毒为了传播，通过邮件服务和 QQ 等聊天软件传播，也会造成系统因为资源耗尽而死机。

（3）文件无法打开。系统中可以执行的文件，突然无法打开。由于病毒感染了文件，可能会使文件损坏，或者是病毒破坏了可执行文件中操作系统中的关联，都会使文件出现打不开的现象。

（4）系统经常提示内存不足。在打开很少程序的情况下，系统经常提示内存不足，通常是病毒占用了大量系统资源。

（5）磁盘空间不足。自我复制型的病毒，通常会在病毒激活后，进行自我复制，占用硬盘的大量空间。

（6）数据突然丢失。硬盘突然有大量数据丢失，可能是病毒具有删除文件的破坏性导致的。

（7）系统运行速度特别慢。在运行某个程序时，系统响应的时候特别长，响应的时间远远超出了正常响应时间。例如上网速度变慢或连接不到网络。

（8）键盘、鼠标被锁死。部分病毒，可以锁定键盘、鼠标在系统中的使用。

（9）系统每天增加大量来历不明的文件。这一般是病毒进行变种，或入侵系统时遗留下的垃圾文件。

（10）系统自动加载某些程序。系统启动时，病毒可能会修改注册表的键值，自动在后台运行某个程序。部分病毒，如 QQ 病毒，还会自动发送消息。

不同种类的计算机病毒发作时有不同症状，这和病毒的类型和使用的技术密切相关。

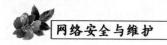

第三节　计算机病毒的分类

从第一种计算机病毒出世以来，究竟世界上有多少种计算机病毒，没有权威机构给出过说明，但很明显，如今计算机病毒是越来越多了，每天网络上都会新增数以万计的病毒。病毒、木马、蠕虫等，都是我们日常网络生活中经常碰到的关于病毒的概念，那么，究竟病毒是怎么分类的呢？对计算机病毒进行分类，是为了更好地了解它们。按照计算机病毒的特点及特性，计算机病毒的分类方法有许多种。

一、计算机病毒的基本分类——一般分类方法

综合病毒本身的技术特点、攻击目标、传播方式等各个方面，一般情况下，我们将病毒大致分为以下几类：传统病毒、宏病毒、恶意脚本、木马、黑客程序、蠕虫、破坏性程序。

1. 传统病毒

传统病毒通过改变文件或者其他东西进行传播，通常有感染可执行文件的文件型病毒和感染引导扇区的引导型病毒。

2. 宏病毒

宏病毒（Macro）是利用 Word、Excel 等的宏脚本功能进行传播的病毒。

3. 恶意脚本

恶意脚本（Script）即以破坏为目的的脚本程序。包括 HTML 脚本，批处理脚本，VB、JS 脚本等。

4. 木马程序

当木马（Trojan）程序被激活或启动后用户无法终止其运行。广义上说，所有的网络服务程序都是木马，判定木马病毒的标准不好确定，通常的标准是：在用户不知情的情况下安装，隐藏在后台，服务器端一般没有界面无法配置的即为木马病毒。

5. 黑客程序

黑客（Hack）程序利用网络来攻击其他计算机的网络工具，被运行或激活后就像其他正常程序一样有界面。黑客程序是用来攻击／破坏别人的计算机，对使用者本身的机器没有损害。

6. 蠕虫程序

蠕虫（Worm）程序是一种可以利用操作系统的漏洞、电子邮件、P2P 软件等自动传播自身的病毒。

7. 破坏性程序

破坏性程序（Harm）启动后，破坏用户的计算机系统，如删除文件、格式化硬盘等。常见的是 bat 文件，也有一些是可执行文件，有一部分和恶意网页结合使用。纯粹的开机型计算机病毒多利用软盘开机时侵入计算机系统，然后再伺机感染其他的软盘或硬盘，例如："Stoned 3（米

开朗基罗）""Disk Killer"和"Head Eleven"等。

二、按照计算机病毒攻击的系统分类

1. 攻击 DOS 系统的计算机病毒

这类计算机病毒出现最早、最多，变种也最多，此类计算机病毒占计算机病毒总数的相当大的一部分。

2. 攻击 Windows 系统的计算机病毒

由于 Windows 的图形用户界面（GUI）和多任务操作系统深受用户的欢迎，因此 Windows 系统也成为计算机病毒攻击的主要对象，利用 Windows 系统的漏洞进行攻击的案例也愈来愈多，手段也越来越隐蔽。

3. 攻击 UNIX 系统的计算机病毒

UNIX 系统应用非常广泛，许多大型的应用系统均采用 UNIX 作为其主要的操作系统，所以 UNIX 系统计算机病毒的出现，对人类的信息处理也是一个严重的威胁。

4. 攻击 OS/2 系统的计算机病毒

世界上已经发现第一个攻击 OS/2 系统的计算机病毒，它虽然简单，但也是一个不祥之兆。

5. 攻击 Macintosh 系统的病毒

这类病毒的例子出现在苹果机上。MacOS 上曾有过 3 个低危病毒；在 Mac OSX 上有过一个通过 iChat 传播的低危病毒。越来越多的证据表明，网络罪犯越来越有兴趣开始创造机会攻击 Mac 电脑，看看是否能为其带来经济收益。例如一种木马病毒，利用 Apple Remote Desktopagent（ARD）上的弱点，以名为 AStht-v05 的汇编 AppleScript 的形式或以名为 AStht-v06 的捆绑应用程序的形式来传播。该 ARD 允许木马病毒以 root 形式运行。

6. 攻击其他操作系统的病毒

包括手机病毒、PDA 病毒等。在主流智能手机操作系统中，安卓系统成为智能手机病毒的"重灾区"。安卓手机的用户正在成为手机病毒疯狂攻击的重点，九成以上的手机病毒是针对安卓系统，并且病毒的数量还在快速增长。例如"安卓吸费王"恶意扣费软件会连续植入多款应用软件中进行传播；"安卓蠕虫群"恶意软件一旦入侵用户手机，会自动外发大量扣费短信。

三、按照计算机病毒的寄生部位或传染对象分类

传染性是计算机病毒的本质属性，根据寄生部位或传染对象分类，也即根据计算机病毒的传染方式进行分类，计算机病毒有以下几种。

1. 磁盘引导区传染的计算机病毒

磁盘引导区传染的计算机病毒主要是用计算机病毒的全部或部分逻辑取代正常的引导记录，而将正常的引导记录隐藏在磁盘的其他地方。由于引导区是磁盘能正常使用的先决条件，因此，这种计算机病毒在运行的一开始（如系统启动）就能获得控制权，其传染性较大。由于在磁盘的引导区内存储着需要使用的重要信息，如果对磁盘上被移走的正常引导记录不进行保护，则在运行过程中就会导致引导记录被破坏。磁盘引导区传染的计算机病毒较多，例如，"大

麻"和"小球"计算机病毒就是这类计算机病毒。

2．操作系统传染的计算机病毒

操作系统是计算机系统得以运行的支持环境，它包括许多可执行工具及程序模块。操作系统传染的计算机病毒就是利用操作系统中所提供的一些程序及程序模块或漏洞等寄生并传染的。通常，这类计算机病毒作为操作系统的一部分，就处在随时被触发的状态。而操作系统的开放性和不绝对完善性增加了这类计算机病毒出现的可能性与传染性。操作系统传染的计算机病毒目前已广泛存在，"黑色星期五"即为此类计算机病毒。

3．可执行程序传染的计算机病毒

可执行程序传染的计算机病毒通常寄生在可执行程序中，一旦程序被执行，计算机病毒也就被激活，而且计算机病毒程序首先被执行，并将自身驻留内存，然后设置触发条件，进行传染。

对于以上 3 种计算机病毒的分类，实际上可以归纳为两大类：一类是引导扇区型传染的计算机病毒；另一类是可执行文件型传染的计算机病毒。

四、按照计算机病毒的攻击机型分类

1．攻击微型计算机的计算机病毒

这是世界上传染最为广泛的计算机病毒。

2．攻击小型机的计算机病毒

小型机的应用范围是极为广泛的，它既可以作为网络的一个节点机，也可以作为计算机网络的主机。自 1988 年 11 月份 Internet 受到 Worm 程序的攻击后，人们认识到小型机也同样不能免遭计算机病毒的攻击。

3．攻击工作站的计算机病毒

随着计算机工作站应用的日趋广泛，攻击计算机工作站的计算机病毒的出现也是对信息系统的一大威胁。

4．攻击大型机的病毒

由于大型机使用专用的处理器指令集、操作系统和应用软件，攻击大型机的病毒微乎其微。但是，病毒对大型机的攻击威胁仍然存在。例如，在 20 世纪 60 年代末，在大型机 UnivaX 1108 系统上出现了可将自身链接于其他程序之后的类似于当代病毒本质的计算机程序。

5．攻击计算机网络的病毒

在计算机网络得到空前应用的今天，在因特网上出现的网络病毒已经是屡见不鲜。

6．攻击手机的病毒

随着移动应用 / 物联网等的普及，在移动手机上的病毒也越来越多，而且发展迅猛。

五、按照计算机病毒的链接方式分类

由于计算机病毒本身必须有一个攻击对象以实现对计算机系统的攻击，因此计算机病毒所攻击的对象是计算机系统可执行的部分。按照链接方式分类，计算机病毒有以下几种。

1．源码型计算机病毒

该计算机病毒能攻击用高级语言编写的程序，并在高级语言所编写的程序编译前插入到原程序中，经编译成为合法程序的一部分。

2．嵌入型计算机病毒

这种计算机病毒是将自身嵌入到现有程序中，把病毒的主体程序与其攻击的对象以插入的方式链接。这种计算机病毒是难以编写的，一旦侵入程序体后也较难消除。如果同时综合采用了多态性计算机病毒技术、超级计算机病毒技术和隐蔽性计算机病毒技术，那么这就将给当前的反计算机病毒技术带来严峻的挑战。

3．外壳型计算机病毒

外壳型计算机病毒将其自身包围在主程序的四周，对原来的程序不做修改。这种计算机病毒最为常见，易于编写，也易于发现，一般测试文件的大小即可知道。

4．操作系统型计算机病毒

这种计算机病毒用它自己的程序意图加入或取代部分操作系统进行工作，具有很强的破坏力，可以导致整个系统的瘫痪。"圆点"计算机病毒和"大麻"计算机病毒就是典型的操作系统型计算机病毒。这种计算机病毒在运行时，用自己的逻辑部分取代操作系统的合法程序模块，根据计算机病毒自身的特点和被替代的操作系统中合法程序模块在操作系统中运行的地位与作用，以及计算机病毒取代操作系统的取代方式等的不同，对操作系统实施不同程度的破坏。

5．定时炸弹型病毒

许多微机上配有供系统时钟用的扩充板，扩充板上有可充电电池和 CMOS 存储器，定时炸弹型病毒可避开系统的中断调用，通过低层硬件访问 CMOS 存储读写。因而这类程序利用这一地方作为传染、触发、破坏的标志，甚至干脆将病毒程序的一部分寄生到这个地方，因这个地方有锂电池为它提供保护，不会因关机或断电而丢失，所以这类病毒十分危险。

六、按照计算机病毒的破坏情况分类

1．良性计算机病毒

良性计算机病毒是指其不包含有立即对计算机系统产生直接破坏作用的代码。有些人对这类计算机病毒的传染认为只是恶作剧，其实良性、恶性都是相对而言的。良性计算机病毒取得系统控制权后，会导致整个系统运行效率降低，系统可用内存总数减少，使某些应用程序不能运行。它还与操作系统和应用程序争抢 CPU 的控制权，不时导致整个系统死锁，给正常操作带来麻烦。有时系统内还会出现几种计算机病毒交叉感染的现象，一个文件不停地反复被几种计算机病毒所感染。例如，原来只有 10KB 的文件变成约 90KB，就是由于被几种计算机病毒反复感染了数十次。这不仅会消耗掉大量宝贵的磁盘存储空间，而且整个计算机系统也由于多种计算机病毒寄生于其中而无法正常工作，因此也不能轻视所谓良性计算机病毒对计算机系统造成的损害。

2．恶性计算机病毒

恶性计算机病毒就是指在其中包含有损伤和破坏计算机系统操作的代码，在其传染或发作时会对系统产生直接的破坏作用。这类计算机病毒是很多的，如"米开朗基罗"计算机病毒。当"米开朗基罗"计算机病毒发作时，硬盘的前 17 个扇区将被彻底破坏，使整个硬盘上的数据无法被恢复，造成的损失是无法挽回的。有的计算机病毒还会对硬盘做格式化等破坏。恶性计算机病毒是很危险的，应当注意防范。所幸防计算机病毒系统可以通过监控系统内的这类异常动作识别出计算机病毒的存在与否，或至少发出警报提醒用户注意。

七、按照计算机病毒的寄生方式分类

1. 覆盖式寄生病毒

覆盖式寄生病毒把病毒自身的程序代码部分或全部覆盖在宿主程序上，破坏宿主程序的部分或全部功能。

2. 链接式寄生病毒

链接式寄生病毒将自身的程序代码通过链接的方式依附于其宿主程序的首部、中间或尾部，而不破坏宿主程序。

3. 填充式寄生病毒

填充式寄生病毒将自身的程序代码侵占其宿主程序的空闲存储空间而不破坏宿主程序的存储空间。

4. 转储式寄生病毒

转储式寄生病毒是改变其宿主程序代码的存储位置，使病毒自身的程序代码侵占宿主程序的存储空间。

八、按照计算机病毒激活的时间分类

按照计算机病毒激活的时间来分类，计算机病毒可分为定时的和随机的两类。定时计算机病毒仅在某一特定时间才发作，而随机计算机病毒一般不是由时钟来激活的。

九、按照计算机病毒的传播媒介分类

按照计算机病毒的传播媒介来分类，计算机病毒可分为单机计算机病毒和网络计算机病毒。

1. 单机计算机病毒

单机计算机病毒的载体是磁盘，常见的是计算机病毒从软盘或 U 盘等移动载体传入硬盘，感染系统，然后再传染其他软盘或 U 盘等移动载体，软盘或 U 盘等移动载体又传染其他系统。

2. 网络计算机病毒

网络计算机病毒的传播媒介不再是移动式载体，而是网络通道，这种计算机病毒的传染能力更强，破坏力更大。

十、按照计算机病毒特有的算法分类

根据计算机病毒特有的算法，计算机病毒可以划分为如下几种。

1. 伴随型计算机病毒

这一类计算机病毒并不改变文件本身，它们根据算法产生 .exe 文件的伴随体，具有同样的名字和不同的扩展名（.com），例如，Xcopy.exe 的伴随体是 Xcopy.com，计算机病毒把自身写入 .com 文件，并不改变 .exe 文件，当 DOS 加载文件时，伴随体优先被执行，再由伴随体加载执行原来的 .exe 文件。

2. "蠕虫"型计算机病毒

这类计算机病毒通过计算机网络传播，不改变文件和资料信息，利用网络从一台计算机的内存传播到其他计算机的内存，寻找计算网络地址，将自身的计算机病毒通过网络发送。有时它们在系统中存在，一般除了内存不占用其他资源。

3. 寄生型计算机病毒

除了伴随型病毒和"蠕虫"型病毒，其他计算机病毒均可称为寄生型计算机病毒，它们依附在系统的引导扇区或文件中，通过系统的功能进行传播，按算法可分为如下几种。

（1）练习型计算机病毒：计算机病毒自身包含错误，不能进行很好的传播，例如一些在调试阶段的计算机病毒。

（2）诡秘型计算机病毒：通过设备技术和文件缓冲区等 DOS 内部修改，使其资源不易被看到，使用比较高级的技术，利用 DOS 空闲的数据区进行工作。

（3）变型计算机病毒（又称幽灵计算机病毒）：这一类计算机病毒使用一个复杂的算法，使自己每传播一份都具有不同的内容和长度。它们一般的做法是一段混有无关指令的解码算法和被变化过的计算机病毒体组成。

十一、按照计算机病毒的传染途径分类

计算机病毒按其传染途径大致可分为两类：一是感染磁盘上的引导扇区的内容的计算机病毒；二是感染文件型计算机的病毒。它们再按传染途径又分为驻留内存型和不驻留内存型，驻留内存型按其驻留内存方式又可细分。混合型计算机病毒集感染引导型和文件型计算机病毒特性于一体。引导型计算机病毒会去改写磁盘上的引导扇区 Boot Sector 的内容，软盘或硬盘都有可能感染计算机病毒；或是改写硬盘上的分区表 FAT。如果用已感染计算机病毒的软盘来启动的话，则会感染硬盘。

感染引导型计算机病毒是一种在 ROMBIOS 之后，系统引导时出现的计算机病毒，它先于操作系统，依托的环境是 BIOS 中断服务程序。引导型计算机病毒是利用操作系统的引导模块放在某个固定的位置，并且控制权的转交方式是以物理地址为依据，而不是以操作系统引导区的内容为依据，因而计算机病毒占据该物理位置即可获得控制权，而将真正的引导区内容搬家转移或替换，待计算机病毒程序被执行后，将控制权交给真正的引导区内容，使得这个带计算机病毒的系统看似正常运转，而计算机病毒已隐藏在系统中伺机传染、发作。引导型计算机病毒按其寄生对象的不同又可分为两类，即 MBR 主引导区计算机病毒和 BR 引导区计算机病毒。MBR 计算机病毒将计算机病毒寄生在硬盘分区主引导程序所占据的硬盘 0 头 0 柱面第 1 个扇区中，典型的有"大麻""2708"等。BR 计算机病毒是将计算机病毒寄生在硬盘逻辑 0 扇区或软盘逻辑 0 扇区（即 0 面 0 道第 1 个扇区），典型的有"Brain""小球"等。

感染文件型计算机病毒主要以感染文件扩展名为 .com、.exe 和 .ovl 等可执行程序为主。它的安装必须借助于计算机病毒的载体程序，即要运行计算机病毒的载体程序，才能把文件型计算机病毒引入内存。大多数的文件型计算机病毒都会把它们自己的程序码复制到其宿主的开头或结尾处，这会造成已感染计算机病毒文件的长度变长。也有部分计算机病毒是直接改写"受害文件"的程序码，因此感染计算机病毒后文件的长度仍然维持不变。感染计算机病毒的文件被执行后，计算机病毒通常会趁机再对下一个文件进行感染。

大多数文件型计算机病毒都是常驻在内存中的。文件型计算机病毒分为源码型计算机病毒、嵌入型计算机病毒和外壳型计算机病毒。源码型计算机病毒是用高级语言编写的，若不进行汇编、链接则无法传染扩散。嵌入型计算机病毒是嵌入在程序的中间，它只能针对某个具体程序。外壳型计算机病毒寄生在宿主程序的前面或后面，并修改程序的第一个执行指令，使计算机病毒先于宿主程序执行，这样随着宿主程序的使用而传染扩散。文件外壳型计算机病毒按其驻留内存方式可分为高端驻留型、常规驻留型、内存控制链驻留型、设备程序补丁驻留型和不驻留内存型。

混合型计算机病毒综合了系统型和文件型计算机病毒的特性，它的"性情"也就比系统型和文件型计算机病毒更为"凶残"。此种计算机病毒通过两种方式来感染，更增加了计算机病毒的传染性以及存活率。不管以哪种方式传染，只要中毒就会经开机或执行程序而感染其他的磁盘或文件，此种计算机病毒也是最难清除的。

十二、按照计算机病毒的破坏行为分类

计算机病毒的破坏行为体现了计算机病毒的杀伤能力。计算机病毒破坏行为的激烈程度取决于计算机病毒编写者的主观愿望和他所具有的技术能量。数以万计、不断发展扩张的计算机病毒，其破坏行为千奇百怪，不可能——列举。根据现有的计算机病毒资料可以把计算机病毒的破坏目标和攻击部位归纳如下。

1. 攻击系统数据区

计算机病毒的攻击部位包括硬盘主引导扇区、Boot 扇区、FAT 表和文件目录。攻击系统数据区的计算机病毒是恶性计算机病毒，受损的数据不易恢复。

2. 攻击文件

计算机病毒对文件的攻击方式很多，如删除文件、改文件名、替换文件内容、丢失部分程序代码、内容颠倒、写入时间空白、变碎片、假冒文件、丢失文件簇和丢失数据文件等。

3. 攻击内存

内存是计算机的重要资源，计算机病毒额外地占用和消耗系统的内存资源，导致大程序运行受阻。攻击内存的方式如占用大量内存、改变内存总量、禁止分配内存和蚕食内存等。

4. 干扰系统运行

计算机病毒会把干扰系统的正常运行作为自己的破坏行为，如不执行命令、干扰内部命令的执行、虚假报警、打不开文件、内部栈溢出、占用特殊数据区、换当前盘、时钟倒转、重启动、死机、强制游戏和扰乱串并行口等。

5．速度下降

计算机病毒激活时，其内部的时间延迟程序启动。在时钟中纳入了时间的循环计数，迫使计算机空运行，计算机速度明显下降等。

6．攻击磁盘

计算机病毒攻击磁盘包括攻击磁盘数据、不写盘、写操作变读操作和写盘时丢字节等。

7．扰乱屏幕显示

计算机病毒扰乱屏幕显示的方式很多，可列举如下：字符跌落、环绕、倒置、显示前一屏、光标下跌、滚屏、抖动、乱写和吃字符等。

8．键盘

计算机病毒干扰键盘操作，已发现有下述方式：响铃、封锁键盘、换字、抹掉缓存区字符、重复和输入紊乱等。

9．喇叭

有的计算机病毒作者让计算机病毒演奏旋律优美的世界名曲，在高雅的曲调中去"杀戮"人们的信息财富。有的计算机病毒作者则通过喇叭发出种种声音，已发现的有以下方式：演奏曲子、警笛声、炸弹噪声、鸣叫、咔咔声和嘀嗒声等。

10．攻击 CMOS

在计算机的 CMOS 区中，保存着系统的重要数据，例如系统时钟、磁盘类型、内存容量等，并具有校验和。有的计算机病毒激活时，能够对 CMOS 区进行写入动作，破坏系统 CMOS 中的数据。

11．干扰打印机

这种类型一般有以下几种方式：假报警、间断性打印和更换字符等。

12．攻击网络

这类病毒有很多种表现方式，可以造成网络资源耗尽不能为用户服务，网络上信息泄漏等。

十三、按照计算机病毒的"作案"方式分类

计算机病毒的"作案"方式五花八门，按照危害程度的不同可对计算机病毒进行如下分类。

1．暗藏型计算机病毒

暗藏型计算机病毒进入计算机系统后能够潜伏下来，到预定时间或特定事件发生时再出来为非作歹。

2．杀手型计算机病毒

杀手型计算机病毒也叫"暗杀型计算机病毒"，这种计算机病毒进入计算机后，专门用来篡改和毁伤某一个或某一组特定的文件、数据，"作案"后不留任何痕迹。

3．霸道型计算机病毒

霸道型计算机病毒能够中断整个计算机的工作，迫使信息系统瘫痪。

4.超载型计算机病毒

超载型计算机病毒进入计算机后能大量复制和繁殖,抢占内存和硬盘空间,使机器因"超载"而无法工作。

5.间谍型计算机病毒

间谍型计算机病毒能从计算机中寻找特定信息和数据,并将其发送到指定的地点,借此窃取情报。

6.强制隔离型计算机病毒

强制隔离型计算机病毒用来破坏计算机网络系统的整体功能,使各个子系统与控制中心,以及各子系统间相互隔离,进而造成整个系统直接瘫痪。

7.欺骗型计算机病毒

欺骗型计算机病毒能打入系统内部,对系统程序进行删改或给敌方系统注入假情报,造成其决策失误。

8.干扰型计算机病毒

干扰型计算机病毒通过对计算机系统或工作环境进行干扰和破坏,达到消耗系统资源、降低处理速度、干扰系统运行、破坏计算机的各种文件和数据的目的,从而使其不能正常工作。

十四、Linux 平台下的病毒分类

1996 年出现的 Staog 是 Linux 系统下的第一个病毒,它出自澳大利亚一个叫 VLAD 的组织。Staog 病毒是用汇编语言编写,专门感染二进制文件,并通过三种方式去尝试得到 root 权限,它向世人揭示了 Linux 可能被病毒感染的潜在危险。2001 年 3 月,美国 SANS 学院的全球事故分析中心发现,针对使用 Linux 系统的计算机的蠕虫病毒被命名为"狮子"病毒,"狮子"病毒能通过电子邮件把一些密码和配置文件发送到一个位于 china.com 的域名上。一旦计算机被彻底感染,"狮子"病毒就会强迫电脑开始在互联网上搜寻别的受害者。越多的 Linux 系统连接到网络上,就会有越多受攻击的可能。Linux 平台下的病毒可以分成以下几类。

1.可执行文件型病毒

可执行文件型病毒是指能够寄生在文件中的,以文件为主要感染对象的病毒。例如病毒 Lindose,当其发现一个 ELF(Executable and Linkable Format,可执行连接格式)文件时,它将检查被感染的机器类型是否为 Intel 80386,如果是则查找该文件中是否有一部分长度大于 2784 字节(或十六进制 AE0),满足这些条件,病毒将用自身代码覆盖该文件并添加宿主文件的相应部分的代码,同时将宿主文件的入口点指向病毒代码部分。Alexander Bartolich 发表了名为《如何编写一个 Linux 的病毒》的文章,详细描述了如何制作一个感染在 Linux/i386 的 ELF 可执行文件的寄生文件病毒。

2.蠕虫病毒

1988 年 Morris 蠕虫爆发后,Eugene H.Spafford 为了区分蠕虫和病毒,给出了蠕虫的技术角度的定义,"计算机蠕虫可以独立运行,并能把自身的一个包含所有功能的版本传播到另外的计算机上。"在 Linux 平台下,利用系统漏洞进行传播的 ramen,lion,Slapper……它们每一个都

感染了大量的 Linux 系统，造成了巨大的损失。在未来，这种蠕虫病毒仍然会愈演愈烈，Linux 系统应用越广泛，蠕虫的传播程度和破坏能力越会增加。

3．脚本病毒

出现比较多的是使用 shell 脚本语言编写的病毒。Linux 系统中有许多的以 .sh 结尾的脚本文件，一个短短十数行的 shell 脚本就可以在短时间内遍历整个硬盘中的所有脚本文件，进行感染。病毒制造者不需要具有很高深的知识，就可以轻易编写出这样的病毒，对系统进行破坏，其破坏方式可以是删除文件，破坏系统正常运行，甚至下载一个木马到系统中等。

4．后门程序

在广义的病毒定义概念中，后门也已经纳入了病毒的范畴。从增加系统超级用户账号的简单后门，到利用系统服务加载，共享库文件注册，rootkit 工具包，甚至可装载内核模块（LKM），Linux 平台下的后门技术发展非常成熟，隐蔽性强，难以清除，这成为 Linux 系统管理员极为头疼的问题。

病毒、蠕虫和木马基本上意味着自动化的黑客行为，直接的黑客攻击目标一般是服务器，如果网络运行了 Linux 系统，特别危险的是服务器，选择一个适合系统的防毒产品，它们能防止病毒的传播。至于 Linux 平台病毒在未来的发展，也会和 Windows 平台下的病毒发展史一样，都有可能在 Linux 上重演。

第四节　互联网环境下病毒的多样化

一、网络病毒的特点

互联网使用它的人们"相隔天涯，如在咫尺"，在享受现代信息技术巨大的进步的同时，互联网也为计算机病毒的传播提供了新的"高速公路"。随着 IT 技术的不断发展和网络技术的更新，网络病毒在感染性、流行性、欺骗性、危害性、潜伏性和顽固性等几个方面也越来越强。

网络病毒从类型上分主要有木马病毒和蠕虫病毒。木马病毒是一种后门程序，潜伏在操作系统中监视用户的各种操作，窃取用户信息，网络游戏和网上银行的账号和密码。蠕虫病毒可以通过多种方式进行传播，甚至是利用操作系统和应用程序的漏洞主动进行攻击，每种蠕虫都包含一个扫描功能模块负责探测存在漏洞的主机，在网络中扫描到存在该漏洞的计算机后就马上传播出去。这点也使得蠕虫病毒危害性非常大，网络中一台计算机感染了蠕虫病毒，一分钟内就可以将网络中所有存在该漏洞的计算机感染。由于蠕虫发送大量传播数据包，所以被蠕虫感染了的网络速度非常缓慢，被蠕虫感染了的计算机也会因为 CPU 和内存占用过高而接近死机状态。

按照网络病毒的传播途径划分的话又分为邮件型病毒和漏洞型病毒。邮件型病毒是通过电子邮件进行传播的，病毒将自身隐藏在邮件的附件中并伪造虚假信息欺骗用户打开该附件从而

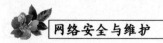

感染病毒，有的邮件型病毒利用的是浏览器的漏洞来实现，用户即使没有打开邮件中的病毒附件而仅仅浏览了邮件内容，浏览器存在的漏洞也会让病毒乘虚而入。漏洞型病毒则更加可怕，目前应用最广泛的 Windows 操作系统的漏洞非常多，每隔一段时间微软都会发布安全补丁弥补漏洞。因此即使没有运行非法软件、没有打开邮件浏览，只要连接到网络中，漏洞型病毒就会利用操作系统的漏洞进入计算机。

间谍软件是一种恶意程序，恶意程序通常是指以攻击为目的编写的一段程序。间谍软件能够附着在共享文件、可执行图像以及各种可执行文件当中，并能趁机潜入用户的系统。它能跟踪用户的上网习惯，窃取用户的密码及其他个人隐私信息。这种软件一旦被安装，往往很难被彻底清除，有时还会严重影响计算机系统的性能。

网络钓鱼陷阱是发送电子邮件，以虚假信息引诱用户中圈套。诈骗分子以垃圾邮件的形式大量发送欺诈性邮件，以中奖、顾问、对账等内容引诱用户在邮件中填入金融账号和密码，或是以各种紧迫的理由要求收件人登录某网页提交用户名、密码、身份证号、信用卡号等信息，继而盗窃用户资金。

网络在发展，病毒也在发展，一个病毒载体身兼数职，自身就是文件型、木马型、漏洞型和邮件型的混合体。在互联网环境下的计算机病毒的发展有自身的特点。

1. 传播网络化

在互联网环境下，通过网络应用（如电子邮件、文件下载、网页浏览）进行传播已经成为计算机病毒传播的主要方式，如"爱虫""红色代码""尼姆达"等病毒都选择了网络作为主要传播途径。

2. 利用操作系统和应用程序的漏洞

利用操作系统和应用程序的漏洞进行传播的病毒主要有"红色代码"和"尼姆达"。由于 IE 浏览器存在漏洞，感染了"尼姆达"病毒的邮件在用户不去人工打开附件的情况下病毒就能激活；"红色代码"则是利用了微软 IIS 服务器软件的漏洞来传播。

3. 传播方式多样

病毒传播方式多样化的典型例子就是"尼姆达"病毒，可利用的传播途径包括文件、电子邮件、Web 服务器、网络共享等。

4. 病毒制作技术

许多新病毒是利用当前最新的编程语言与编程技术实现的，易于修改以产生新的变种，从而逃避反病毒软件的搜索。另外，新病毒利用 Java、ActiveX、VBScript 等技术，可以潜伏在 HTML 页面里，在用户上网浏览时触发。"Kakworm"病毒被发现后，它的感染率一直居高不下，就是由于它利用了 ActiveX 控件中存在的缺陷传播。一旦这种病毒被赋予了其他计算机病毒恶毒的特性，它所造成的危害很可能超过任何现有的计算机病毒。

5. 诱惑性

现在的计算机病毒充分利用人们的好奇心理。例如，曾经肆虐一时的"裸妻"病毒，其主题就是英文的"裸妻"，邮件正文为"我的妻子从未这样"，邮件附件中携带一个名为"裸妻"的可执行文件，用户执行这个文件，病毒就被激活。又如"库尔尼科娃"病毒的流行是利用了"网坛美女"库尔尼科娃的魅力。

6．病毒形式多样化

通过对病毒分析可以看出，虽然新病毒不断产生，但较早的病毒发作仍很普遍，并向卡通图片、ICQ等方面发展。此外，新病毒更善于伪装，如主题会在传播中改变，许多病毒会伪装成常用程序，或者将病毒代码写入文件内部，长度不发生变化，用来麻痹计算机用户。主页病毒的附件并非一个HTML文档，而是一个恶意的VB脚本程序，一旦执行后，就会向用户地址簿中的所有电子邮件地址发送带毒的电子邮件副本。

7．危害多样化

传统的病毒主要攻击单机，而"红色代码"和"尼姆达"则会造成网络拥堵甚至瘫痪，直接危害到了网络系统；另一个危害来自病毒在受害者身上开了后门，开启后门带来的危害，如泄密等，可能会超过病毒本身。

正是由于计算机病毒出现了这些特性，导致了新一代网络杀毒软件的出现，正所谓"矛尖必然盾利"。

二、即时通信病毒

即时通信拥有实时性高、跨平台性广、成本低、效率高等诸多优势，因此其也成为网民们最喜爱的网络沟通方式之一，但随着MSN/QQ等即时通信用户呈几何级数地增长，老病毒新病毒纷纷"下海"，群指即时通信软件。即时通信（IM）类病毒主要指通过即时通信软件（如MSN、QQ等）向用户的联系人自动发送恶意消息或自身文件来达到传播目的的蠕虫等病毒。IM类病毒有两种工作模式：一种是自动发送恶意文本消息，一般都包含一个或多个网址，指向恶意网页，收到消息的用户一旦点击打开了恶意网页就会从恶意网站上自动下载并运行病毒程序；另一种是利用即时通信软件的传送文件功能，将自身直接发送出去。

三、手机病毒

手机中的软件、嵌入式操作系统，相当于一个小型的智能处理器，所以会遭受病毒攻击。短信也不只是简单的文字，包括手机铃声、图片等信息，都需要手机中的操作系统进行解释，然后显示给手机用户，手机病毒就是靠软件系统的漏洞来入侵手机的。手机病毒要传播和运行，必要条件是移动服务商要提供数据传输功能，许多具备上网及下载等功能的手机都可能会被手机病毒入侵。手机病毒按病毒形式可以分为四大类。

1．通过"无红传送"蓝牙设备传播的病毒

"卡比尔（Cabir）"是一种网络蠕虫病毒，它可以感染运行Symbian操作系统的手机。手机中了该病毒后，使用蓝牙无线功能会对邻近的其他存在漏洞的手机进行扫描，在发现漏洞手机后，病毒就会复制自己并发送到该手机上。Lasco.A病毒与蠕虫病毒一样，通过蓝牙无线传播到其他手机上，当用户点击病毒文件后，病毒随即被激活。

2．针对移动通信商的手机病毒

"蚊子木马"病毒隐藏于手机游戏"打蚊子"的破解版中。该病毒不会窃取或破坏用户资料，但它会自动拨号，向一个英国的号码发送大量文本信息，结果导致用户的信息费剧增。

3．针对手机 BUG 的病毒

"移动黑客（Hack mobile smsdos）"病毒通过带有病毒程序的短信传播，只要用户查看带有病毒的短信，手机即刻自动关闭。

4．利用短信或彩信进行攻击的病毒

典型的例子就是针对西门子手机的"Mobile.SMSDOS"病毒。"Mobile.SMSDOS"病毒可以利用短信或彩信进行传播，造成手机内部程序出错，从而导致手机不能正常工作。

手机病毒的危害表现有：①导致用户信息被窃，越来越多的手机用户将个人信息存储在了手机上，如个人通讯录、个人信息、日程安排、各种网络账号、银行账号和密码等。不法分子用病毒入侵手机，窃取用户的重要信息。②传播非法信息，彩信的流行为各种色情、非法的图片、语音，电影的传播提供了便利。③破坏手机软硬件，手机病毒最常见的危害就是破坏手机软件、硬件，导致手机无法正常工作。④造成通信网络瘫痪，如果病毒感染手机后，强制手机不断地向所在通信网络发送垃圾信息，这样势必导致通信网络信息堵塞。这些垃圾信息最终会让局部的手机通信网络瘫痪。

四、流氓软件

"流氓软件"是指表面上看起来有一定使用价值，但同时具备一些计算机病毒和黑客程序特征的软件，表现为强行侵入上网用户的计算机，强行弹出广告，强迫用户接受某些操作，或在用户不知情的前提下，强行安装 IE 插件，不带卸载程序或无法彻底卸载，甚至劫持用户浏览器转到某些指定网站等。流氓软件可分为以下的类型。

1．广告软件

广告软件是指未经用户允许，下载并安装或与其他软件捆绑并通过弹出式广告或以其他形式进行商业广告宣传的程序。软件安装后会一直弹出带有广告内容的窗口，或者在 IE 浏览器的工具栏添加不相干的网页链接图标。

2．间谍软件

间谍软件是在使用者不知情的情况下安装后门程序的软件。用户隐私数据和重要信息会被后门程序捕获。通常由电子邮件型病毒传播，该软件可获取用户的击键记录，使身份窃贼能够获取用户的银行账户和其他机密资料。

3．浏览器劫持

浏览器劫持是一种恶意程序，通过 DLL 插件、BHO、Winsock LSP 等形式对用户的浏览器进行篡改。用户访问正常网站时被转向到恶意网页，输入错误网址时被转到劫持软件制定的网站，IE 主页/搜索页等被修改表现为劫持软件指定的网站地址、收藏夹里自动反复添加恶意网站链接等。

4．行为记录软件

行为记录软件指未经用户许可窃取、分析用户隐私数据，记录用户使用网络习惯的软件。例如在后台记录用户访问过的网站并加以分析，根据用户访问过的网站判断用户的爱好，推送不同的广告。

5. 恶意共享软件

恶意共享软件指采用不正当的捆绑或不透明的方式强制安装在用户的计算机上，造成软件很难被卸载或强制用户购买的免费、共享软件。例如用户安装某款媒体播放软件时会自动安装其他与播放功能毫不相干的软件（如搜索、下载软件），并且用户卸载播放器软件时不会自动卸载这些附加安装的软件。

6. 搜索引擎劫持

搜索引擎劫持指未经用户授权自动修改第三方搜索引擎结果的软件。通常这类软件程序会在第三方搜索引擎的结果中添加自己的广告或加入网站链接获取流量等。

7. 自动拨号软件

自动拨号软件未经用户允许，自动拨叫软件中设定电话号码的程序。通常这类程序会拨打长途或声讯电话，给用户带来高额的电话费。

8. 网络钓鱼

网络钓鱼"（Phishing）"一词，是"Fishing"和"Phone"的综合体，起初黑客是以电话作案，所以用"Ph"来取代"F"，创造了"Phishing"。"网络钓鱼"攻击者利用欺骗性的电子邮件和伪造的 Web 站点来进行诈骗活动，受骗者往往会泄露自己的财务数据，如信用卡号、账户用和口令、社保编号等内容。诈骗者通常会将自己伪装成知名银行、在线零售商和信用卡公司等可信的品牌。

第五节　计算机病毒的检测与清除

一、计算机病毒的检测原理

根据计算机病毒的特点，要想彻底检查出计算机是否感染病毒，必须利用多种方法进行检测，主要有根据异常现象判断和利用专业查毒软件检测两种。

1. 根据异常现象初步检测

虽然不能准确判断系统感染了何种病毒，但是，可通过异常现象来判断病毒的存在。根据异常现象进行初步检测是计算机病毒清除防范十分重要的环节。计算机出现的异常现象主要包括以下几个方面。

（1）计算机运行异常：包括无法开机、开机速度变慢、系统运行速度慢、频繁重启、无故死机和自动关机等。

（2）屏幕显示异常：包括计算机蓝屏、弹出异常对话框和产生特定的图像（如小球计算机病毒）等。

（3）声音播放异常：出现非系统正常声音，如"杨基"（Yangkee）计算机病毒和中国的"浏阳河"计算机病毒。

（4）文件／系统异常：无法找到硬盘分区、文件名称等相关属性遭受更改、硬盘存储空间意外变小、无法打开/读取/操作文件、数据丢失或损坏，以及 CPU 利用率或内存占用率过高的现象。

（5）外设异常：鼠标、打印机等外部设备出现异常，无法正常使用等。

（6）网络异常：联网状态下不能正常上网、杀毒软件无法正常升级、自动弹出网页、主页被篡改、自动发送电子邮件，以及其他异常现象等。

当出现以上异常现象时，则可以初步判断计算机极有可能已经感染了病毒，需要利用专业检测工具进一步检查病毒的存在并杀毒。

2. 利用专业工具检测查毒

由于病毒具有较强的隐蔽性，所以必须使用专业工具对系统进行查毒，主要是针对包括特定的内存、文件、引导区和网络在内的一系列属性，能够准确地报出病毒名称。常见的杀毒软件基本都含有查毒功能，如瑞星免费在线查毒、360 查毒、金山毒霸和卡巴斯基等。

当前，查毒软件使用的最主要的病毒查杀方式为病毒标记法。此种方式首先对新病毒加以分析，编成病毒码，加入资料库中，然后通过检测文件、扇区和内存，利用标记，也就是病毒常用代码的特征，查找已知病毒与病毒资料库中的数据进行对比分析，即可判断是否中毒。其既可在系统运行时检测出计算机病毒，又能在计算机病毒出现时立刻发现。

3. 检测的主要依据

（1）检查磁盘主引导扇区。硬盘的主引导扇区、分区表，以及文件分配表、文件目录区是病毒攻击的主要目标。

引导病毒主要攻击磁盘上的引导扇区。硬盘存放主引导记录的主引导扇区一般位于 0 柱面 0 磁道 1 扇区。该扇区的前 3 个字节是跳转指令（DOS 下），接下来的 8 个字节是厂商、版本信息，再向下的 18 个字节均是 BIOS 参数，记录有磁盘空间、FAT 表和文件目录的相对位置等，其余字节是引导程序代码。病毒侵犯引导扇区的重点是前面的几十个字节。

当发现系统有异常现象时，特别是当发现与系统引导信息有关的异常现象时，可通过检查主引导扇区的内容来诊断故障。方法是采用工具软件，将当前主引导扇区的内容与干净的备份相比较，如发现有异常，则很可能是感染了病毒。

（2）检查 FAT 表。病毒隐藏在磁盘上，一般要对存放的位置做出"坏簇"信息标志反映在 FAT 表中。因此，可通过检查 FAT 表，看有无意外坏簇，来判断是否感染了病毒。

检查中断向量。计算机病毒平时隐藏在磁盘上，在系统启动后，随系统或随调用的可执行文件进入内存并驻留下来，一旦时机成熟，它就开始发起攻击。病毒隐藏和激活一般是采用中断的方法，即修改中断向量，使系统在适当时转向执行病毒代码。病毒代码执行完后，再转回到原中断处理程序执行。因此，可通过检查中断向量有无变化来确定是否感染了病毒。

检查中断向量的变化主要是查看系统的中断向量表，其备份文件一般为 INT.DAT。病毒最常攻击的中断有：磁盘输入/输出中断（13H），绝对读、写中断（25H、26H），以及时钟中断（08H）等。

（4）检查可执行文件。检查 .com 或 .exe 可执行文件的内容、长度和属性等，可判断是否感染了病毒。检查可执行文件的重点是在这些程序的头部即前面的 20 个字节左右。因为病毒主要改变文件的起始部分。对于前附式 .com 文件型病毒，主要感染文件的起始部分，一开始就是病毒代码。对于后附式 .com 文件型病毒，虽然病毒代码在文件后部，但文件开始必有条跳转指令，以使程序跳转到后部的病毒代码。对于 .exe 文件型病毒，文件头部的程序入口指针一定会被改变。因此，对可执行文件的检查主要是看这些可疑文件的头部。

（5）检查内存空间。计算机病毒在传染或执行时，必然要占据一定的内存空间，并驻留在内存中，等待时机再进行传染或攻击。病毒占用的内存空间一般是用户不能覆盖的。因此，可通过检查内存的大小和内存中的数据来判断是否有病毒。

通常采用些简单的工具软件，如 PCTOOLS、DEBUG 等进行检查。病毒驻留到内存后，为防止 DOS 系统将其覆盖，一般都要修改系统数据区记录的系统内存数或内存控制块中的数据。如检查出来的内存可用空间为 635 KB，而计算机真正配置的内存空间为 640 KB，则说明有 5 KB 内存空间被病毒侵占。

虽然内存空间很大，但有些重要数据存放在固定的地点，可首先检查这些地方，如系统启动后，BIOS、变量和设备驱动程序等是放在内存中的固定区域内（0∶4000H ~ 0∶4FF0H）。根据出现的故障，可检查对应的内存区以发现病毒的踪迹。如打印、通信和绘图等出的故障，很可能在检查相应的驱动程序时能发现问题。

（6）检查特征串。一些经常出现的病毒都具有明显的特征，即有特殊的字符串。根据它们的特征，可通过工具软件检查和搜索，以确定病毒的存在和种类。例如，磁盘杀手病毒程序中就有 ASCII 码 diskkiller，这就是该病毒的特征字符串。杀毒软件一般都收集了各种已知病毒的特征字符串，并构造出病毒特征数据库，这样，在检查和搜索可疑文件时，就可用特征数据库中的病毒特征字符串逐一比较，确定被检测文件感染了何种病毒。

这种方法不仅可检查文件是否感染了病毒，并且可确定感染病毒的种类，从而能有效地清除病毒。但缺点是只能检查和发现已知的病毒，不能检查新出现的病毒，而且由于病毒不断变形与更新，老病毒也会以新面孔出现。因此，病毒特征数据库和检查软件也要不断更新版本，才能满足不同用户的使用需要。

4．计算机病毒的检测手段

（1）特征代码法。特征代码法被早期应用于 SCAN、CPAV 等著名病毒检测工具中。国外专家认为特征代码法是检测已知病毒的最简单、开销最小的方法。

特征代码法的实现步骤如下。

①采集已知病毒样本，病毒如果既感染 .com 文件，又感染 .exe 文件，对这种病毒要同时采集 .com 型病毒样本和 .exe 型病毒样本。

②在病毒样本中，抽取特征代码。依据如下原则：抽取的代码比较特殊，不大可能与普通正常程序代码吻合。抽取的代码要有适当长度，一方面维持特征代码的唯一性，另一方面又不要有太大的空间与时间的开销。如果一种病毒的特征代码增长 1B，要检测 3000 种病毒，增加的空间就是 3000B。在保持唯一性的前提下，尽量使特征代码长度短些，以减少空间与时间开销。在既感染 .com 文件又感染 .exe 文件的病毒样本中，要抽取两种样本共有的代码。将特征代码纳入病毒数据库。

③打开被检测文件，在文件中搜索和检查文件中是否含有病毒数据库中的病毒特征代码。如果发现病毒特征代码，由于特征代码与病毒一一对应，便可以断定，被查文件中患有何种病毒。

检测准确、可识别病毒的名称和误报警率低是特征代码法的优点，可依据检测结果，进行解毒处理。但是，采用病毒特征代码法的检测工具，面对不断出现的新病毒，必须不断更新版本，否则检测工具便会老化，逐渐失去实用价值。病毒特征代码法对从未见过的新病毒，自然无法知道其特征代码，因而无法检测这些新病毒。另外，搜集已知病毒的特征代码，费用开销大，在网络上效率低（在网络服务器上，因长时间检索会使整个网络性能变坏）。

因此，特征代码法有以下的特点。

· 速度慢。随着病毒种类的增多，检索时间变长。如果检索 5000 种病毒，必须逐一检查 5000 个病毒特征代码。如果病毒种类再增加，检测病毒的时间开销就变得十分可观。此类工具检测的高速性，将变得日益困难。

· 误报警率低。

· 不能检查多态性病毒。特征代码法是不可能检测多态性病毒的。国外专家认为多态性病毒是病毒特征代码法的终结者。

不能对付隐蔽性病毒。隐蔽性病毒如果先进驻内存，后运行病毒检测工具，隐蔽性病毒能先于检测工具，将被查文件中的病毒代码剥去，检测工具其实是在检查一个虚假的"好文件"，而不能报警，被隐蔽性病毒蒙骗。

（2）校验和法。计算正常文件内容的校验和，将该校验和写入该文件中或写入别的文件中保存。在文件使用过程中，定期地或每次使用文件前，检查文件现在内容算出的校验和与原来保存的校验和是否一致，因而可以发现文件是否感染，这种方法称为校验和法，它既可发现已知病毒也可发现未知病毒。在 SCAN 和 CPAV 工具的后期版本中除了病毒特征代码法之外，也纳入校验和法，以提高其检测能力。

运用校验和法查病毒采用以下 3 种方式。

①在检测病毒工具中纳入校验和法，对被查的对象文件计算其正常状态的校验和，将校验和值写入被查文件中或检测工具中，之后进行比较。

②在应用程序中，放入校验和法自我检查功能，将文件正常状态的校验和写入文件身中，每当应用程序启动时，比较现行校验和与原校验和值，实现应用程序的自检测。

③用校验和检查程序常驻内存，每当应用程序开始运行时，自动比较检查应用程序内部或别的文件中预先保存的校验和。

但是，这种方法不能识别病毒类，不能报出病毒名称。由于病毒感染并非文件内容改变的唯一原因，文件内容的改变有可能是正常程序引起的，所以校验和法常常误报警，而且此方法会影响文件的运行速度。

病毒感染的确会引起文件内容变化，但是校验和法对文件内容的变化太敏感，又不能区分正常程序引起的变动，而频繁报警。用监视文件的校验和来检测病毒，不是最好的方法。这种方法遇到已有软件版本更新、变更口令和修改运行参数等，都会发生误报警。

校验和法对隐蔽性病毒无效。隐蔽性病毒进驻内存后，会自动剥去染毒程序中的病毒代码，使校验和法受骗，对一个有毒文件算出正常校验和。

综上所述，校验和法的优点是：方法简单能发现未知病毒，被查文件的细微变化也能发现。其缺点是：会误报警，不能识别病毒名称，不能对付隐蔽型病毒。

（3）行为监测法。利用病毒的特有行为特征来监测病毒的方法，称为行为监测法。通过对病毒多年的观察与研究，有一些行为是病毒的共同行为，而且比较特殊。在正常程序中，这些行为比较罕见。当程序运行时，监视其行为，如果发现了病毒行为，立即报警。

这些能够作为监测病毒的行为特征如下。

①占有 INT13H。所有的引导型病毒，都攻击 BOOT 扇区或主引导扇区。系统启动时，当 BOOT 扇区或主引导扇区获得执行权时，系统刚刚开始工作。一般引导型病毒都会占用 INT13H 功能，因为其他系统功能未设置好，无法利用。引导型病毒占据 INT13H 功能，在其中放置病毒所需的代码。

②修改 DOS 系统内存总量。病毒常驻内存后，为了防止 DOS 系统将其覆盖，必须修改系统内存总量。

③对 .com 和 .exe 文件做写入动作。病毒要感染 .com 和 .exe 文件，必须对它们进行写操作。

④病毒程序与宿主程序的切换。染毒程序运行中，先运行病毒，而后执行宿主程序。在两者切换时，有许多特征行为。

行为监测法的优点：可发现未知病毒，可相当准确地预报未知的多数病毒。行为监测法的缺点：可能误报警，不能识别病毒名称，实现时有一定难度。

（4）软件模拟法。多态性病毒每次感染都改变其病毒密码，对付这种病毒，特征代码法失效。因为多态性病毒代码实施密码化，而且每次所用密钥不同，把染毒的病毒代码相互比较，也无法找出相同的可能作为特征的稳定代码。虽然行为检测法可以检测多态性病毒，但是在检测出病毒后，因为不知病毒的种类，难以做消毒处理。

为了检测多态性病毒，可应用新的检测方法——软件模拟法。它使用一种软件分析器，用软件方法来模拟和分析程序的运行。该类工具开始运行时，使用特征代码法检测病毒，如果发现隐蔽病毒或多态性病毒嫌疑时，启动软件模拟模块，监视病毒的运行，待病毒自身的密码译码以后，再运用特征代码法来识别病毒的种类。

二、计算机病毒的清除原理

清除计算机病毒要建立在正确检测计算机病毒的基础之上。清除计算机病毒主要应做好以下工作。

（1）清除内存中的病毒。

（2）清除磁盘中的病毒。

（3）病毒发作后的善后处理。

大多数商品化的软件为保证对病毒的正确检测，都对内存进行检测。但清除内存中病毒的软件并不多，一般都要求从干净的系统盘启动后再做病毒的检测和清除工作。

清除引导区病毒时，应预先准备好正常引导程序的备份，以对付覆盖型的引导区型病毒。对主引导区表信息应该特别注意，因为一旦分区表信息被破坏，要从硬盘中提取现有分区的状况并恢复分区表比较困难。对于将引导扇区转储的引导区型病毒，只要将原引导扇区找出并回写就可以了，但在回写前要检查其有效性，不然也可能会造成破坏，使原本在带病毒的情况下尚能存取的硬盘，在清除了病毒之后反而找不到硬盘了。

除了覆盖型的文件型病毒之外，其他感染 .com 型和 .exe 型的文件型病毒都可以被清除干净。因为病毒是在基本保持原文件功能的基础上进行传染的，既然文件的基本功能在染毒后也能实现，只是增加了依靠文件中增加的病毒代码运行的病毒，那么反病毒软件也可以仿照病毒的方法进行传染的逆过程——将增加的病毒代码清除出被感染文件，并保持其原有的功能。但是，

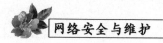

被覆盖型病毒感染的文件最好彻底删除，因为文件原有的部分代码已被病毒代码所取代且没有备份，从而无法恢复文件原有的功能。

三、计算机病毒的清除方法

计算机病毒的清除方法一般有人工清除法和自动清除法两种。其中，人工清除是指用户利用软件，如 DEBUG、PCTools 等所具有的有关功能的工具进行病毒清除；自动清除是指利用防治病毒的软件来清除病毒。这两种方法视具体情况可以灵活运用。虽然目前有不少防治病毒的软件，但由于病毒的多样性和软件的使用范围的局限性，不可能刚出现一种病毒就能很快研制出一种清除和抗毒的软件。因此，掌握人工清除的方法有特别重要的意义。

在 DOS 系统时期，人工清除的步骤是：首先用一张"干净"（无病毒感染）的 DOS 系统盘，关闭写保护，启动系统；然后判断病毒感染对象。如果是分区感染，则恢复正常的分区表；如果是 Boot 区感染，则恢复 Boot 区；如果是可执行文件感染，则对该文件消毒；最后，回收资源，如修改文件分配表（FAT）、根目录区等。

1. 文件型病毒的清除方法

在计算机病毒中绝大部分是文件型病毒。所谓"文件型病毒"是指此类病毒寄生在可执行文件上，传播的途径也是依靠可执行文件。从数学角度来讲，清除病毒的过程实际上是病毒感染过程的逆过程。通过检测工作，已经得到了病毒体的全部代码，用于还原的数据肯定在病毒体内，只要找到这些数据，依照一定的方法即可将文件恢复，也就是说可以将病毒清除。

清除文件型病毒通常按照以下步骤进行：

（1）分析病毒与被感染文件之间的链接方式。

（2）确定病毒程序是位于文件的首部还是尾部，找到病毒程序开始和结束的位置，还原被感染文件的主要部分。

（3）恢复被感染文件的头部参数。

感染 com 文件的病毒会把 com 文件的头 3B 替换为病毒程序，并且把这 3B 保存在病毒体中。恢复时，就要从病毒体中找出这 3B，用来替换文件头中的病毒程序。

exe 文件被病毒感染后，文件头中的 CS、TP、SS、SP 等字段会被病毒修改，与被感染的 com 文件一样，这些字段的原有值被存放在病毒体中。特别要注意的是，有些病毒会先把这些值加密或变形，然后再存储。找出这些参数后，恢复文件头中的 CS、IP、SS、SP 等字段的值。另外，清除文件中的病毒后，文件的长度会变短，因此需要修改文件头中的长度参数。最后，把恢复后的内容写入文件。在这一过程中，因为不包括病毒体，文件长度会变短，只要把文件的正常内容写入文件病毒体就会被清除。

2. 引导型病毒的清除方法

（1）引导型病毒的清除原理

①引导型病毒感染时的攻击部位有硬盘主引导扇区和硬盘或软盘的 Boot 扇区。为保存原主引导扇区、Boot 扇区，病毒可能随意地将它们写入其他扇区，而毁坏这些扇区。

②硬盘主引导扇区染毒是可以修复的。恢复步骤如下：

用无毒软盘启动系统。寻找一台同类型、硬盘分区相同的无毒机器，将其硬盘主引导扇区写入一张软盘；或者病毒感染前硬盘主引导扇区有备份，将备份的主引导扇区写入一张软盘。将此软件插入染毒机器，将其中采集的主引导扇区数据写入染毒硬盘，即可修复。

③硬盘、软盘 Boot 扇区染毒也可以修复。解决办法就是寻找与染毒盘相同版本的无毒系统软盘，执行 SYS 命令，即可修复。

④引导型病毒如果将原主引导扇区或 Boot 扇区以覆盖的方式写入根目录区，被覆盖的根目录区将被完全破坏，不可能修复。

⑤如果引导型病毒将原主引导扇区或 Boot 扇区以覆盖的方式写入第一 FAT 时，第二未破坏，则可以修复。可将第二 FAT 复制到第一个 FAT 中。

⑥一般情况下，引导型病毒占用的其他部分存储空间，只有采用"坏簇"技术和"文件结束簇"技术占用的空间需要收回。

（2）DEBUG 清除引导型病毒

在检测到磁盘被引导型病毒感染后，清除病毒的基本思想是用正常的系统引导程序覆盖引导扇区中的病毒程序。

如果在病毒感染以前，预先阅读并保存了磁盘主引导区和 DOS 引导扇区的内容，就很容易清除病毒。可以用 DEBUG 把保存的内容读入内存，再写入引导扇区，于是引导扇区中的病毒被正常引导程序所替代。

假设 MBR.dat 和 Boot.dat 分别保存的是硬盘的主导扇区和 DOS 引导扇区的内容，长度为512B，则按以下步骤执行：

```
A>DEBUG
—NMBR.DAT
—L7C00
—NBoot.DAT
—L7E00
—A100
XXXX：0100MOVAX，0301
XXXX：0103MOVAX，7C00
XXXX：0106MOVCX，0001
XXXX：0109MOVDX，0080
XXXX：010CINT13
XXXX：010EINT3
XXXX：010F
—G
—W7E00201
—Q
```

如果没有保留引导扇区的信息，则清除其中的病毒比较困难。对于那些把引导扇区的内容转移到其他扇区中的病毒，需要分析病毒程序的引导代码，找出正常引导扇区内容的存放地址，把它们读入内存，再按上面的方法写到引导扇区中。这将要花费较多的时间。

而对于那些直接覆盖引导扇区的病毒，则必须从其他微机中读取正常的引导程序。具体做法是：先从没有被病毒感染的微机硬盘中读取主引导扇区内容，其中含有主引导程序和该硬盘的分区表。将其写入被病毒感染的硬盘主引导区，然后把写入的主引导程序和本硬盘的分区表连接，把连接后的内容写入内存。

假设从未被感染的微机硬盘中读取主引导扇区，存放在 A 盘的 MBR.dat 中：

A>DEBUG

—A100

XXXX：0100MOVAX，0201XXXX：0103MOVBX，7C00XXXX：0106MOVCX，0001XXXX：0109MOVDX，0080XXXX：010CINT13XXXX：010EINT3XXXX：010F

—G

—NA：MBR

—RCX0200

—W7C00

—Q

这样已经得到了一张带有正常主引导扇区的软盘，下面要做的就是把这些内容写入被病毒感染的硬盘。在带有病毒的计算机上，用"干净"的系统盘启动，然后进入 DEBUG：

A>DEBUG

—A100

XXXX：0100MOVAX，0201

XXXX：0103MOVBX，7C00

XXXX：0106MOVCX，0001

XXXX：0109MOVDX，0080

XXXX：010CINT13

XXXX：010EINT3

XXXX：010F

—G

—NA：MBR

—L7E00

0200

—M7E00LIBE7C00

—A100

XXXX：0100MOVCX，0301

XXXX：0103

—G=100

—Q

以上介绍的是清除硬盘主引导扇区病毒的方法。对于硬盘 DOS 引导扇区中的病毒，可以用和硬盘上相同版本的 DOS（从软盘）启动，再执行 A：\>SYSC：命令传送系统到 C 盘，即可清除硬盘 DOS 引导扇区的病毒。

3．宏病毒的清除方法

宏病毒是一类主要感染 Word 文档和文档模板等数据文件的病毒。宏病毒是使用某个应用程序自带的宏编程语言编写的病毒，目前国际上已发现 3 类宏病毒：感染 Word 系统的 Word 宏病毒、感染 Excel 系统的 Excel 宏病毒和感染 Lotus AmiPro 的宏病毒。目前，人们所说的宏病毒主要指 Word 和 Excel 宏病毒。

与以往的病毒不同，宏病毒有以下特点：

（1）感染数据文件：宏病毒专门感染数据文件，彻底改变了人们的"数据文件不会传播病毒"的错误认识。

（2）多平台交叉感染：宏病毒冲破了以往病毒在单一平台上传播的局限，当 Word、Excel 这类软件在不同平台（如 Windows、Windows NT/2000、OS/2 和 Macintosh 等）上运行时，会被宏病毒交叉感染。

（3）容易编写：以往病毒都是以二进制的计算机机器码形式出现，而宏病毒则是以人们容易阅读的源代码形式出现，所以编写和修改宏病毒比以往病毒更容易。

（4）容易传播：别人送一篇文章或发一封电子邮件给你，如果它们带有病毒，只要打开这些文件，计算机就会被宏病毒感染了。此后，打开或新建文件都可能感染宏病毒，这导致了宏病毒的感染率非常高。

感染了宏病毒后，同样可以用防治计算机病毒的软件来查杀，如果手头一时没有病毒防治软件的话，对某些感染 word 文档的宏病毒也可以通过手工操作的方法来查杀。

4．网络病毒清除方法

网络病毒主要指通过互联网络进行传染的病毒，互联网络指的是传染渠道，就病毒本身而言，可能包括文件型病毒、引导型病毒等多种病毒，所以这里所说的清除方法是针对网络，主要是局域网这一特殊传染环境的各种针对性措施。

（1）立即使用 BROADCAST 等命令，通知所有用户退网，关闭文件服务器。

（2）用带有写保护的、"干净"的系统盘启动系统管理员工作站，并立即清除本机病毒。

（3）用带有写保护的、"干净"的系统盘启动文件服务器，系统管理员登录后，使用 DISA—BLELOGIN 等命令禁止其他用户登录。

（4）做好系统及文件备份工作。将文件服务器的硬盘中的重要资料备份到干净的软盘上。但千万不可执行硬盘上的程序，也千万不要往硬盘中复制文件，以免破坏被病毒搞乱的硬盘数据结构。

（5）用最新的病毒防治软件扫描服务器上所有卷的文件，尝试恢复或删除被病毒感染的文件，重新安装被删文件。

（6）用病毒防治软件扫描并清除所有可能染上病毒的软盘或备份文件中的病毒。

（7）用病毒防治软件扫描并清除所有的有盘工作站硬盘上的病毒。

（8）对于已经误删除、丢失的数据或文件，可以尝试使用数据恢复软件进行恢复。

（9）对于上网的用户来说，一定要及时的下载并安装系统补丁程序。

（10）对于非计算机专业的使用人员，一定要尝试安装使用高端的安全卫士，来对你的电脑或网络定期不定期进行基本的维护工作。

（11）通过网络进行下载或者浏览信息时，尝试登录官方网站或者大型的门户网站去进行

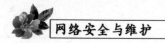

相关的操作，尽量不去或者少去一些不知名的网站，不去色情、暴力、反动的网站。

（12）及时关注系统的运行状态，对于异常进程、不用的端口以及不经常使用的部分服务功能及时地进行关闭操作。

（13）及时地清除异常系统启动项，以及系统目录中的异常文件。

（14）在确信病毒已经彻底清除后，重新启动网络和工作站。如有异常现象，请网络安全与病毒防治专家来进行下一步处理。

四、病毒和防病毒技术的发展趋势

如今，防范与解决计算机病毒已是迫在眉睫，但想要防范计算机病毒，首先要对计算机病毒进行系统的了解，才能控制、预防和清除计算机病毒。

1.计算机病毒的发展趋势

近年来，随着互联网的高速发展，病毒也进入了泛滥的阶段，目前计算机病毒的发展主要体现出在以下4个方面。

（1）病毒的种类和数量迅速增长。随着计算机的普及使用，病毒的种类和数量越来越多，计算机感染病毒的情况越来越普遍。从2020年360"云安全"系统共截获病毒样本总量来看，360"云安全"系统共截获病毒样本总量1.48亿个，病毒感染次数3.52亿次，病毒总体数量比2019年同期上43.71%。第一大种类病毒木马病毒新增7728万个，为第一大种类病毒，占到总体数量的52.05%；为蠕虫病毒排名第二，数量为2981万个，占总体数量的20.08%；感染型病毒、灰色软件、后门分别占12.19%、9.59%和3.75%。

（2）病毒传播手段呈多样化、复合化趋势。根据第九次全国信息网络安全状况与计算机病毒疫情调查报告的调查结果和研究分析，可以发现：计算机病毒木马本土化趋势加剧，变种速度更快、变化更多，潜伏性和隐蔽性增强、识别更难，与防病毒软件的对抗能力更强，攻击目标明确，趋利目的明显。因此，计算机用户账号密码被盗现象日益增多。病毒木马传播的主要渠道是网页挂马和移动存储介质，其中网页挂马出现复合化趋势。

（3）病毒制作技术水平不断攀升。病毒制造者不断推进病毒的制造技术，不断推出病毒的新变种，利用新的技术手段隐藏自身进程，通过不断更新的技术终止杀毒软件的运行，逃避杀毒软件对于病毒的查杀，达到传播有害程序、破坏数据文件、非法窃取利益的目的。更值得关注的是，大部分主流病毒技术都进入了驱动级，开始与杀毒软件争抢系统驱动的控制权，从而控制杀毒软件，致使很多杀毒软件功能失效。

（4）病毒的危害日益增大。越来越多的木马和病毒破坏计算机系统，造成死机、蓝屏、数据丢失，窃取用户账号密码等，给用户带来巨大的损失和破坏。"熊猫烧香"等病毒迅速在互联网上疯狂肆虐，被感染的计算机数量增长，严重威胁着个人用户和企业用户的信息安全。

2.防病毒技术的发展趋势

随着实时监控技术的日益发展完善，能够达到监控文件、邮件、网页、即时通信、木马修改注册表和隐私信息维护的目的。但随着病毒制造者不断推出新变种，防病毒技术也取得了一定的进步和突破，由被动防御向主动防御转变势在必行。这是因为，如果用户不及时对网络病毒库进行更新，会滞后于病毒制造者及病毒发作时间，加之近年网络新兴病毒频发，反病毒领域已经认识到必须由被动使用杀毒软件向主动防御新型病毒转变。所以，云概念、云计算、云安全和云杀毒等新兴概念应运而生。

云安全（Cloud Security）计划是网络时代信息安全的最新体现，它融合了并行处理、网格计算和未知病毒行为判断等新兴技术和概念，通过网状的大量客户端对网络中软件行为的异常进行监测，获取互联网中木马及恶意程序的最新信息，传送到服务器端进行自动分析和处理，再把病毒和木马的解决方案分发到每一个客户端。病毒库不再保存在本地，而是保存在官方服务器中，在扫描时和服务器交互后，做出判断是否有病毒。依托"云安全"进行杀毒能降低升级的频率，降低查杀的占用率，并可以极大地减小本地病毒数据库的容量。

云安全技术应用的最大优势在于，识别和查杀病毒不再仅仅依靠本地硬盘中的病毒库，而是依靠庞大的网络服务，实时进行采集、分析和处理。整个互联网就是一个巨大的"杀毒软件"，参与者越多，每个参与者就越安全，整个互联网就会更安全。

第四章 网络安全法规与标准

在介绍网络安全法律法规的概念后，对网络安全法规立法的基本要求、网络安全相关的法规、网络安全法与其他法律的关系、我国网络安全法律体系、我国网络安全标准化工作和国际网络安全标准化组织及标准进行阐述，使读者对网络安全法规与标准建立起一个全面的认识。

第一节 法律基础

如今计算机网络已经深入人们的生活，成为联系世界各地的桥梁纽带，极大地改变和影响着人们的社会活动和生活方式。计算机网络促进了技术创新、经济发展、文化繁荣和社会进步，但是网络安全问题也日益凸显。为了规范计算机网络的秩序，促进经济社会信息化健康发展，实现网络价值最大化，国家为保障网络安全以及维护国家的主权，相继制定了一系列网络安全法律法规。《中华人民共和国网络安全法》（以下简称《网络安全法》）于2017年6月1日正式实施。《网络安全法》作为我国今后的计算机网络安全法律法规的基础，不仅确定了相关原则，也是第一次从法律上对计算机网络安全问题做出了明确的规定。

一、网络安全法律法规的概念

法律法规指中华人民共和国现行有效的法律、行政法规、司法解释、地方性法规、地方规章、部门规章及其他规范性文件以及对于该等法律法规的不时修改和补充。其中，法律有广义、狭义两种理解。广义上讲，法律泛指一切规范性文件；狭义上讲，仅指全国人大及其常委会制定的规范性文件。为了方便本章把法律法规简称为法规。

网络安全法规是由保障网络安全的法律、行政法规和部门规章等多层次规范相互配合的法律总称。网络安全法规重点涵盖网络主权、网络关键基础设施保护、网络运行安全、网络监测预警与应急处置、网络安全审查、网络信息安全以及网络空间各行为主体权益保护等制度。

二、网络安全法规立法的基本要求

1. 坚持以国家安全观为指导

网络安全法规立法必须坚持以国家安全观为指导，全面落实党的十九大和十九届三中、四中全会决策部署，坚持积极利用、科学发展、依法管理和确保安全的方针，充分发挥立法的引领和推动作用。

2. 坚持从我国国情出发

根据我国网络安全面临的严峻形势和网络立法的现状，充分总结近年来网络安全工作经验，确立保障网络安全的基本制度框架。重点对网络自身的安全做出制度性安排，同时在信息内容方面也做出相应的规范性规定，从网络设备设施安全、网络运行安全、网络数据安全和网络信息安全等方面建立和完善相关制度，体现中国特色。

3. 坚持问题导向

针对实践中存在的突出问题，将近年来一些成熟的好做法作为制度确定下来，为网络安全工作提供切实法律保障。对一些确有必要，但尚缺乏实践经验的制度安排做出原则性规定，同时注重与已有的相关法律法规相衔接，并为需要制定的配套法规预留接口。

4．坚持安全与发展并重

维护网络安全，必须坚持积极利用、科学发展、依法管理和确保安全的方针，处理好与信息化发展的关系，做到协调一致和齐头并进。通过保障安全为计算机网络发展提供良好环境。

三、网络安全相关的法规

我国对网络安全相关的立法工作很重视，关于网络安全方面的法规较多，涉及计算机系统安全保护、国际联网管理、计算机病毒防治、商用密码管理和安全产品检测与销售等多方面。主要法规如下：

（1）1989 年 5 月 10 日，公安部发布了《计算机病毒控制规定（草案）》。为了加强对计算机病毒的预防和治理，保护计算机信息系统安全，保障计算机的应用与发展，公安部于 2000 年 4 月 20 日根据《中华人民共和国计算机信息系统安全保护条例》的规定，发布《计算机病毒防治管理办法》。

（2）1991 年 6 月 4 日，国务院第 83 次常委会议通过《计算机软件保护条例》。国务院于 2001 年和 2013 年分别对《计算机软件保护条例》进行了两次修订。该《条例》分总则、软件著作权、软件著作权的许可使用和转让、法律责任、附则 5 章 33 条。

（3）1994 年 2 月 18 日，国务院发布《中华人民共和国计算机信息系统安全保护条例》。并于 2011 年对其进行了修订。《中华人民共和国计算机信息系统安全保护条例》明确规定由公安部主管全国的计算机信息系统安全保护工作；计算机信息系统实行等级保护；国家对计算机系统安全专用产品的销售实行许可证制度；公安机关行使监督职权。该条例是我国计算机系统安全保护法的基本法，它的发布实施是我国现代化建设的客观需要，也是保障社会主义市场经济正常发展的历史性进步。

（4）1996 年 2 月 1 日，国务院发布《中华人民共和国计算机信息网络国际联网管理暂行规定》。

（5）1996 年 4 月 9 日，原邮电部出台《国际互联网出入信道管理办法》。

（6）1997 年 5 月 20 日，国务院信息化工作领导小组制定了《中华人民共和国计算机信息网络国际联网管理暂行规定实施办法》。

（7）1997 年 5 月 30 日，国务院信息化工作领导小组发布《中国互联网络域名注册暂行管理办法》和《中国互联网络域名注册实施细则》。

（8）2000 年 9 月 25 日，《互联网信息服务管理办法》正式实施。

（9）2000 年 11 月 6 日，国务院新闻办公室和信息产业部联合发布《互联网站从事登载新闻业务管理暂行规定》。

（10）2000 年 11 月 8 日，信息产业部发布《互联网电子公告服务管理规定》。

（11）2015 年 7 月 1 日，第十二届全国人民代表大会常务委员会第十五次会议通过新的《中华人民共和国国家安全法》。

（12）2016 年 11 月 7 日，第十二届全国人民代表大会常务委员会第二十四次会议通过《中华人民共和国网络安全法》，并于 2017 年 6 月 1 日正式实施。

四、《网络安全法》与其他法律的关系

1.《网络安全法》与《国家安全法》的关系

《网络安全法》是保障网络空间安全的基本法，其与《国家安全法》都是由全国人大常委会制定的法律，因此二者在我国法律体系内处于同一法律位阶，不存在上位法与下位法的关系。《网络安全法》的立法宗旨是保障网络安全，维护网络空间主权和国家安全、社会公共利益，保护公民、法人和其他组织的合法权益，促进经济社会信息化健康发展。《国家安全法》与《网络安全法》之间的关系既不是简单的上位法与下位法的关系，也不是普通法与特别法的关系，在法律位阶上二者属于同位阶法，在内容上，二者存在一定的交叉关系，一方面，《国家安全法》原则性规定涉及国家安全利益的网络与信息安全保障事项，具体以《网络安全法》付诸实施；另一方面，《网络安全法》调整的社会关系和规制的具体内容较《国家安全法》而言更为广泛。

2.《网络安全法》与《保密法》的关系

《网络安全法》与《保密法》之间亦不存在简单的上位法与下位法的关系，在法律位阶上二者属于同位阶法，都由全国人大常委会制定；在某些方面，涉及国家秘密的事项受《保密法》作为特别法进行规制，如网络安全运行保障、信息系统存储处理的信息保护、信息处置和法律责任等方面的规定。原则上，针对涉及国家秘密事项的违反网络安全保障规定的法律责任追究应当优先适用《保密法》的规定，针对具体的处罚措施根据具体情况决定是否适用《网络安全法》的具体规定。

3.《网络安全法》与《反恐法》的关系

《反恐法》第十五条规定了网络与信息系统运营者的网络安全运行保障义务，电信业务经营者、互联网服务提供者向密码主管部门进行密码方案报备的义务，并要求其预留技术接口为执法机关提供解密协助，明确了境内提供电信业务、互联网服务的数据存留和本地化要求。在此方面，《网络安全法》并未涉及网络运营者的密码方案报备和协助解密义务，也未对网络运营者做出数据存留和本地化要求。《网络安全法》也规定了一般的网络运行安全、监测预警与应急处置机制及违反相关规定的法律责任。

4.《网络安全法》与《刑法》《治安管理处罚法》的关系

《刑法》第二百八十五条、第二百八十六条、第二百八十七条分别对非法侵入计算机信息系统罪，非法获取计算机信息系统数据和非法控制计算机信息系统罪，提供侵入、非法控制计算机信息系统程序、工具罪，破坏计算机信息系统罪和利用计算机实施的犯罪做出了相应的刑事处罚规定。《治安管理处罚法》第二十九条规定了侵害计算机系统的行为和处罚。《网络安全法》则对实施上述行为而不构成犯罪的情况设置了相应的处罚措施。在网络信息安全保障的法律责任方面，《网络安全法》与现有法律形成了很好的衔接关系。

5.《网络安全法》与《关于加强网络信息保护的决定》的关系

《关于加强网络信息保护的决定》内容涵盖个人网络电子信息保护、垃圾电子信息治理、网络和手机用户身份管理和网络服务提供商对国家有关主管机关的协助执法等重要制度，其核心内容和立法宗旨是建立公民个人电子信息保护制度。在此方面，《网络安全法》坚持《关于加强网络信息保护的决定》确立的原则，进一步完善了相关管理制度，尤其在"第四章网络信

息安全"中做出了具体规定，涉及网络运营者的信息保护义务、公民享有的保护其个人信息的权利、网络安全监管部门的相关职责等。

第二节　我国网络安全法律体系

一、网络安全法律体系的概念

法律体系是指一个国家按照一定的原则和标准划分的同类法律（文件）所组成的全部法律部门所构成的一个有机联系的整体。网络法律体系则是由调整与网络有关的社会关系的法律规范组成的有机统一整体。网络法律体系既要具有特定的功能和作用，体现国家治理网络空间的意志，又要保证网络法与其他法律部门相协调，维护国家法律体系的和谐统一，以保证网络法律整体功能的发挥。

网络安全法律体系是由保障网络安全的法律、行政法规和部门规章等多层次规范相互配合的法律体系。网络安全法律体系是网络法律体系的重要组成部分。网络安全法律在国家治理体系和治理能力现代化以及全球互联网治理体系变革中处于关键地位，既要规制危害网络安全的行为，又要通过促进网络技术的发展以掌控网络的新技术，从而保障我国的网络空间安全，最终目标是维护国家网络空间主权、安全和发展利益。

二、我国网络安全立法体系框架的四个层面

我国网络安全立法体系框架可以分为四个层面：法律、行政法规、地方性法规与规章和规范性文件。

法律可以分为两类，即基本法律和其他法律。基本法律是由全国人民代表大会制定的，其他法律是由全国人大常委会制定的，但是两者的效力都一样。我国与网络安全相关的法律主要有：《宪法》《人民警察法》《刑法》《刑事诉讼法》《国家安全法》《保守国家秘密法》《行政处罚法》《行政诉讼法》《行政复议法》《国家赔偿法》《中华人民共和国电子签名法》和《全国人大常委会关于维护互联网安全的决定》等。

行政法规是指国务院制定颁布的规范性文件，其法律地位和效力仅次于宪法和法律，不得同宪法和法律相抵触。全国人大常委会有权撤销国务院制定的同宪法、法律相抵触的行政法规、决定和命令。我国与网络安全有关的行政法规主要有：

《中华人民共和国计算机信息系统安全保护条例》《中华人民共和国计算机信息网络国际联网管理暂行规定》《计算机信息网络国际联网安全保护管理办法》《商用密码管理条例》

《中华人民共和国电信条例》《互联网信息服务管理办法》《计算机软件保护条例》《计算机信息系统安全专用产品检测和销售许可证管理办法》《计算机病毒防治管理办法》《金融机构计算机信息系统安全保护工作暂行规定》《互联网电子公告服务管理规定》《软件产品管理办法》《计算机信息系统集成资质管理办法》《国际通信出入口局管理办法》《国际通信设施建设管理规定》《中国互联网络域名管理办法》《电信网间互联管理暂行规定》《互联网站从事登载新闻

业务管理暂行规定》《中国教育和科研计算机网暂行管理办法》《教育网站和网校暂行管理办法》《电子出版物管理规定》《计算机信息系统保密管理暂行规定》《计算机信息系统国际联网保密管理规定》《涉及国家秘密的通信、办公自动化和计算机信息系统审批暂行办法》《涉密计算机信息系统建设资质审查和管理暂行办法》《关于加强政府上网信息保密管理的通知》《网上证券委托暂行管理办法》《关于加强通过信息网络向公众传播广播电影电视类节目管理的通告》《互联网药品信息服务管理暂行规定》《中国金桥信息网公众多媒体信息服务管理办法》《计算机信息网络国际联网出入口信道管理办法》《中国公用计算机互联网络国际联网管理办法》《中国公众多媒体通信管理办法》和《专用网与公用网联通的暂行规定》。

地方性法规是指法定的地方国家权力机关依照法定的权限，在不同宪法、法律和行政法规相抵触的前提下，制定和颁布的在本行政区域范围内实施的规范性文件。规范性文件是各级机关、团体、组织制发的各类文件中最主要的一类，因其内容具有约束和规范人们行为的性质，故名称为规范性文件。地方性法规与规章制定机关有两类，一是由省、自治区、直辖市的人大和人大常委会制定；二是由省会所在地的市以及国务院批准的较大的市的人大及其常委会制定，但同时应报省一级人大常委会批准，还要报全国人大常委会备案。地方性法规的效力低于宪法、法律和行政法规。与网络安全相关的地方性法规和规范文件主要有：

《广东省计算机信息系统安全保护管理规定》《北京市计算机信息系统集成资质管理暂行办法》《北京市人民政府令北京市政务与公共服务信息化工程建设管理办法》和《北京市公安局通告（1996 年第 3 号）关于加强计算机信息系统国际联网备案管理的通告》等。

三、网络安全法律体系的发展过程

自 1994 年我国接入国际互联网以来，我国对互联网治理和网络立法的认识有一个循序渐进的过程。初始我国只是将互联网作为技术工具看待，《计算机信息系统安全保护条例》《计算机信息网络国际联网管理暂行规定》等规定均只是将互联网作为新兴的信息技术对待。2000 年以后，我国逐渐认识到互联网强大的媒体属性、商业机会和社会价值，《电信条例》《互联网信息服务管理办法》等规定相继颁布，各部门开始重视参与网络信息治理，同时《电子签名法》推动了电子商务发展，《全国人民代表大会常务委员会关于维护互联网安全的决定》强调网络安全。随着互联网应用的深入普及，网络已经从虚拟空间变成了现实社会不可或缺的重要组成部分，开启了我国互联网全面社会化阶段。2014 年 2 月 27 日，中央网络安全和信息化领导小组成立，我国开始朝着统筹协调、顶层设计、依法治国治网的方向发展。伴随着互联网治理的需要，特别是党的十八大以来，我国网络立法工作取得了较大进展。

截至 2018 年 12 月，与网络信息相关的法律及有关问题的决定 51 件、国务院行政法规 55 件、司法解释 61 件，专门性的有关网络信息的部委规章 132 件，专门性的有关网络信息的地方性法规和地方性规章 152 件。可以说，我国已经初步形成了覆盖网络运行安全、网络数据安全、网络内容管理、个人信息保护、网络资源管理、网络行业管理、电信服务管理、电子商务、网络侵权、网络犯罪等领域的网络法律法规体系。此外，中国互联网协会等行业组织还制定了 20 余个自律性规范。在国际方面，我国也在积极参加和推动与网络安全相关的国际条约，维护我国网络主权和国家利益。

2015 年颁布的《国家安全法》、2016 年颁布的《网络安全法》、2019 年颁布的《电子商务法》

以及正在征求意见的《密码法》《数据安全法》等一系列最新立法实践表明，我国网络安全立法工作正处于提速阶段。

四、健全网络安全法律体系

我国网络安全法律体系仍存在一些明显不足，主要体现在以下几个方面：现有法律法规层级低，欠缺上位法和体系化架构设计；政出多门，立法过于分散，部门立法、地方立法缺乏统筹，难以适应网络法治特点和规律；执法能力相对滞后；立法重管理轻治理，重义务轻权利，缺乏对我国参与互联网国际事务的有效支持；网络立法人才极度欠缺，学科支撑基础薄弱。相较欧美一些发达国家近年来加速网络安全立法保护本国利益的做法，我国网络安全立法进度仍显滞后，法律体系还有待进一步完善。

为了能够尽早形成一个具备完整性、适用性和针对性的网络安全法律体系，需要相关法律专家对网络安全技术深刻理解和进行法学意义上的超前研究。总而言之，我国的网络安全法律体系不够完善，应该加快有关法律、法规的研究制定。当前我国首先应该补充与完善以下法律：

（1）信息安全法：明确要求信息安全的技术产品，未经法定机构批准、未经国内信息安全技术的改造不得使用。明确规定信息系统的建设必须和信息安全机制的实施同步进行。信息系统建成后，未经法定的信息安全评估机构检测通过，不得运行使用。规定不同安全级别信息化系统所必需的最小安全保护要求，规定对信息化系统安全维护管理必要的人员配置及责任义务等。

（2）电子信息系统信息安全投入法：规定信息化建设中必须同步进行信息安全建设，信息化建设投资中必须使用适当比例用于信息安全建设，没有同步规划、没有适当比例经费保证的信息化工程不准立项建设等。

（3）电子信息有效性的公证、仲裁法（数字签名法）：我国现有的法规（如票据法）仅确立了纸面凭据的有效性，对于依赖电子信息系统进行经济活动，处理纠纷案件尚没有法律依据。确立相应的法规以保证电子信息的有效性，建立必要的社会管理机制，推动信息化技术的应用，为依法公证和仲裁提供有效的技术证据。

（4）电子信息犯罪法：新修订的刑法中虽然列入了计算机犯罪的一些内容，但是，没有对电子信息犯罪的各种罪行、罪名独立予以界定，不利于法规的实施到位。应该参照其他发达国家已有的法律，结合我国国情，确立适合我国并可与国际接轨的相应法律。

（5）电子信息出版法：明确规定电子出版的权利、义务、审批、管理和违法惩治的依据等。在个人计算机广泛联网、多媒体和各种现代电子设施广泛应用的环境下，出版的概念已经发生了实质性的变化，如果没有新的法规来规范相关行为，将造成社会秩序的混乱。

（6）电子信息知识产权保护法：明确规定以电子信息方式存在的以多媒体等介质表述的文教、卫生、科技、工农业、商贸等各领域的发明、创造的知识产权的归属，主体的权利、义务和责任，违反法规的惩治等。

（7）电子信息个人隐私法：明确规定个人以电子信息方式存在的隐私，在不违反国家安全利益的原则下，享有隐私权，侵犯他人合法权益将依法惩治。

（8）电子信息教育法：明确规定电子教育的管理审批，电子教育的规范、要求和约束，电子教育的责任，违法事项的处罚依据等。

（9）电子信息出境法：明确规定哪些信息可以进出境，哪些信息国家有权查扣，违法事项处罚依据等。

（10）密码法：在已经颁布的《商用密码管理条例》的基础上，进一步完善密码相关的法律制度。在规范密码行为的同时，充分发挥社会各方的积极性，促进社会发展。

（11）电信法：在《电信条例》和《无线电管理条例》的基础上，制定电信法。除了对电信市场、电信服务和电信建设等做出规定之外，还要对电信和信息网络安全以及利用电信和信息网络进行犯罪活动进行界定并规范处罚措施。

（12）互联网络法：鼓励正当使用互联网络，防止越权访问网络，保护网络用户（尤其是年轻人），免受非法和不健康的信息传播之害。

在补充完善新的网络安全法律体系时，应该注意突出以下特性：

（1）规范性。应当全面体现和把握网络和信息犯罪的基本特点，对于目前尚无法确定的问题应该尽可能地给出确定的法律规范；

（2）兼容性。应该与现行的法律体系保持良好的兼容性，使法律总体系变得更加科学和完善；

（3）可操作性。应当从维护网络资源及其合理使用，维护信息正常流通，维护用户正当权益出发，制定出便于当事人的起诉，便于司法机关办案的科学的法律体系。

第三节　我国网络安全标准化工作

网络安全标准体系建设是信息安全保障工作的重要体现，如果没有一个科学、合理、系统和适用的网络安全标准体系，就不可能构造出一个全面、完善的网络安全保障体系。我国网络安全标准体系建设，应在研究我国网络安全标准体系框架的基础上，结合我国网络安全产业标准化的需求。

一、网络安全标准体系的概念

标准体系是客观存在的标准有机整体，是标准的集合。与实现一个国家的标准化目的有关的所有标准，可以形成一个国家的标准体系；与实现某种产品的标准化目的有关的标准，可以形成该种产品的标准体系。标准体系的组成单元是标准。

网络安全标准体系是由网络安全领域内具有内在联系的标准组成的科学有机整体。网络安全标准体系的核心内容包括两方面，即提供一个最小的安全要求、提供一个基础的框架，概括起来就是"期限＋框架"。同样，标准也包括两个定位，第一个是解决《网络安全法》规定的产品和服务的强制性要求标准化落地，即恶意程序的防范、缺陷漏洞的响应、持续安全的维护、用户信息的保护等四方面。第二个是解决网络安全设备和网络专用产品应该按照相关国家标准的要求，建立统一的安全框架，用于指导具体产品的制定要求，为其提供一个共性层和基础层。

二、网络安全标准化工作与《网络安全法》的关系

网络安全标准是网络安全政策法规实施的有效保障，是进行网络安全管理的重要手段，是

安全防范的重要工具，也是规范网络安全技术、产品研发应用，促进产业发展的重要支撑，在构建安全的网络空间、推动网络治理体系变革方面发挥着基础性、规范性、引领性作用。《网络安全法》直接提及标准和规范的内容共有 7 条（第七条、第十条、第十一条、第十五条、第二十二条、第二十三条、第二十九条）。归纳起来，它从以下几个方面对标准化工作提出了要求，一是以标准体系为指导，推动网络安全防护体系建设；二是以标准的强制性约束为抓手，通过强制性国家标准加强核心领域的网络安全保障；三是以国家标准、行业标准为引导，加强网络空间治理，推动行业自律；四是以重要领域的网络安全标准为基础，加快提升整体安全防护水平。此外，如关键信息基础设施保护、个人信息保护等条款，虽未直接提及标准化工作，但标准也是其落地实施的重要支撑。今后一段时间，网络安全标准将充分发挥在提升国家网络安全管理、促进产业发展、保障民生方面的积极作用，有力支撑《网络安全法》的贯彻落实。

三、网络安全标准体系框架

如图 4-1 所示，网络安全标准体系框架第一层次分为四个方面：基础标准、技术与机制标准、管理与服务标准和测评标准。其中，第二层次共包含 27 个子类别。

基础标准由安全术语、涉密基础、测评基础、管理基础、物理安全、安全模型和安全体系结构 7 个部分组成，为网络安全标准的制定提供通用的语言和抽象系统架构。

技术与机制标准由密码技术、安全标识、鉴别机制、授权机制、电子签名，公钥基础设施和通信安全技术、涉密系统通用技术要求等 8 个部分组成，其中安全标识、鉴别机制与授权机制构成一条技术线索，是安全系统不可或缺的部分。与这条主线的相关标准还包括基础设施标准和电子签名标准等，这些标准与标识、鉴别与授权标准体系互相依存，并贯穿其中。

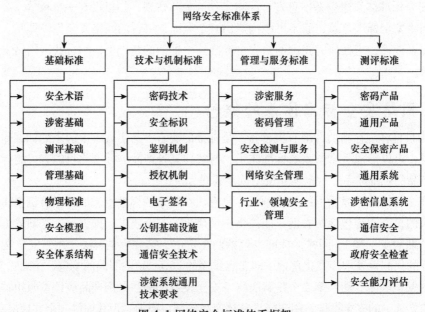

图 4-1 网络安全标准体系框架

安全管理与服务标准包括涉密服务、密码管理、安全控制与服务、网络安全管理和行业 / 领域安全管理五个方面，信息安全管理标准就是针对管理方面的规范工作。它主要应用于组织层面，规范组织的信息安全制度，规范治理机制和治理结构，保证信息安全战略与组织业务目标一致。

测评标准包括密码产品、通用产品、安全保密产品、通用系统、涉密信息系统、通信安全、政府安全检查和安全能力评估八个方面，测评标准同时指导和规范了产品的开发和评估，并且可作为评估机构进行产品检测认可的依据，为在用户、设计者、开发者、供应商以及潜在的评估者之间建立公正的、科学的评估信任体系。

四、我国网络安全标准化的重点工作

2016 年 8 月 12 日，中央网信办、国家市场监督管理总局和国家标准委 3 部门联合发布《关于加强国家网络安全标准化工作的若干意见》(以下简称《若干意见》)，该意见是落实《网络安全法》相关标准化工作的重要文件，也是指导当前及今后一段时期我国网络安全标准化工作的顶层文件。结合《若干意见》的工作部署以及《网络安全法》的相关要求，网络安全标准化工作应开展以下几项重点工作。

1. 建立完善网络安全标准体系

网络安全标准体系是由网络安全领域内具有内在联系的标准组成的集合，是促进网络安全领域内的标准组成趋向科学合理化的重要手段，是一幅现有和应有的网络安全标准的蓝图。《网络安全法》第十五条明确提出了建立和完善网络安全标准体系的要求。近年来，在中央网信办和国标委等主管部门的领导下，我国已经初步建立了网络安全标准化工作体系和标准体系，制定发布了信息安全国家标准 190 项，涉及信息安全基础、安全技术与机制、安全管理、安全评估以及保密、密码和通信安全等多个领域，为国家和社会网络安全保障工作提供了有力支撑。《网络安全法》的出台，为我国建立依法治理，依规治理，依标治理的新体系筑牢了坚实的根基。《若干意见》中也明确提出"科学构建标准体系"的要求，且明确指出了要推动网络安全标准与国家相关法律法规的配套衔接，全国信息安全标准化技术委员会将在主管部门的指导下，组织企业、研究机构、高等学校和网络相关行业专家深入研讨，加快完善网络安全标准体系，定期发布网络安全标准体系建设指南，指导标准制定工作有计划、有步骤推进，加快在网络安全审查、网络空间可信身份、工业控制系统安全、大数据安全和智慧城市安全等重点领域制定推荐性国家标准。

2. 加快核心领域强制性国家标准制定

在网络安全领域，网络安全强制性国家标准指的是行政法规赋予的具有强制属性的国家标准，是我国技术法规的重要表现形式，也是针对我国关键领域开展网络安全管理工作的有力抓手和重要保障，《网络安全法》中第十一条、第二十二条、二十三条对强制性国家标准提出了要求，明确了网络安全强制性国家标准在提升网络安全防护能力、关键产品检测等方面的重要作用。随着技术及产业的飞速发展，网络安全强制性国家标准要适应我国网络安全工作新形势下的新要求，《若干意见》也提出，我们要按照深化标准化工作改革方案的要求，整合精简强制性标准，在国家关键信息基础设施保护、涉密网络等领域制定强制性国家标准。除此之外，我们还要研究在关键信息基础设施保护、个人信息保护等关系国家安全、国计民生的核心领域制定具有强约束力的标准，充分发挥强制性国家标准在我国网络安全核心领域的重要作用。

3．提升标准质量，加强标准宣贯

标准质量的高低是标准能否落地的关键。落实《网络安全法》关于标准化工作的重点要求，要从标准质量抓起，通过鼓励和吸收更多产业界的一线专家实质性参与到标准制定的全生命周期、缩短标准制修订周期、建立完备的网络安全标准制定过程管理制度和工作程序等一系列措施，有效提高标准的适用性、先进性和规范性。网络安全标准的研制和宣贯工作要并重开展，利用传统媒体和互联网等多种渠道加大对标准的解读和宣传力度，加快制定指南、解读、案例等标准的配套文件，通过邀请产业界、学术界专家从不同角度撰写标准的解读文章，让一线的工程师和管理者更加透彻地理解标准，更加高效地使用标准。

4．加强国际标准化工作

网络安全标准化工作在提升国际话语权、推动企业走出去等方面具有极端重要性。目前，我国网络安全国际标准化工作相对薄弱，存在国际标准注册专家人数少，参加国际会议专家数量少，会议讨论发声少的情况，在国际标准领域参与程度较低，《网络安全法》第七条明确提出了积极开展标准制定方面的国际交流与合作的要求，《若干意见》也对国际标准化工作做了重点部署，我们要坚持国际标准化与国内标准化工作并重，打造一支专业精、外语强的复合型国际标准化专家队伍，提高国际标准化专家注册数量和参会人数，推动我国专家在国际标准化组织中担任更多的职务，提出更多提案，贡献更多力量，实质性参与相关国际标准。

第四节　国际网络安全标准化组织及标准

目前，从事网络安全标准化工作的国际或区域组织比较多。在国际上影响力比较大的网络安全标准化组织主要包括国际标准化组织（ISO）、国际电工委员会（IEC）和国际电信联盟（ITU）（ITU）（ITU）等国际性组织、美国的 ANSI/NIST、欧盟网络和信息安全局（ENISA）、IETF 等区域性或行业性组织。这些组织都在研究和制定网络安全相关标准，各自制定了许多重要的、有影响力的网络安全标准，形成了一套较为完整的网络安全标准体系。

一、ISO/IEC/JTC1/SC27 技术委员会

ISO 和 IEC 于 1987 年联合成立信息技术委员会 JTC1，由其负责在国际标准化组织中承担信息技术领域的标准化工作。JTC1 技术委员会下设 SC27 工作组负责信息技术领域安全技术的标准化工作，该工作组也是国际信息安全领域比较活跃的国际标准化组织。JTC1 已经发布 ISO 国际标准 182 件，在研标准项目 72 项。

JTC1/SC27 内含 5 个常设工作组，各工作组在 JTC1 中负责领域关系如图 4-2 所示。在管理咨询、数据安全等领域 SC27 内设有专门的研究工作组。同时，JTC1 与 ISO/TC307 在区块链和分布式账本技术的信息安全领域成立了联合工作组 ISO/TC307/JWG4。JTC1/SC27 也与 ISO/TC68/SC2 等 31 个 ISO 与 IEC 技术委员会、48 个包括 IEEE、ITU、ETSI、ISACA 在内的国际技术组织与联盟建立有联络员机制。

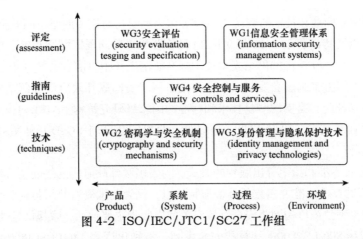

图 4-2 ISO/IEC/JTC1/SC27 工作组

WG1 信息安全管理体系工作组主要负责 ISO/ISC27000 系列标准的研制与维护工作，其中 ISO/IEC 27003—2017《信息安全管理体系指南》（第二版）、ISO/IEC 27005—2018《信息安全风险管理》（第三版）为该组近期在信息安全管理核心标准族中的重要工作成果。同时，WG1 在 27000 系列标准的部分细分领域与应用指南方面，承担最佳实践与技术指南的研制工作，如 ISO/IEC 27017—2015 是在云服务中实施基于 ISO/IEC27002 信息安全控制的最佳实践，该标准被包括 CSA 等国际云计算标准化组织广泛参考使用。

WG2 密码学与安全机制工作组主要围绕密码算法、实体鉴别、密钥管理、随机数生成与测试、秘密共享等领域开展工作，该组也是我国实质性参与较活跃的工作组。我国推动了 SM 系列算法纳入 ISO/IEC 11889、ISO/IEC 14888-3、ISO/IEC 10118-3、ISO/IEC 18033-3 等标准的进程。

WG3 安全评估、测试与规范工作组主要负责开发与维护信息安全工程有关的安全评估、测试和认证相关标准，其标准覆盖范围包括但不限于信息系统、组件和产品。WG3 工作组的核心标准为 ISO/IEC15408《信息技术安全评估通用准则》，该标准及其应用衍生准则为欧盟区域对于信息技术产品的通用安全评估与认证准则。

WG4 工作组主要负责与安全控制和服务有关的技术标准研制。该工作组更强调信息安全标准在信息系统与产品中的安全应用，以及上述系统与产品的全生命周期的安全控制：业务联系性、安全事件管理等安全操作；信息系统生命周安全控制；安全设计、安全集成、供应链安全等组织控制过程安全；可信服务安全等。云计算、物联网、网络安全、虚拟化和存储安全等信息技术的安全控制类标准也是 WG4 工作组的工作范畴。

WG5 身份管理与隐私保护技术工作组主要负责对身份管理、隐私保护、生物特征鉴别技术进行标准要研究。ISO/IEC29100 隐私框架以及围绕该标准制定的一系列隐私信息与个人身份信息相关信息安全标准归属于该工作组。WG5 与 WG1 就信息安全管理体系中的隐私保护；与 WG4 就大数据安全中的隐私保护进行跨组合作。

二、美国国家标准和技术研究院

美国的标准化牵头机构为美国国家标准协会（ANSI），该协会的主要重要工作是协调美国联邦范围内自愿性共识标准的制定，并在国际上代表美国参与标准化工作。ANSI 并不直接牵头撰写技术标准，其依据"共识、程序正当、开放"的原则，对标准的开发者进行认证。在网络安全领域，美国国家标准和技术研究院（NIST）作为奥巴马时期《网络空间安全国家行动计划》（CNAP 计划），以及特朗普于 2018 年 9 月 20 日签署的《美国国家网络战略》中有关网络安全标准的主要起草单位，在美国的网络安全技术标准研制工作中扮演者关键性角色。

NIST 于 1901 年由美国国会发起成立，目前隶属于美国联邦政府商务部技术司。该组织为非监管性质的联邦部门，是美国测量技术和标准的国家级研究机构。NIST 内设 5 个实验室 2 个研究中心，其中信息技术实验室（ITL）下设的计算机安全部门（CSD）为 NIST 网络安全有关标准的主要制定部门。

NIST 通过发布标准和指南等出版物的方式，为美国联邦政府的网络安全管理提供技术标准支撑。NIST 出版的技术标准大多数不具备强制效力，仅为美国政府部门与企业等组织机构提供框架性或指导类参考。该机构网络安全领域有关的出版物主要包括：联邦信息处理标准（FIPS）系列、特别出版物 800（SP800）计算机安全系列、特别出版物 1800（SP1800）网络安全实践指南系列、NIST 内部或机构间研究报告（NISTIR）系列和 NIST 信息技术实验室公告。

（1）联邦信息处理标准（FIPS）系列。FIPS 是在美国政府计算机标准化计划范围内开发的标准族，主要描述文件处理、加密算法和其他信息技术的标准。NIST 在制定完成 FIPS 系列标准后，需依据美国 1996 年《信息技术管理改革法案》第 5131 条款、2002 年《联邦信息安全管理法案》（FISMA 法案）、2014 年《联邦信息安全现代化法案》（FISMA 法案）等联邦法律，经美国商务部部长签署后发布。因此 FIPS 大部分为事实性的强制标准，要求多数的（国家安全部门除外）联邦政府部门按照标准中的规定执行。若相关产品需在美国政府部门或相关机构使用，需提交其产品（或软件）符合 FIPS 技术标准的证明。

（2）特殊出版物（SP800）系列。特殊出版物 800 系列为 NIST 依据 FISMA 法案开发的网络安全指导性指南、技术规范、技术建议与年度报告的集合，其旨在支撑美国联邦政府信息系统与数据的信息安全和隐私保护需求。SP800 系列标准本身并不具备强制效力，联邦政府法律、法规和政策性文件可规定相关组织是否必须（或鼓励）遵从 SP800 的有关要求。

三、欧盟网络和信息安全局

欧盟网络和信息安全局（ENISA）为欧盟的网络安全专业化中心，其作用是推动和落实欧盟《网络与信息系统安全指令》，协调欧盟机构、成员国和企业界的网络安全合作，分析网络安全威胁并向各方提供分析结果，提供相关咨询和帮助，协助欧盟开展国际合作等，以此提升欧盟整体的网络安全水平。

ENISA 的具体工作包括：为欧盟与成员国提供包括国家网络安全战略、关键基础设施和服务安全、网络危机管理、数据安全与隐私保护等方面的咨询与协调工作；实施欧盟范围内计算机安全事件应急响应组织（CSIRT）、信息共享和分析中心（ISAC）、网络安全演习等工作的组织协调与能力建设；为欧盟范围内网络威胁识别与风险管理提供服务；为欧盟成员国与有关企业提供网络安全专家培训教育等。ENISA 累计发行网络安全有关出版物 338 件，其最新出版物为《云和物联网的安全融合》。

第五章　网络安全技术

　　网络安全技术按理论的不同可分为：攻击技术和防御技术。攻击技术包括网络监听、网络扫描、网络入侵、网络后门等；防御技术包括加密技术、防火墙技术、入侵检测技术、虚拟专用网技术和网络安全协议等。

第一节　网络安全协议及传输技术

一、安全协议及传输技术概述

在信息网络中，可以在 ISO 七层协议中的任何一层采取安全措施，图 5-1 给出了每一层可以利用的安全机制。大部分安全措施都采用特定的协议来实现，如在网络层加密和认证采用 IPSec（IPSecurity）协议、在传输层加密和认证采用 SSL 协议等。安全协议本质上是关于某种应用的一系列规定，包括功能、参数、格式和模式等，连通的各方只有共同遵守协议，才能相互操作。

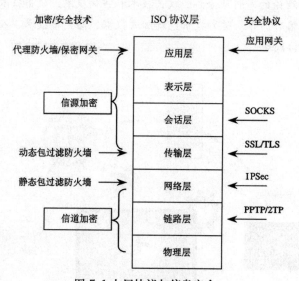

图 5-1 七层协议与信息安全

1. 应用层安全协议

（1）安全 Shell（SSH）协议

在实际工作中，SSH（Secure Shell）协议通常是替代 Telnet 协议、RSH 协议来使用的。它类似于 Telnet 协议，允许客户机通过网络连接到远程服务器并运行该服务器上的应用程序，被广泛用于系统管理中。该协议可以加密客户机和服务器之间的数据流，这样可以避免 Telnet 协议中口令被窃听的问题。该协议还支持多种不同的认证方式。

除了支持终端类应用，SSH 协议还可用于加密包括 FTP 数据外的多种情况。

（2）安全电子交易（SET）协议

安全电子交易（Secure Electronic Transaction，SET）协议是电子商务中用于安全电子支付最典型的代表协议。它是由 Master Card 和 VISA 制定的标准，这一标准的开发得到了 IBM、Microsoft、Netscape、SAIC、Terisa 和 Verisign 的投资以及其他信用卡和收费卡发行商的支持。

SET 协议是在一些早期协议（如 Masteniard 的 SEPP、VISA 协议和 Microsoft 的 STT 协议）的基础上整合而成的，它定义了交易数据在卡用户、商家、发卡行和收单行之间的流通过程，以及支持这些交易的各种安全功能（数字签名、Hash 算法和加密等）。

为了进一步加强安全，SET 协议以两组密钥对分别用于加密和签名。SET 协议不希望商家得到顾客的账户信息，同时也不希望银行了解到交易内容，但又要求能对每一笔单独的交易进行授权。SET 协议通过双签名（Dual Signatur）机制将订购信息和账户信息连在一起签名，巧妙地解决了这一矛盾。

SET 协议也存在以下不足之处。

①它是目前最为复杂的保密协议之一，整个规范有 3000 行以上的 ASN.1 语法定义，交易处理步骤很多，在不同实现方式之间的互操作性也是一大问题。

②每个交易涉及 6 次 RSA 操作，处理速度很慢。

（3）S–HTTP 协议

WWW 是在超文本传输协议（HTTP）基础上建立起来的，但 HTTP 中不包含安全性机制，因此提出了安全 HTTP（即 S–HTTP），它是对 HTTP 进行的扩展，描述了一种使用标准加密工具来传送 HTTP 数据的机制。S–HTTP 是一个非常完整的实现，几乎包括了在今后相当长的一段时间内可能需要的安全 HTTP 访问应该具有的全部特征。它工作在应用层，同时对 HTML 进行了扩展，服务器方可以在需要进行安全保护的文档中加入加密选项，控制对该文档的访问以及协商加密、解密和签名算法等。

（4）PGP 协议

PGP（Pretty Good Privacy）协议主要用于安全电子邮件，它可以对通过网络进行传输的数据创建和检验数字签名、加密、解密以及压缩。除电子邮件外，PGP 还被广泛用于网络的其他功能之中。PGP 的一大特点是源代码免费使用、完全公开。

（5）S/MIME 协议

S/MIME 协议在 MIME（多用途 Internet 邮件扩展）规范中加入了获得安全性的一种方法，提供了用户和认证方的形式化定义，支持邮件的签名和加密。

2. 传输层安全协议

（1）SSL 协议

安全套接层（Secure Socket Layer, SSL）协议是 Netscape 开发的安全协议，它工作在传输层，独立于上层应用，为应用提供一个安全的点—点通信隧道。SSL 机制由协商过程和通信过程组成，协商过程用于确定加密机制、加密算法、交换会话密钥服务器认证以及可选的客户端认证，通信过程秘密传送上层数据。虽然现在 SSL 协议主要用于支持 HTTP 服务，但从理论上讲，它可以支持任何应用层协议，如 Telnet、FTP 等。

（2）PCT 协议

私密通信技术（Private Communication Technology, PCT）协议是 Microsoft 开发的传输层安全协议，它与 SSL 协议有很多相似之处。现在 PCT 协议已经同 SSL 协议合并为 TLS（传输层安全）协议，只是习惯上仍然把 TLS 协议称为 SSL 协议。

这里只作简单概述，后面详细讲解。

3．网络层安全协议

为开发在网络层保护 IP 数据的方法，IETF（Internet Engineering Task Force）成立了 IP 安全协议工作组（IPSec），定义了一系列在 IP 层对数据进行加密的协议，包括以下内容：

① IP 验证头（Authentication Header，AH）协议；

② IP 封装安全载荷（Encryption Service Payload，ESP）协议；

③ Internet 密钥交换（Internet Key Exchange，IKE）协议。

4．网络安全传输技术

所谓网络安全传输技术，就是利用安全通道技术（Secure Tunneling Technology），通过将待传输的原始信息进行加密和协议封装处理后再嵌套装入另一种协议的数据包送入网络中，像普通数据包一样进行传输。经过这样的处理，只有源端和目的端的用户对通道中的嵌套信息能够进行解释和处理，而对于其他用户而言只是无意义的信息。

网络安全传输通道应该提供以下功能和特性。

①机密性：通过对信息加密保证只有预期的接收者才能读出数据。

②完整性：保护信息在传输过程中免遭未经授权的修改，从而保证接收到的信息与发送的信息完全相同。

③对数据源的身份验证：通过保证每个计算机的真实身份来检查信息的来源以及完整性。

④反重发攻击：通过保证每个数据包的唯一性来确保攻击者捕获的数据包不能重发或重用。

在网络的各个层次均可实现网络的安全传输，相应地，我们将安全传输通道分为数据链路层安全传输通道（L2TP 与 PPTP）、网络层安全传输通道（IPSec）、传输层安全传输通道（SSL）、应用层安全传输通道。其中网络层安全传输技术和传输层安全传输技术是最为常用的。

二、网络层安全协议 IPSec

1．IPSec 综述

IPSec 是一个工业标准网络安全协议，为 IP 网络通信提供透明的安全服务，保护 TCP/IP 通信免遭窃听和篡改，可以有效抵御网络攻击，同时保持易用性。IPSec 有两个基本目标：保护 IP 数据包安全；为抵御网络攻击提供防护措施。IPSec 结合密码保护服务、安全协议组和动态密钥管理，三者共同实现这两个目标，它不仅能为局域网与拨号用户、域、网站、远程站点以及 Extranet 之间的通信提供有效且灵活地保护，而且还能用来筛选特定数据流。IPSec 是基于一种端对端的安全模式。这种模式有一个基本前提假设，就是假定数据通信的传输媒介是不安全的，因此通信数据必须经过加密，而掌握加、解密方法的只有数据流的发送端和接收端，两者各自负责相应的数据加、解密处理，而网络中其他只负责转发数据的路由器或主机无须支持 IPSec。

IPSec 提供了以下 3 种不同的形式来保护通过公有或私有 IP 网络传送的私有数据。

①认证。通过认证可以确定所接受的数据与所发送的数据是否一致，同时可以确定申请发送者在实际上是真实的，还是伪装的发送者。

②数据完整验证。通过验证，保证数据在从原发地到目的地的传送过程中没有发生任何无法检测的丢失与改变。

③保密。使相应的接收者能获取发送的真正内容，而无关的接收者无法获知数据的真正内容。

IPSec 通过使用两种通信安全协议：认证头（Authentication Header，AH）协议、封装安全载荷（Encryption Service Payload，ESP）协议，并使用像 Internet 密钥交换（Internet Key Exchange，IKE）协议之类的协议来共同实现安全性。

2．认证头（AH）协议

设计认证头(AH)协议的目的是用来增加 IP 数据报的安全性。AH 协议提供无连接的完整性、数据源认证和防重放保护服务。然而，AH 协议不提供任何保密性服务，它不加密所保护的数据包。AH 协议的作用是为 IP 数据流提供高强度的密码认证，以确保被修改过的数据包可以被检查出来。

AH 协议使用消息验证码（MAC）对 IP 进行认证。MAC 是一种算法，它接收一个任意长度的消息和一个密钥，生成一个固定长度的输出，成为消息摘要或指纹。如果数据报的任何一部分在传送过程中被篡改，那么，当接收端运行同样的 MAC 算法，并与发送端发送的消息摘要值进行比较时，就会被检测出来。

最常见的 MAC 是 HMAC，HMAC 可以和任何迭代密码散列函数（如 MD5、SHA-1、RIPEMD-160 或者 Tiger）结合使用，而不用对散列函数进行修改。

AH 协议的工作步骤如下。

①IP 报头和数据负载用来生成 MAC。

②MAC 被用来建立一个新的 AH 报头，并添加到原始的数据包上。

③新的数据包被传送到 IPSec 对端路由器上。

④对端路由器对 IP 报头和数据负载生成 MAC，并从 AH 报头中提取出发送过来的 MAC 信息，且对两个信息进行比较。MAC 信息必须精确匹配，即使所传输的数据包有一个比特位被改变，对接收到的数据包的散列计算结果都将会改变，AH 报头也将不能匹配。

3．封装安全载荷（ESP）协议

封装安全载荷（ESP）协议可以被用来提供保密性、数据来源认证（鉴别）、无连接完整性、防重放服务，以及通过防止数据流分析来提供有限的数据流加密保护。实际上，ESP 协议提供和 AH 协议类似的服务，但是增加了两个额外的服务，即数据保密和有限的数据流保密服务。数据保密服务由通过使用密码算法加密 IP 数据报的相关部分来实现。数据流保密由隧道模式下的保密服务来提供。

ESP 协议中用来加密数据报的密码算法都毫无例外地使用了对称密钥体制。公钥密码算法采用计算量非常大的大整数模指数运算，大整数的规模超过 300 位十进制数字。而对称密码算法主要使用初级操作（异或、逐位与和位循环等），无论以软件还是硬件方式执行都非常有效。所以相对公钥密码系统而言，对称密钥系统的加、解密效率要高得多。ESP 协议通过在 IP 层对数据包进行加密来提供保密性，它支持各种对称的加密算法。对于 IPSec 的默认算法是 56bit 的 DES。该加密算法必须被实施，以保证 IPSec 设备间的互操作性。ESP 协议通过使用消息认证码（MAC）来提供认证服务。

ESP 协议可以单独应用，也可以嵌套使用，或者和 AH 协议结合使用。

4．Internet 密钥交换（IKE）协议

与其他任何一种类型的加密一样，在交换经过 IPSec 加密的数据之前，必须先建立起一种关系，这种关系被称为"安全关联（Security Association，SA）"。在一个 SA 中，两个系统就如何交换和保护数据要预先达成协议。IKE 过程是一种 IETF 标准的安全关联和密钥交换解析的方法。

IKE 协议实行集中化的安全关联管理，并生成和管理授权密钥，授权密钥是用来保护要传送的数据的。除此之外，IKE 协议还使得管理员能够定制密钥交换的特性。例如，可以设置密钥交换的频率，这可以降低密钥受到侵害的机会，还可以降低被截获的数据被破译的机会。

IKE 协议是一种混合协议，它为 IPSec 提供实用服务（IPSec 双方的鉴别、IKE 协议和 IPSec 安全关联的协商），以及为 IPSec 所用的加密算法建立密钥。它使用了 3 个不同协议的相关部分：Internet 安全关联和密钥交换协议（ISAKMP）、Oakley 密钥确定协议和 SKEME 协议。

IKE 协议为 IPSec 双方提供用于生成加密密钥和认证密钥的密钥信息。同样，IKE 协议使用 ISAKMP 为其他 IPSec（AH 协议和 ESP 协议）协商 SA（安全关联）。

三、IPSec 安全传输技术

IPSec 是一种建立在 Internet 协议（IP）层之上的协议。它能够让两个或更多主机以安全的方式来通信。IPsec 既可以用来直接加密主机之间的网络通信（也就是传输模式），也可以用来在两个子网之间建造"虚拟隧道"用于两个网络之间的安全通信（也就是隧道模式）。后一种更多地被称为虚拟专用网（VPN）。

1．IPSecVPN 工作原理

IPSec 提供以下 3 种不同的形式来保护通过公有或私有 IP 网络来传送的私有数据：

认证：可以确定所接收的数据与所发送的数据是一致的，同时可以确定申请发送者在实际上是真实发送者，而不是伪装的。

数据完整：保证数据从原发地到目的地的传送过程中没有任何不可检测的数据丢失与改变。

机密性：使相应的接收者能获取发送的真正内容，而无意获取数据的接收者无法获知数据的真正内容。

在 IPSec 由 3 个基本要素来提供以上 3 种保护形式：认证头协议（AH）、安全负载封装（ESP）和互联网密钥管理协议（ISAKMP）。认证协议头和安全加载封装可以通过分开或组合使用来达到所希望的保护等级。

（1）安全协议

安全协议包括认证头协议（AH）和安全负载封装（ESP）。它们既可用来保护一个完整的 IP 载荷，也可用来保护某个 IP 载荷的上层协议。这两方面的保护分别是由 IPSec 两种不同的实现模式来提供的，如图 5-2 所示。

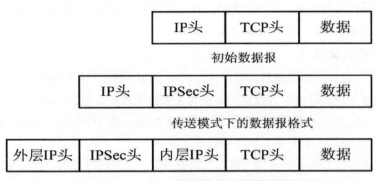

初始数据报

传送模式下的数据报格式

隧道模式下的数据报格式

图 5-2 两种模式下的数据报格式

传送模式用来保护上层协议；而隧道模式用来保护整个 IP 数据包。在传送模式中，IP 头与上层协议之间需插入一个特殊的 IPSec 头；而在通道模式中，要保护的整个 IP 包都需封装到另一个 IP 数据报里，同时在外部与内部 IP 头之间插入一个 IPSec 头。两种安全协议均能以传送模式或隧道模式工作。

安全负载封装（Encapsulating Security Payload，ESP）：属于 IPSec 的一种安全协议，它可确保 IP 数据报的机密性、数据的完整性以及对数据源的身份验证。此外，它也能负责对重放攻击的抵抗。具体做法是在 IP 头（以及任何选项）之后，并在要保护的数据之前，插入一个新头，亦即 ESP 头。受保护的数据可以是一个上层协议，或者是整个 IP 数据报。最后，还要在后面追加一个 ESP 尾，格式如图 5-3 所示。ESP 是一种新的协议，对它的标识是通过 IP 头的协议字段来进行的。假如它的值为 50，就表明这是一个 ESP 包，而且紧接在 IP 头后面的是一个 ESP 头。

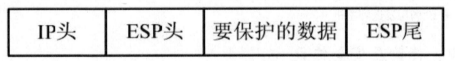

图 5-3 一个受 ESP 保护的 IP 包

认证头协议（Authentication Header，AH）：与 ESP 类似，AH 也提供了数据完整性、数据源验证以及抗重放攻击的能力。但要注意它不能用来保证数据的机密性。正是由于这个原因，AH 比 ESP 简单得多，AH 只有头，而没有尾，格式如图 5-4 所示。

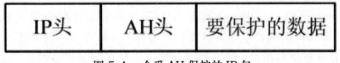

图 5-4 一个受 AH 保护的 IP 包

（2）密钥管理

密钥管理包括密钥确定和密钥分发两个方面，最多需要 4 个密钥：AH 和 ESP 各两个发送和接收密钥。密钥本身是一个二进制字符串，通常用十六进制表示。密钥管理包括手工和自动两种方式。人工手动管理方式是指管理员使用自己的密钥及其他系统的密钥手工设置每个系统，这种方法在小型网络环境中使用比较实际。自动管理系统能满足其他所有的应用要求，使用自动管理系统，可以动态地确定和分发密钥，自动管理系统具有一个中央控制点，集中的密钥管理者可以令自己更加安全，最大限度地发挥 IPSec 的效用。

2.IPSec 的实现方式

IPSec 的一个最基本的优点是它可以在共享网络访问设备，甚至是所有的主机和服务器上完全实现，这很大程度避免了升级任何网络相关资源的需要。在客户端，IPSec 架构允许使用在远程访问介入路由器或基于纯软件方式使用普通 Modem 的 PC 机和工作站。通过两种模式在应用上提供更多的弹性：传输模式和隧道模式。

传输模式通常在 ESP 一台主机（客户机或服务器）上实现时使用，传输模式使用原始明文 IP 头，并且只加密数据，包括它的 TCP 和 UDP 头。

隧道模式通常当 ESP 在关联到多台主机的网络访问介入装置实现时使用，隧道模式处理整个 IP 数据包：包括全部 TCP/IP 或 UDP/IP 头和数据，它用自己的地址作为源地址加入新的 IP 头。当隧道模式用在用户终端设置时，它可以提供更多的便利来隐藏内部服务器主机和客户机的地址。隧道模式被用在两端或是一端是安全网关的架构中，例如装有 IPSec 的路由器或防火墙。使用了隧道模式，防火墙内很多主机不需要安装 IPSec 也能安全地通信。这些主机所生成的未加保护的网包，经过外网，使用隧道模式的安全组织规定（即 SA，发送者与接收者之间的单向关系，定义装在本地网络边缘的安全路由器或防火墙中的 IPSec 软件 IP 交换所规定的参数）传输。

IPSec 隧道模式的运作的例子如下。某网络的主机 A 生成一个 IP 包，目的地址是另一个网中的主机 B。这个包从起始主机 A 开始，发送到主机 A 所在网络的路由器或防火墙。防火墙把所有出去的包过滤，看看有哪些包需要进行 IPSec 的处理。如果这个从 A 到 B 的包需要使用 IPSec，防火墙就进行 IPSec 的处理，并把该 IP 包打包，添加外层 IP 包头。这个外层包头的源地址是防火墙，目的地址是主机 B 的网络所在的防火墙。这个包在传送过程中，中途的路由器只检查该包外层的 IP 包头。当到达主机 B 所在的网络时，该网络的防火墙就会把外层 IP 包头去掉，把 IP 内层发送到主机 B。

四、传输层安全协议

安全套接层（Secure Sockets Layer，SSL）协议是由 Netscape 公司开发的一套 Internet 数据安全协议，目前已广泛用于 Web 浏览器与服务器之间的身份认证和加密数据传输。SSL 协议位于 TCP/IP 与各种应用层协议之间，为数据通信提供安全支持。

1.SSL 协议体系结构

SSLVPN 通过 SSL 协议，利用 PKI 的证书体系，在传输过程中使用 DES、3DES、AES、RSA、MD5、SHA1 等多种密码算法保证数据的机密性、完整性、不可否认性而完成秘密传输，实现在 Internet 上安全地进行信息交换。因为 SSLVPN 具备很强的灵活性，因而广受欢迎，如今所有浏览器都内建有 SSL 功能。它正成为企业应用、无线接入设备、Web 服务以及安全接入管理的关键协议。SSL 协议层包含两类子协议—SSL 握手协议和 SSL 记录协议。它们共同为应用访问连接提供认证、加密和防篡改功能。SSL 能在 TCP/IP 和应用层间无缝实现 Internet 协议栈处理，而不对其他协议层产生任何影响。

SSL 协议被设计成使用 TCP 来提供一种可靠的端到端的安全服务。SSL 协议分为两层，如图 5-5 所示。

握手协议	修改密文协议	告警协议	HTTP
SSL 记录协议			
TCP			
IP			

图 5-5 SSL 协议体系结构

其中 SSL 握手协议、修改密文协议和告警协议位于上层，SSL 记录协议为不同的更高层协议提供了基本的安全服务，可以看到 HTTP 可以在 SSL 协议上运行。

SSL 协议中有两个重要概念，即 SSL 连接和 SSL 会话，在协议中定义如下。

①SSL 连接：连接是提供恰当类型服务的传输。SSL 连接是点对点的关系，每一个连接与一个会话相联系。

②SSL 会话：SSL 会话是客户和服务器之间的关联，会话通过握手协议来创建。会话定义了加密安全参数的一个集合，该集合可以被多个连接所共享。会话可以用来避免为每个连接进行昂贵的新安全参数的协商。

2. SSL 记录协议

SSL 记录协议为 SSL 连接提供以下两种服务。

①机密性。握手协议定义了共享的、可以用于对 SSL 协议有效载荷进行常规加密的密钥。

②报文完整性。握手协议定义了共享的、可以用来形成报文的 MAC 码和密钥。

SSL 记录协议接受传输的应用报文，将数据分片成可管理的块，可选地压缩数据，应用 MAC，加密，增加首部，在 TCP 报文段中传输结果单元；被接受的数据被解密、验证、解压和重新装配，然后交给更上层的应用。

SSL 记录协议的操作步骤如下。

①分片。每个上层报文被分成 16KB 或更小的数据块。

②压缩。压缩是可选的应用，压缩的前提是不能丢失信息，并且增加的内容长度不能超过 1024 个字节。

③增加 MAC 码。这一步需要用到共享的密钥。

④加密。使用同步加密算法对压缩报文和 MAC 码进行加密，加密对内容长度的增加不可超过 1024 个字节。

⑤增加 SSL 首部。该首部由以下字段组成。

●内容类型（8bit）：用来处理这个数据片更高层的协议。

●主要版本（8bit）：指示 SSL 协议的主要版本，例如：SSLv3 的本字段值为 3。

●次要版本（8bit）：指示使用的次要版本。

●压缩长度（16bit）：明文数据片以字节为单位的长度，最大值是 16KB ＋ 2KB。

3.SSL 修改密文规约协议

SSL 修改密文规约协议是 SSL 协议体系中最简单的一个，它由单个报文构成，该报文由值为 1 的单个字节组成。这个报文的唯一目的就是使挂起状态被复制到当前状态，从而改变这个连接将要使用的密文簇。

4.SSL 告警协议

告警协议用来将与 SSL 协议有关的警告传送给对方实体。它由两个字节组成，第一个字节的值用来表明警告的严重级别，第二个字节表示特定告警的代码。下面列出了一些告警信息。

- unexpected_message：接收了不合适的报文。
- Bad_record_mac：收到不正确的 MAC。
- Decompression_failure：解压函数收到不适当的输入。
- Illegal_parameter：握手报文中的一个字段超出范围或与其他字段不兼容。
- Certificate_revoked：证书已经被废弃。
- Bad_certificate：收到的证书是错误的。

5.SSL 握手协议

SSL 协议中最复杂的部分是握手协议。这个协议使得服务器和客户能相互鉴别对方的身份、协商加密和 MAC 算法以及用来保护在 SSL 记录中发送数据的加密密钥。在传输任何应用数据前，都必须使用握手协议。

握手协议由一系列在客户和服务器之间交换的报文组成。所有这些报文具有以下 3 个字段。

①类型（1 字节）：指示 10 种报文中的一个。

②长度（3 字节）：以字节为单位的报文长度。

③内容（≥1 字节）：和这个报文有关的参数。

握手协议的动作可以分为以下 4 个阶段。

阶段 1，建立安全能力，包括协议版本、会话 ID、密文簇、压缩方法和初始随机数。这个阶段将开始逻辑连接并且建立和这个连接相关联的安全能力。

阶段 2，服务器鉴别和密钥交换。这个阶段服务器可以发送证书、密钥交换和证书请求。服务器发出结束 hello 报文阶段的信号。

阶段 3，客户鉴别和密钥交换。如果请求的话，客户发送证书和密钥交换，客户可以发送证书验证报文。

阶段 4，结束，这个阶段完成安全连接的建立、修改密文簇并结束握手协议。

五、SSL 安全传输技术

1.SSL 运作过程

SSL 目前所使用的加密方式是一种名为 Public Key 加密的方式，它的原理是使用两个 Key 值，一个为公开值（Public Key），另一个为私有值（Private Key），在整个加解密过程中，这两个 Key 均会用到。在使用到这种加解密功能之前，首先我们必须构建一个认证中心 CA，这个认证中心专门存放每一位使用者之 Public Key 及 Private Key，并且每一位使用者必须自行建置资料于认证中心。当 A 使用端要传送信息给 B 用户端，并且希望传送的过程之间必须加以保密，则

A 用户端和 B 用户端都必须向认证中心申请一对加解密专用键值（Key），之后 A 用户端再传送信息给 B 用户端时先向认证中心索取 B 用户端的 Public Key 及 Private Key，然后利用加密演算法将信息与 B 用户端的 Private Key 作重新组合。当信息一旦送到 B 用户端时，B 用户端也会以同样的方式到认证中心取得 B 用户端自己的键值（Key），然后利用解密演算法将收到的资料与自己的 Private Key 作重新组合，则最后产生的就是 A 用户端传送过来给 B 用户端的原始资料。

　　有了上面对 SSL 的基本概念后，现在我们看看 SSL 的实际运作过程。首先，使用者的网络浏览器必须使用 http 的通信方式连接到网站服务器。如果所进入的网页内容有安全上的控制管理，此时认证服务器会传送公开密钥给网络使用者。其次，使用者收到这组密钥之后，接下来会进行产生解码用的对称密钥，最后将公开密钥与对称密钥进行数学计算之后，原文件内容已变成一篇充满乱码的文章。最后，将这篇充满乱码的文件传送回网站服务器。网站服务器利用服务器本身的私有密钥对由浏览器传过来的文件进行解密动作，如此即可取得浏览器所产生的对称密钥。自此以后，网站服务器与用户端浏览器之间所传送的任何信息或文件，均会以此对称密钥进行文件的加、解密运算动作。

2.SSL VPN 特点

　　SSL VPN 控制功能强大，能方便公司实现更多远程用户在不同地点远程接入，实现更多网络资源访问，且对客户端设备要求低，因而降低了配置和运行支撑成本。很多企业用户采纳 SSL VPN 作为远程安全接入技术，主要看重的是其接入控制功能。SSL VPN 提供安全、可代理连接，只有经认证的用户才能对资源进行访问，这就安全多了。SSL VPN 能对加密隧道进行细分，从而使得终端用户能够同时接入 Internet 和访问内部企业网资源，也就是说它具备可控功能。另外，SSL VPN 还能细化接入控制功能，易于将不同访问权限赋予不同用户，实现伸缩性访问；这种精确的接入控制功能对远程接入 IPSec VPN 来说几乎是不可能实现的。

　　SSL VPN 基本上不受接入位置限制，可以从众多 Internet 接入设备、任何远程位置访问网络资源。SSL VPN 通信基于标准 TCP/UDP 协议传输，因而能遍历所有 NAT 设备、基于代理的防火墙和状态检测防火墙。这使得用户能够从任何地方接入，无论是处于其他公司网络中基于代理的防火墙之后，或是宽带连接中。随着远程接入需求的不断增长，SSL VPN 是实现任意位置的远程安全接入的理想选择。

第二节　网络加密技术

　　数据加密是通过加密机制，把各种原始的数字信号（明文）按某种特定的加密算法变换成与明文完全不同的数字信息（即密文）的过程。

　　在计算机网络中加密可以是端—端方式或数据链路层加密方式。端—端加密是由软件或专门硬件在表示层或应用层实现变换。这种方法给用户提供了一定的灵活性，但增加了主机负担，更不太适合于一般终端。采用数据链路层加密，数据和报头（本层报头除外）都被加密，采用硬件加密方式时不致影响现有的软件。例如，在信息刚离开主机之后，把硬加密装置接到主机和前置机之间的线路中去，在对方的前置机和主机线路之间接入解密装置，从而完成加密和解密的过程。在计算机网络系统中，数据加密方式有链路加密、节点加密和端—端加密 3 种方式。

一、链路加密

链路加密是目前最常用的一种加密方法，通常用硬件在网络层以下的物理层和数据链路层中实现，它用于保护通信节点间传输的数据。这种加密方式比较简单，实现起来也比较容易，只要把一对密码设备安装在两个节点间的线路上，即把密码设备安装在节点和调制解调器之间，使用相同的密钥即可。用户没有选择的余地，也不需要了解加密技术的细节。一旦在一条线路上采用链路加密，往往需要在全网内都采用链路加密。

图 5-6 表示了这种加密方式的原理。这种方式在邻近的两个节点之间的链路上，传送的数据是加密的，而在节点中的信息是以明文形式出现的。链路加密时，报文和报头都应加密。

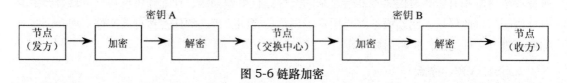

图 5-6 链路加密

链路加密方式对用户是透明的，即加密操作由网络自动进行，用户不能干预加密／解密过程。这种加密方式可以在物理层和数据链路层实施，主要以硬件完成，它用以对信息或链路中可能被截获的那一部分信息进行保护。这些链路主要包括专用线路、电话线、电缆、光缆、微波和卫星通道等。

链路加密按被传送的数字字符或位的同步方法不同，分为异步通信加密和同步通信加密两种；而同步通信根据字节同步和位同步，又可分为两种。

1. 异步通信加密

异步通信时，发送字符中的各位都是按发送方数据加密设备（Data Encrypting Equipment，DEE）的时钟所确定的不同时间间隔来发送的。接收方的数据终端设备（Data Terminal Equipment，DTE）产生一个频率与发送方时钟脉冲相同，且具有一定相位关系的同步脉冲，并以此同步脉冲为时间基准接收发送过来的字符，从而实现收发双方的通信同步。

异步通信的信息字符由 1 位起始位开始，其后是 5 ~ 8 位数据位，最后 1 位或 2 位为终止位，起始位和终止位对信息字符定界。对异步通信的加密，一般起始位不加密，数据位和奇偶校验位加密，终止位不加密。目前，数据位多用 8 位，以方便计算机操作。如果数据编码采用标准 ASCII 码，最高位固定为 0，低 7 位为数据，则可对 8 位全加密，也可以只加密低 7 位数据。如果数据编码采用 8 位的 EBCDIC 码或图像与汉字编码，因 8 位全表示数据，所以应对 8 位全加密。

2. 字节同步通信加密

字节同步通信不使用起始位和终止位实现同步，而是首先利用专用同步字符 SYN 建立最初的同步。传输开始后，接收方从接收到的信息序列中提取同步信息。

为了区别不同性质的报文（如信息报文和监控报文）以及标志报文的开始、结束等格式，各种基于字节同步的通信协议均提供一组控制字符，并规定了报文的格式。信息报文由 SOH，STX，ETX 和 BCC 4 个传输控制字符构成，它有图 5-7 所示的两种基本格式。

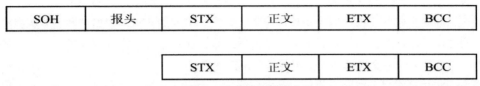

SOH	报头	STX	正文	ETX	BCC

STX	正文	ETX	BCC

图 5-7 信息报文的格式

其中，控制字符 SOH 表示信息报文的报头开始；STX 表示报头结束和正文开始；ETX 表示正文结束；BCC 表示检验字符。对字节同步通信信息报文的加密，一般只加密报头、报文正文和检验字符，而对控制字符不加密。

3．位同步通信加密

基于位同步的通信协议有 ISO 推荐的 HDLC（High Level Link Control）；IBM 公司的 SDLC 和 ADCCP。除了所用术语和某些细节外，SDLC、ADCCP 与 HDLC 原理相同。HDLC 以帧作为信息传输的基本单位，无论是信息报文还是监控报文，都按帧的格式进行传输。帧的格式如图 5-8 所示。

F	A	C	I	FCS	F

图 5-8 帧的格式

其中 F 为标志，表示每帧的头和尾；A 为站地址；C 为控制命令和响应类别；I 为数据；FCS 为帧校验序列。HDLC 采用循环冗余校验。对位同步通信进行加密时，除标志 F 以外全部加密。

链路加密方式有两个缺点：一是全部报文都以明文形式通过各节点的计算机中央处理机，在这些节点上数据容易受到非法存取的危害；二是由于每条链路都要有一对加密 / 解密设备和一个独立的密钥，维护节点的安全性费用较高，因此成本也较高。

二、节点加密

节点加密是链路加密的改进，其目的是克服链路加密在节点处易遭非法存取的缺点。在协议运输层上进行加密，是对源点和目标节点之间传输的数据进行加密保护。它与链路加密类似，只是加密算法要组合在依附于节点的加密模件中，其加密原理如图 5-9 所示。

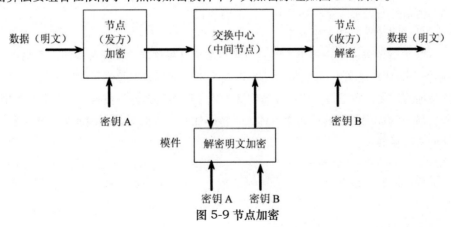

图 5-9 节点加密

这种加密方式除了在保护装置内，即使在节点也不会出现明文。这种加密方式可提供用户节点间连续的安全服务，也可用于实现对等实体鉴别。节点加密时，数据在发送节点和接收节点是以明文形式出现的；而在中间节点，加密后的数据在一个安全模块内部进行密钥转换，即将从上一节点过来的密文先解密，再用另一个密钥加密。

节点加密也是在每条链路上使用一个专用密钥，由于从一条链路到另一条链路的密钥使用有可能不同，必须进行转换。从一个密钥到另一个密钥的变换是在保密模件中进行的，这个模件设在节点中央处理装置中，可以起到一种外围设备的作用。所以明文数据不通过节点，而只存在于保密模件中。要注意的是：对于相当多的报文数据，在进行路由选择时，信息也要加密。这样节点中央处理装置就能恰当地选定数据的传送线路。

三、端—端加密

网络层以上的加密，通常称为端—端加密。端—端加密是面向网络高层主体进行的加密，即在协议表示层上对传输的数据进行加密，而不对下层协议信息加密。协议信息以明文形式传输，用户数据在中间节点不需要加密。

端—端加密一般由软件来完成。在网络高层进行加密，不需要考虑网络低层的线路、调制解调器、接口与传输码，但用户的联机自动加密软件必须与网络通信协议软件完全结合，而各厂家的通信协议软件往往又各不相同，因此目前的端—端加密往往是采用脱机调用方式。端—端加密也可以用硬件来实现，不过该加密设备要么能识别特殊的命令字，要么能识别低层协议信息，而且仅对用户数据进行加密，使用硬件实现往往有很大难度。在大型网络系统中，交换网络在多个发送方和接收方之间传输的时候，用端—端加密是比较合适的。端—端加密往往以软件的形式实现，并在应用层或表示层上完成。

这种加密方式，数据在通过各节点传输时一直对数据进行保护，数据只是在终点才进行解密。在数据传输的整个过程中，以一个不确定的密钥和算法进行加密。在中间节点和有关安全模块内永远不会出现明文。端—端加密或节点加密时，只加密报文，不加密报头。

端—端加密具有链路加密和节点加密所不具有的优点。

①成本低。由于端—端加密在中间任何节点上都不解密，即数据在到达目的地之前始终用密钥加密保护着，所以仅要求发送节点和最终的目标节点具有加密、解密设备，而链路加密则要求处理加密信息的每条链路均配有分立式密钥装置。

②端—端加密比链路加密更安全。

③端—端加密可以由用户提供，因此对用户来说这种加密方式比较灵活。先采用端—端加密，再控制中心的加密设备可对文件、通行字以及系统的常驻数据起到保护作用。然而，由于端—端加密只是加密报文，数据报头仍需保持明文形式，所以数据容易被报务分析者所利用。

另外，端—端加密所需的密钥数量远大于链路加密，因此对端—端加密而言，密钥管理是一个十分重要的课题。

第三节　防火墙技术

一、因特网防火墙

1. 防火墙的基本知识

防火墙是在两个网络之间执行访问控制策略的一个或一组系统，包括硬件和软件，目的是保护网络不被他人侵扰。本质上，它遵循的是一种允许或阻止业务来往的网络通信安全机制，也就是提供可控的过滤网络通信，只允许授权的通信。

通常，防火墙就是位于内部网或 Web 站点与因特网之间的一个路由器或一台计算机，又称为堡垒主机。其目的如同一个安全门，为门内的部门提供安全，控制那些可被允许出入该受保护环境的人或物。就像工作在前门的安全卫士，控制并检查站点的访问者。

防火墙是由管理员为保护自己的网络免遭外界非授权访问但又允许与因特网连接而发展起来的。从网际角度，防火墙可以看成是安装在两个网络之间的一道栅栏，根据安全计划和安全策略中的定义来保护其后面的网络。由软件和硬件组成的防火墙应该具有以下功能。

①所有进出网络的通信流都应该通过防火墙。

②所有穿过防火墙的通信流都必须有安全策略和计划的确认和授权。

③理论上说，防火墙是穿不透的。

利用防火墙能保护站点不被任意连接，甚至能建立跟踪工具，帮助总结并记录有关正在进行的连接资源、服务器提供的通信量以及试图闯入者的任何企图。

总之，防火墙是阻止外面的人对本地网络进行访问的任何设备，此设备通常是软件和硬件的组合体，它通常根据一些规则来挑选想要或不想要的地址。

随着因特网上越来越多的用户要访问 Web，运行例如 Telnet、FTP 和因特网 Mail 之类的服务，系统管理者和 LAN 管理者必须能够在提供访问的同时，保护他们的内部网，不给闯入者留有可乘之机。

内部网需要防范 3 种攻击：间谍、盗窃和破坏系统。间谍指试图偷走敏感信息的黑客、入侵者和闯入者。盗窃的对象包括数据、Web 表格、磁盘空间和 CPU 资源等。破坏系统指通过路由器或主机／服务器蓄意破坏文件系统或阻止授权用户访问内部网（外部网）和服务器。

这里，防火墙的作用是保护 Web 站点和公司的内部网，使之免遭侵犯。

典型的防火墙建立在一个服务器或主机的机器上，亦称"堡垒主机"，它是一个多边协议路由器。这个堡垒主机连接两个网络：一边与内部网相连，另一边与因特网相连。它的主要作用除了防止未经授权的来自或对因特网的访问外，还包括为安全管理提供详细的系统活动的记录。在有的配置中，这个堡垒主机经常作为一个公共 Web 服务器或一个 FTP 或 E-mail 服务器使用。

防火墙的基本目的之一就是防止黑客侵扰站点。站点暴露于无数威胁之中，而防火墙可以帮助防止外部连接。因此，还应小心局域网内的非法的 Modem 连接，特别是当 Web 服务器在受保护的区域内时。

从图 5-10 可以看出，所有来自因特网的传输信息或从内部网络发出的信息都必须穿过防火墙。因此，防火墙能够确保如电子信件、文件传输、远程登录或在特定的系统间信息交换的安全。

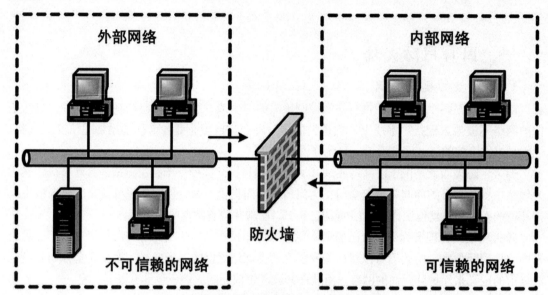

图 5-10 防火墙在因特网与内部网中的位置

从逻辑上讲，防火墙是分离器、限制器和分析器。从物理角度看，各站点防火墙物理实现的方式有所不同。通常防火墙是一组硬件设备，即路由器、主计算机或者是路由器、计算机和配有适当软件的网络的多种组合。

2. 防火墙的基本功能

（1）防火墙能够强化安全策略

因为因特网上每天都有上百万人浏览信息、交换信息，不可避免地会出现个别品德不良或违反规则的人。防火墙是为了防止不良现象发生的"交通警察"，它执行站点的安全策略，仅仅容许"认可的"和符合规则的请求通过。

（2）防火墙能有效地记录因特网上的活动

因为所有进出信息都必须通过防火墙，所以防火墙非常适用收集关于系统和网络使用和误用的信息。作为访问的唯一点，防火墙记录着被保护的网络和外部网络之间进行的所有事件。

（3）防火墙限制暴露用户点

防火墙能够用来隔开网络中的一个网段与另一个网段。这样，就能够有效控制影响一个网段的问题通过整个网络传播。

（4）防火墙是一个安全策略的检查站

所有进出网络的信息都必须通过防火墙，防火墙便成为一个安全检查点，使可疑的访问被拒绝于门外。

3.防火墙的不足之处

上面我们叙述了防火墙的功能，但它也是有缺点的，主要表现在以下几个方面。

（1）不能防范恶意的知情者

防火墙可以禁止系统用户经过网络连接发送专有的信息，但用户可以将数据复制到磁盘、磁带上，放在公文包中带出去。如果入侵者已经在防火墙内部，防火墙是无能为力的。内部用户偷窃数据，破坏硬件和软件，并且巧妙地修改程序而可以不用接近防火墙。对于来自知情者的威胁，只能要求加强内部管理，如主机安全防范和用户教育等。

（2）防火墙不能防范不通过它的连接

防火墙能够有效地防止通过它进行传输信息，然而不能防止不通过它而传输的信息。例如，如果站点允许对防火墙后面的内部系统进行拨号访问，那么防火墙绝对没有办法阻止入侵者进行拨号入侵。

（3）防火墙不能防备全部的威胁

防火墙被用来防备已知的威胁，如果是一个很好的防火墙设计方案，可以防备新的威胁，但没有一个防火墙能自动防御所有的新威胁。

（4）防火墙不能防范病毒

防火墙不能消除网络上的 PC 的病毒。虽然许多防火墙扫描所有通过的信息，以决定是否允许它通过内部网络，但扫描是针对源、目标地址和端口号的，而不扫描数据的确切内容。即使是先进的数据包过滤，在病毒防范上也是不实用的，因为病毒的种类太多，有许多种手段可使病毒在数据中隐藏。

检测随机数据中的病毒穿过防火墙十分困难，它有以下要求。

①确认数据包是程序的一部分。

②决定程序看起来像什么。

③确定病毒引起的改变。

事实上，大多数防火墙采用不同的可执行格式保护不同类型的机器。程序可以是编译过的可执行程序或者是一个副本，数据在网上传输时要分包，并经常被压缩，这样便给病毒带来了可乘之机。无论防火墙是多么安全，用户只能在防火墙后面清除病毒。

二、包过滤路由器

1.基本概念

包（又称为分组）是网络上信息流动的单位。传输文件时，在发送端该文件被划分成若干个数据包，这些数据包经过网上的中间站点，最终到达目的地，接收端又将这些数据包重新组合成原来的文件。

每个包有两个部分：数据部分和包头。包头中含有源地址和目标地址等信息。

包过滤器又称为包过滤路由器，它通过将包头信息和管理员设定的规则表比较，如果有一条规则不允许发送某个包，路由器将它丢弃。包过滤一直是一种简单而有效的方法。通过拦截数据包，读出并拒绝那些不符合标准的包头，过滤掉不应入站的信息。

包过滤路由器与普通路由器的差别，主要在于普通路由器只是简单地查看每一个数据包的目标地址，并且选取数据包发往目标地址的最佳路径。如何处理数据包上的目标地址，一般有以下两种情况出现。

①当路由器知道发送数据包的目标地址时，则发送该数据包。

②当路由器不知道发送数据包的目标地址时，则返还该数据包，并向源地址发送"不能到达目标地址"的消息。

作为包过滤路由器，它将更严格地检查数据包，除了决定它是否能发送数据包到其目标之外，包过滤路由器还决定它是否应该发送。"应该"或者"不应该"由站点的安全策略决定，并由包过滤路由器强制设置。包过滤路由器放置在内部网络与因特网之间，作用如下。

①包过滤路由器将担负更大的责任，它不但需要执行转发及确定转发的任务，而且它是唯一的保护系统。

②如果安全保护失败（或在入侵下失败），内部的网络将被暴露。

③简单的包过滤路由器不能修改任务。

④包过滤路由器能容许或否认服务，但它不能保护在一个服务之内的单独操作。如果一个服务没有提供安全的操作要求，或者这个服务由不安全的服务器提供，包过滤路由器则不能保护它。

2. 包过滤路由器的优缺点

包过滤路由器的主要优点之一是仅用一个放置在重要位置上的包过滤路由器就可保护整个网络。如果站点与因特网间只有一台路由器，那么，不管站点规模有多大，只要在这台路由器上设置合适的包过滤，站点就可获得很好的网络安全保护。

包过滤不需要用户软件的支持，也不要求对客户机作特别的设置，也没有必要对用户做任何培训。当包过滤路由器允许包通过时，它和普通路由器没有任何区别。在这时，用户甚至感觉不到包过滤功能的存在，只有在某些包被禁止时，用户才认识到它与普通路由器的不同。包过滤工作对用户来讲是透明的。这种透明就表现在不要求用户进行任何操作的前提下完成包过滤工作。

虽然包过滤系统有许多优点，但它也有一些缺点及局限性。

①配置包过滤规则比较困难。

②对系统中的包过滤规则的配置进行测试也较麻烦。

③包过滤功能都有局限性，要找一个比较完整的包过滤产品比较困难。

包过滤系统本身就可能存在缺陷，这些缺陷对系统安全性的影响要大大超过代理服务系统对系统安全性的影响。因为代理服务的缺陷仅会使数据无法传送，而包过滤的缺陷会使得一些平常该拒绝的包也能进出网络。

有些安全规则是难于用包过滤系统来实施的。例如，在包中只有来自于某台主机的信息而无来自于某个用户的信息。因此，若要过滤用户就不能用包过滤。

3. 包过滤路由器的配置

在配置包过滤路由器时，首先要确定哪些服务允许通过而哪些服务应被拒绝，并将这些规定翻译成有关的包过滤规则。对包的内容并不需要多加关心。例如，允许站点接收来自于因特网的邮件，而该邮件是用什么工具制作的则与我们无关。路由器只关注包中的一小部分内容。

下面给出将有关服务翻译成包过滤规则时非常重要的几个概念。

①协议的双向性。协议总是双向的，协议包括一方发送一个请求而另一方返回一个应答。在制订包过滤规则时，要注意包是从两个方向来到路由器的，例如，只允许往外的 Telnet 包将用户的键入信息送达远程主机，而不允许返回的显示信息包通过相同的连接，这种规则是不正确的，同时，拒绝半个连接往往也是不起作用的。在许多攻击中；入侵者往内部网络发送包，他们甚至不用返回信息就可完成对内部网络的攻击，因为他们能对返回信息加以推测。

②"往内"与"往外"的含义。在我们制订包过滤规则时，必须准确理解"往内"与"往外"的包和"往内"与"往外"的服务这几个词的语义。一个往外的服务（如 Telnet）同时包含往外的包（键入信息）和往内的包（返回的屏幕显示的信息）。虽然大多数人习惯于用"服务"来定义规定，但在制订包过滤规则时，一定要具体到每一种类型的包。在使用包过滤时也一定要弄清"往内"与"往外"的包和"往内"与"往外"的服务这几个词之间的区别。

③"默认允许"与"默认拒绝"。网络的安全策略中的有两种方法：默认拒绝（没有明确地被允许就应被拒绝）与默认允许（没有明确地被拒绝就应被允许）。从安全角度来看，用默认拒绝应该更合适。就如前面讨论的，首先应从拒绝任何传输来开始设置包过滤规则，然后对某些应被允许传输的协议设置允许标志。这样做会使系统的安全性更好一些。

4．包过滤设计

假设网络策略安全规则确定：从外部主机发来的因特网邮件在某一特定网关被接收，并且想拒绝从不信任的名为 THEHOST 的主机发来的数据流（一个可能的原因是该主机发送邮件系统不能处理的大量的报文，另一个可能的原因是怀疑这台主机会给网络安全带来极大的威胁）。在这个例子中，SMTP 使用的网络安全策略必须翻译成包过滤规则。在此可以把网络安全规则翻译成下列中文规则。

[过滤器规则 1]：我们不相信从 THEHOST 来的连接。

[过滤器规则 2]：我们允许与我们的邮件网关的连接。

这些规则可以编成如表 5-1 所示的规则表。其中星号（＊）表明它可以匹配该列的任何值。

表 5-1 一个包过滤规则的编码例子

过滤规则号	动作	内部主机	内部主机端口	外部主机	外部路由器的端口	说明
1	阻塞	＊	＊	THEHOST	＊	阻塞来自 THEHOST 流量
2	允许	Mail-GW	25	＊	＊	允许我们的邮件网关的连接
3	允许	＊	＊	＊	25	允许输出 SMTP 至远程邮件网关

对于过滤器规则 1(见表 5-1)，有一外部主机列，所有其他列有星号标记。"动作"是阻塞连接。这一规则可以翻译为：

阻塞任何从（＊）THEHOST 端口来到我们任意（＊）主机的任意（＊）端口的连接。

对于过滤器规则 2，有内部主机和内部主机端口列，其他的列都为（＊）号，其"动作"是允许连接，这可翻译为：

允许任意（＊）外部主机从其任意（＊）端口到我们的 Mail-GW 主机端口的连接。

使用端口 25 是因为这个 TCP 端口是保留给 SMTP 的。

这些规则应用的顺序与它们在表中的顺序相同。如果一个包不与任何规则匹配，它就会遭到拒绝。在表 5-1 中规定的过滤规则方式的一个问题是：它允许任何外部机器从端口 25 产生一个请求。端口 25 应该保留 SMTP，但一个外部主机可能用这个端口做其他用途。

第三个规则表示了一个内部主机如何发送 SMTP 邮件到外部主机端口 25，以使内部主机完成发送邮件到外部站点的任务。如果外部站点对 SMTP 不使用端口 25，那么 SMTP 发送者便不能发送邮件。

TCP 是全双工连接，信息流是双向的。表 5-1 中的包过滤规则不能明确地区分包中的信息流向，即是从我们的主机到外部站点，还是从外部站点到我们的主机。当 TCP 包从任一方向发送出去时，接收者必须通过设置确认（Acknowledgement，ACK）标志来发送确认。ACK 标志是用在正常的 TCP 传输中的，首包的 ACK=0，而后续包的 ACK=1，如图 5-11 所示。

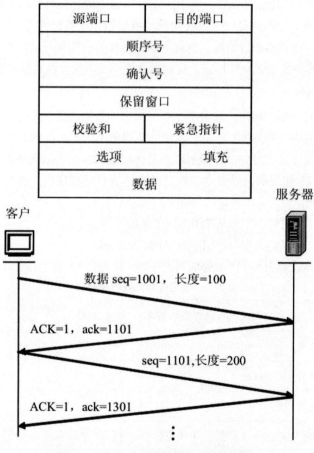

图 5-11 在 TCP 数据传输中使用确认

在图 5-11 中，发送者发送一个段（TCP 发送的数据叫作段），其开始的发送序号是 1001（seq），长度是 100；接收者发送回去一个确认包，其中 ACK 标志置为 1，且确认数（ack）设置为 1001＋100=1101。发送者再发送 1 个 TCP 段数，每段为 200bit。这些是通过一个单一确认包来确认的，其中 ACK 设置为 1，确认数表明下一 TCP 数据段开始的比特数是（1101＋

200）=1301。

从图 5-11 可以看到，所有的 TCP 连接都要发送 ACK 包。当 ACK 包被发送出去时，其发送方向相反，且包过滤规则应考虑那些确认控制包或数据包的 ACK 包。

根据以上讨论，我们将修改过的包过滤规则在表 5-2 中列出。

表 5-2　SMTP 的包过滤规则

过滤规则号	动作	源主机或网络	源主机端口	目的主机或网络	目的主机端口	TCP 标志或 IP 选项	说明
1	允许	202.204.125.0	*	*	25	*	包从网络 202.204.125.0 至目的主机端口 25
2	允许	Mail-GW	25	202.204.125.0	*	ACK	允许返回确认

对于表 5-2 中的规则 1，源主机或网络列有一项为 202.204.125.0，目的主机端口列有一项为 25，所有其他的列都是"*"号。

过滤规则 1 的动作是允许连接。这可翻译为：允许任何从网络的任一端口（*）产生的到具有任何 TCP 标志或 IP 选项设置（包括源路由选择）的、任一目的主机（*）的端口 25 的连接。

注意，由于 202.204.125.0 是一个 C 类 IP 地址，主机号字段中的 0 指的是在网络 202.204.125 中的任何主机。

对于规则 2，源主机端口列有一项为 25，目的主机或网络列有一项是 202.204.125.0，TCP 标志或 IP 选项列为 ACK，所有其他的列都是"*"号。

规则 2 的动作是允许连接。这可翻译为：允许任何来自任一网络的发自于端口 25 的、具有 TCPACK 标志设置的、到网（202.204.125.0）的任一（*）端口的连接被继续设置。

表 5-2 的过滤规则 1 和规则 2 的组合效应就是允许 TCP 包在网络 202.204.125.0 和任一外部主机的 SMTP 端口之间传输。

因为包过滤只检验 OSI 模型的第二层和第三层，所以无法绝对保证返回的 TCP 确认包是同一个连接的一部分。

在实际应用中，因为 TCP 连接维持两方的状态信息，他们知道什么样的序列号和确认是所期望的。另外，上一层的应用服务，如 Telnet 和 SMTP，只能接受那些遵守应用协议规则的包。伪造一个含有正确 ACK 包是很困难的。对于更高层次的安全，可以使用应用层的网关，如防火墙等。

三、堡垒主机

人们把处于防火墙关键部位、运行应用级网关软件的计算机系统称为堡垒主机。堡垒主机在防火墙的建立过程中起着至关重要的作用。

1.建立堡垒主机的原则

设计和建立堡垒主机的基本原则有两条：最简化原则和预防原则。

（1）最简化原则

堡垒主机越简单，对它进行保护就越方便。堡垒主机提供的任何网络服务都有可能在软件上存在缺陷或在配置上存在错误，而这些差错就可能使堡垒主机的安全保障出问题。因此，在堡垒主机上设置的服务必须最少，同时对必须设置的服务软件只能给予尽可能低的权限。

（2）预防原则

尽管已对堡垒主机严加保护，但还有可能被入侵者破坏。对此应有所准备，只有充分地对最坏的情况加以准备，并设计好对策，才可有备无患。对网络的其他部分施加保护时，也应考虑到"堡垒主机被攻破怎么办？"。因为堡垒主机是外部网络最易接触到的机器，所以它也是最可能被首先攻击的机器。由于外部网络与内部网络无直接连接，所以建立堡垒主机的目的是阻止入侵者到达内部网络。

一旦堡垒主机被破坏，我们还必须让内部网络处于安全保障中。要做到这一点，必须让内部网络只有在堡垒主机正常工作时才信任堡垒主机。我们要仔细观察堡垒主机提供给内部网络机器的服务，并依据这些服务的主要内容，确定这些服务的可信度及拥有权限。

2．堡垒主机的分类

堡垒主机目前一般有3种类型：无路由双宿主主机、牺牲主机和内部堡垒主机。

无路由双宿主主机有多个网络接口，但这些接口间没有信息流。这种主机本身就可作为一个防火墙，也可作为一个更复杂防火墙结构的一部分。

牺牲主机是一种没有任何需要保护信息的主机，同时它又不与任何入侵者想利用的主机相连。用户只有在使用某种特殊服务时才用到它。牺牲主机除了可让用户随意登录外，其配置基本上与一般的堡垒主机一样。用户总是希望在堡垒主机上存有尽可能多的服务与程序。但出于安全性的考虑，我们不可随意满足用户的要求，也不能让用户在牺牲主机上太舒畅。否则会使用户越来越信任牺牲主机而违反设置牺牲主机的初衷。牺牲主机的主要特点是它易于被管理，即使被侵袭也无碍内部网络的安全。

在大多数配置中，堡垒主机可与某些内部主机进行交互。例如，堡垒主机可传送电子邮件给内部主机的邮件服务器，传送 Usenet 新闻给新闻服务器，与内部域名服务器协同工作等。这些内部主机其实是有效的次级堡垒主机，对它们就应像保护堡垒主机一样加以保护。我们可以在它们上面多放一些服务，但对它们的配置必须遵循与堡垒主机一样的过程。

3．堡垒主机的选择

（1）堡垒主机操作系统的选择

应该选较为熟悉的系统作为堡垒主机的操作系统。一个配置好的堡垒主机是一个具有高度限制性的操作环境的软件平台，所以对它的进一步开发与完善最好应在其他机器上完成后再移植。这样做也为在开发时与内部网络的其他外设与机器交换信息提供了方便。

选择主机时，应该选择一个可支持有若干个接口同时处于活跃状态并且能可靠地提供一系列内部网络用户所需要的因特网服务的机器。一般情况下，我们应用 UNIX、Windows 2000 Server 或者其他操作系统作为堡垒主机的软件平台。

UNIX 是能提供因特网服务的最流行操作系统，当堡垒主机在 UNIX 操作系统下运行时，有大量现成的工具可供使用。因此，在没有发现更好的系统之前，我们推荐使用 UNIX 作为堡垒主机的操作系统。同时，在 UNIX 操作系统下也易于找到建立堡垒主机的工具软件。

（2）堡垒主机速度的选择

作为堡垒主机的计算机并不要求有很高的速度。实际上，选用功能并不十分强大的机器作为堡垒主机反而更好。不使用功能过高的机器充当堡垒主机的理由如下。

①低档的机器对入侵者的吸引力要小一些。入侵者经常以侵入高档机为荣。

②如果堡垒主机被破坏，低档的堡垒主机对于入侵者进一步侵入内部网络提供的帮助要小一些。因为它编译较慢，运行一些有助于入侵的破密码程序也较慢。所有这些因素会使入侵者对侵入我们内部网络的兴趣减小。

③对于内部网络用户来讲，使用低档的机器作为堡垒主机，也可降低他们破坏堡垒主机的兴趣。

如果使用一台高速堡垒主机，会将大量时间花费在等待内部网络用户往外的慢速连接中，这是一种浪费。而且，如果堡垒主机速度很快，内部网络用户会利用这台机器的高性能做一些其他工作，而我们在有用户运行程序的堡垒主机上再进行安全控制就较为困难。

4．堡垒主机提供的服务

堡垒主机应当提供站点所需求的所有与因特网有关的服务，同时还要经过包过滤提供内部网络向外界的服务。任何与外部网络无关的服务都不应放置在堡垒主机上。

我们将可以由堡垒主机提供的服务分成以下4个级别。

①无风险服务，仅仅通过包过滤便可实施的服务。

②低风险服务，在有些情况下这些服务运行时有安全隐患，但加一些安全控制措施便可消除安全问题，这类服务只能由堡垒主机提供。

③高风险服务，在使用这些服务时无法彻底消除安全隐患；这类服务一般应被禁用，特别需要时也只能放置在主机上使用。

④禁用服务，应被彻底禁止使用的服务。

电子邮件（SMTP）是堡垒主机应提供的最基本的服务，其他还应提供的服务如下。

● FTP，文件传输服务。

● WAIS，基于关键字的信息浏览服务。

● HTTP，超文本方式的信息浏览服务。

● NNTP，Usenet 新闻组服务。

● Gopher，菜单驱动的信息浏览服务。

为了支持以上这些服务，堡垒主机还应有域名服务（DNS）。另外，还要由它提供其他有关站点和主机的零散信息，所以它是实施其他服务的基础服务。

来自于因特网的入侵者可以利用许多内部网上的服务来破坏堡垒主机。因此应该将内部网络上的那些不用的服务全部关闭。

四、代理服务

代理服务是运行在防火墙主机上的一些特定的应用程序或者服务程序。防火墙主机可以是有一个内部网络接口和一个外部网络接口的双重宿主主机，也可以是一些可以访问因特网并可被内部主机访问的堡垒主机。这些程序接受用户对因特网服务的请求（诸如文件传输 FTP 和远程登录 Telnet 等），并按照安全策略转发它们到实际的服务。所谓代理就是一个提供替代连接并且充当服务的网关。代理也被称为应用级网关。

代理服务位于内部用户（在内部的网络上）和外部服务（在因特网上）之间。代理在幕后处理所有用户和因特网服务之间的通信以代替相互间的直接交谈。

透明是代理服务的一大优点。对于用户来说，用户通过代理服务器间接使用真正的服务器；对于服务器来说，真正的服务器是通过代理服务器来完成用户所提交的服务申请。

如图 5-12 所示，代理服务有两个主要的部件：代理服务器和代理客户。在图 5-12 中，代理服务器运行在双重宿主主机上。代理客户是正常客户程序的特殊版本（即 Telnet 或者 FTP 客户），用户与代理服务器连接而不是和远在因特网上的"真正的"服务器连接。代理服务器评价来自客户的请求，并且决定认可哪一个或否定哪一个。如果一个请求被认可，代理服务器代表客户连接真正的服务器，并且转发从代理客户到真正的服务器的请求，并将服务器的响应传送回代理客户。

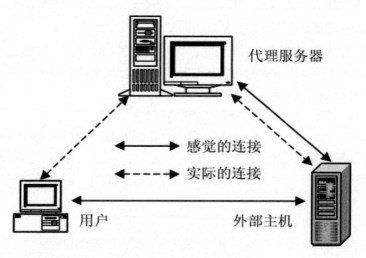

图 5-12 代理的实现过程

代理服务器并非将用户的全部网络服务请求提交给因特网上的真正的服务器，因为代理服务器能依据安全规则和用户的请求作出判断是否代理执行该请求，所以它能控制用户的请求。有些请求可能会被否决，比如，FTP 代理就可能拒绝用户把文件往远程主机上传送，或者它只允许用户将某些特定的外部站点的文件下载。代理服务可能对于不同的主机执行不同的安全规则，而不对所有主机执行同一个标准。

五、防火墙体系结构

目前，防火墙的体系结构一般有 3 种：双重宿主主机体系结构、主机过滤体系结构和子网过滤体系结构。

1. 双重宿主主机体系结构

双重宿主主机体系结构是围绕具有双重宿主的主体计算机而构筑的。该计算机至少有两个网络接口，这样的主机可以充当与这些接口相连的网络之间的路由器，并能够从一个网络向另一个网络发送 IP 数据包。防火墙内部的网络系统能与双重宿主主机通信，同时防火墙外部的网络系统（在因特网上）也能与双重宿主主机通信。通过双重宿主主机，防火墙内外的计算机便可进行通信了。

双重宿主主机的防火墙体系结构是相当简单的，双重宿主主机位于两者之间，并且被连接到因特网和内部的网络。图 5-13 显示这种体系结构。

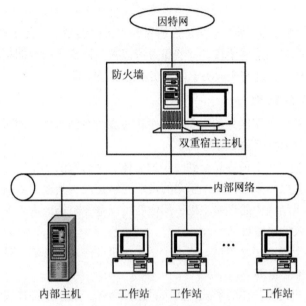

图 5-13 双重宿主主机体系结构

2．主机过滤体系结构

双重宿主主机结构中提供安全保护的是一台同时连接在内部与外部网络的双重宿主主机。而主机过滤体系结构则不同，在主机过滤体系结构中提供安全保护的主机仅仅与内部网络相连。另外，主机过滤体系结构还有一台单独的路由器（过滤路由器）。在这种体系结构中，主要的安全由数据包过滤提供，其结构如图 5-14 所示。

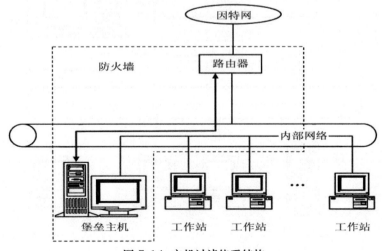

图 5-14 主机过滤体系结构

在这种结构中，堡垒主机位于内部的网络上。任何外部的访问都必须连接到这台堡垒主机上。因此，堡垒主机需要拥有高等级的安全。

在屏蔽的路由器中，数据包过滤配置可以按下列方法执行。

①允许其他的内部主机为了某些服务与因特网上的主机连接（即允许那些已经由数据包过滤的服务）。

②不允许来自内部主机的所有连接（强迫那些主机由堡垒主机使用代理服务）。用户可以针对不同的服务，混合使用这些手段。某些服务可以被允许直接由数据包过滤，而其他服务可以被允许间接地经过代理，这完全取决于用户实行的安全策略。

3．子网过滤体系结构

子网过滤体系结构添加了额外的安全层到主机过滤体系结构中，即通过添加参数网络，更进一步地把内部网络与因特网隔离开。

堡垒主机是用户的网络上最容易受到攻击的主体。因为它的本质决定了它是最容易被侵袭的对象。如果在屏蔽主机体系结构中，用户的内部网络在没有其他的防御手段时，一旦他人成功地侵入屏蔽主机体系结构中的堡垒主机，那他就可以毫无阻挡地进入内部系统。因此，用户的堡垒主机是非常诱人的攻击目标。

通过在参数网络上隔离堡垒主机，能减少堡垒主机被侵入的影响。可以说，它只给入侵者一些访问的机会，但不是全部。

子网过滤体系结构的最简单的形式为两个过滤路由器，每一个都连接到参数网，一个位于参数网与内部网络之间，另一个位于参数网与外部网络之间（通常为因特网），其结构如图5-15所示。

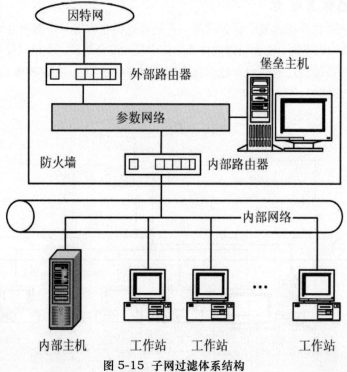

图5-15 子网过滤体系结构

如果想侵入用这种类型的体系结构构筑的内部网络，必须要通过两个路由器，即使入侵了堡垒主机，还需要通过内部路由器才能进入内部网络。在此情况下，网络内部单一的易受侵袭点便不会存在了。

下面要讨论在这种结构里所采用的组件。

（1）参数网络

参数网络是在内外部网络之间另加的一层安全保护网络层。如果入侵者成功地闯过外层保护网到达防火墙，参数网络就能在入侵者与内部网络之间再提供一层保护。

如果入侵者仅仅侵入参数网络的堡垒主机，他只能够看到参数网络的信息流而看不到内部网络的信息，这层网络的信息流仅从参数网络往来于外部网络或者从参数网络往来于堡垒主机。因为没有内部主机间互传的重要和敏感的信息在参数网络中流动，所以即使堡垒主机受到损害也不会让入侵者破坏内部网络的信息流。

（2）堡垒主机

在子网过滤结构中，我们将堡垒主机与参数网络相连，而这台主机是外部网络服务于内部网络的主节点。它为内部网络服务的主要功能如下。

①它接收外来的电子邮件（SMTP），再分发给相应的站点。

②它接收外来的FTP，并将它连到内部网络的匿名FTP服务器。

③它接收外来的有关内部网络站点的域名服务。

这台主机向外（由内部网络的客户往外部服务器）的服务功能可用以下方法来实施。

①在内、外部路由器上建立包过滤，以便内部网络的用户可直接操作外部服务器。

②在主机上建立代理服务，在内部网络的用户与外部的服务器之间建立间接的连接。也可以在设置包过滤后，允许内部网络的用户与主机的代理服务器进行交互，但禁止内部网络用户与外部网络进行直接通信。

堡垒主机在工作中根据用户的安全机制允许它主动连到外部网络或允许外部网络连到它上面。堡垒主机做的主要工作还是为内外部服务请求进行代理。

（3）内部路由器

内部路由器（有时也称为阻流路由器）的主要功能是保护内部网络免受来自外部网络与参数网络的侵扰。

内部路由器完成防火墙的大部分包过滤工作，它允许符合安全规则的服务在内外部网络之间互传。根据各站点的需要和安全规则，可允许的服务如：Telnet、FTP、WAIS、Archie、Gopher等或者其他的服务。

内部路由器参数网络由与内部网络之间传递的信息来设定，目的是减少在堡垒主机被侵入后而受到入侵的内部网络主机的数目。

（4）外部路由器

理论上，外部路由器既保护参数网络又保护内部网络。实际上，在外部路由器上仅做一小部分包过滤，它几乎让所有参数网络的外向请求通过，而外部路由器与内部路由器的包过滤规则是基本上相同的。也就是说，如果安全规则上存在疏忽，那么，入侵者可用同样的方法通过内、外部路由器。

由于外部路由器一般是由因特网服务供应商提供的，所以对外部路由器可做的操作是受限制的。网络服务供应商一般仅会在该路由器上设置一些普通的包过滤，而不会专门设置特别的包过滤，或更换包过滤系统。因此，对于安全保障而言；不能像依赖于内部路由器一样依赖于外部路由器。

外部路由器的包过滤主要是对参数网络上的主机提供保护。然而，一般情况下，因为参数网络上主机的安全主要通过主机安全机制加以保障，所以由外部路由器提供的很多保护并非必要。

外部路由器真正有效的任务就是阻断来自外部网络上伪造源地址进来的任何数据包。这些数据包自称是来自内部网络，而其实它是来自外部网络。

内部路由器也具有上述功能，但它无法辨认自称来自参数网络的数据包是伪造的。因此，内部路由器不能保护参数网络上的系统免受伪数据包的侵扰。

第四节　网络攻击类型及对策

一、网络攻击的类型

任何以干扰、破坏网络系统为目的的非授权行为都称为网络攻击。法律上对网络攻击的定义有两种观点：第一种观点是指攻击仅仅发生在入侵行为完全完成，并且入侵者已在目标网络内；第二种观点是指可能使一个网络受到破坏的所有行为，即从一个入侵者开始在目标机上工作的那个时刻起，攻击就开始进行了。

黑客进行的网络攻击通常可分为 4 大类型：拒绝服务型攻击、利用型攻击、信息收集型攻击和虚假信息型攻击。

1. 拒绝服务型攻击

拒绝服务（Denial of Service，DoS）攻击是目前最常见的一种攻击类型。从网络攻击的各种方法和所产生的破坏情况来看，DoS 算是一种很简单，但又很有效的进攻方式。它的目的就是拒绝你的服务访问，破坏组织的正常运行，最终使网络连接堵塞，或者服务器因疲于处理攻击者发送的数据包而使服务器系统的相关服务崩溃、系统资源耗尽。

DoS 的攻击方式有很多种，最基本的 DoS 攻击就是利用合理的服务请求来占用过多的服务资源，从而使合法用户无法得到服务。这类攻击和其他大部分攻击不同的是，因为他们不是以获得网络或网络上信息的访问权为目的，而是要使受攻击方耗尽网络、操作系统或应用程序有限的资源而崩溃，不能为其他正常用户提供服务为目标。这就是这类攻击被称为"拒绝服务攻击"的真正原因。

DoS 攻击的基本过程：首先攻击者向服务器发送众多的带有虚假地址的请求，服务器发送回复信息后等待回传信息。由于地址是伪造的，所以服务器一直等不到回传的消息，然而服务器中分配给这次请求的资源就始终没有被释放。当服务器等待一定的时间后，连接会因超时而被切断，攻击者会再度传送新的一批请求，在这种反复发送伪地址请求的情况下，服务器资源最终会被耗尽。

常见的 DoS 攻击主要有以下几种类型。

（1）死亡之 ping（Ping of Death）攻击

ICMP 协议在 Internet 上主要用于传递控制信息和错误的处理。它的功能之一是与主机联系，通过发送一个"回送请求"（Echo Request）信息包看看主机目标是否"存在"。最普通的 ping 程序就是这个功能。而在 TCP/IP 协议中对包的最大尺寸都有严格限制规定，许多操作系统的 TCP/IP 协议栈都规定 ICMP 包大小为 64KB，且在对包的标题头进行读取之后，要根据该标题头里包含的信息来为有效载荷生成缓冲区。Ping of Death 就是故意产生畸形的测试 Ping（Packet Internet Groper）包，声称自己的尺寸超过 ICMP 上限，也就是加载的尺寸超过 64KB 上限，使未采取保护措施的网络系统出现内存分配错误，导致 TCP/IP 协议栈崩溃，最终使接收方死机。

（2）泪滴（Teardrop）攻击

泪滴攻击利用在 TCP/IP 协议栈实现中信任 IP 碎片中的包的标题头所包含的信息来实现自己的攻击。IP 分段含有指示该分段所包含的是原包的哪一段的信息，某些 TCP/IP 协议栈在收到含有重叠偏移的伪造分段时将崩溃。

（3）UDP 洪水（UDP flood）攻击

用户数据报协议（UDP）在 Internet 上的应用比较广泛，很多提供 WWW 和 Mail 等服务设备通常是使用 Unix 的服务器，它们默认打开一些被黑客恶意利用的 UDP 服务。如 Echo 服务会显示接收到的每一个数据包，而原本作为测试功能的 Chargen 服务会在收到每一个数据包时随机反馈一些字符。UDP flood 假冒攻击就是利用这两个简单的 TCP/IP 服务的漏洞进行恶意攻击，通过伪造与某一主机的 Chargen 服务之间的一次的 UDP 连接，回复地址指向开着 Echo 服务的一台主机，通过将 Chargen 和 Echo 服务互指，来回传送毫无用处且占满带宽的垃圾数据，在两台主机之间生成足够多的无用数据流，这一拒绝服务攻击飞快地导致网络可用带宽耗尽。

（4）SYN 洪水（SYN flood）攻击

当用户进行一次标准的 TCP 连接时，会有一个 3 次握手过程。首先是请求服务方发送一个 SYN（Synchronize Sequence Number）消息，服务方收到 SYN 后，会向请求方回送一个 SYN-ACK 表示确认，当请求方收到 SYN-ACK 后，再次向服务方发送一个 ACK 消息，这样一次 TCP 连接建立成功。SYN Flooding 则专门针对 TCP 协议栈在两台主机间初始化连接握手的过程进行 DoS 攻击，其在实现过程中只进行前两个步骤：当服务方收到请求方的 SYN-ACK 确认消息后，请求方由于采用源地址欺骗等手段使得服务方收不到 ACK 回应，于是服务方会在一定时间处于等待接收请求方 ACK 消息的状态。而对于某台服务器来说，可用的 TCP 连接是有限的，因为他们只有有限的内存缓冲区用于创建连接，如果这一缓冲区充满了虚假连接的初始信息，该服务器就会对接下来的连接停止响应，直至缓冲区里的连接企图超时。如果恶意攻击方快速连续地发送此类连接请求，该服务器可用的 TCP 连接队列将很快被阻塞，系统可用资源急剧减少，网络可用带宽迅速缩小，长此下去，除了少数幸运用户的请求可以插在大量虚假请求间得到应答外，服务器将无法向用户提供正常的合法服务。

（5）Land（Land Attack）攻击

在 Land 攻击中，黑客利用一个特别打造的 SYN 包（它的原地址和目标地址都被设置成某一个服务器地址）进行攻击。这样将导致目标服务器向它自己的地址发送 SYN-ACK 消息，结果这个地址又发回 ACK 消息并创建一个空连接，每一个这样的连接都将保留直到超时，在

Land 攻击下，许多 Unix 将崩溃，Windows NT 变得极其缓慢（大约持续 5min）。

（6）IP 欺骗 DoS 攻击

这种攻击利用 TCP 协议栈的 RST 位来实现，使用 IP 欺骗，迫使服务器把合法用户的连接复位，影响合法用户的连接。假设现在有一个合法用户（202.204.125.19）已经同服务器建立了正常的连接，攻击者构造攻击的 TCP 数据，伪装自己的 IP 为 202.204.125.19，并向服务器发送一个带有 RST 位的 TCP 数据段。服务器接收到这样的数据后，认为从 202.204.125.19 发送的连接有错误，就会清空缓冲区中已建立好的连接。这时，合法用户 202.204.125.19 再发送合法数据，服务器就已经没有这样的连接了，该用户就被拒绝服务而只能重新开始建立新的连接。

（7）电子邮件炸弹攻击

电子邮件炸弹是最古老的匿名攻击之一，通过设置一台机器不断地大量地向同一地址发送电子邮件，攻击者能够耗尽接受者网络的带宽。我们可以对邮件地址进行配置，自动删除来自同一主机的过量或重复的消息。

（8）DDoS 攻击

分布式拒绝服务（Distributed Denial of Service,DDoS）攻击是一种基于 DoS 的特殊形式的分布、协作式的大规模拒绝服务攻击。也就是说不再是单一的服务攻击，而是同时实施几个，甚至十几个不同服务的拒绝攻击。由此可见，它的攻击力度更大，危害性当然也更大了。它主要瞄准比较大的网站，像商业公司、搜索引擎和政府部门的 Web 站点。

2．利用型攻击

利用型攻击是一类试图直接对用户的机器进行控制的攻击，最常见的有 3 种。

（1）口令猜测

一旦黑客识别了一台主机而且发现了基于 Net BIOS、Telnet 或 NFS 服务的可利用的用户账号，成功的口令猜测能提供对机器的控制。防御的措施是：选用难以猜测的口令，比如词和标点符号的组合；确保像 NFS、Net BIOS 和 Telnet 这样可利用的服务不暴露在公共范围；如果该服务支持锁定策略，就进行锁定。

（2）特洛伊木马

特洛伊木马是一种直接由黑客或通过一个不令人起疑的用户秘密安装到目标系统的程序。一旦安装成功并取得管理员权限，安装此程序的人就可以直接远程控制目标系统。最有效的一种叫作后门程序，恶意程序包括 Net Bus、Back Orifice 2000 等。防御的措施是避免下载可疑程序并拒绝执行，运用网络扫描软件定期监视内部主机上的监听 TCP 服务。

（3）缓冲区溢出

在很多的服务程序中使用了像 strcpy（），strcat（）类似的不进行有效位检查的函数，最终可能导致恶意用户编写一小段利用程序来进一步打开安全豁口然后将该代码缀在缓冲区有效载荷末尾，这样当发生缓冲区溢出时，返回指针指向恶意代码，这样系统的控制权就会被夺取。防御的措施是：利用 SafeLib、tripwire 这样的程序保护系统，或者浏览最新的安全公告不断更新操作系统。

3．信息收集型攻击

信息收集型攻击并不对目标本身造成危害，这类攻击被用来为进一步入侵提供有用的信息。

主要包括：扫描技术、体系结构刺探、利用信息服务等。

（1）地址扫描

运用 ping 这样的程序探测目标地址，对此做出响应的表示其存在。防御的方法：在防火墙上过滤掉 ICMP 应答消息。

（2）端口扫描

通常使用一些软件，向大范围的主机连接一系列的 TCP 端口，扫描软件报告它成功地建立了连接的主机所开的端口。防御的方法：许多防火墙能检测到是否被扫描，并自动阻断扫描企图。

（3）反响映射

黑客向主机发送虚假消息，然后根据返回"host unreachable"这一消息特征判断出哪些主机是存在的。目前由于正常的扫描活动容易被防火墙检测到，黑客转而使用不会触发防火墙规则的常见消息类型，这些类型包括 RESET 消息、SYN-ACK 消息、DNS 响应包。防御的方法：使用 NAT 和非路由代理服务器能够自动抵御此类攻击，也可以在防火墙上过滤掉"host unreachable" ICMP 应答。

（4）慢速扫描

由于一般扫描侦测器的实现是通过监视某个时间段里一台特定主机发起的连接的数目（如每秒 10 次）来决定是否在被扫描，这样黑客可以通过使用扫描速度慢一些的扫描软件进行扫描。防御的方法：通过引诱服务来对慢速扫描进行侦测。

（5）体系结构探测

黑客使用具有已知响应类型的数据库的自动工具，对来自目标主机的、对坏数据包传送所做出的响应进行检查。由于每种操作系统都有其独特的响应方法，通过将此独特的响应与数据库中的已知响应进行对比，黑客经常能够确定出目标主机所运行的操作系统。防御的方法：去掉或修改各种 Banner，包括操作系统和各种应用服务的，阻断用于识别的端口扰乱对方的攻击计划。

（6）DNS 域转换

DNS 协议不对转换或信息性的更新进行身份认证，这使得该协议以不同的方式加以利用。对于一台公共的 DNS 服务器，黑客只需实施一次域转换操作就能得到所有主机的名称以及内部 IP 地址。防御的方法：在防火墙处过滤掉域转换请求。

（7）Finger 服务

黑客使用 Finger 命令来刺探一台 Finger 服务器以获取关于该系统的用户的信息。防御的方法：关闭 Finger 服务并记录尝试连接该服务的对方 IP 地址，或者在防火墙上进行过滤。

4. 虚假消息攻击

用于攻击目标配置不正确的消息，主要包括 DNS 高速缓存污染和伪造电子邮件攻击。

（1）DNS 高速缓存污染

由于 DNS 服务器与其他名称服务器交换信息的时候并不进行身份验证，这就使得黑客可以将不正确的信息掺进来并把用户引向黑客自己的主机。防御的方法：可在防火墙上过滤入站的 DNS 更新，外部 DNS 服务器不能更改内部服务器对内部机器的识别等措施预防该攻击。

（2）伪造电子邮件

由于 SMTP 并不对邮件的发送者的身份进行鉴定，因此黑客可以对网络内部客户伪造电子邮件，声称是来自某个客户认识并相信的人，并附带上可安装的特洛伊木马程序，或者是一个引向恶意网站的连接。防御的方法：使用 PGP 等安全工具并安装电子邮件证书。

二、物理层的攻击及对策

物理层位于 OSI 参考模型的最底层，它直接面向实际承担数据传输的物理媒体（即通信通道），物理层的传输单位为比特（bit）。实际的比特传输必须依赖于传输设备和物理媒体。物理层最重要的攻击主要有直接攻击和间接攻击，直接攻击是直接对硬件进行攻击，间接攻击是对物理介质的攻击。物理层上的安全措施不多，如果黑客可以访问物理介质，如搭线窃听和Sniffer，将可以复制所有传送的信息。唯一有效的保护是使用加密、流量填充等。

1. 物理层安全风险

网络的物理安全风险主要指由于网络周边环境和物理特性引起的网络设备和线路的不可用，而造成网络系统的不可用。例如，设备被盗、设备老化、意外故障、无线电磁辐射泄密等。如果局域网采用广播方式，那么本广播域中的所有信息都可以被侦听。因此，最主要的安全威胁来自搭线窃听和电磁泄漏窃听。

最简单的安全漏洞可能导致最严重的网络故障。比如因为施工的不规范导致光缆被破坏，雷击事故，网络设备没有保护措施被损坏，甚至中心机房因为不小心导致外来人员蓄意或无心的破坏。

2. 物理攻击

物理安全是保护一些比较重要的设备不被接触。物理安全比较难防，因为攻击者往往是来自能够接触到物理设备的用户。物理攻击是来自能够接触到物理设备的用户的攻击。主要有两种攻击：获取管理员密码攻击、提升权限攻击。

（1）获取管理员密码攻击

如果你的计算机给别人使用的话，虽然不会告诉别人你的计算机密码是多少，别人仍然可以使用软件解码出你的管理员的账号和密码。比如说使用 FindPass.exe 如果是 Windows Server 2003 环境的话，还可以使用 FindPass 2003.exe 等工具就可以对该进程进行解码，然后将当前用户的密码显示出来。具体使用的方法就是将 FindPass.exe 或 FindPass2003.exe 复制到 C 盘根目录，在 cmd 下执行该程序，就可以获得当前用户的登录名。

因为，在 Windows 中所有的用户信息都存储在系统的一个进程 winlogon.exe 中，可以使用 FindPass 等工具对该进程进行解码。

（2）提升用户权限攻击

有时候，管理员为了安全，给其他用户建立一个普通用户账号，认为这样就安全了。其实不然，用普通用户账号登录后，可以利用工具 GetAdmin.exe 将自己加到管理员组或者新建一个具有管理员权限的用户。例如，利用 Hacker 账户登录系统，在系统中执行程序 GetAdmin.exe，程序就会自动读取所有用户列表，在对话框中单击按钮 "New"，在框中输入要新建的管理员组的用户名就可以了。

3.物理层防范措施

（1）屏蔽

用金属网或金属板将信号源包围，利用金属层来阻止内部信号向外发射，同时也可以阻止外部信号进入金属层内部。通信线路的屏蔽通常有两种方法：一是采用屏蔽性能好的传输介质；二是把传输介质、网络设备、机房等整个通信线路安装在屏蔽的环境中。

（2）物理隔离

物理隔离技术的基本思想是：如果不存在与网络的物理连接，网络安全威胁便可大大降低。物理隔离技术实质就是一种将内外网络从物理上断开，但保持逻辑连接的信息安全技术。物理隔离的指导思想与防火墙不同，防火墙是在保障互联互通的前提下，尽可能安全，而物理隔离的思路是在保证必须安全的前提下，尽可能互联互通。

物理隔离是一种隔离网络之间连接的专用安全技术。这种技术使用一个可交换方向的电子存储池。存储池每次只能与内外网络的一方相连。通过内外网络向存储池复制数据块和存储池的摆动完成数据传输。这种技术实际上是一种数据镜像技术。它在实现内外网络数据交换的同时，保持了内外网络的物理断开。

每一次数据交换，隔离设备经历了数据的接收、存储和转发3个过程。由于这些规则都是在内存和内核里完成的，因此速度上有保证，可以达到100%的总线处理能力。物理隔离的一个特征，就是内网与外网永不连接，内网和外网在同一时间最多只有一个同隔离设备建立非TCP/IP协议的数据连接。其数据传输机制是存储和转发。

物理隔离的优点是，即使外网在最坏的情况下，内网也不会有任何破坏。修复外网系统也非常容易。

（3）设备和线路冗余

设备和线路冗余主要指提供备用的设备和线路。主要有3种冗余：网络设备部件冗余有电源和风扇、网卡、内存、CPU、磁盘等；网络设备整机冗余；网络线路冗余。

（4）机房和账户安全管理

建立机房安全管理制度和账户安全管理制度。如网络管理员职责、机房操作规定、网络检修制度、账号管理制度、服务器管理制度、日志文件管理制度、保密制度、病毒防治、电器安全管理规定等。

（5）网络分段

网络分段是保证安全的一项重要措施，同时也是一项基本措施，其指导思想是将非法用户与网络资源互相隔离，从而达到限制用户非法访问的目的。网络分段可以分为物理和逻辑两种方式。物理分段通常是指将网络从物理层和数据链路层（ISO/OSI模型中的第1层和第2层）上分为若干网段，各网段之间无法进行直接数据通信。目前，许多交换机都有一定的访问控制能力，可以实现对网络的物理分段。

三、数据链路层的攻击及对策

数据链路层的最基本的功能是向该层用户提供透明的和可靠的数据传送基本服务。透明性是指该层上传输的数据的内容、格式及编码没有限制，也没有必要解释信息结构的意义；可靠的传输使用户免去对丢失信息、干扰信息及顺序不正确等的担心。由于数据链路层的安全协议比较少，因此容易受到各种攻击，常见的攻击有：MAC 地址欺骗、内容寻址存储器（CAM）表格淹没攻击、VLAN 中继攻击、操纵生成树协议、地址解析协议（ARP）攻击等。

1. 常见的攻击方法

（1）MAC 地址欺骗

目前，很多网络都使用 Hub 进行连接的，众所周知，数据包经过 Hub 传输到其他网段时，Hub 只是简单地把数据包复制到其他端口。因此，对于利用 Hub 组成的网络来说，没有安全而言，数据包很容易被用户拦截分析并实施网络攻击（MAC 地址欺骗、IP 地址欺骗及更高层面的信息骗取等）。为了防止这种数据包的无限扩散，人们越来越倾向于运用交换机来构建网络，交换机具有 MAC 地址学习功能，能够通过 VLAN 等技术将用户之间相互隔离，从而保证一定的网络安全性。

交换机对于某个目的 MAC 地址明确的，不会像 Hub 那样将该单址包简单复制到其他端口上，而是只发到起对应的特定的端口上。如同一般的计算机需要维持一张 ARP 高速缓冲表一样，每台交换机里面也需要维持一张 MAC 地址（有时是 MAC 地址和 VLAN）与端口映射关系的缓冲表，称为地址表，正是依靠这张表，交换机才能将数据包发到对应端口。

地址表一般是交换机通过学习构造出来的。学习过程如下。

①交换机取出每个数据包的源 MAC 地址，通过算法找到相应的位置，如果是新地址，则创建地址表项，填写相应的端口信息、生命周期时间等。

②如果此地址已经存在，并且对应端口号也相同，则刷新生命周期时间。

③如果此地址已经存在，但对应端口号不同，一般会改写端口号，刷新生命周期时间。

④如果某个地址项在生命周期时间内没有被刷新，则将被老化删除。

例如，一个 4 端口的交换机，端口分别为 Port.A、Port.B、Port.C、Port.D 对应主机 A、B、C、D，其中 D 为网关。

当主机 A 向 B 发送数据时，A 主机按照 OSI 往下封装数据帧，过程中，会根据 IP 地址查找到 B 主机的 MAC 地址，填充到数据帧中的目的 MAC 地址。发送之前网卡的 MAC 层协议控制电路也会先做个判断，如果目的 MAC 地址与本网卡的 MAC 地址相同，则不会发送，反之网卡将这份数据发送出去。Port.A 接收到数据帧，交换机按照上述的检查过程，在 MAC 地址表发现 B 的 MAC 地址（数据帧目的 MAC 地址）所在端口号为 Port.B，而数据来源的端口号为 Port.A，则交换机将数据帧从端口 Port.B 转发出去。B 主机就收到这个数据帧了。

这个寻址过程也可以概括为 IP → MAC → PORT，ARP 欺骗是欺骗了 IP/MAC 的应关系，而 MAC 欺骗则是欺骗了 MAC/PORT 的对应关系。比较早地攻击方法是泛洪交换机的 MAC 地址，这样确实会使交换机以广播模式工作从而达到嗅探的目的，但是会造成交换机负载过大，网络缓慢和丢包甚至瘫痪。目前，采用的方法如下。

若主机 A 要劫持主机 C 的数据，整个过程如下：

主机 A 发送源地址为 B 数据帧到网关，这样交换机会把发给主机 B 的数据帧全部发到 A 主机，这个时间一直持续到真正的主机 B 发送一个数据帧为止。

主机 A 收到网关发给 B 的数据，记录或修改之后要转发给主机 B，在转发前要发送一个请求主机 B 的 MAC 地址的广播，这个包是正常的。这个数据帧表明了主机 A 对应 Port.A，同时会激发主机 B 响应一个应答包，应答包的内容是源地址主机 B，目标地址主机 A，由此产生了主机 B，对应了 Port.B。这样，对应关系已经恢复，主机 A 将劫持到的数据可顺利转发至主机 B。

由于这种攻击方法具有时间分段特性，隐蔽性强，对方的流量越大，劫持频率也越低，网络越稳定。

（2）内容寻址存储器（CAM）表格淹没攻击

交换机中的 CAM 表格包含了诸如在指定交换机的物理端口所提供的 MAC 地址和相关的 VLAN 参数之类的信息。一个典型的网络侵入者会向该交换机提供大量的无效 MAC 源地址，直到 CAM 表格被填满。当这种情况发生的时候，交换机会将传输进来的信息向所有的端口发送，因为这时交换机不能够从 CAM 表格中查找出特定的 MAC 地址的端口号。CAM 表格淹没只会导致交换机在本地 VLAN 范围内到处发送信息，所以侵入者只能够看到自己所连接到的本地 VLAN 中的信息。

（3）VLAN 中继攻击

VLAN 中继是一种网络攻击，由一终端系统发出以位于不同 VLAN 上的系统为目标地址的数据包，而该系统不可以采用常规的方法被连接。该信息被附加上不同于该终端系统所属网络 VLANID 的标签。或者发出攻击的系统伪装成交换机并对中继进行处理，以便于攻击者能够收发其他 VLAN 之间的通信。

（4）操纵生成树协议

生成树协议可用于交换网络中，以防止在以太网拓扑结构中产生桥接循环。通过攻击生成树协议，网络攻击者希望将自己的系统伪装成该拓扑结构中的根网桥。要达到此目的，网络攻击者需要向外广播生成树协议配置 / 拓扑结构改变网桥协议数据单元（BPDU），企图迫使生成树进行重新计算。网络攻击者系统发出的 BPDU 声称发出攻击的网桥优先权较低。如果获得成功，该网络攻击者能够获得各种各样的数据帧。

（5）地址解析协议（ARP）攻击

ARP 协议的作用是在处于同一个子网中的主机所构成的局域网部分中将 IP 地址映射到 MAC 地址。当有人在未获得授权时就企图更改 MAC 和 IP 地址的 ARP 表格中的信息时，就发生了 ARP 攻击。通过这种方式，黑客们可以伪造 MAC 或 IP 地址，以便实施如下两种攻击：服务拒绝和中间人攻击。

（6）DHCP 攻击

DHCP 耗竭攻击主要是通过利用伪造的 MAC 地址来广播 DHCP 请求的方式来进行的。利用诸如 gobbler 之类的攻击工具就可以很容易地造成这种情况。如果所发出的请求足够多的话，网络攻击者就可以在一段时间内耗竭向 DHCP 服务器所提供的地址空间。这是一种比较简单的资源耗竭的攻击手段，就像 SYN 泛滥一样。然后网络攻击者可以在自己的系统中建立起虚假的 DHCP 服务器来对网络上客户发出的新 DHCP 请求做出反应。

2．安全对策

使用端口安全命令可以防止 MAC 欺骗攻击。端口安全命令能够提供指定系统 MAC 地址连接到特定端口的功能。该命令在端口的安全遭到破坏时，还能够提供指定需要采取何种措施的能力。然而，如同防止 CAM 表淹没攻击一样，在每一个端口上都要指定一个 MAC 地址是一种难办的解决方案。在界面设置菜单中选择计时的功能，并设定一个条目在 ARP 缓存中可以持续的时长，能够达到防止 ARP 欺骗的目的。在高级交换机中采用 IP、MAC 和端口号绑定，控制

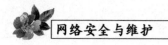

交换机中 MAC 表的自动学习功能。

在交换机上配置端口安全选项可以防止 CAM 表淹没攻击。该选择项要么可以提供特定交换机端口的 MAC 地址说明，要么可以提供一个交换机端口可以识得的 MAC 地址的数目方面的说明。当无效的 MAC 地址在该端口被检测出来之后，该交换机要么可以阻止所提供的 MAC 地址，要么可以关闭该端口。

对 VLAN 的设置稍做几处改动就可以防止 VLAN 中继攻击。这其中最大的要点在于所有中继端口上都要使用专门的 VLANID。同时也要禁用所有使用不到的交换机端口并将它们安排在使用不到的 VLAN 中。通过明确的方法，关闭掉所有用户端口上的 DTP，这样就可以将所有端口设置成非中继模式。

要防止操纵生成树协议的攻击，需要使用根目录保护和 BPDU 保护加强命令来保持网络中主网桥的位置不发生改变，同时也可以强化生成树协议的域边界。根目录保护功能可提供保持主网桥位置不变的方法。生成树协议 BPDU 保护使网络设计者能够保持有源网络拓扑结构的可预测性。尽管 BPDU 保护也许看起来是没有必要的，因为管理员可以将网络优先权调至 0，但仍然不能保证它将被选做主网桥，因为可能存在一个优先权为 0 但 ID 却更低的网桥。使用在面向用户的端口中，BPDU 保护能够发挥出最佳的用途，能够防止攻击者利用伪造交换机进行网络扩展。

通过限制交换机端口的 MAC 地址的数目，防止 CAM 表淹没的技术也可以防止 DHCP 耗竭攻击。

四、网络层的攻击及对策

网络层主要用于寻址和路由，它并不提供任何错误纠正和流控制的方法。网络层使用较高的服务来传送数据报文，所有上层通信，如 TCP、UDP、ICMP、IGMP 都被封装到一个 IP 数据报中。ICMP 和 IGMP 仅存于网络层，因此被当作一个单独的网络层协议来对待。网络层应用的协议在主机到主机的通信中起到了帮助作用，绝大多数的安全威胁并不来自 TCP/IP 堆栈的这一层。

1. 网络层常见的攻击方法

网络层常见的攻击主要有：IP 地址欺骗攻击和 ICMP 攻击。网络层的安全需要保证网络只给授权的客户提供授权的服务，保证网络路由正确，避免被拦截或监听。

（1）IP 地址欺骗攻击

IP 地址欺骗，简单来说就是向目标主机发送源地址为非本机 IP 地址的数据包。IP 地址欺骗在各种黑客攻击方法中都得到了广泛的应用，比如，进行拒绝服务攻击，伪造 TCP 连接，会话劫持，隐藏攻击主机地址等。IP 地址欺骗的表现形式主要有两种：一种是攻击者伪造的 IP 地址不可达或者根本不存在，这种形式的 IP 地址欺骗，主要用于迷惑目标主机上的入侵检测系统，或者是对目标主机进行 DoS 攻击；另一种则着眼于目标主机和其他主机之间的信任关系。攻击者通过在自己发出的 IP 包中填入被目标主机所信任的主机的 IP 地址来进行冒充。一旦攻击者和目标主机之间建立了一条 TCP 连接（在目标主机看来，是它和它所信任的主机之间的连接。事实上，它是把目标主机和被信任主机之间的双向 TCP 连接分解成了两个单向的 TCP 连接），攻击者就可以获得对目标主机的访问权，并可以进一步进行攻击，如图 5-16 所示。

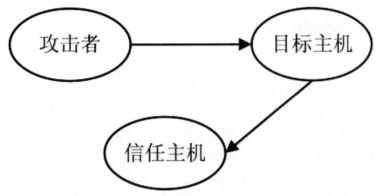

图 5-16 攻击者伪装成被目标主机所信任的主机

（2）ICMP 攻击

ICMP 全称为因特网控制信息协议，其数据包封装在 IP 包的数据部分。ICMP 通过在支持它的主机之间、主机与路由器之间发送 ICMP 数据包，来实现信息查询和错误通知的功能。

一般情况下，主机对 ICMP 重定向消息的确认遵循下面两个规则。

① ICMP 重定向消息中声明的新网关，应当是直达的，也就是说是可以直接 ARP 寻址的。

②重定向消息的源地址应是当前到达指定目的地的第一跳网关。否则会丢弃收到的 ICMP 重定向数据包而不做任何处理。

攻击者只需将自己的机器伪装成满足上面两条规则的路由器来发送恶意的重定向消息，就可以构成 IP 欺骗攻击，也就是说，ICMP 重定向攻击不一定来自局域网内部，它也可以从广域网上发起，因此，该攻击的危害性是很大的。实际上如果一台机器向因特网上的另一台机器发送了一个恶意的重定向消息，很有可能导致其他很多与被攻击机器之间有路由关系的机器的路由表都变得无效。

如果恶意重定向消息给定的路由指向不可用主机或不具有 IP 转发功能的主机则会造成 DoS 攻击。如果攻击者通过重定向数据包修改受害者的路由表，将自己设置为一条路由来截获所有到某些目标网络的 IP 数据包，就形成了 IP 窃听。

避免 ICMP 重定向欺骗的最简单方法是将主机配置成不处理 ICMP 重定向消息，在 Linux 下可以利用 firewall 明确指定屏蔽重定向包，其他系统也有相关的系统命令用来禁止 ICMP 重定向。注意当在路由器上禁止该类型的报文时，路由器将对可能的路由错误做不出反应。

另一种方法是验证 ICMP 重定向消息。例如检查 ICMP 重定向消息是否来自当前正在使用的路由器。这要检查重定向消息发送者的 IP 地址并校验该 IP 地址与 ARP 高速缓存中保留的硬件地址是否匹配。另外，ICMP 重定向消息应当包含被引发它的 IP 数据包的首部信息，通过验证该数据部分，也可以验证 ICMP 重定向消息的合法性。总的来说，对 ICMP 重定向数据包的数据部分进行检查。由于无需查阅路由表及 ARP 高速缓存，实现起来相对容易一些，但该数据部分可以伪造，所以有漏报的可能。

2. 安全对策

网络层安全性的主要优点是它的透明性。也就是说，安全服务的提供不需要应用程序、其他通信层次和网络部件做任何改动。它的主要缺点是网络层一般对属于不同进程和相应条例的包不做区分。对所有去往同一地址的包,它将按照相同的加密密钥和访问控制策略来处理。这可能导致提供不了所需的功能,也可能导致性能下降。

(1)逻辑网络分段

逻辑网络分段是指将整个网络系统在网络层(ISO/OSI 模型中的第三层)上进行分段。例如,对于 TCP/IP 网络,可以把网络分成若干 IP 子网,各子网必须通过中间设备进行连接,利用这些中间设备的安全机制来控制各子网之间的访问。

(2)VLAN 的实施

基于 MAC 的 VLAN 不能防止 MAC 欺骗攻击。因此, VLAN 划分最好基于交换机端口。VLAN 的划分方式的目的是为了保证系统的安全性。因此,可以按照系统的安全性来划分VLAN。

(3)防火墙服务

防火墙是网络互联中的第一道屏障,主要作用是在网络入口点检查网络通信。从应用上分类:包过滤、代理服务器;从实现上分类:软件防火墙、硬件防火墙。

通过防火墙能解决以下问题。

①保护脆弱服务。

②控制对系统的访问。

③集中的安全管理。防火墙定义的规则可以运用于整个网络,不许在内部网每台计算机上分别定义安全策略。

④增强的保密性。使用防火墙可以组织攻击者攻击网络系统的有用信息,如 Finger、DNS 等。

⑤记录和统计网络利用数据以及非法使用数据。

⑥流量控制、防攻击检测等。

(4)加密技术

加密型网络安全技术的基本思想是不依赖于网络中数据路径的安全性来实现网络系统的安全,而是通过对网络数据的加密来保障网络的安全可靠性。

加密技术用于网络安全通常有两种形式,即面向网络或面向应用服务。前者通常工作在网络层或传输层,使用经过加密的数据包传送、认证网络路由及其他网络协议所需的信息,从而保证网络的连通性不受损坏。

(5)数字签名和认证技术

认证技术主要解决网络通信过程中通信双方的身份认可,数字签名是身份认证技术中的一种具体技术,同时数字签名还可用于通信过程中的不可地来要求的实现。

使用摘要算法的认证: Radius, OSPF, SNMP Security Protocol 等均使用共享的 Security Key,加上摘要算法(MD5)进行认证。由于摘要算法是一个不可逆的过程,因此,在认证过程中,由摘要信息不能技术得到共享的 Security Key,敏感信息不在网络上传输。

基于 PKI 的认证:使用公开密钥体系进行认证。该种方法安全程度较高,综合采用了摘要算法、不对称加密、对称加密、数字签名等技术,结合了高效性和安全性。但涉及繁重的证书管理任务。

数字签名:数字签名作为验证发送者身份和消息完整性的根据。并且,如果消息随数字签名一同发出,对消息的任何修改在验证数字签名时都会被发现。

（6）VPN 技术

网络系统总部和分支机构之间采用公网互联，其最大弱点在于缺乏足够的安全性。完整的 VPN 安全解决方案，提供在公网上安全的双向通信，以及透明的加密方案，以保证数据的完整性和保密性。

五、传输层的攻击及对策

传输层处于通信子网和资源子网之间起着承上启下的作用。传输层控制主机间传输的数据流。传输层存在两个协议：传输控制协议（TCP）和用户数据报协议（UDP）。传输层安全，主要指在客户端和服务端的通信信道中提供安全。这个层次的安全可以包含加密和认证。传输层也支持多种安全服务：对等实体认证服务、访问控制服务、数据保密服务、数据完整性服务和数据源点认证服务。

1. 传输层常见的攻击方法

端口扫描往往是网络入侵的前奏，通过端口扫描，可以了解目标机器上打开哪些服务，有的服务本来就是公开的，但可能有些端口是管理不善误打开的或专门打开作为特殊控制使用但不想公开的，通过端口扫描可以找到这些端口，而且根据目标机返回包的信息，甚至可以进一步确定目标机的操作系统类型，从而展开下一步的入侵。

（1）TCP 扫描攻击

根据 TCP 协议规定：当连接一个没有打开的 TCP 端口时，服务器会返回 RST 包；连接打开的 TCP 端口时，服务器会返回 SYN + ACK 包。常见的 TCP 扫描攻击如下。

① connect 扫描：如果是打开的端口，攻击机调用 connect 函数完成 3 次握手后再主动断开。

② SYN 扫描：攻击机只发送 SYN 包，如果打开的端口服务器会返回 SYN + ACK，攻击机可能会再发送 RST 断开；关闭的端口返回 RST。

③ FIN 扫描：攻击机发送 FIN 标志包，Windows 系统不论端口是否打开都回复 RST；但 Unix 系统端口关闭时会回复 RST，打开时会忽略该包；可以用来区别 Windows 和 Unix 系统。

④ ACK 扫描：攻击机发送 ACK 标志包，目标系统虽然都会返回 RST 包，但两种 RST 包有差异。

对于合法连接扫描，如果 SYN 包确实正确的话，是可以通过防火墙的，防火墙只能根据一定的统计信息来判断，在服务器上可以通过 Netstat 查看连接状态来判断是否有来自同一地址的 TIME_WAIT 或 SYN_RECV 状态来判断。

对于异常包扫描，如果没有安装防火墙，确实会得到相当好的扫描结果，在服务器上也看不到相应的连接状态；但如果安装了防火墙的话，由于这些包都不是合法连接的包，通过状态检测的方法很容易识别出来。

（2）UDP 扫描攻击

当连接一个没有打开的 UDP 端口时，大部分类型的服务器可能会返回一个 ICMP 的端口不可达包，但也可能无任何回应，由系统具体实现决定；对于打开的端口，服务器可能会有包返回，如 DNS，但也可能没有任何响应。

UDP 扫描是可以越过防火墙的状态检测的，由于 UDP 是非连接的，防火墙会把 UDP 扫描包作为连接的第一个包而允许通过，所以防火墙只能通过统计的方式来判断是否有 UDP 扫描。

UDP flooding 利用了 UDP 传输的无状态性，通过发送大量拥有伪装 IP 地址的 UDP 数据包，填满网络设备（主要是路由器或防火墙）的连接状态表，造成服务被拒绝。由于 UDP 是非连接协议，因此只能通过统计的方法来判断，很难通过状态检测来发现，只能通过流量限制和统计的方法缓解。

（3）SYN Flooding 攻击

SYN Flooding 是当前最流行的 DoS（拒绝服务攻击）与 DDoS（分布式拒绝服务攻击）的方式之一，这是一种利用 TCP 协议缺陷，发送大量伪造的 TCP 连接请求，从而使得被攻击方资源耗尽（CPU 满负荷或内存不足）的攻击方式。

一个正常的 TCP 连接需要 3 次握手，首先客户端发送一个包含 SYN 标志的数据包，其后服务器返回一个 SYN/ACK 的应答包，表示客户端的请求被接受，最后客户端再返回一个确认包 ACK，这样才完成 TCP 连接，进入数据包传输过程。假设 A 和 B 进行 TCP 通信，则双方需要进行一个 3 次握手的过程来建立一个 TCP 连接。具体过程如下。

① A 发送带有 SYN 标志的数据段通知 B 需要建立 TCP 连接，并将 TCP 报头中的序列号设置成自己本次连接的初始值 seq=a。

② B 回传给 A 一个带有 SYS + ACK 标志的数据段，告知自己的初始值 seq=b，并确认 A 发送来的第一个数据段，将 ACK 设置成 A 的 seq=a + 1。

③ A 确认收到的 B 的数据段，将 ACK 设置成 A 的 seq=b + 1。

A → B：SYN，seq=a

B → A：SYN，seq=b，ACK（seq=a + 1）

A → B：ACK（seq=b + 1）

问题就出在 TCP 连接的 3 次握手中，假设一个用户向服务器发送了 SYN 报文后突然死机或掉线，那么服务器在发出 SYN + ACK 应答报文后是无法收到客户端的 ACK 报文的（第三次握手无法完成），在这种情况下服务器端一般会重试（再次发送 SYN + ACK 给客户端）并等待一段时间后丢弃这个未完成的连接，这段时间的长度我们称为 SYN Timeout，一般来说，这个时间是分钟的数量级（为 30s ~ 2min）；一个用户出现异常导致服务器的一个线程等待 1min 并不是什么很大的问题，但如果有一个恶意的攻击者大量模拟这种情况，服务器端将为了维护一个非常大的半连接列表而消耗非常多的资源—数以万计的半连接，即使是简单地保存并遍历也会消耗非常多的 CPU 时间和内存，何况还要不断对这个列表中的 IP 进行 SYN + ACK 的重试。实际上，如果服务器的 TCP/IP 栈不够强大，最后的结果往往是堆栈溢出崩溃。即使服务器端的系统足够强大，服务器端也将忙于处理攻击者伪造的 TCP 连接请求而无暇理睬客户的正常请求（毕竟客户端的正常请求比率非常之小），此时从正常客户的角度看来，服务器失去响应，导致正常的连接不能进入，甚至会导致服务器的系统崩溃。这种情况我们称作：服务器端受到了 SYN Flooding 攻击（SYN 洪水攻击）。

2．安全对策

（1）安全设置防火墙

首先在防火墙上限制 TCP SYN 的突发上限，因为防火墙不能识别正常的 SYN 和恶意的 SYN，一般把 TCP SYN 的突发量调整到内部主机可以承受的连接量，当超过这个预设的突发量的时候就自动清理或者阻止，这个功能目前很多宽带路由都支持，只不过每款路由设置项的名称可能不一样，原理和效果一样。

一些高端防火墙具有 TCPSYN 网关和 TCPSYN 中继等特殊功能，也可以抵抗 TCP SYN flooding，它们都是通过干涉建立过程来实现。具有 TCP SYN 网关功能的防火墙在收到 TCP SYN 后，转发给内部主机并记录该连接，当收到主机的 TCP SYN + ACK 后，以客户机的名义发送 TCP ACK 给主机，帮助三次握手，把连接由半开状态变成全开状态（后者比前者占用的资源少）。而具有 TCP SYN 中继功能的防火墙在收到 TCP SYN 后不转发给内部主机，而是代替内部主机回应 TCP SYN + ACK，如果收到 TCP ACK 则表示连接非恶意，否则及时释放半连接所占用资源。

（2）防御 DoS 攻击

首先，利用防火墙可以阻止外网的 ICMP 包；其次，利用工具时常检查一下网络内是否是 SYN_RECEIVED 状态的半连接，这可能预示着 SYN 泛洪，许多网关型防火墙也是用此方法防御 DoS 攻击的；最后，如果网络比较大，有内部路由器，同时网络不向外提供服务的话，可以考虑配置路由器禁止所有不是由本地发起的流量，而且考虑禁止直接 IP 广播。

若路由器具有包过滤功能的话，可以检查数据包的源 IP 地址是否被伪造，来自外网的数据包源 IP 地址应该是外网 IP 地址，来自内网的数据包源 IP 地址是内网 IP 地址。

最后，做好常规防护，及时更新补丁，使用防病毒软件，制定下载策略等措施。具体内容如下。

①使用防病毒软件，定期扫描。

②及时更新系统及软件补丁。

③关闭不需要的服务。

④浏览器配置为最高安全级。

⑤使用防火墙，对于桌面机，系统自带防火墙足够。

⑥考虑使用反间谍软件。

⑦不要在互联网泄露私人信息，除非十分有必要。

⑧企业要有相应安全策略。

（3）漏洞扫描技术

漏洞扫描技术是一项重要的主动防范安全技术，它主要通过以下两种方法来检查目标主机是否存在漏洞：在端口扫描后得知目标主机开启的端口以及端口上的网络服务，将这些相关信息与网络漏洞扫描系统提供的漏洞库进行匹配，查看是否有满足匹配条件的漏洞存在；通过模拟黑客的攻击手法，对目标主机系统进行攻击性的安全漏洞扫描，如测试弱势口令等，若模拟攻击成功，则表明目标主机系统存在安全漏洞。发现系统漏洞的一种重要技术是蜜罐（Honeypot）系统，它是故意让人攻击的目标，引诱黑客前来攻击。通过对蜜罐系统记录的攻击行为进行分析，来发现攻击者的攻击方法及系统存在的漏洞。

六、应用层的攻击及对策

目前，常见的应用层攻击模式主要有：带宽攻击、缺陷攻击和控制目标机。

带宽攻击就是用大量数据包填满目标机的数据带宽，使任何机器都无法再访问该机。此类攻击通常是属于 IP、TCP 层次上的攻击，如各种 Flood 攻击；也有应用层面的，如网络病毒和蠕虫造成的网络阻塞。

缺陷攻击是根据目标机系统的缺陷，发送少量特殊包使其崩溃，如 TearDrop，WinNuke 等攻击；也有的根据服务器的缺陷，发送特殊请求来达到破坏服务器数据的目的。这类攻击属于一招制敌式攻击，自己没有什么损失，但也没有收获，无法利用目的机的资源。

隐秘地全面控制目标机才是网络入侵的最高目标，也就是获取目标机的 ROOT 权限而不被目标机管理员发现。为实现此目标，一般经过以下一些步骤：端口扫描，了解目标机开了哪些端口，进一步了解使用是哪种服务器的实现；检索有无相关版本服务器的漏洞；尝试登录获取普通用户权限；以普通用户权限查找系统中是否可能的 suid 的漏洞程序，并用相应 shellcode 获取 ROOT 权限；建立自己的后门方便以后再来。

1. 应用层的攻击方法

对应用层构成威胁的有：各种病毒、间谍软件、网络钓鱼等。这些威胁直接攻击核心服务器、和终端用户计算机，给单位和个人带来了重大损失；对网络基础设施进行 DoS/DDoS 攻击，造成基础设施的瘫痪；像电驴、BT 等 P2P 应用和 MSN、QQ 等即时通信软件的普及，使得带宽资源被业务无关的流量浪费，形成巨大的资源损失。具体攻击方式如下。

（1）应用层协议攻击

其实协议本身有漏洞的不是很多，即使有很快就能补上。漏洞主要是来自协议的具体实现，比如说同样的 HTTP 服务器，虽然都根据相同的 RFC 来实现，但 Apache 的漏洞和 IIS 的漏洞就是不同的。应用层协议本身的漏洞包括：

①明文密码，如 FTP、SMTP、POP3、TELNET 等，容易被 sniffer 监听到，但可以通过使用 SSH、SSL 等来进行协议包装。

②多连接协议漏洞，由于子连接需要打开动态端口，就有可能被恶意利用，如 FTP 的 PASV 命令可能会使异常连接通过防火墙。

③缺乏客户端有效认证，如 SMTP，HTTP 等，导致服务器资源能力被恶意使用；而一些臭名昭著的远程服务，只看 IP 地址就提供访问权限，更属于被黑客们所搜寻的"肉鸡"。

④服务器信息泄露，如 HTTP、SMTP 等都会在头部字段中说明服务器的类型和版本信息。

⑤协议中一些字段非法参数的使用，如果具体实现时没注意这些字段的合法性可能会造成问题。

（2）缓冲溢出攻击

缓冲区溢出攻击是利用缓冲区溢出漏洞所进行的攻击行动。缓冲区溢出是指当计算机向缓冲区内填充数据位数时超过了缓冲区本身的容量，溢出的数据覆盖在合法数据上。缓冲区溢出是一种非常普遍、非常危险的漏洞，在各种操作系统、应用软件中广泛存在。利用缓冲区溢出攻击，可以导致程序运行失败、系统关机、重新启动等后果。

（3）口令猜测 / 破解

口令猜测往往也是很有效的攻击模式，或者根据加密口令文件进行破解。世界上有许多人用自己的名字＋生日作为密码，即使用了复杂密码，也因为密码的复杂性在很多场合都用这一个密码，包括一些几乎没有任何保护的 BBS、Blog、免费邮箱等地方，而且用户名往往都是相同的，这样就给"有心之人"留出了巨大无比的漏洞。

（4）后门、木马和病毒

这类病毒会修改注册表、驻留内存、在系统中安装后门程序、开机加载附带的木马。木马病毒的发作要在用户的机器里运行客户端程序，一旦发作，就可设置后门，定时地发送该用户的隐私到木马程序指定的地址，一般同时内置可进入该用户电脑的端口，并可任意控制此计算机，进行文件删除、复制、改密码等非法操作。

（5）间谍软件

驻留在计算机的系统中，收集有关用户操作习惯的信息，并将这些信息通过互联网悄无声息地发送给软件的发布者，由于这一过程是在用户不知情的情况下进行，因此具有此类双重功能的软件通常被称作 SpyWare（间谍软件）。

根据微软的定义，"间谍软件是一种泛指执行特定行为，如播放广告、搜集个人信息和更改你计算机配置的软件，这些行为通常未经你同意"。

严格地说，间谍软件是一种协助搜集（追踪、记录与回传）个人或组织信息的程序，通常是在不提示的情况下进行。广告软件和间谍软件很像，它是一种在用户上网时透过弹出式窗口展示广告的程序。这两种软件手法相当类似，因而通常统称为间谍软件。而有些间谍软件就隐藏在广告软件内，透过弹出式广告窗口入侵到计算机中，使得两者更难以清楚划分。

由于间谍软件主要通过 80 端口进入计算机，也通过 80 端口向外发起连接，因此传统的防火墙无法有效抵御，必须通过应用层内容的识别采取相关措施。

（6）DNS 欺骗

DNS 欺骗就是攻击者冒充域名服务器的一种欺骗行为。DNS 欺骗的基本原理是：如果可以冒充域名服务器，然后把查询的 IP 地址设为攻击者的 IP 地址，这样的话，用户上网就只能看到攻击者的主页，而不是用户想要取得的网站的主页了。DNS 欺骗其实并不是真的"黑掉"了对方的网站，而是冒名顶替、招摇撞骗罢了。

（7）网络钓鱼

诈骗者通常会将自己伪装成知名银行、在线零售商和信用卡公司等可信的品牌，在所有接触诈骗信息的用户中，有高达 5% 的人都会对这些骗局做出响应。

2．安全对策

（1）访问控制策略

访问控制是网络安全防范和保护的主要策略，它的主要任务是保证网络资源不被非法使用和非常访问。它也是维护网络系统安全、保护网络资源的重要手段。各种安全策略必须相互配合才能真正起到保护作用，但访问控制可以说是保证网络安全最重要的核心策略之一。

（2）信息加密策略

信息加密的目的是保护网内的数据、文件、口令和控制信息，保护网上传输的数据。网络加密常用的方法有链路加密、端点加密和节点加密 3 种。链路加密的目的是保护网络节点之间的链路信息安全；端—端加密的目的是对源端用户到目的端用户的数据提供保护；节点加密的目的是对源节点到目的节点之间的传输链路提供保护。用户可根据网络情况酌情选择上述加密方式。

信息加密过程是由形形色色的加密算法来具体实施，它以很小的代价提供很全面的安全保护。在多数情况下，信息加密是保证信息机密性的唯一方法。据不完全统计，到目前为止，已经公开发表的各种加密算法多达数百种。如果按照收发双方密钥是否相同来分类，可以将这些加密算法分为常规密码算法和公钥密码算法。

（3）网络安全管理策略

在计算机网络系统中，绝对的安全是不存在的，制定健全的安全管理体制是计算机网络安全的重要保证，只有通过网络管理人员与使用人员的共同努力，运用一切可以使用的工具和技术，尽一切可能去控制、减少一切非法的行为，把不安全的因素降到最低。同时，还要不断地加强计算机信息网络的安全规范化管理力度，大力加强安全技术建设，强化使用人员和管理人员的安全防范意识。

网络内使用的 IP 地址作为一种资源以前一直为某些管理人员所忽略，为了更好地进行安全管理工作，应该对本网内的 IP 地址资源统一管理、统一分配。对于盗用 IP 资源的用户必须依据管理制度严肃处理。只有各方共同努力，才能使计算机网络的安全可靠得到保障，从而使广大网络用户的利益得到保障。

在网络安全中，除了采用上述技术措施之外，加强网络的安全管理，制定有关规章制度，对于确保网络的安全、可靠地运行，将起到十分有效的作用。

（4）网络防火墙技术

网络防火墙技术是一种用来加强网络之间的访问控制，防止外部网络用户以非法手段通过外部进入网络内部，保护内部网络操作环境的特殊互联设备。它对多个网络之间传输的数据包，按照一定的安全策略来实施检查，决定网络间通信是否被允许，并监视网络的运行状态。

（5）入侵检测技术

网络入侵检测技术通过硬件或软件对网络上的数据流进行实时检查，并与系统中的入侵特征数据库进行比较，一旦发现有被攻击的迹象，立刻根据用户所定义的动作做出反应，例如，切断网络连接，或通知防火墙系统对访问控制策略进行调整，将入侵的数据包进行过滤等。

入侵检测系统（Intrusion Detection System，IDS）是用于检测任何损害或企图损害系统的保密性、完整性或可用性行为的一种网络安全技术。它通过监视受保护系统的状态和活动来识别针对计算机系统和网络系统，包括检测外界非法入侵者的恶意攻击或试探，以及内部合法用户的超越使用权限的非法活动。作为防火墙的有效补充，入侵检测技术能够帮助系统对付已知和未知网络攻击，扩展了系统管理员的安全管理能力（包括安全审计、监视、攻击识别和响应），提高了信息安全基础结构的完整性。

入侵防御系统（Intrusion Prevention System，IPS）则是一种主动的、积极的入侵防范、阻止系统。IPS 是基于 IDS 的、建立在 IDS 发展的基础上的新生网络安全技术，IPS 的检测功能类似于 IDS，防御功能类似于防火墙。IDS 是一种并联在网络上的设备，它只能被动地检测网络遭到了何种攻击，它的阻断攻击能力非常有限；而 IPS 部署在网络的进出口处，当它检测到攻击企图后，会自动地将攻击包丢掉或采取措施将攻击源阻断。可以认为 IPS 就是防火墙加上入侵检测系统，但并不是说 IPS 可以代替防火墙或入侵检测系统。防火墙是粒度比较粗的访问控制产品，它在基于 TCP/IP 协议的过滤方面表现出色，同时具备网络地址转换、服务代理、流量统计、VPN 等功能。

七、黑客攻击的 3 个阶段

黑客是英文 Hacker 的音译，原意为热衷于电脑程序的设计者，指对于任何计算机操作系统的奥秘都有强烈兴趣的人。黑客大都是程序员，他们具有操作系统和编程语言方面的高级知识，熟悉了解系统中的漏洞及其原因所在，他们不断追求更深的知识，并公开他们的发现，与其他人分享，并且从来没有破坏数据的企图。黑客在微观的层次上考察系统，发现软件漏洞和逻辑缺陷。他们编程去检查软件的完整性。黑客出于改进的愿望，编写程序去检查远程机器的安全体系，这种分析过程是创造和提高的过程。

入侵者（攻击者）指怀着恶意企图，闯入远程计算机系统甚至破坏远程计算机系统完整性的人。入侵者利用获得的非法访问权，破坏重要数据，拒绝合法用户的服务请求，或为了自己的目的故意制造麻烦。入侵者的行为是恶意的，入侵者可能技术水平很高，也可能是个初学者。

有些人可能既是黑客，也是入侵者，这种人的存在模糊了对这两类群体的划分。在大多数人的眼里，黑客就是入侵者。黑客攻击的 3 个阶段如下。

1. 信息收集

信息收集的目的是为了进入所要攻击的目标网络的数据库。黑客会利用下列的公开协议或工具，收集驻留在网络系统中的各个主机系统的相关信息。

①SNMP：用来查阅网络系统路由器的路由表，从而了解目标主机所在网络的拓扑结构及其内部细节。

②TraceRoute 程序：能够用该程序获得到达目标主机所要经过的网络数和路由器数。

③Whois 协议：该协议的服务信息能提供所有有关的 DNS 域和相关的管理参数。

④DNS 服务器：该服务器提供了系统中可以访问的主机的 IP 地址表和它们所对应的主机名。

⑤Finger 协议：用来获取一个指定主机上的所有用户的详细信息，如用户注册名、电话号码、最后注册时间以及他们有没有读邮件等。

⑥Ping 实用程序：可以用来确定一个指定主机的位置。

⑦自动 Wardialing 软件：可以向目标站点一次连续拨出大批电话号码，直到遇到某一正确的号码使其 MODEM 响应。

2. 系统安全弱点的探测

在收集到攻击目标的一批网络信息之后，黑客会探测网络上的每台主机，以寻求该系统的安全漏洞或安全弱点，黑客可能使用下列方式自动扫描驻留在网络上的主机。

①自编程序。对于某些产品或者系统，已经发现了一些安全漏洞，该产品或系统的厂商或组织会提供一些"补丁"程序以弥补这些漏洞。但是用户并不一定及时使用这些"补丁"程序。黑客发现这些"补丁"程序的接口后会自己编写程序，通过该接口进入目标系统。

②利用公开的工具，像因特网的电子安全扫描程序（Internet Security Scanner，ISS）、审计网络用的安全分析工具（Security Auditing Tool for Security，SATAN）等。这些工具可以对整个网络或子网进行扫描，寻找安全漏洞。这些工具有两面性，关键是什么人在使用它们。系统管理员可以使用它们，以帮助发现其管理的网络系统内部隐藏的安全漏洞，从而确定系统中哪些主机需要用"补丁"程序堵塞漏洞。而黑客也可以利用这些工具，收集目标系统的信息，获取攻击目标系统的非法访问权。

3．网络攻击

黑客使用上述方法，收集或探测到一些"有用"信息之后，就可能会对目标系统实施攻击。黑客一旦获得了对攻击的目标系统的访问权后，又可能有下述多种选择。

①该黑客可能试图毁掉攻击入侵的痕迹，并在受到损害的系统上建立另外的新的安全漏洞或后门，以便在先前的攻击点被发现之后，继续访问这个系统。

②该黑客可能在目标系统中安装探测器软件，包括特洛伊木马程序，用来窥探所在系统的活动，收集黑客感兴趣的一切信息，如 Telnet 和 FTP 的账号名和口令等。

③该黑客可能进一步发现受损系统在网络中的信任等级，这样黑客就可以通过该系统信任级展开对整个系统的攻击。

如果黑客在某台受损系统上获得了特许访问权，那么他就可以读取邮件，搜索和盗窃私人文件，毁坏重要数据，从而破坏整个系统的信息，造成不堪设想的后果。

八、对付黑客入侵

"入侵"指的是网络遭受到非法闯入的情况。这种情况分为以下 4 种不同的程度。

①入侵者只获得访问权（一个登录名和口令）。

②入侵者获得访问权，并毁坏、侵蚀或改变数据。

③入侵者获得访问权，并获得系统一部分或整个系统控制权，拒绝拥有特权用户的访问。

④入侵者没有获得访问权，而是用不良的程序，引起网络持久性或暂时性的运行失败、重新启动、挂起或其他无法操作的状态。

1．发现黑客

很难发现 Web 站点是否被入侵，即便站点上有黑客入侵，也可能永远不被发现。如果黑客破坏了站点的安全性，则应追踪他们。可以用一些工具帮助发现黑客。Unix 操作系统中的 tripwire 程序能定时浏览检查任一系统中的文件或程序是否被修改。但是这不足以阻止黑客的入侵，而且有些操作系统平台上还没有类似 Tripwire 的工具。

另外一种方法是对可疑行为进行快速检查，检查访问及错误登录文件，检查系统命令，例如：rm、login、/bin/sh 及 perl 等的使用情况。在 Micro Soft Windows 平台上，可以定期检查 Event Log 中的 Security Log，以寻找可疑行为。

最后，查看那些屡次失败的访问口令或访问受口令保护的部分的企图。所有这些就能表明有人企图进入当前的站点。

2．应急操作

假若需要面对安全事故，则应遵循以下步骤。尽管不必逐条执行，或者其中一些步骤并不适合具体情况，但至少应该仔细阅读，因为它有助于在事故发生时控制形势，而不是在事故发生之后。

面对黑客的袭击，首先应当考虑这将对站点和用户产生什么影响，然后考虑如何能阻止黑客的进一步入侵。万一事故发生，应按以下步骤进行。

当证实遭到入侵时，采取的第一步行动是尽可能快地估计入侵造成的破坏程度。

第五节　虚拟专用网技术

随着计算机网络迅速的发展、企业规模的扩大，远程用户、远程办公人员、分支机构、合作伙伴也在增多。在这种情况下，用传统的租用线路的方法实现私有网络的互连会给企业带来很大的经济负担。因此人们开始寻求一种经济、高效、快捷的私有网络互连技术。虚拟专用网络（Virtual Private Network，VPN）的出现，为当今企业发展所需的网络功能提供了理想的实现途径。VPN 可以使企业获得使用公用通信网络基础结构所带来的便利和经济效益，同时获得使用专用的点到点连接所带来的安全。

一、虚拟专用网的定义

1. 虚拟专用网的定义

虚拟专用网是利用接入服务器、路由器及 VPN 专用设备在公用的广域网（包括 Internet、公用电话网、帧中继网及 ATM 等）上实现虚拟专用网的技术。也就是说，用户觉察不到他在利用公用网获得专用网的服务。

从客观上可以认为虚拟专用网就是一种具有私有和专用特点网络通信环境。它是通过虚拟的组网技术，而非构建物理的专用网络的手段来达到的。因此，可以分别从通信环境和组网技术的角度来定义虚拟专用网。

从通信环境角度而言，虚拟专用网是一种存取受控制的通信环境，其目的在于只允许同一利益共同体的内部同层实体连接，而 VPN 的构建则是通过对公共通信基础设施的通信介质进行某种逻辑分割来实现的，其中基础通信介质提供共享性的网络通信服务。

从组网技术而言，虚拟专用网通过共享通信基础设施为用户提供定制的网络连接服务。这种连接要求用户共享相同的安全性、优先级服务、可靠性和可管理性策略，在共享的基础通信设施上采用隧道技术和特殊配置技术仿真点到点的连接。

虚拟专用网的结构如图 5–17 所示。

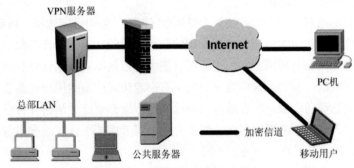

图 5-17　虚拟专用网结构示意图

2．虚拟专用网的优点

与其他网络技术相比，虚拟专用网有着许多的优点。

（1）成本较低

当使用 Internet 时，借助 ISP 来建立虚拟专用网，就可以节省大量的通信费用。此外，虚拟专用网可以使企业不需要投入大量的人力、物力去安装和维护广域网设备和远程访问设备。这些工作都由 ISP 代为完成。

（2）扩展容易

如果企业想扩大虚拟专用网的容量和覆盖范围，只需与新的 ISP 签约，建立账户；或者与原有的 ISP 重签合约，扩大服务范围。在远程办公室增加 VPN 能力也很简单，几条命令就可以使 Extranet 路由器拥有 Internet 功能，路由器还能对工作站自动进行配置。

（3）方便与合作伙伴的联系

过去企业如果想要与合作伙伴联网，双方的信息技术部门就必须协商如何在双方之间建立租用线路或帧中继线路。有了虚拟专用网之后，这种协商就没有必要，真正达到了要连就连、要断就断。

（4）完全控制主动权

虚拟专用网使企业可以利用 ISP 的设备和服务，同时又完全掌握着自己网络的控制权。例如，企业可以把拨号访问交给 ISP 去做，由自己负责用户的查验、访问权、网络地址、安全性和网络变化管理等重要工作。

二、虚拟专用网的类型

虚拟专用网分为 3 种类型：远程访问虚拟网（Access VPN）、企业内部虚拟网（Intranet VPN）和企业扩展虚拟网（Extranet VPN）。这三种类型的虚拟专用网分别与传统的远程访问网络、企业内部的 Intranet 以及企业网和相关合作伙伴的企业网所构成的 Extranet 相对应。

1．企业内部虚拟网（Intranet VPN）

利用计算机网络构建虚拟专用网的实质是通过公用网在各个路由器之间建立 VPN 安全隧道来传输用户的私有网络数据。用于构建这种虚拟专用网连接的隧道技术有 IPSec，GRE 等，使用这些技术可以有效、可靠地使用网络资源，保证了网络质量。基于 ATM 或帧中继的虚电路技术构建的虚拟专用网也可实现可靠的网络质量。以这种方式连接而成的网络被称为企业内联网，可把它作为公司网络的扩展。

当一个数据传输通道的两个端点被认为是可信的时候，公司可以选择"内部网虚拟专用网"解决方案，安全性主要在于加强两个虚拟专用网服务器之间加密和认证手段上。大量的数据经常需要通过虚拟专用网在局域网之间传递，可以把中心数据库或其他计算资源连接起来的各个局域网看成是内部网的一部分。这样当子公司中有一定访问权限的用户就能通过"内部网虚拟专用网"访问公司总部的资源。所有端点之间的数据传输都要经过加密和身份鉴别。如果一个公司对分公司或个人有不同的可信程度，那么公司可以考虑基于认证的虚拟专用网方案来保证信息的安全传输，而不是靠可信的通信子网。

这种类型的虚拟专用网的主要任务是保护公司的因特网不被外部入侵，同时保证公司的重要数据流经因特传输时的安全性。

2. 远程访问虚拟专用网（Access VPN）

远程访问虚拟专用网（Access VPN）通过公用网络与企业的 Intranet 和 Internet 建立私有的网络连接。在远程虚拟专用网的应用中，利用了二层网络隧道技术在公用网络上建立 VPN 隧道连接来传输私有网络数据。

远程访问虚拟专用网的结构有两种类型：一种是用户发起的 VPN 连接；另一种是接入服务器发起的 VPN 连接。

用户发起的 VPN 连接指的是以下情况。

①远程用户通过服务提供点（POP）拨入 Internet。

②用户通过网络隧道协议与企业网建立一条隧道(可加密)连接,从而访问企业网内部资源。

在这种情况下，用户端必须维护与管理发起隧道连接的有关协议和软件。

在接入服务器发起的 VPN 连接中，用户通过本地号码或免费号码拨号 ISP，然后 ISP 的接入服务器再发起一条隧道连接到用户的企业网。在这种情况下，所建立的 VPN 连接对远程用户是透明的，构建 VPN 所需的协议及软件均由 ISP 负责。

大多数虚拟专用网除了加密以外，还要考虑加密密码的强度、认证方法。这种虚拟专用网要对个人用户的身份进行认证（不仅认证 IP 地址）。这样，公司就会知道哪个用户欲访问公司的网络，经认证后决定是否允许用户对网络资源的访问。认证技术可以包括用一次口令、Kerberos 认证方案、令牌卡、智能卡或者是指纹。一旦一个用户同公司的虚拟专用网服务器进行了认证，根据他的访问权限表，他就有一定程度的访问权限。每个人的访问权限表由网络管理员制定，并且要符合公司的安全策略。

3. 企业扩展虚拟专用网（Extranet VPN）

企业扩展的虚拟专用网是指利用 VPN 将企业网延伸至合作伙伴与客户。在传统的方式结构下，Extranet 通过专线互联实现，网络管理与访问控制需要维护，甚至还需要在 Extranet 的用户安装兼容的网络设备，虽然可以通过拨号方式构建 Extranet，但此时需要为不同的 Extranet 用户进行设置，而同样降低不了复杂度。因合作伙伴与客户的分布广泛，这样的 Extranet 建设与维护是非常昂贵的。

企业扩展虚拟专用网的主要目标是保证数据在传输过程中不被修改，保护网络资源不受外部威胁。安全的外联网虚拟专用网要求公司在同它的顾客、合作伙伴及在外地的雇员之间经 Internet 网建立端到端的连接时，必须通过虚拟专用网服务器才能进行。

企业扩展虚拟专用网应是一个由加密、认证和访问控制功能组成的集成系统。通常公司将虚拟专用网代理服务器放在一个不能穿透的防火墙隔离层之后，防火墙阻止所有来历不明的信息传输。所有经过过滤后的数据通过唯一入口传到虚拟专用网服务器。虚拟专用网服务器再根据安全策略来进一步过滤。

三、虚拟专用网的工作原理

虚拟专用网是一种连接，从表面上看它类似一种专用连接，但实际上是在共享网络实现。它通常使用一种被称作"隧道"的技术,数据包在公共网络上的专用"隧道"内传输。专用"隧道"用于建立点对点的连接。

来自不同的数据源的网络业务经由不同的隧道在相同的体系结构上传输，并允许网络协议穿越不兼容的体系结构，还可区分来自不同数据源的业务，因而可将该业务发往指定的目的地，并接受指定的等级服务。一个隧道的基本组成是：隧道启动器、路由网络、可选的隧道交换机和一个或多个隧道终结器。

隧道启动和终止可由许多网络设备和软件来实现。此外，还需要一台或多台安全服务器。虚拟专用网除了具备常规的防火墙和地址转换功能外，还应具有数据加密、鉴别和授权的功能。安全服务器通常也提供带宽和隧道终端节点信息，在某些情况下还可提供网络规则信息和服务等级信息。

在 Microsoft Windows 2003 家族中有两种基于点对点协议（PPP）的 VPN 技术。

（1）点对点隧道协议（PPTP）

PPTP 使用用户级别的 PPP 身份验证方法和用于数据加密的 Microsoft 点对点加密。

（2）带有 Internet 协议安全性（IPSec）的第二层隧道协议（L2TP）

L2TP 将用户级别的 PPP 身份验证方法和计算机级别的证书与用于数据加密的 IPSec 或隧道模式中的 IPSec 一起使用。

在远程访问虚拟专用网的情况下，远程访问客户需要向远程访问服务器发送点对点协议（PPP）数据包。同样，在采用局域网对局域网的虚拟租用线路的情况下，一个局域网上路由器需向另一局域网的路由器发送 PPP 数据包。不同的是，在客户机对服务器的情况下，PPP 数据包不是通过专用线路传送，而是通过共享网络的隧道进行传送。虚拟专用网的作用就如同在广域网上拉一条串行电缆。PPP 协议经过协商，在远程用户和隧道终止设备之间建立一条直接连接。

创建符合标准的虚拟专用网隧道经常采用下列方法：将网络协议封装到 PPP 协议中。典型的隧道协议是 IP 协议，但也可是 ATM 协议或帧中继协议。由于传送的是第二层协议，故该方法被称为"第二层隧道"。另一种选择是：将网络协议直接封装进隧道协议中，例如，封装在虚拟隧道协议（VTP）中。由于传送是第三层协议，故该方法被称为"第三层隧道"。隧道启动器在隧道内封装的是在 TCP/IP 包中封装原装包，例如 IPX 包。包括控制信息在内的整个 IPX 包都将成为 TCP/IP 包的负载，然后它通过因特网传输。另一端隧道终结器的软件打开包，并将其发送给原来的协议进行常规处理。

四、虚拟专用网的关键技术和协议

虚拟专用网是由特殊设计的硬件和软件直接通过共享的基于 IP 的网络所建立起来的。它以交换和路由的方式工作。隧道技术把在网络中传送的各种类型的数据包提取出来，按照一定的规则封装成隧道数据包，然后在网络链路上传输。在虚拟专用网上传输的隧道数据包经过加密处理，它具有与专用网络相同的安全和管理的功能。

1. 关键技术

虚拟专用网中采用的关键技术主要包括隧道技术、加密技术、用户身份认证技术及访问控制技术。

（1）隧道技术

虚拟专用网的核心就是隧道技术。隧道是一种通过互联网络在网络之间传递数据的一种方式。所传递的数据在传送之前被封装在相应的隧道协议里，当到达另一端时被解包。被封装的数据在互联网上传递时所经过的路径是一条逻辑路径。

在虚拟专用网中主要有两种隧道。一种是端到端的隧道，主要实现个人主机之间的连接，端设备必须完成隧道的建立，对端到端的数据进行加密和解密；另一种是节点到节点的隧道，主要用于连接不同地点的 LAN，数据到达 LAN 边缘虚拟专用网设备时被加密并传送到隧道的另一端，在那里被解密并送入相连的 LAN。

隧道技术相关的协议分为第 2 层隧道协议和第 3 层隧道协议。第 2 层隧道协议主要有 PPTP，L2TP 和 L2F 等，第 3 层隧道协议主要有 GRE 以及 IPSec 等。

（2）加密技术

虚拟专用网上的加密方法主要是发送者在发送数据之前对数据加密，当数据到达接收者时由接收者对数据进行解密的处理过程。加密算法的种类包括：对称密钥算法，公共密钥算法等。如 DES、3DES、IDEA 等。

（3）用户身份认证技术

用户身份认证技术主要用于远程访问的情况。当一个拨号用户要求建立一个会话时，就要对用户的身份进行鉴定，以确定该用户是否是合法用户以及哪些资源可被使用。

（4）访问控制技术

访问控制技术就是确定合法用户对特定资源的访问权限，以实现对信息资源的最大限度地保护。

2．相关协议

对于虚拟专用网来说，网络隧道技术是关键技术，它涉及 3 种协议，即网络隧道协议、支持网络隧道协议的承载协议和网络隧道协议所承载的被承载协议。构成网络隧道协议主要有 3 种：点对点隧道协议（Point to Point Tunneling Protocol，PPTP）、二层转发协议（Layer 2 Forwarding Protocol，L2F）和二层隧道协议（Layer 2 Tunneling Protocol，L2TP），以及第三层隧道协议 GRE。

（1）点对点隧道协议（PPTP）

这是一个最流行的 Internet 协议，它提供 PPTP 客户机与 PPTP 服务器之间的加密通信，它允许公司使用专用的隧道，通过公共 Internet 来扩展公司的网络。通过 Internet 的数据通信，需要对数据流进行封装和加密，PPTP 就可以实现这两个功能，从而可以通过 Internet 实现多功能通信。也就是说，通过 PPTP 的封装或隧道服务，使非 IP 网络可以获得进行 Internet 通信的优点。

（2）第二层隧道协议（L2TP）

L2TP 是一个工业标准 Internet 隧道协议，它和点对点隧道协议（PPTP）的功能大致相同。L2TP 使用两种类型的消息：控制消息和数据隧道消息。控制消息负责创建、维护及终止 L2TP 隧道，而数据隧道消息则负责用户数据的真正传输。L2TP 支持标准的安全特性 CHAP 和 PAP，可以进行用户身份认证。在安全性考虑上，L2TP 仅定义了控制消息的加密传输方式，对传输中的数据并不加密。

根据第二层转发（L2F）和点对点隧道协议（PPTP）的规范，您可以使用 L2TP 通过中介网络建立隧道。与 PPTP 一样，L2TP 也会压缩点对点协议（PPP）帧，从而压缩 IP、IPX 或 NetBEUI 协议，因此允许用户远程运行依赖特定网络协议的应用程序。要建立隧道，现在所用的安全协议主要是 PPTP/L2TP 协议或 IPsec 协议。

L2TP 提供了一种远程接入访问控制的手段，其典型的应用场景是：某公司员工通过 PPP 拨入公司本地的网络访问服务器（NAS），以此接入公司内部网络，获取 IP 地址并访问相应权限的网络资源；该员工出差到外地，此时他想如同在公司本地一样以内网 IP 地址接入内部网络，操作相应网络资源，他的做法是向当地 ISP 申请 L2TP 服务，首先拨入当地 ISP，请求 ISP 与公司 NAS 建立 L2TP 会话，并协商建立 L2TP 隧道，然后 ISP 将他发送的 PPP 数据通道化处理，通过 L2TP 隧道传送到公司 NAS，NAS 就从中取出 PPP 数据进行相应的处理，这样该员工就如同在公司本地那样通过 NAS 接入公司内网。

从上述应用场景可以看出 L2TP 隧道是在 ISP 和 NAS 之间建立的，此时 ISP 就是 L2TP 访问集中器（LAC），NAS 也就是 L2TP 网络服务器（LNS）。LAC 支持客户端的 L2TP，用于发起呼叫，接收呼叫和建立隧道，LNS 则是所有隧道的终点。在传统的 PPP 连接中，用户拨号连接的终点是 LAC，L2TP 使得 PPP 协议的终点延伸到 LNS。

（3）通用路由封装协议（GRE）

通用路由封装协议（Generic Routing Encapsulation，GRE）即是对某些网络层协议（如 IP 和 IPX）的数据包进行封装，使这些被封装的数据包能够在另一个网络层协议（如 IP）中传输。GRE 是 VPN 的第三层隧道协议，即在协议层之间采用了一种隧道技术。

GRE 规定了如何用一种网络协议去封装另一种网络协议的方法。GRE 的隧道由两端的源 IP 地址和目的 IP 地址来定义，允许用户使用 IP 包封装 IP、IPX、AppleTalk 包，并支持全部的路由协议（如 RIP2、OSPF 等）。

一个报文要想在隧道中传输，必须要经过加封装与解封装两个过程。当路由器收到一个需要封装和路由的原始数据报文，这个报文首先被 GRE 封装成 GRE 报文，接着被封装在 IP 协议中，然后完全由 IP 层负责此报文的转发。原始报文的协议称为乘客协议，GRE 被称为封装协议，而负责转发的 IP 协议被称为传递协议或传输协议。整个封装的报文格式如图 5-18 所示。

传输协议头	GRE 头	原始数据包
传输协议	封装协议	乘客协议

图 5-18 通过 GRE 传输报文的形式

解封装过程和加封装的过程相反。从隧道接口收到的 IP 报文，通过检查目的地址，发现目的地就是此路由器时，剥掉 IP 报头，再交给 GRE 协议处理后（进行检验密钥、检查校验和或报文的序列号等），剥掉 GRE 报头后，再交由 IPX 协议像对待一般数据报一样对此数据报进行处理。

第六节　计算机网络取证技术

计算机取证（Computer Forensics）是指对计算机入侵、破坏、欺诈、攻击等犯罪行为利用计算机软硬件技术，按照符合法律规范的方式进行获取、保存、分析和出示的过程。计算机取证是一个对计算机系统进行扫描和破解，对入侵事件进行重建的过程。网络取证（Network Forensics）包含了计算机取证，是广义的计算机取证，是在网络环境中的计算机取证。

一、网络取证概述

计算机取证包括了对计算机证据的收集、分析、确定、出示及分析。网络取证主要包括电子邮件通信取证、P2P取证、网络实时通信取证、即时通信取证、基于入侵检测取证技术、痕迹取证技术、来源取证技术以及事前取证技术。

1．网络证据的组成

网络证据就在网络上传输的电子证据，其实质是网络数据流。随着网络应用的日益普及，对网络证据进行正确的提取和分析对于各种案件的侦破具有重要意义。网络证据的获取属于事中取证或称为实时取证，即在犯罪事件进行或证据数据的传输途中进行截获。网络数据流的存在形式依赖于网络传输协议，采用不同的传输协议，网络数据流的格式不同。但无论采用什么样的传输协议，根据其表现形式的不同，都可以把网络数据流分为文本、视频、音频、图片等。

2．网络证据的特点

（1）动态性。区别于存储在硬盘等存储设备中的数据，网络数据流是正在网上传输的数据，是"流动"的数据，因而具有动态的特性。

（2）实效性。对于在网络上传输的数据包而言，其传输的过程是有时间限制的，从源地址经由传输介质到达目的地址后就不再属于网络数据流了。所以，网络数据流的存在具有时效性。

（3）海量性。随着网络带宽的不断增加和网络应用的普及，网络上传输的数据越来越多，因而可能的证据也越来越多，形成了海量数据。

（4）异构性。由于网络结构的不同、采用协议的差别导致了网络数据流的异构性。

（5）多态性。网络上传输的数据流有文本、视频和音频等多种形式，其表现形式呈多态性。

3．网络取证的原则

（1）及时性、合法性原则。对计算机证据的获取有一定的时效性。在计算机取证过程中必须按照法律的规定，采用合法的取证设备和工具软件合理地进行计算机证据收集。

（2）原始性、连续性原则。及时收集、保存和固化原始证据，确保证据不被嫌疑人删除、篡改和伪造。证据被提交给法庭时，必须能够说明证据从最初的获取到出庭证明之间的任何变化。

（3）多备份原则。对含有计算机证据的媒体至少应制作两个副本，原始媒体应存放在专门的房间由专人保管，复制品可以用于计算机取证人员进行证据的提取和分析。

（4）环境安全原则。计算机证据应妥善保存，以备随时重组、试验或者展示。

（5）严格管理原则。含有计算机证据的媒体的移交、保管、开封、拆卸的过程必须由侦查人员和保管人员共同完成，每一个环节都必须检查真实性和完整性，并拍照和制作详细的笔录，由行为人共同签名。

4．网络取证与传统证据的区别

网络取证所获取的是电子证据，电子证据与传统证据的取证方式不一样，主要区别如下。

（1）高技术依赖性和隐蔽性。电子证据实质上是一组二进制编码形成的信息，一切信息都通过这些编码来传递，从而增加了电子证据的隐蔽性，用普通的证据收集方法不易发现。电子证据的技术依赖性表现在电子证据可以存储为电、光、磁等各种信息，其形成具有高科技性，增大了证据的保全难度。电子证据的生成、存储、传输及显示等过程都需要专门的技术设备和手段才能完成。

（2）多样性、复合性。电子证据的表现形式是多样的，尤其是多媒体技术的出现，更使电子证据综合了文本、图形、图像、动画、音频及视频等多种媒体信息。这种以多媒体形式存在的数字证据几乎涵盖了所有的传统证据类型。

（3）易损毁性。电子证据是以数字信号的方式存在的，电子证据容易被人为截收、监听、删除、修改等。如果没有可对照的副本，从常规技术上无法查明。另外，人为的误操作或供电系统、通信网络的故障或技术方面的原因，都会造成电子证据不完整。

（4）传输快捷、易于保存性。与传统证据相比，随着网络技术和通信技术的快速发展，电子证据具有复制、传播的迅捷性特点，且传播范围广，易于保存。

5．计算机取证步骤

计算机取证一般应该包括保护现场、搜查物证、固定易丢失数据、现场在线勘查、提取物证5个步骤。

（1）保护现场。应特别注意防止侦查人员无意中对证据的破坏。如果电子设备（包括计算机、PDA、移动电话、打印机、传真设备等）已经打开，不要立即关闭该电子设备。

（2）搜查物证。主要原则如下：检查与目标计算机互联的系统，搜查数字化证据存储设备。注意发现无法识别的设备，并注意搜查与该设备有关的说明书、软盘、配套软硬件等；注意计算机附近的其他物品，如笔记本、纸张等，可能会有账号、口令、联系人以及其他相关信息等。

（3）固定易丢失证据。主要包括屏幕上显示内容、系统运行状态及时间信息等。用户正在浏览的页面及页面上显示的账号信息、正在使用的聊天软件上的账号信息、邮件正在发送的目标等。系统中应用程序的运行状态。如果系统上同时运行多个程序，必须拍摄每个应用程序在屏幕上显示的信息。

（4）现场在线勘查。主要是在案件情况紧急或者无法关闭系统（如有的网吧安装有信息清除软件，关闭计算机有可能丢失大量的历史信息）的情况下。

（5）提取物证。整个操作过程最好是在全程录像的情况下进行。首先，克隆存储媒介，一般应该利用专门的设备对存储媒介进行复制后再进行数据分析；然后，关闭正在使用的计算机的电源，同时记录设备连接状态；其次，提取外部设备；最后，制作现场勘查笔录，注意物证的存储和运输。

6．网络取证流程

网络取证流程包含原始数据获取、数据过滤、元分析、取证分析以及结论表示5个步骤。

（1）原始数据的获取。数据获取是网络取证的第1步。原始证据的来源包括：网络数据、系统信息，硬盘、软盘、光盘以及服务器上的记录等。

（2）数据过滤。因为获取的原始数据中包含了很多跟证据无关的信息，所以在分析之前先要对数据进行过滤，以实现数据的精简。

（3）元分析。对经过过滤后的数据进行初步分析，以提取一些元信息，包括 TCP 连接分析、网络数据信息统计、协议类型分析等。

（4）取证分析。在元分析的基础上进行深层分析和关联分析，重建系统或网络上发生过的系统行为和网络行为。

（5）结论表示。对上述取证分析的过程进行总结，得到取证分析的相关结论，并以证据的形式提交。

二、网络取证技术

计算机网络取证技术就是对通过网络的数据信息资料获取证据的技术。主要包括以下 7 种技术。

1. 基于入侵检测取证技术

基于入侵检测取证技术是指通过计算机网络或计算机系统中的若干关键点收集信息并对其进行分析，从中发现网络或系统中是否有违反安全策略的行为和遭到袭击的迹象的一种安全技术，简称 IDS（Intrusion Detection System）。入侵检测技术是动态安全技术的最核心技术之一。它的原理就是利用一个网络适配器来实时监视和分析所有通过网络进行传输的通信，而网络证据的动态获取也需要对位于传输层的网络数据通信包进行实时的监控和分析，从中发现和获得嫌疑人的犯罪信息。因此，计算机网络证据的获取完全可以依赖现有 IDS 系统的强大网络信息收集和分析能力，结合取证应用的实际需求加以改进和扩展，就可以轻松实现网络证据的获取。

2. 来源取证技术

来源取证技术的主要目的是确定嫌疑人所处位置和具体作案设备。主要通过对网络数据包进行捕捉和分析，或者对电子邮件头等信息进行分析，从中获得犯罪嫌疑人通信时的计算机 IP 地址和 MAC 地址等相关信息。

调查人员通过 IP 地址定位追踪技术进行追踪溯源，查找出嫌疑人所处的具体位置。MAC 地址是由网络设备制造商生产时直接写在每个硬件内部的全球唯一地址。调查人员通过 MAC 地址和相关调查信息就可以最终确认犯罪分子的作案设备。

3. 痕迹取证技术

痕迹取证技术是指通过专用工具软件和技术手段，对犯罪嫌疑人所使用过的计算机设备中相关记录和痕迹信息进行分析取证，从而获得案件相关的犯罪证据。主要有文件内容、电子邮件、网页内容、聊天记录、系统日志、应用日志、服务器日志、网络日志、防火墙日志、入侵检测、磁盘驱动器、文件备份、已删除可恢复的记录信息等。痕迹取证技术要求取证人员需要具备较高的计算机专业水平和丰富的取证经验，结合密码破解、加密数据的解密、隐藏数据的再现、数据恢复、数据搜索等技术，对系统进行分析和采集来获得证据。

4. 海量数据挖掘技术

计算机的存储容量越来越大，网络传输的速度也越来越快。对于计算机内部存储和网络传输中的大量数据，可以用海量数据挖掘技术发现特定的与犯罪有关的数据。数据挖掘技术主要包括关联规则分析、分类和联系分析等。运用关联规则分析方法可以提取犯罪行为之间的关联特征，挖掘不同犯罪形式的特征、同一事件的不同证据之间的联系；运用分类方法可以从数据

获取阶段获取的海量数据中找出可能的非法行为，将非法用户或程序的入侵过程、入侵工具记录下来；运用联系分析方法可以分析程序的执行与用户行为之间的序列关系，分析常见的网络犯罪行为在作案时间、作案工具以及作案技术等方面的特征联系，发现各种事件在时间上的先后关系。

5．网络流量监控技术

网络流量监控技术可以通过 Sniffer 等协议分析软件和 P2P 流量监控软件实时动态地跟踪犯罪嫌疑人的通信过程，对嫌疑人正在传输的网络数据进行实时连续的采集和监测，对获得的流量数据进行统计计算，从而得到网络主要成分的性能指标，对网络主要成分进行性能分析，找出性能变化趋势，得到嫌疑人的相关犯罪痕迹的技术。

6．会话重建技术

会话重建是网络取证中的重要环节。分析数据包的特征，并基于会话对数据包进行重组，去除协商、应答、重传、包头等网络信息，以获取一条基于完整会话的记录。具体过程是：首先，把捕获到的数据包分离，逐层分析协议和内容；然后，在传输层将其组装起来，在这一重新组合的过程中可以发现很多有用的证据，例如，数据传输错误、数据丢失、网络的联结方式等。

7．事前取证技术

现有的取证技术基本上都是建立在案件发生后，根据案情的需要利用各种技术对需要的证据进行获取，即事后取证。而由于计算机网络犯罪的特殊性，许多重要的信息，只存在于案件发生的当前状态下，如环境信息、网络状态信息等在事后往往是无据可查，而且电子数据易遭到删除、覆盖和破坏。因此，对可能发生的事件进行预防性的取证保全，对日后出现问题的案件的调查和出庭作证都具有无可比拟的作用，它将是计算机取证技术未来发展的重要方向之一。对此类防范和预防性的取证工具软件，在国内外还比较少见。现有据可查的就是福建伊时代公司推出的电子证据生成系统。该系统采用其独创的"数据原生态保全技术"来标识电子证据，并将其上传存放于安全性极高的电子证据保管中心，充分保证电子证据的完整性、真实性和安全性，使之具备法律效力。它可以全天候提供电子邮件、电子合同、网络版权、网页内容、电子商务、电子政务等电子证据的事前保全服务。

三、网络取证数据的采集

在网络证据采集方面，主要有集中式数据采集、分层式数据采集和分布式数据采集。集中式数据采集采用单主机的采集模式并将采集的大量数据存储在本地计算机中，网络采集方式和效率较低。分层式数据采集将对整个网络数据的采集分成多个层，并通过各管理者间的通信提高采集效率。分布式数据采集采用分布式系统对网络中的数据进行收集，较好地完成了数据采集和存储的过程。

1．网络证据来源的途径

网络证据主要来自以下 4 个途径。

（1）来自于网络应用主机、网络服务器的证据。系统应用记录和系统事件记录，网络应用主机网页浏览历史记录、收藏夹、浏览网页缓存、网络服务器各种日志记录等。有关主机的取证信息对分析判断是必不可少的。所以应该注意结合操作系统平台的取证技术。

（2）专门的网络取证分析系统产生的包括日志在内的结果。

（3）来自于网络设施，网络安全产品的证据。访问控制系统、交换机、路由器、IDS系统、防火墙、专门审计系统等网络设备。

（4）来自于网络通信数据的证据。在网络上传输的网络通信数据可以作为证据的来源。从网络通信数据中可以发现对主机系统来说不容易发现的一些证据，主要可以形成证据补充或从另一个的角度证实某个事实或行为。

2．网络取证系统

网络取证系统对网络入侵事件、网络犯罪活动进行证据获取、保存、分析和还原，它能够真实、连续地获取网络上发生的各种行为；能够完整地保存获取到的数据，并且防止被篡改；对保存的原始证据进行网络行为还原，重现入侵现场。

网络取证系统的拓扑结构图如图5-19所示。它主要由3个部分组成：被取证机、取证机和分析机。其中被取证机是要进行取证的计算机，其上装有收集系统信息的软件模块，通过网络以实时的方式将信息发往取证机；取证机是进行取证信息获取和保存的计算机；分析机对获取证据进行组织、分析，并以图表方式进行显示，以得出关于证据方面的结论。

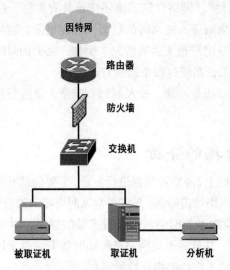

图 5-19 网络取证系统结构图

（1）报文采集

报文采集是实时取证的基本前提。基于证据的准确性和完整性，在获取报文的过程中，网络取证系统必须满足：数据获取的完整性，即不能对获取的网络数据进行修改或破坏；系统性能的可伸缩性，即网络流量对系统性能产生影响较小；工作方式的透明性，即不能影响到被测网络。

（2）报文存储

对于获取的网络报文，网络取证系统要求记录的报文必须是完整的，以便借助数据分析模块对报文进行基于应用协议的还原，追查到具体内容。

目前有两种记录报文的方式。一种是将这些报文全部保存下来，形成一个完整的网络流量记录。这种方式能保证系统不丢失任何潜在的信息，能最大限度地恢复黑客攻击时的现场，这对于研究新的攻击技术，进行安全风险评估方面具有很大的价值。这种方式对系统存储容量的要求非常高；另一种是采用某种过滤机制排除不相关的网络报文，保存需要的网络报文。这种方式可以减少系统的存储容量需求，但有可能丢失一些潜在的信息，同时过滤进程还会增加系统负荷。这两种方式都需要引入淘汰机制来控制存储空间的增长。同时，系统还应采用诸如计算校验和的方式来检验数据的完整性。

（3）报文分析

报文分析是网络取证关键，目的是识别入侵企图，并尽可能地以最小损失还原和重建网络中发生过的事情。

对报文的分析可以分为基本分析和深入分析两个阶段。基本分析能解决一般性的取证问题，同时为深入分析做准备，它包括对报文进行查询、分类、解码、简化等操作。其中，解码包括解密和协议分析。深入分析则包括对报文进行重组、寻找报文的来源、报文间的关联性分析、重建网络事件、图形化网络关系等。网络取证系统也会有误报和漏报，但原始数据的存在，提供了充分、完全的现场资料，允许操作人员对其进行更深层次的分析和验证。

（4）过程记录

为了保证"证据的连续性"，网络取证系统还应该具有贯穿全过程的记录功能，记录内容包括以下3项：一是记录网络取证系统当时的状态及性能情况，这样有利于对获取的数据及相关的分析进行正确评价；二是记录报文丢失情况，例如，丢失的时间，由哪个组件丢失的；三是记录操作人员在使用网络取证系统过程中的所有动作。

有的网络取证系统还具备报警功能，能及时通知安全人员进行事件处理，从而防止入侵事件的发生或减少相应损失。

四、网络取证数据的分析

在数据采集和存储的基础上，需要对数据进行分析，主要包括网络攻击检测、不良网址监测、用户行为监测等功能。对于网络攻击检测，要实现常见网络攻击的检测，如 ping 攻击、land 攻击、smurf 攻击等，并且能够将检测到的网络攻击进行实时的保存。对于不良网址检测，要检测出用户是否正在浏览不良网站，并且对不良网站进行实时告警。对于用户行为的监测，系统能够通过分析网络数据包，统计每个用户的协议流量信息。

下面介绍几种常用的取证分析方法。

1. 日志取证分析

日志的取证分析主要包含统计分析、关联分析、查询与抽取、分析结果生成等。面对海量的日志数据，无法通过人工逐条判读日志记录来发现异常的记录项以及与事件相关的记录项。可以利用数据库提供的强大的扫描和统计功能来进行取证分析。也可以预先设定统计的事件类型，设定一些关键字段值，如与犯罪相关的时间段、IP 地址、用户名、使用的协议、事件号等，然后根据这些关键字对日志数据表进行统计。也可以用预先设定计算机入侵和攻击特征规则库，如同入侵检测系统的规则库一样，对每条日志记录的相关字段进行扫描匹配，统计分析流程。

统计分析可以帮助建立网络和用户的正常行为规律，还可以实现日志记录的聚类，缩小分析的范围，检测出异常的日志记录，判断攻击的来源和方法，为后续的人工详细分析判断日志记录做准备。

2. 基于时间戳的分析

黑客的入侵行为不是独立的，而是由一系列的动作组成，这些动作分属于攻击系列中的不同阶段，在时间上形成序列，早期阶段为后期阶段做准备，后期的状态是前期行为的结果。也就是说同一个入侵者发出的入侵事件之间存在着一定的相关性，前一个入侵阶段的成功是后一个入侵阶段的起点和必要条件，即一个攻击的成功的前提条件是前面一系列攻击阶段的成功。而这一系列入侵动作必然在日志系统中留下一系列的相关的日志记录，这些记录可能分属于不同的网络设备或不同的日志文件。

时间戳是日志记录的一个重要的属性项，反映了日志记录产生的时间（也可以说是入侵动作发生的时间），有的日志记录还提供了入侵动作结束的时间戳或动作持续的时间。而与入侵事件相关的日志记录的时间戳必然存在一个先后序列关系。因此，时间戳是进行关联分析时的重要属性。

在对系统日志进行取证分析时不仅要在某个日志文件中找出和入侵相关的记录项，还要尽可能地找出反映入侵事件的所有的日志记录，并基于时间链将这些日志记录组成一个完整的安全动作序列，从而重构入侵事件，取证的结果也就更具有说服力。

3. 基于相同特征的分析

入侵事件的关联性在日志记录中另一个反映就是相关日志记录的某些属性、特征相同或相近，例如，一个用户登录计算机系统后创建了一个文件夹，那么在登录日志和文件访问日志记录中，它们的用户名这一属性是完全一致的。所以，可以通过入侵事件的某些特征值来将不同的日志记录关联起来。

对日志的统计分析和关联分析是通过对日志数据库的扫描分析的结果，这些日志数据是经过预处理的，还应该找出对应的原始日志记录，可以根据统计分析和关联分析中给出的记录号以及时间戳、IP 地址等关键信息在原始日志文件中找出对应的日志记录，在抽取出日志记录后利用签名抽取算法重新计算抽取签名，从而锁定日志数据。

五、小结

1. 网络安全协议

安全协议本质上是关于某种应用的一系列规定，包括功能、参数、格式和模式等，连通的各方只有共同遵守协议，才能相互操作。

（1）应用层安全协议

在应用层的安全协议主要包括：安全 Shell（SSH）协议、SET（Secure Electronic Transaction）协议、S-HTTP 协议、PGP 协议和 S/MIME 协议。

（2）传输层安全协议

传输层的安全协议有：安全套接层（Secure Socket Layer, SSL）协议和私密通信技术（Private Communication Technology，PCT）协议。

（3）网络层安全协议

网络层的安全协议主要有 IPSec 协议。该协议定义了 IP 验证头（Authentication Header，AH）协议、IP 封装安全载荷（Encryption Service Payload, ESP）协议和 Internet 密钥交换（Internet

Key Exchange，IKE）协议。

2．网络安全传输技术

网络安全传输技术，就是利用安全通道技术（Secure Tunneling Technology），通过将待传输的原始信息进行加密和协议封装处理后再嵌套装入另一种协议的数据包送入网络中，像普通数据包一样进行传输。网络安全传输通道应该提供以下功能和特性。

①机密性：通过对信息加密保证只有预期的接收者才能读出数据。

②完整性：保护信息在传输过程中免遭未经授权的修改，从而保证接收到的信息与发送的信息完全相同。

③对数据源的身份验证：通过保证每个计算机的真实身份来检查信息的来源以及完整性。

④反重发攻击：通过保证每个数据包的唯一性来确保攻击者捕获的数据包不能重发或重用。

3．网络加密技术

在计算机网络系统中，链路加密通常用硬件在网络层以下的物理层和数据链路层中实现，它用于保护在通信节点间传输的数据；节点加密是在协议运输层上进行加密，是对源点和目标节点之间传输的数据进行加密保护；端—端加密是面向网络高层主体进行的加密，即在协议表示层上对传输的数据进行加密，而不对下层协议信息加密。

4．防火墙技术

防火墙是一个或一组在两个网络之间执行访问控制策略的系统，包括硬件和软件，目的是保护网络不被可疑人侵扰。本质上，它遵从的是一种允许或阻止业务往来的网络通信安全机制，也就是提供可控的过滤网络通信，只允许授权的通信。

由软件和硬件组成的防火墙应该具有以下功能。

①所有进出网络的信息流都应该通过防火墙。

②所有穿过防火墙的信息流都必须有安全策略和计划的确认和授权。

③理论上说，防火墙是穿不透的。

防火墙需要防范以下 3 种攻击。

间谍：试图偷走敏感信息的黑客、入侵者和闯入者。

盗窃：盗窃对象包括数据、Web 表格、磁盘空间和 CPU 资源等。

破坏系统：通过路由器或主机 / 服务器蓄意破坏文件系统或阻止授权用户访问内部网络（外部网络）和服务器。

防火墙常常就是一个具备包过滤功能的简单路由器。包是网络上信息流动的单位，在网上传输的文件一般在发出端被划分成一串包，经过网上的中间站点，最终传到目的地，然后这些包中的数据又重新组成原来的文件。每个包有两个部分：数据部分和包头。包头中含有源地址和目标地址等信息。

包过滤一直是一种简单而有效的方法。通过拦截数据包，读出并拒绝那些不符合标准的包头，过滤掉不应入站的信息。包过滤器又被称为筛选路由器。

设计和建立堡垒主机的基本原则有两条：最简化原则和预防原则。

堡垒主机目前一般有以下 3 种类型。

①无路由双宿主主机。

②牺牲主机。

③内部堡垒主机。

代理服务是运行在防火墙主机上的一些特定的应用程序或者服务程序。

防火墙的体系结构一般有以下几种。

①双重宿主主机体系结构。

②主机过滤体系结构。

③子网过滤体系结构。

5. 网络攻击的类型

任何以干扰、破坏网络系统为目的的非授权行为都称为网络攻击。法律上对网络攻击的定义有两种观点：一种观点认为攻击仅仅发生在入侵行为完全完成，并且入侵者已在目标网络内；另一种观点则认为可能使一个网络受到破坏的所有行为，即从一个入侵者开始在目标机上工作的那个时刻起，攻击就开始进行了。

黑客进行的网络攻击通常可分为 4 大类型：拒绝服务型攻击、利用型攻击、信息收集型攻击和虚假信息型攻击。

物理层最重要的攻击主要有直接攻击和间接攻击，直接攻击是直接对硬件进行攻击，间接攻击是对物理介质的攻击。

数据链路层的最基本的功能是向该层用户提供透明的和可靠的数据传送基本服务。透明性是指该层上传输的数据的内容、格式及编码没有限制，也没有必要解释信息结构的意义；可靠的传输使用户免去对丢失信息、干扰信息及顺序不正确等的担心。由于数据链路层的安全协议比较少，因此容易受到各种攻击，常见的攻击有：MAC 地址欺骗、内容寻址存储器（CAM）表格淹没攻击、VLAN 中继攻击、操纵生成树协议、地址解析协议（ARP）攻击等。

网络层主要用于寻址和路由，它并不提供任何错误纠正和流控制的方法。网络层常见的攻击主要有：IP 地址欺骗攻击和 ICMP 攻击。网络层的安全需要保证网络只给授权的客户提供授权的服务，保证网络路由正确，避免被拦截或监听。

传输层处于通信子网和资源子网之间起着承上启下的作用。传输层控制主机间传输的数据流。传输层存在两个协议：传输控制协议（TCP）和用户数据报协议（UDP）。端口扫描是传输层最常见的攻击方法。

应用层是网络的最高层，所有的应用策略非常多，因此遭受网络攻击的模式也非常多，综合起来主要有：带宽攻击、缺陷攻击和控制目标机。

黑客指利用通信软件，通过网络非法进入他人系统，截获或篡改计算机数据，危害信息安全的电脑入侵者或入侵行为。

黑客攻击的 3 个阶段是：信息收集、系统安全弱点的探测以及网络攻击。

黑客进行的网络攻击通常可分为 4 大类型：拒绝服务型攻击、利用型攻击、信息收集型攻击和虚假信息型攻击。

对付黑客的袭击的应急操作如下：

估计形势、切断连接、分析问题、采取行动。

6．入侵检测技术

入侵定义为任何试图破坏信息系统的完整性、保密性或有效性的活动的集合。入侵检测就是通过从计算机网络或计算机系统中的若干关键点收集信息并对其进行分析，从中发现网络或系统中是否有违反安全策略的行为和遭到袭击的迹象的一种安全技术。

按照检测类型从技术上划分，入侵检测有异常检测模型和误用检测模型。

按照监测的对象是主机还是网络分为基于主机的入侵检测系统和基于网络的入侵检测系统以及混合型入侵检测系统。

按照工作方式分为离线检测系统与在线检测系统。

入侵检测的过程分为3部分：信息收集、信息分析和结果处理。

入侵检测系统的结构由事件提取、入侵分析、入侵响应和远程管理4部分组成。

常用的入侵检测方法有：特征检测、统计检测和专家系统。

基于用户行为的检测技术常用的模型有：操作模型、方差模型、多元模型、马尔柯夫过程模型和时间序列模型。

7．虚拟专用网技术

虚拟专用网是利用接入服务器、路由器及虚拟专用网设备在公用的广域网上实现虚拟专用网的技术。也就是说，用户觉察不到他在利用公用网获得专用网的服务。

虚拟专用网分为3种类型：远程访问虚拟网（Access VPN）、企业内部虚拟网（Intranet VPN）和企业扩展虚拟网（Extranet VPN）。

虚拟专用网中采用的关键技术主要包括隧道技术、加密技术、用户身份认证技术及访问控制技术。

对于虚拟专用网来说，网络隧道技术是关键技术，它涉及3种协议，即网络隧道协议、支持网络隧道协议的承载协议和网络隧道协议所承载的被承载协议。构成网络隧道协议主要有4种：点对点隧道协议（Point to Point Tunneling Protocol，PPTP）、二层转发协议（Layer 2 Forwarding，L2F）和二层隧道协议（Layer 2 Tunneling Protocol，L2TP），以及第三层隧道协议GRE。

8．计算机网络取证技术

计算机取证包括了对计算机证据的收集、分析、确定、法庭出示，以及分析。网络取证主要包括电子邮件通信取证、P2P取证、网络实时通信取证、即时通信取证、基于入侵检测取证技术、痕迹取证技术、来源取证技术以及事前取证技术。

网络取证的原则有及时性、合法性原则；原始性、连续性原则；多备份原则；环境安全原则和严格管理原则。

计算机取证一般应该包括保护现场、搜查物证、固定易丢失数据、现场在线勘查、提取物证等5个步骤。计算机网络取证流程包含原始数据获取、数据过滤、元分析、取证分析以及结论表示。计算机网络取证技术就是对通过网络的数据信息资料获取证据的技术。主要包含基于入侵检测取证技术；来源取证技术；痕迹取证技术；海量数据挖掘技术；网络流量监控技术；会话重建技术以及事前取证技术。

第六章　攻击与防御技术分析

攻击与防御技术是网络信息安全领域的核心内容。对于攻击者而言，攻击技术是一项系统工程，主要流程是：信息收集，远程攻击，远程登录，获取用户权限，留下后门等。攻击技术的主要内容包括漏洞扫描、端口扫描、木马攻击及各种基于网络的攻击技术。对于防御的一方来说，要保护好珍贵的信息资产，必须首先掌握攻击者常用的技术手段，才能有针对性地布置防御体系。本章主要介绍常见的网络攻击和防御技术。从最开始的网络信息采集，到拒绝服务攻击、漏洞攻击、木马攻击以及蠕虫攻击，针对每一种攻击，都提出了防范的思路。

第一节　网络攻击概述

在十几年前，网络攻击还仅限于有限的几种方法，如破解口令与利用操作系统漏洞。随着网络应用规模的扩大与技术的发展，互联网上的黑客站点随处可见，黑客工具可任意下载，这些因素导致网络攻击日益猖獗。从法律的角度来看，网络攻击只能发生在入侵行为已完成，并且入侵者已在目标网络中时。对于网络管理员来说，一切可能使网络系统受到破坏的行为都应视为攻击。综上所述，网络攻击的定义是网络用户未经授权的访问尝试或使用尝试，攻击目标主要是破坏网络服务的可用性与网络运行的可控性，对网络系统的保密性、完整性、可用性、可控性和可审查性等造成威胁和破坏。

攻击网络系统的目的：

（1）获取超级用户权限，对系统进行非法访问。

（2）获取所需信息，包括科技情报、个人资料、银行卡密码及系统信息等。

（3）篡改、删除或暴露数据资料，达到非法目的。

（4）利用系统资源，对其他目标进行攻击、发布虚假信息、占用存储空间等。

（5）占满服务器的所有服务线程或网络带宽，使其瘫痪，无法正常提供服务。

（6）网络攻击的基本特征是：由攻击者发起并使用一定的攻击工具，对目标网络系统进行攻击访问，并呈现出一定的攻击效果，实现了攻击者的攻击意图。

根据攻击实现方法的不同，可将网络攻击分为主动攻击和被动攻击两类。

一、主动攻击

主动攻击是指攻击者为了实现攻击目的，主动对需要访问的信息进行非授权的访问行为。

主动攻击的类型

1. 中断

针对系统可用性的攻击，主要通过破坏计算机硬件、网络和文件管理系统来实现。最常见的是拒绝服务，针对身份识别、访问控制、审计跟踪等应用的攻击也属于中断。

2. 篡改

是针对信息完整性的攻击，主要利用存在的漏洞破坏原有的机制，实现攻击目的。

3. 伪造

指某个实体冒充成其他实体，发出含有其他实体身份信息的数据信息，从而以欺骗方式获取一些合法用户的权利和特权。它主要用于对身份认证和资源授权进行攻击。

二、被动攻击

被动攻击是利用网络存在的漏洞和安全缺陷对网络系统的硬件、软件及系统中的数据进行的攻击。被动攻击一般不会对数据进行篡改，而是通过截取或窃听等方式在未经用户授权的情况下对信息内容进行获取，或者对业务数据流进行分析。

被动攻击的类型窃听、流量分析。

1．窃听

窃听是指借助于技术手段窃取网络中的信息，既包括以明文形式保存和传输的信息，也包括通过数据加密技术处理后的密文信息。

2．流量分析

数据在网络中传输时都以流量进行描述，流量分析建立在数据拦截的基础上，对截获的数据根据需要进行定向分析。

第二节　网络攻击的常见形式

网络攻击的常见形式主要包括口令窃取、欺骗攻击、漏洞攻击、恶意代码攻击、拒绝服务攻击等。

一、口令窃取

口令窃取是指通过网络监听、弱口令扫描、社会工程学或暴力破解等各种方式非法获取目标系统的用户账号和口令，然后冒充该合法用户非法访问目标系统。

1．网络监听

许多网络协议如 HTTP，SMTP，POP3 和 Telnet 等默认采用明文传输账号和口令信息，攻击者只需在信息传输路径的某个节点使用网络监听技术，即可轻易截获目标系统的账号和口令。

2．弱口令扫描

针对采用散列算法加密口令的网络协议，如 SMB、SSH、VNC、MySQL、NTLM 等，攻击者应用弱口令扫描技术并结合适当的口令字典，可以破解一些设置较为简单的用户口令。

3．暴力破解

前提是获取经过散列算法单向加密的口令，然后采用口令字典或穷举口令字符空间的方式，对加密后的口令进行离线破解。其原理是根据不同协议所采用的公开的散列算法进行口令的正向猜测。当针对猜测的口令生成的散列值与截获的口令散列值相同时，则找到了正确的口令。

4．彩虹表攻击

由于穷举字符空间费时，攻击者们开发出一种称为"彩虹表攻击"的破解技术。彩虹表是一张预先计算好，针对不同散列算法的逆运算表，其中存储部分明文口令和口令散列的对应关系。

5．社会工程学

也可以用于窃取用户口令，这种方式一般称为"钓鱼"，其基本原理是攻击者通过伪造登录界面、提供虚假页面、发送恶意链接、发送伪造邮件等方式，使用高度逼真的图片和内容诱使用户输入真实的口令，隐藏在这些虚假界面、页面、链接和邮件后的程序或脚本会通过各种途径记录这些口令并隐蔽地提交给攻击者。

口令机制是资源访问控制的第一道屏障。网络攻击者常常以破解用户的弱口令为突破口，获取系统的访问权限。随着计算机软硬件技术的发展，以及人们计算能力的提高，目前有许多专用的口令攻击软件流行，使得口令窃取变得更为有效。

二、欺骗攻击

欺骗攻击拦截正常的网络通信数据并进行数据篡改和嗅探，而通信双方却毫不知情，因此也称为中间人攻击（MITM）。

实现欺骗攻击的首要任务是截获通信双方的数据，然后才是篡改数据进行攻击。

在集线器组成的局域网中，监听十分容易，所有主机共享一条信道，数据会广播至所有端口，攻击者只需要将网卡设置为混杂模式即可。

现在已经普遍采用通过交换机组成的局域网，通信双方独占信道，其他主机的通信报文不会发送至攻击者的网卡，因此攻击者必须主动攻击以截获主机间的通信数据。

在广域网上实现欺骗攻击，攻击者必须控制路径中的某个中间节点，或者欺骗某个交换节点接收虚假路由，从而使报文通过错误的路由传递给攻击者，攻击者才可能截获双方的报文，进而篡改报文实施攻击。

根据截获报文的不同应用协议，欺骗攻击有不同的攻击方式。

三、漏洞攻击

漏洞攻击是指利用硬件、软件、协议的具体实现或系统安全策略方面存在的缺陷，编写利用该缺陷的破解代码和破解工具，实施远程攻击目标系统或目标网络。这是最主流的主动攻击方式。

漏洞根据破解的位置可分为2种：本地漏洞、远程漏洞。

1．本地漏洞

指需要操作系统的有效账号登录到本地才能破解的漏洞，主要是权限提升类漏洞，即把自身的执行权限从普通用户级别提升到管理员级别；

2．远程漏洞

指无须操作系统账号的验证即可通过网络访问目标进行漏洞破解，如果漏洞仅需要诸如FTP用户账号即可破解，则该漏洞属于远程漏洞。

漏洞根据威胁类型可分为3种：

（1）非法访问漏洞

可以导致程序执行流程被劫持，转向执行攻击者指定的任意指令或命令，从而进一步控制应用系统或操作系统。此类漏洞威胁最大，同时破坏了系统的保密性、完整性，甚至可用性。

（2）信息泄露漏洞

可以导致劫持程序访问非授权的资源并泄露给攻击者，破坏系统的保密性。

（3）拒绝服务漏洞

可以导致目标应用或系统暂时或永远性地失去响应正常服务的能力，破坏系统的可用性。

图 6-1 漏洞形成技术

无论系统存在何种漏洞，攻击者都可以通过漏洞扫描的方法进行远程发现，然后利用破解工具或破解程序基于该漏洞实施攻击。

具有较高编程水平的攻击者可以自行编写相应漏洞的全新破解程序并展开对目标的远程攻击；大部分攻击者通常基于已有的开发工具或平台，采用类似搭积木的方式编写破解程序或者直接利用已经存在的破解程序对目标发起攻击。

四、恶意代码攻击

恶意代码是指未经授权认证且可以破坏系统完整性的程序或代码，恶意代码攻击则是指将恶意代码隐蔽传送到目标主机，并可远程执行未经授权的操作，从而实施信息窃取、信息篡改或其他破坏行为。

拓展知识：

僵尸网络涉及的重要概念

僵尸网络 Botnet 是指采用一种或多种传播手段，将大量主机感染 bot 程序（僵尸程序）病毒，从而在控制者和被感染主机之间所形成的一个可一对多控制的网络。

攻击者通过各种途径传播僵尸程序感染互联网上的大量主机，而被感染的主机将通过一个控制信道接收攻击者的指令，组成一个僵尸网络。之所以用僵尸网络这个名字，是为了更形象地让人们认识到这类危害的特点：众多的计算机在不知不觉中如同中国古老传说中的僵尸群一样被人驱赶和指挥着，成为被人利用的一种工具。

这个网络是采用了一定的恶意传播手段形成的，例如主动漏洞攻击，邮件病毒等各种病毒与蠕虫的传播手段，都可以用来进行Botnet的传播，从这个意义上讲，恶意程序bot也是一种病毒或蠕虫。

主要攻击类型有：网络病毒、网络蠕虫、木马攻击、后门攻击、恶意脚本。

恶意代码的一般攻击过程为：入侵系统→提升权限→隐蔽自己→实施攻击。

一段成功的恶意代码，首先必须具有良好的隐蔽性和生存性，不能轻易被防御工具察觉，然后才是良好的攻击能力。

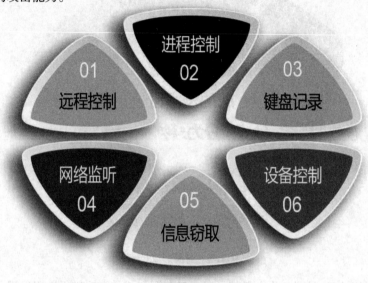

图 6-2 恶意攻击的步骤

五、拒绝服务攻击

拒绝服务（DoS）攻击通常是指造成目标无法正常提供服务的攻击，可能是利用TCP/IP协议的设计或实现漏洞、各种系统或服务程序的实现漏洞造成目标系统无法提供正常服务的攻击，也可能是通过各种手段消耗网络带宽及目标的系统资源（如CPU时间、磁盘空间、物理内存等）使得目标停止提供正常服务的攻击。

常见拒绝服务攻击：

1．带宽攻击

攻击者使用大量垃圾数据流填充目标的网络链路，导致响应速度变慢甚至系统崩溃，进而停止服务。

2．协议攻击

利用网络协议的设计和实现漏洞进行的攻击。

3．逻辑攻击

利用目标系统或服务程序的实现漏洞发起攻击。

第三节　网络攻击的一般过程

攻击者攻击网络系统通常先锁定攻击目标，再利用一些公开协议或安全工具收集目标的相关信息，然后扫描分析系统的弱点和漏洞，进而发动对目标的网络攻击。

实施网络攻击的过程虽然复杂多变，但是仍有规律可循。一次成功的网络攻击通常包括信息收集、端口和漏洞扫描、网络隐身、实施攻击、植入后门和清除痕迹等步骤。

网络攻击的基本流程如图 6-3 所示。

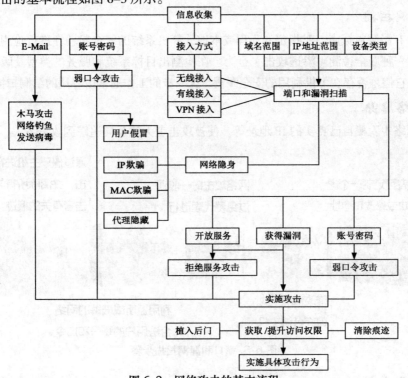

图 6-3　网络攻击的基本流程

一、信息收集

指通过各种方式获取目标主机或网络的信息，属于攻击前的准备阶段，也是一个关键的环节。

首先　确定攻击目的，即明确要给对方形成何种后果，如获取机密文件信息、破坏系统完整性、获得系统最高权限等。

其次　尽可能多地收集各种与目标系统有关的信息，形成对目标系统的粗略性认识。

图 6-4　网络信息收集步骤

二、端口和漏洞扫描

扫描首先要确定主机的操作系统类型和版本、提供哪些服务、服务软件的类型和版本等信息，然后检测这些系统软件和服务软件的版本是否存在已经公开的漏洞，并确认漏洞还没有及时打上补丁。因为网络服务基于 TCP/UDP 端口开放，所以判定目标服务是否开启就演变为判定目标主机的对应端口是否开启。

1．端口扫描

检测有关端口是打开还是关闭，现有端口扫描工具还可以在发现端口打开后，继续发送探测报文，判定目标端口运行的服务类型和版本信息。通过对主机发送多种不同的探测报文，根据不同操作系统的响应情况，可以产生操作系统的"网络指纹"，从而识别不同系统的类型和版本，这项工作通常由端口扫描工具完成。

2．漏洞扫描

基于已有漏洞数据库，对指定的远程或本地计算机系统的安全脆弱性进行检测，发现可利用的漏洞的一种安全检测（渗透攻击）行为。在检测出目标系统和服务的类型及版本后，需要进一步扫描它们是否存在可供利用的安全漏洞，这一步的工作通常由专用的漏洞扫描工具完成。

3．网络隐身

指在网络中隐藏自己真实的 IP 地址等，使被攻击者无法反向追踪到攻击者。

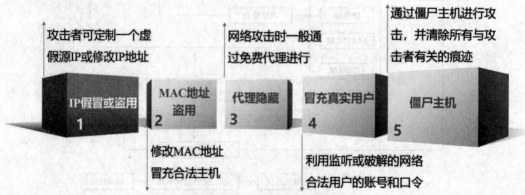

图 6-5　端口和漏洞扫描步骤

4．实施攻击

当攻击者检测到可利用漏洞后，利用漏洞破解程序即可发起入侵或破坏性攻击。攻击的结果一般分为拒绝服务攻击、获取访问权限和提升访问权限等。

拒绝服务攻击可以使得目标系统瘫痪，此类攻击危害极大，特别是从多台不同主机发起的分布式拒绝服务（DDoS）攻击，目前还没有防御 DDoS 攻击的较好方法。

获取访问权限是指获得目标系统的一个普通用户权限。

一般利用远程漏洞进行远程入侵，都是先获得普通用户权限，然后需要配合本地漏洞把获得的权限提升为系统管理员的最高权限。

只有获得了最高权限后，才可以实施如网络监听、清除攻击痕迹等操作。

权限提升的其他办法包括暴力破解管理员口令、检测系统配置错误、网络监听或设置钓鱼木马等。

5. 植入后门

一次成功的攻击往往耗费大量时间和精力，因此攻击者为了再次进入目标系统并保持访问权限，通常在退出攻击之前，会在系统中植入后门程序。

所谓后门，就是无论系统配置如何改变，都能够成功让攻击者再次轻松和隐蔽地进入网络或系统而不被发现的通道。

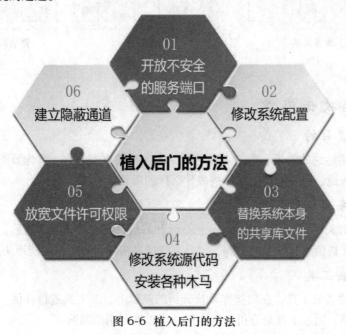

图 6-6　植入后门的方法

6. 清除痕迹

在攻击成功获得访问权或控制权后，此时最重要的事情是清除攻击痕迹，隐藏自己的踪迹，防止被网络管理人员发现。因为所有操作系统通常都提供日志记录，会把所有发生的操作记录下来，所以攻击者往往要清除登录日志和其他有关记录。

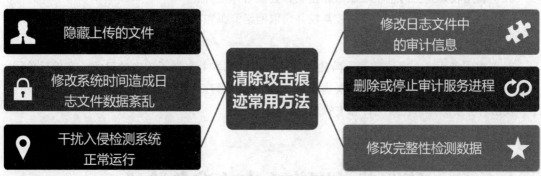

图 6-7　清除攻击痕迹常用方法

进行网络攻击是一项复杂且步骤性很强的工作，为方便讲解，本章将网络攻击过程划分为3 个阶段：准备阶段、实施阶段和善后阶段，如图 6-8 所示。

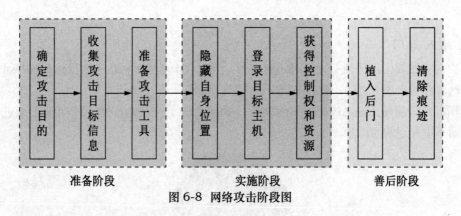

图 6-8 网络攻击阶段图

三、网络攻击步骤

1．确定攻击目的

确定攻击希望达到的效果，攻击者在进行一次完整的攻击之前，首先要确定攻击要达到什么样的目的，或者说，想要给攻击目标造成什么样的后果。

2．收集攻击目标信息

搜集尽量多的关于攻击目标的信息，包括公开的信息和主动探测的信息。公开的信息包括单位信息、管理人员信息、域名信息等，但是有些信息需要自行探测才能搜集到。

3．准备攻击工具

收集或编写适当的工具，在对操作系统分析的基础上，对工具进行评估，判断有哪些漏洞和区域没有覆盖到。通过工具来分析目标主机中可以被利用的漏洞。

4．实施阶段

实施具体的攻击行动。作为破坏性攻击，只需要利用工具发动攻击即可；而作为入侵性攻击，往往需要利用收集到的信息，找到系统漏洞，然后利用该漏洞获取一定的权限。

（1）隐藏自己的位置，攻击者利用隐藏 IP 地址等方式保护自己不被追踪。

（2）利用收集到的信息获取账号和密码，登录目标主机。

（3）利用漏洞或其他方法获得控制权并窃取网络资源和特权。

5．善后阶段

对于攻击者而言，完成前两个阶段的工作，也就基本上实现了攻击的目的。在善后阶段，为了下次攻击的方便，攻击者会在受害主机中植入后门程序。为了防止被系统安全管理人员追踪，攻击者会清除掉留在系统日志中的痕迹。

第四节　网络攻击的准备阶段

在网络攻击的准备阶段，需要完成信息的收集和攻击工具的准备等工作。

信息收集也称为网络踩点，是攻击者通过各种途径对要攻击的目标进行有计划和有步骤的信息收集，从而了解目标的网络环境和信息安全状况的过程。

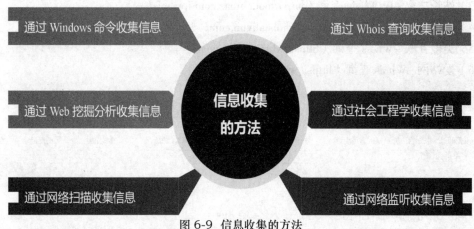

图 6-9　信息收集的方法

一、通过 Windows 命令收集信息

现代操作系统的图形用户界面非常友好，使用图形用户界面是日常工作的首选。但是，在图形用户界面下无法完成许多复杂而高效的工作，而且远程攻击获得的大多是文本界面的接口。因此，需要熟悉基于文本的命令行接口及常用命令。

Windows 操作系统的命令行接口称为"命令提示符"，它可以运行 DOS 命令。

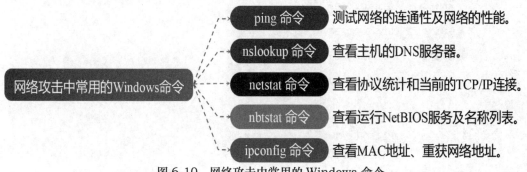

图 6-10　网络攻击中常用的 Windows 命令

二、通过 Whois 查询收集信息

Whois 查询是指查询某个域名或 IP 是否已注册，以及注册时的详细信息。它可以查询域名或 IP 的归属者，包括其联系方式、注册和到期时间等。DNS 和 IP 是 Internet 赖以运行的基础设施，需要公开对外发布，并在公共数据库中进行维护和查询，主要由 ICANN 采用层次化方式统一管理。

例如，从"站长之家–Whois 查询"站点查询搜狐域名"sohu.com"的 Whois 注册信息，结果如图所示。

Whois 查询包括 DNS Whois 查询和 IP Whois 查询。提供 Whois 查询服务的站点主要有：

（1）全球 Whois 查询（https://www.whois365.com/cn/）

（2）站长之家 –Whois 查询（http://whois.chinaz.com/）

（3）站长之家 –IP Whois 查询（http://tool.chinaz.com/ipwhois/）

（4）阿里云 –Whois 查询（https://whois.aliyun.com/）

（5）美橙互联 –Whois 查询（https://whois.cndns.com/）

（6）爱站网 –Whois 查询（https://whois.aizhan.com/）

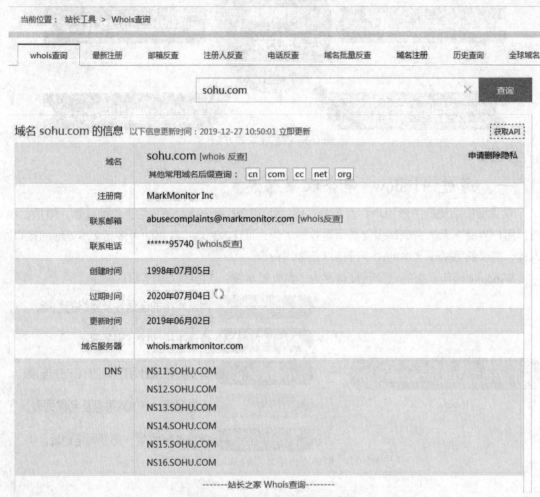

图 6-11　站长之家—Whois 查询

从图 6-10 中可知，该站点还提供 Whois 反查（即可以通过所有人的邮箱或电话，反向查询以该邮箱或电话申请的所有域名信息）。

三、通过 Web 挖掘分析收集信息

Web 站点是 Internet 上最为流行的信息和服务发布方式，从 Web 站点中寻找和搜索攻击目标的相关信息也是一种网络踩点方法。

一般通过 Google、百度、必应等搜索引擎进行目标的搜索和挖掘，此类方法统称为 Google

Hacking。

其根据挖掘内容的不同分为主页目录结构分析、站点内高级搜索、邮件地址收集及域名和IP收集等。

四、通过社会工程学收集信息

社会工程学可以定义为：通过操纵人来实施某些行为或泄露机密信息的一种攻击方法，实际上就是对人的欺骗。它通常以交谈、欺骗、假冒或伪装等方式开始，从合法用户那里套取用户的敏感信息，如系统配置、口令或其他有助于进一步攻击的有用信息。

随着互联网技术和社交平台的飞速发展，现在可以利用社交网络进行信息收集，同时隐藏自己的真实身份；可以浏览个人空间和博客、分析微博内容、用即时聊天工具与目标实时沟通，甚至可以取得目标的信任，获得其姓名、电话、邮箱甚至生日及家人信息。

五、通过网络扫描收集信息

网络扫描就是对计算机系统或其他网络设备进行相关的安全检测，以便发现安全隐患和可被攻击者利用的漏洞。它是基于网络的远程服务发现和系统脆弱点检测的一种技术。

网络扫描的结果通常包括目标主机开启的服务、服务程序的开发商和版本号、目标主机的操作系统类型和版本号、可利用的服务程序漏洞、可利用的操作系统漏洞、目标主机的账号和口令、服务程序的账号和口令等敏感信息。

网络管理人员只有收集到足够有效的信息，才有可能防止潜在的攻击行为。攻击者需要尽可能地发现可利用的薄弱点，才能实施攻击。网络扫描的基本方式是先扫描目标网络以找出尽可能多的服务连接，再扫描目标服务以判定服务类型和版本，最后对服务进行漏洞扫描以确定是否存在可利用的漏洞。

网络扫描从实现的技术角度分为基于主机的扫描、基于网络的扫描。

1. 基于主机的扫描

指运行在被扫描主机之上，对系统中错误的配置、脆弱的口令和其他不符合安全策略的设置进行检测，此类扫描器必须要具有系统访问权限，又称为系统安全扫描。

2. 基于网络的扫描

也称为主动式策略的安全扫描，是指向远程主机发送探测报文，获取响应报文并对其进行解码分析，从而发现网络或主机的各种漏洞。

由于计算机之间的通信是通过端口进行的，因此通过向目标主机的端口发送信息就可以检测出目标主机开放了哪些端口，进而可以连接目标主机的端口。端口扫描的目的是探测主机开放了哪些端口。实现的方法是对目标主机的每个端口发送信息，用扫描器对着目标主机查询，最终就会查出哪些主机开放了哪些端口。

图 6-12 根据扫描的目的图

　　系统的某些端口默认是为一些固定的服务而预留，攻击者可以利用相应的端口检测到系统服务的漏洞，进而利用这些服务的漏洞入侵系统。

六、通过网络监听收集信息

　　网络监听可以在网上的任何一个位置实施，如局域网中的一台主机、网关或远程网的调制解调器之间等。在以太网中，传输数据的工作方式是将要发送的数据包发送给网络中的所有主机，在数据包头中包含着应该接收数据包的主机的正确地址。因此，只有与数据包中目标地址一致的那台主机才会接收数据包。但是，当主机工作在监听模式时，无论数据包中的目标地址是什么，主机都将接收。然后主机再对监听到的数据包进行分析，得到局域网中的通信信息。

　　网络监听在一般情况下是很难被发现的，因为运行网络监听程序的主机在网络上只是被动地接收网络上传输的信息，不会主动采取行动。它既不会与网络上的其他主机交换信息，也不会修改网络信息，因此检测网络监听的行为是比较困难的。

　　攻击网络系统所使用的工具分为：扫描类工具软件、口令破解类工具软件、监听类工具软件、远程监控类工具软件。

1. 扫描类工具软件

　　通过扫描工具，攻击者可以找到攻击目标的 IP 地址、开放的端口号、服务器运行的版本、程序中可能存在的漏洞等。

2. 口令破解类工具软件

　　口令破解类工具软件对攻击者来说非常有利，通过对软件进行简单设置就可以使软件自动完成重复的工作。

3. 监听类工具软件

攻击者最常使用的远程监控类工具软件就是木马程序。攻击者即可利用木马程序在目标主机上打开端口，对目标主机进行监视和控制。

4. 远程监控类工具软件

通过监听，攻击者可以截获网络的信息包，再对这些加密的信息包进行破解，进而分析包内的数据，获得有关系统的信息。

第五节　网络攻击的实施阶段

在实施网络攻击时，为了避免被网络管理人员过早发现和较好地保护自己，攻击者通常会采取相应的隐身措施。

在完成收集攻击目标信息、隐蔽攻击源和行踪等工作的基础上，攻击者就可以结合自身的水平及经验总结出相应的攻击方法，实施真正的网络攻击。

一、网络隐身

IP 地址是计算机网络中任何联网设备的身份标识，MAC 地址是以太网终端设备的链路层标识。网络隐身就是使目标不知道与其通信的设备的真实 IP 地址或 MAC 地址。

一般通过 IP 地址欺骗、MAC 地址欺骗、网络地址转换、代理隐藏等技术，将攻击者的真实 IP 地址或 MAC 地址隐藏起来。

如此一来，当网络管理人员检查攻击者实施攻击留下的各种痕迹时，由于标识攻击者身份的 IP 地址或 MAC 地址是冒充的或者不真实的，就无法确认或者需要花费大量精力去追踪该攻击的实际发起者。

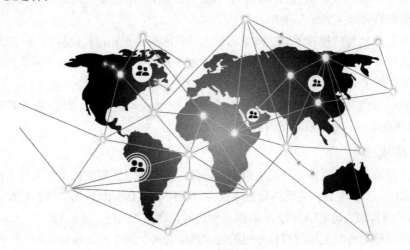

图 6-13　网络攻击图

1．IP 地址欺骗

因为 TCP/IP 协议的路由机制只检查报文目标地址的有效性，所以攻击者可以定制虚假的源 IP 地址，从而有效避免网络管理人员的 IP 地址追踪。另外，目标的访问控制组件可能使用 IP 地址列表的方式来设置允许或禁止对网络服务的访问，攻击者可以盗用其他 IP 地址，从而绕过访问控制的设置，对目标服务实施攻击。

IP 地址欺骗就是利用主机间的正常信任关系，通过修改 IP 报文中的源地址，以绕开主机或网络访问控制，隐藏攻击者的攻击技术。

例如，在网络中有 3 台主机 A，B 和 C，其中 A 和 B 可以直接通信（或者相互信任且无须认证），攻击者 C 可以冒充主机 A 实现与主机 B 通信，A 可能在线也可能不在线。

2．MAC 地址欺骗

MAC 地址欺骗通常用于突破基于 MAC 地址的局域网访问控制，攻击者只需要将自身主机的 MAC 地址修改为某个存于访问列表中的 MAC 地址即可突破该访问限制，而且这种修改是动态的，也容易恢复。

有的访问控制方法将 IP 地址和 MAC 地址进行绑定，使得一个交换机端口只能提供给一位付费用户的一台主机使用，此时攻击者需要同时修改自己的 IP 地址和 MAC 地址去突破这种限制。

在不同的操作系统中，修改 MAC 地址有不同的方法，其实质都是网卡驱动程序从系统中读取地址信息并写入网卡的硬件存储器，而不是实际修改网卡硬件 ROM 中存储的原有地址，即所谓的"软修改"，因此攻击者可以为了实施攻击临时修改主机的 MAC 地址，事后很容易恢复为原来的 MAC 地址。

3．网络地址转换

网络地址转换是一种将私有地址转换为公有 IP 地址的技术，它对终端用户透明，被广泛应用于各类 Internet 接入方式和各类网络中。

网络地址转换不仅解决了 IP 地址不足的问题，还能有效避免来自网络外部的攻击，同时它可以对外隐藏网络内部主机的实际 IP 地址。

攻击者使用网络地址转换技术时，网络管理人员只能查看到经过转换后的 IP 地址，无法追查攻击者的实际 IP 地址，除非他向网络地址转换服务器的拥有者请求帮助，网络地址转换服务器实时记录并存储了所有的地址转换记录。

在同一时刻，可能有很多内网主机共用一个公有 IP 地址对外访问，所以攻击者可以将自己隐藏在这些 IP 地址中，降低被发现的可能性。

4．代理隐藏

代理隐藏是指攻击者不直接与目标主机进行通信，而是通过代理主机（或跳板主机）间接地与目标主机通信，所以在目标主机的日志中只会留下代理的 IP 地址，而无法看到攻击者的实际 IP 地址，但网络管理人员可以进行 IP 回溯，即访问代理主机去进一步追踪。

代理主机的原理是将源主机与目标主机的直接通信分解为两个间接通信进程，一个进程为代理主机与目标主机的通信进程，另一个为源主机与代理主机的通信进程。

代理主机可以将内网与外网隔离，即外网只能看到代理主机，无法看到内网其他任何主机，在代理主机上可以施加不同的安全策略，过滤非法访问并进行监控等。

在互联网中有很多运行代理服务的主机并没有得到很好的维护，它们因为没有及时打上安全补丁或者没有实施访问控制，已经被非法控制或者可以被随意使用，称为"网络跳板"或者"免费代理"，攻击者通常利用这些免费代理进行隐身。

不同的攻击者有不同的攻击目的，可能是为了获得机密文件的访问权，可能是为了破坏系统数据的完整性，也可能是为了获得整个系统的控制权、管理权限及其他目的等。

攻击者实施的网络攻击包括以下操作

（1）通过猜测程序对截获的用户账号和口令进行破译。

（2）利用破译程序对截获的系统密码文件进行破译。

（3）通过得到的用户口令和系统密码远程登录网络，以获得用户的工作权限。

（4）利用本地漏洞获取管理员权限。

（5）利用网络系统本身的薄弱环节和安全漏洞实施电子引诱（如安放木马）。

（6）修改网页进行恶作剧，或破坏系统程序，或放置病毒使系统陷入瘫痪，或窃取政治、军事、商业秘密，或进行电子邮件骚扰，或转移资金账户、窃取金钱等。

二、实施攻击

在实施网络攻击时，攻击者要选择目标系统的某些资源作为攻击对象（即作用点），以达到获得某些"利益"的目标。攻击的作用点在很大程度上体现了攻击者的目的，且一次攻击可以有多个作用点，即可同时攻击系统的多个"目标"。

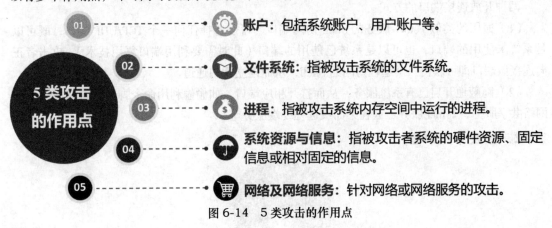

图 6-14　5 类攻击的作用点

第六节　网络攻击的善后阶段

攻击者在成功完成对目标的远程攻击后，为保持对目标的长久控制和方便再次进入目标系统，需要建立一些进入系统的特殊途径，即植入后门。

同时，为了不被网络管理人员发现系统曾经被攻击或入侵，攻击者需要清除实施攻击时产生的系统日志、程序日志、临时数据和文件等，即消除所有攻击痕迹，仿佛该攻击从未发生过。

一、植入后门

一次成功的网络攻击通常要耗费攻击者大量的资源，同时为了更方便、高效地进行再次攻击，攻击者在退出系统之前会在系统中设计并留下一些后门。

理想的后门应该是无论用户账号是否变化，系统服务是开启还是关闭，系统配置如何变化，都存在一条秘密通道能够让攻击者再次隐蔽进入目标系统或网络。

图 6-15　植入后门的方法

1．开放连接端口

两种开放连接端口的方式：

（1）通用的类似 Telnet 服务的 Shell 访问端口。可以选择任何一个 TCP/UDP 端口，既可以是系统未使用的端口，也可以是系统已使用的端口（此时需要利用端口复用技术），攻击者正向连接该端口即可获得一个远程访问的 Shell，从而建立后门通道。

（2）隐蔽地开启已有系统服务，从而打开相应端口，如偷偷利用命令脚本开启 Windows 的网络共享服务、Telnet 服务、远程桌面或远程终端服务等。

2．修改系统配置

图 6-16　修改系统配置的方法

（1）增加开机启动项

为了方便每次启动时自动运行，后门程序往往需要将执行的脚本或命令行添加到目标系统的开机启动脚本中。

Windows 系统开机运行程序的常见位置包括：

①注册表键 HKEY_LOCAL_MACHINE\Software\Microsoft\Windows\CurrentVersion\Run

②注册表键 HKEY_CURRENT_USER\Software\Microsoft\Windows\CurrentVersion\Run

③"开始"菜单中的"启动"菜单项 C:\ProgramData\Microsoft\Windows\Start Menu\Programs\Startup

④资源管理器有关的 Shell 菜单项

⑤计划任务列表 Task Schedule

⑥系统服务 KEY_LOCAL_MACHINE\System\CurrentControlSet\Services

⑦IE 浏览器扩展

（2）增加或修改系统服务设置

在目标系统中安装自动启动的服务，也是一种开机自动运行后门的方式，几乎所有的后门程序都提供此类功能。

服务包括普通的应用程序服务（Service）和驱动程序（Driver）服务，都需要在注册表的"HKEY_LOCAL_MACHINE\System\CurrentControlSet\Services"项中增加相应子项，可以用 Windows 服务程序"services.msc"或 Autoruns 工具检测系统开机启动的服务程序。

图 6-17　Windwos 服务程序的安装方式

Windows 服务程序有其特定要求，不是任何应用程序都可以作为服务程序存在。如果想修改服务配置，可以在"命令提示符"窗口中用"sc config"命令实现。

（3）修改防火墙和安全软件配置

通过在后台修改防火墙或入侵检测工具的系统配置，可以允许后门程序与远程攻击者进行连接并且不产生任何报警或系统日志，从而避免网络管理人员发现后门的隐蔽信道。

例如，在开放服务端口作为后门时，如果攻击者向该端口发起连接，那么 Windows 个人防火墙通常会弹出提示框，表明有程序正在接受外部连接，此时后门其实已经暴露。攻击者针对这种情况，可以采用两种对策：一是关闭防火墙，二是将后门程序设置为防火墙的

3. 安装监控器

后门程序安装的监控器采用与防御软件相同的方式监视其感兴趣的系统事件，一旦系统出现所关注的事件或某些敏感关键词，后门程序就可以立即启动相应模块进行记录、阻止或实时通知攻击者等。

图 6-18 后门程序安装的监控器

这部分功能与远程木马等恶意代码的功能基本类似，但是监控器只负责监视并记录信息，攻击者根据这些信息可以进一步攻击目标网络中的其他主机。

一个后门程序可以仅仅是一个键盘监控工具或口令监听工具。

4. 建立隐蔽连接通道

建立隐蔽连接，是指后门与控制者的连接与正常连接几乎相同，包括正向连接和反向连接。隐蔽是指网络管理人员很难手工区分这类连接是正常的外部访问还是隐蔽连接通道。

正常连接通常与端口复用相结合，在正常的通信报文中嵌入隐蔽通道。

反向连接通常使用 HTTP 协议与攻击者建立连接通道，首先，防火墙不会去阻止此类报文，因为它们是正常访问外部主机的 80 端口；其次，网络管理人员人工观察这些报文也难以发现问题，因为它们是以 HTTP 请求应答的方式进行通信，网络管理人员很容易误以为它们是正常的 HTTP 请求。

因此，检测此类报文往往需要入侵检测系统来自动完成，但是攻击者可以对 HTTP 报文内容进行加密或混淆，或者直接使用 HTTPS 协议进行加密通信，从而逃避入侵检测系统的检测。

5. 创建用户账号

创建系统级用户账号是后门程序的常用手段，当目标系统允许远程访问时，一个拥有最高权限的用户账号本身就是一个"超级后门"，如果目标系统不支持远程访问，可以利用开放端口的方法在后台开启某种远程访问服务，如 Telnet 或远程桌面。

Windows 系统使用"net user"命令可以增加、修改和删除账户，但这仅仅是增加一个普通权限的用户，还要进一步将其加入管理员组中，使用"net localgroup"命令可以完成该项工作。

6．安装远程控制工具

远程控制程序也是后门的一种，但它不仅仅是进入目标系统的隐蔽通道，而是几乎可以直接远程操作目标主机，就像 Windows 提供远程桌面服务一样。

（1）远程控制程序一般分为客户端（Client）和服务器端（Server）两部分，通常将客户端程序安装到攻击者主机，服务器端安装在目标主机。

（2）客户端与服务器端建立正向或反向连接，然后通过这个连接传递数据。

（3）客户端发送各种远程控制命令，服务器端在目标主机执行对应程序或指令，并返回执行结果或数据给客户端。

7．替换系统文件

后台程序可以直接与系统文件捆绑，替换原始系统程序，使得修改后的"系统程序"在执行正常功能的同时也运行后门程序。

后门采用这种方式就无须修改系统配置，也不会在目标主机的文件系统中留下痕迹。

图 6-19　系统后门监控程序

二、清除痕迹

攻击者为了避免其被网络管理人员发现和追踪，退出系统前常会设法清除其攻击痕迹。以 Windows 系统为例，攻击可能留下的痕迹主要包括以下几种。

（1）事件查看器记录的管理事件日志、系统日志、安全日志、Setup 日志、应用程序日志、应用程序和服务日志。

（2）如果利用 HTTP 协议进行攻击或者后门设置，则可能在浏览器或者 Web 服务器上留下相应的访问和使用记录。

（3）相应的系统使用痕迹。

1．事件查看器

Windows 系统中事件查看器的程序名称是"eventvwr.msc"（见图 6-20 所示），对应的命令提示符命令是"wevtutil"，攻击者可以在后台使用 wevtutil 命令清除某类日志或者改变该类日志的配置，以达到隐藏自己的目的。

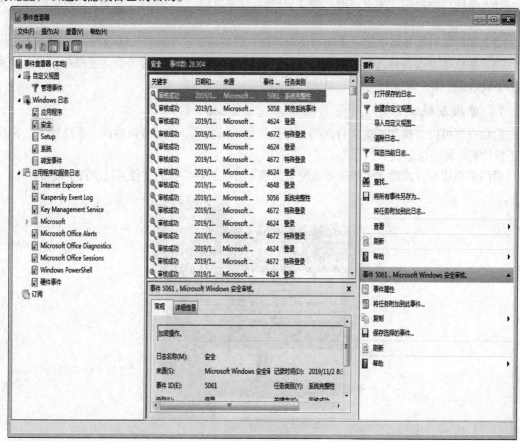

图 6-20 事件查看器

攻击者无法具体清除某条日志，要么该类日志全部被清除，要么一条也不清除；如果全部日志被清除，网络管理人员很容易察觉，但无法查看具体的攻击痕迹。

2．浏览器访问痕迹

IE 浏览器访问痕迹的默认存放目录是"C:\Users\用户名\AppData\Local\Microsoft\Windows\Temporary Internet Files"，该目录默认具有隐藏属性。

其痕迹包括下载的临时文件、网站 Cookies、浏览历史记录、表单数据和存储的登录密码等，如图 6-21 所示。

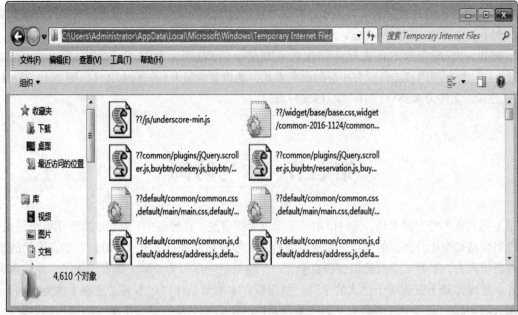

图 6-21 浏览器痕迹

对于这些痕迹，可使用 IE 浏览器的配置程序 "inetcpl.cpl"（位于 C:\Windows\System32）进行不同类别的清除，如图 6-22 所示。

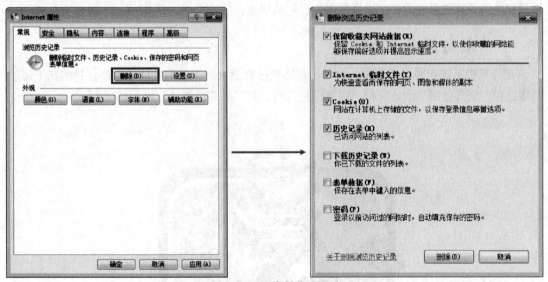

图 6-22 删除浏览器记录

3．Web 服务器痕迹

Web 服务器的日志都是文本文件，可以对具体与攻击有关的日志条目进行针对性修改和删除，而不改变其他正常访问日志，从而清除攻击痕迹。

例如，IIS 服务器的日志默认存放在系统目录的 LogFiles 目录下（C:\Windows\System32\LogFiles），按照不同日志计划有相应的命名方式，如设置为每天一份日志文件，则 2019 年 8 月 31 日的日志文件为 W3SVC（ID）\ex190831.log。

第七节　木马防御

木马又称为特洛伊木马，特洛伊木马源于古希腊传说。在传说中，希腊联军围困特洛伊城，但特洛伊城是个十分坚固的城市，希腊人攻打了几年也没有攻打下来。这时，希腊联军的战舰突然扬帆离去，平时喧闹的战场变得寂静无声。特洛伊守军以为希腊人撤军回国了，他们跑到城外，发现海滩上留有一个巨大的木马，特洛伊守军不知是计，把木马运进城中作为战利品。夜深人静之际，木马中居然藏有全副武装的希腊战士。他们从木马里出来，悄悄地摸向城门，迅速打开了城门，隐藏在附近的希腊军队如潮水般涌进特洛伊城，特洛伊沦陷。

在计算机中，也会存在与"特洛伊木马"类似的程序。该程序能够长期隐蔽，在用户毫无觉察的情况下运行，不仅能破坏计算机系统，更是为了获取计算机系统中有用的信息。因此，木马程序给计算机系统的安全带来了极为严峻的挑战。

一、木马的基本概念

在计算机系统和网络系统中，木马是指系统中被植入的、人为设计的程序，目的在于通过网络远程控制其他用户的计算机，窃取信息资料，并可恶意致使计算机系统瘫痪。

图 6-23　木马病毒示意图

木马冒充合法程序却以危害计算机安全为目的。木马与计算机网络中常用到的远程控制软件有些相似，但由于远程控制软件是"善意"的控制，因此通常不具有隐蔽性；而木马则恰恰相反，木马要达到的是"偷窃"性的远程控制，如果没有很强的隐蔽性的话，那就是"毫无价值"的。木马的服务一旦运行并被控制端连接，其控制端将享有服务端的大部分操作权限。木马程序的危害巨大，能够主动搜索中有木马的计算机；给计算机增加口令、浏览文件、移动文件、复制文件、删除文件、下载文件等；修改计算机中注册表，更改计算机配置；监视计算机运行的任务且可终止对方任务；远程监测和控制计算机。根据不同的标准，对木马有以下不同的分类方法。

从木马所实现的功能角度可以分为：

（1）破坏型。该木马的功能是破坏并且删除文件，非常简单，但很危险，一旦被放入计算机系统中，会严重威胁到计算机的安全。

（2）密码发送型。该木马在计算机用户不知道的情况下，将计算机的隐藏密码发送到指定的信箱。有的用户为了方便，将各种密码以文件的形式存放在计算机中，或者利用 Windows 提供的密码记忆功能，这样避免每次输入密码。而密码发送性木马正是利用这一点获取计算机的密码，将密码发送给攻击者。

（3）远程访问型。该木马是使用最广泛的木马，它可以远程访问被攻击者的硬盘。如果被攻击者运行了服务端程序，客户端通过扫描等手段确定服务端的 IP 地址，然后可以实现远程控制被攻击者计算机系统资源。

（4）键盘记录木马。该木马非常简单。它只记录被攻击者的键盘敲击并且在系统日志文件里查找密码。该木马有在线和离线记录两个选项，分别记录被攻击者在线和离线状态下敲击键盘时的按键情况，并且很容易从中得到密码等有用信息，甚至是被攻击者的网银等信息！并且，该木马都具有邮件发送功能，会自动将密码发送到黑客指定的邮箱。

（5）DoS 攻击木马。当黑客入侵一台计算机后，植入 DoS 攻击木马，将该计算机设定成傀儡机。黑客控制的傀儡机数量越多，对被攻击者发动 DoS 攻击取得成功的概率就越大。所以，这种木马的危害不是体现在被感染计算机上，而是体现在黑客利用它来攻击其他计算机，给网络造成很大的伤害并带来损失。

（6）FTP 木马。该木马的功能是打开 21 端口，等待用户连接。

（7）反弹断口型木马。反弹端口木马包含服务端和客户端，服务端使用主动端口，客户端使用被动端口。木马定时检测控制端的存在，一旦发现控制端在线上，立即弹出端口，主动连接控制端打开的主动端口。

（8）代理木马。黑客在入侵的同时，为了避免被别人发现，给被控制的傀儡机种上代理木马，使其成为攻击者发动攻击的跳板。通过代理木马，攻击者可以隐蔽自己的踪迹。

（9）程序杀手木马。该木马用于关闭被攻击者机器上运行的木马监控程序，让木马更好地发挥作用。

二、木马的特征

木马程序与远程控制程序、病毒等其他攻击性程序相比，既有相似之处，又有不同之处。一个典型的木马程序通常具有 4 个特点：有效性、隐蔽性、顽固性和易植入性。木马的危害性大小和清除难易程度可以从这 4 个方面来评估。

（1）有效性：木马程序运行在被攻击者计算机上，为了实现攻击者的某些企图。因此，木马的有效性就是指攻击者与木马建立有效关系，从而能够充分控制被攻击者计算机并窃取其中的敏感信息，因此有效性是木马的最重要特点之一。

（2）隐蔽性：隐蔽性是指木马必须隐藏在目标计算机中，以免被用户发现。木马的隐蔽性主要体现在两个方面：第一是不会在目标计算机产生快捷图标，第二是木马程序会自动在任务管理器中隐藏，并以系统服务的形式存在，以欺骗操作系统。隐蔽性差的木马很容易被木马查杀软件检查出来，这类木马则变得毫无意义。因此，隐蔽性是木马的生命。

（3）顽固性：木马顽固性指有效清除木马的难易程度。当木马被查杀软件检查出来后，仍然不能一次性的有效清除，并继续具有入侵有效性，这说明该木马就有很强的顽固性。

（4）易植入性：攻击者打算攻击他人计算机系统，首先能够进入目标计算机，然后植入木马程序，因此易植入性就成为木马有效性的先决条件。欺骗性是最常见的植入手段，因此将木马程序放入各种好用的小功能软件。利用系统漏洞进行木马植入也是木马入侵的一类重要途径。目前木马技术与蠕虫技术的结合使得木马具有类似蠕虫的传播性，这也就极大提高了木马的易植入性。

三、木马的基本原理

1. 木马的原理

木马程序分为客户端程序和服务器端程序，服务器端程序骗取用户执行后，便植入在计算机内，作为响应程序。所以木马的特点是隐蔽，不易被用户察觉，并且占用空间小。木马客户端程序是在黑客的计算机控制台中执行的，它的作用是连接木马服务器端程序，监视或控制远程计算机。木马服务器端和客户端采用相同的通信方式，服务器端程序打开远程计算机连接端口，客户端程序扫描连接端口，建立连接。由客户端程序发出指令，然后服务器程序在计算机中执行这些指令，达到控制远程计算机的目的，如图 6-24 所示。

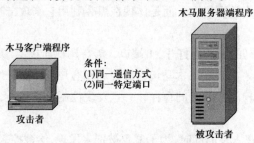

图 6-24 木马的基本原理

2. 木马的攻击过程

（1）配置木马。一个设计成熟的木马都有木马配置程序，该配置程序主要实现木马伪装和信息反馈两部分功能。木马伪装：木马配置程序为了服务器端不能发现隐藏木马，会采用多种伪装手段，如修改图标、捆绑文件、定制端口、自我销毁等。信息反馈：木马配置程序将就信息反馈的方式或地址进行设置，如设置信息反馈的邮件地址、IRC 号、ICQ 号等。

（2）传播木马。木马的传播方式主要有两种：一种是通过 E-mail，攻击者将木马程序以附件的形式夹在邮件中发送出去，收信人只要打开附件系统就会感染木马；另一种是软件下载，一些非正规的网站以提供软件下载为名义，将木马捆绑在软件安装程序上，下载后，只要运行这些软件，木马就会自动安装。

（3）运行木马。服务器端用户运行木马或捆绑木马的程序后，木马就会自动进行安装。在计算机系统中设置木马的触发条件，当触发条件被激活，木马将运行。

（4）建立连接。木马建立连接需要满足多个条件：一是被攻击者服务器端已经安装木马服务端程序；二是木马的客户端和服务端同时在线运行；三是木马的客户端和服务端采用同一种通信方式；四是木马的客户端获取被攻击者服务器端的木马程序端口和 IP 地址，然后建立连接。

（5）远程控制。攻击者与被攻击者服务器端连接之后，攻击者对服务器端进行远程控制，获取密码、文件操作、修改注册表、锁住服务器端以及系统操作等。

四、木马的防御技术

虽然木马程序隐蔽性强、种类多，攻击者也设法采用各种隐藏技术来增加被用户检测到的难度，但由于木马实质上是一个程序，必须运行后才能工作，所以会在计算机的文件、系统进程表、注册表、系统文件、日志等中留下蛛丝马迹，用户可以通过"查、堵、杀"等方法检测和清除木马。其具体防范技术方法主要包括检查木马程序名称、注册表、系统初始化文件和服务、系统进程和开放端口，安装防病毒软件，监视网络通信，堵住控制通路和杀掉可疑进程等。

（1）为计算机安装杀毒软件，定期扫描系统、查杀病毒；及时更新病毒库、更新系统补丁。

（2）在 E-mail 中，传输的文件一般为文档文件。如果发现附件为可执行文件，或者其他未知文件，需要利用杀毒软件或者木马查杀软件进行处理，然后再打开。

（3）选用正规网站去下载软件，正规网站的软件更新快，且大部分都经过测试，可以放心使用。假如需要下载一些非正规网站上的软件，注意不要在在线状态下安装软件，一旦软件中含有木马程序，就有可能导致系统信息的泄露。

（4）使用网络通信工具时不随便接收陌生人的文件，若接收，在工具菜单栏中"文件夹选项"中取消"隐藏已知文件类型扩展名"的功能来查看文件类型。

第八节 蠕虫防御

随着互联网的飞速发展，网络规模不断扩大，网络的复杂度正在不断加强，随之产生的安全漏洞越来越多，由此给互联网带来的安全威胁和损失也越来越多。从 1988 年计算机应急响应小组由于 Morris 蠕虫成立起来，统计到的网络安全威胁事件每年以指数级增长。尤其是近几年来，高智能的蠕虫层出不穷，传播的速度也越来越快，所以研究蠕虫，制定相应的防范措施成为计算机攻防领域的研究重点。

一、蠕虫技术概述

蠕虫是一种通过网络传播的恶性病毒，最早的蠕虫出现在 1982 年 Xerox PARC 的一项网络研究中，这种蠕虫程序具有从一台计算机传播到另外的一台计算机以及能够进行自我复制的特点。

蠕虫具有病毒的一些共性，如传播性、隐蔽性和破坏性等，同时它还具有自己特有的一些特征，如对网络造成拒绝服务，与黑客技术相结合等。

蠕虫和病毒区别一是在于主动性和自动性。蠕虫的传播扩散具有很大的自动性和主动性，一旦计算机被蠕虫感染，他会自动扫描周围存在同样漏洞的计算机，并且赋值自身继续扩散；病毒则不同，病毒的扩散需要宿主机的主动激活。二是蠕虫感染的对象是具有同样漏洞的计算机系统，而病毒感染的对象则是计算机系统中的文件。

我们可以从以下多个方面描述蠕虫一些特点。

（1）存在形式：蠕虫是一个可以独立运行的程序；病毒是一段程序代码，需要寄生到其他程序上。

（2）复制形式：蠕虫从搜索计算机漏洞，然后自我复制，到利用漏洞攻击计算机系统，整个流程全都由蠕虫自身主动完成。

（3）传染机制：蠕虫通过计算机系统存在的漏洞进行传染，可以利用的传播途径包括文件、电子邮件、服务器、Web 脚本、U 盘、网络共享等；病毒传染不能通过自身，需要利用寄生程序运行。

（4）攻击目标：蠕虫传染到网络中一台计算机，会自动复制，扫描传染网络上的其他计算机；病毒传染寄生计算机的本地文件。

（5）影响重点：大部分蠕虫会搜集、扩散、暴露系统敏感信息，并在系统中留下后门，这些都会导致未来的安全隐患。只要网络中有一台主机未能将蠕虫查杀干净，就可使整个网络重新全部被蠕虫病毒感染。

图 6-25 云计算示意图

二、蠕虫的基本原理

蠕虫病毒主体功能包括 3 个基本模块：扫描模块，攻击模块和复制模块。扫描模块主要功能是对目标网络进行信息搜集，内容包括目标主机系统信息、用户信息、邮件列表、对本机的信任或授权的主机、本机所处网络的拓扑结构、边界路由信息等，探测存在漏洞的主机。攻击模块利用扫描模块获得的系统漏洞，建立传播途径，该模块在攻击方法上是开放的、可扩展的。复制模块通过原目标主机和新目标主机的交互，将蠕虫程序在用户不察觉的情况下复制到新目标主机并启动。然后搜集和建立被传染计算机上的信息，建立自身的多个的副本，在同一台计算机上提高传染效率、判断避免重复传染。

三、蠕虫的防御技术

为了防止计算机受到局域网蠕虫病毒的攻击而感染此类病毒，建议用户采取以下基本安全措施：

（1）开启个人防火墙。根据应用情况和针对某类病毒，设定一些协议、端口、程序、入侵检测等的防护规则，其防护效果就会更佳。

（2）尽量关闭不需要的文件共享。除了用户设定的共享文件外，去掉 Windows 操作系统默认的共享。

（3）及时打上操作系统的所有安全补丁，以阻止基于漏洞的攻击。

（4）安装杀毒软件并及时升级病毒库。使用具有实时监控功能的杀毒软件，并及时更新病毒库，以便能查杀最新的病毒。

（5）提高安全防范意识。不要轻易点击陌生的站点，不随意查看陌生邮件，尤其是带有附件的邮件，不随意点击聊天软件发送的文件及网络链接。

第七章 数据加密与认证技术

　　前述的安全立法措施对保护网络系统安全有不可替代的作用，但依靠法律阻止不了攻击者对网络数据的各种威胁；加强行政、人事管理，采取物理保护措施等都是保护系统安全不可缺少的有效措施，但有时这些措施也会受到各种环境、费用、技术以及工作人员素质等条件的限制；采用访问控制、系统软硬件保护方法保护网络系统资源，简单易行，但也存在一些不易解决的问题。采用加密技术保护网络中存储和传输的数据，是一种非常实用、经济、有效的方法。对信息进行加密保护可以防止攻击者窃取网络机密信息，使系统信息不被无关者识别。

第一节　密码学基础

一、密码学的基本

简而言之，密码学（Cryptography）就是研究密码的科学，具体包括加密和解密变换。虽然密码学作为科学只是到了现代才得到了快速发展，但密码的应用却有着久远的历史，只是由于密码的使用仅限于较小的领域，如军事、外交、情报工作等，给人们一种神秘感。

1．密码学的发展

密码学的发展历史悠久，早在四千多年前的古埃及时期，密码就得到了应用，他们使用的是一种称为"棋盘密码"的加密方法。在两千多年前，罗马帝国使用一种被称为"恺撒密码"的密码体系。但密码技术直到现代计算机技术的广泛使用后才得到了快速发展和应用。

密码学的发展大致经历了以下几个阶段。

（1）传统密码学阶段

传统密码学阶段，也称为古代密码学阶段，一般是指1949年以前的密码学。在这个阶段，密码学还不是一门科学，出现了针对字符的一些基本密码算法，而对信息的加密、解密主要依靠手工和机械完成。

（2）计算机密码学阶段

这个阶段一般是指1949年至1975年之间。在这个阶段，由于计算机的出现及应用，使得密码学真正成为一门独立的学科，密码工作者可以利用计算机进行复杂的运算。但是，密码工作者使用的理论仍然是传统的密码学理论。这时，密码学研究的重点不是算法的保密而是密钥的保密。

（3）现代密码学阶段

现代密码学阶段是指用现代密码学思想研究信息如何进行保密的阶段，其中公钥密码学成为主要的研究方向。

2．密码学的相关

密码学包括密码编码学和密码分析学两部分。密码编码学是研究密码变化的规律并用之于编制密码以保护秘密信息的科学；密码分析学是研究密码变化的规律并用之于分析（解释）

密码以获取信息情报的科学。简言之，密码编码学实现对信息的加密，密码分析学实现对信息的解密，这两部分相辅相成，互相促进，也是矛盾的两个方面。

（1）明文P（PlainText）：信息的原文。

（2）密文C（CipherText）：加密后的信息。

（3）明文转变为密文的过程称为加密（Encryption），密文转换为明文的过程称为解密（Decryption）。

（4）密码算法：也叫密码函数，是用于加密和解密的变换规则，多为数学函数。通常情况下，密码算法包括加密算法（加密时使用的算法）和解密算法（解密时使用的算法）。

（5）密钥（Key）：密钥是进行加密或解密时包含在算法中的参数。同样，密钥也分为加密密钥和解密密钥。

使用密码算法和密钥的加密和解密过程如图 7-1 所示。其中 P 为明文，C 为密文，E 为加密操作，D 为解密操作，K_e 为加密密钥，K_d 为解密密钥。

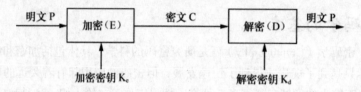

图 7-1 加密和解密示意图

3．密码的分类

（1）手工密码、机械密码、电子机内乱密码和计算机密码。

按密码的历史发展阶段和应用技术不同，可分为手工密码、机械密码、电子机内乱密码和计算机密码。

手工密码是以手工完成，或以简单器具辅助完成加密和解密过程的密码。

机械密码是以机械密码机或电动密码机来实现加密和解密过程的密码。

电子机内乱密码是通过电子电路，以严格的程序进行逻辑加密或解密运算的密码。

计算机密码是指以计算机程序完成加密或解密过程的密码。

（2）替代密码和移位密码

按密码转换的操作类型不同，可分为替代密码和移位密码。

替代密码是指将明文中的某些字符用其他的字符替换，从而将明文转换成密文的加密方式。

移位密码是指将明文中的字符进行移位处理，从而将明文转换成密文的加密方式。

加密算法中可以重复地使用替代和移位两种基本的加密变换。

（3）分组密码和序列密码

按明文加密时的处理方法不同，可分为分组密码和序列密码。

分组密码的加密过程是：首先将明文序列以固定的长度为单位进行分组，每组明文用相同的密钥和算法进行变换，得到一组密文。分组密码的加密和解密运算过程中的每一位是由输入的每一位和密钥的每一位共同决定的。分组密码具有良好的扩散性、对插入信息的敏感性、较强的适应性、加解密速度慢等特点。

序列密码的加密过程是：先把报文、语音和图像等原始信息转换为明文数据序列，再将其与密钥序列进行"异或"运算，生成密文序列发送给接收者。接收者用相同的密钥序列与密文序列再进行逐位解密（异或），恢复明文序列。序列密码加密和解密密钥可采用一个比特流发生器随机产生的二进制比特流而得到。该密钥与明文结合产生密文，与密文结合产生明文。序列密码的安全性主要依赖于随机密钥序列。序列密码具有错误扩展小、速度快、便于同步和安全程度高等优点。

（4）对称密钥密码和非对称密钥密码

按密钥的类型不同，可分为对称密钥密码和非对称密钥密码。

对称密钥密码也称为传统密钥密码，其加密密钥和解密密钥相同或相近，由其中一个很容易地得出另一个，因此，加密密钥和解密密钥都是保密的。

非对称密钥密码也称为公开密钥密码，其加密密钥与解密密钥不同，由其中一个很难得到另一个。在这种密码系统中通常其中一个密钥是公开的，而另一个是保密的。

4．典型密码介绍

（1）莫尔斯电码

莫尔斯电码是一种时通时断的信号代码，这种信号代码通过不同的排列顺序来表达不同的英文字母、数字和标点符号等。最早的莫尔斯电码是一些表示数字的点和划（用一个电键敲击出的点、划以及中间的停顿），数字对应单词，需要查找一本代码表才能知道每个词对应的数。

（2）四方密码

四方密码是一种对称式密码，由法国人 Felix Delastelle 发明。这是一种将字母两两分为一组，然后采用多字母替换而得到的密码。

（3）希尔密码

希尔密码是由 Lester S.Hill 于 1929 年发明的、运用基本矩阵原理产生的替换密码。这是一种较为常用的古典密码，具有相同明文加密成不同的密文的特点，因此较移位密码、仿射密码等更为安全实用。该密码算法可简便高效地实现所有 ASCII 字符的希尔加密和解密，其中求逆矩阵的算法简捷实用。

（4）波雷费密码

波雷费密码是一种对称式密码，是最早进行双字母替代的加密法。

（5）仿射密码

仿射密码也是一种替换密码，一个明文字母对应一个密文字母。仿射密码的安全性很差，主要是因为其原理简单，没有隐藏明文的字频信息，因此很容易被破译。

二、传统密码技术

传统密码技术一般是指在计算机出现之前所采用的密码技术，主要由文字信息构成。在计算机出现前，密码学是由基于字符的密码算法所构成的。不同的密码算法主要是由字符之间互相替代或互相之间移位所形成的算法。

现代密码学技术由于有计算机参与运算变得复杂了许多，但原理没变。主要变化是算法对比特而不是对字母进行变换，实际上这只是字母表长度上的改变，从 26 个元素变为 2 个元素（二进制）。大多数好的密码算法仍然是替代和移位的元素组合。

传统加密方法加密的对象是文字信息。文字由字母表中的字母组成，在表中字母是按顺序排列的，可赋予它们相应的数字标号，可用数学方法进行变换。将字母表中的字母看作是循环的，则字母加减形成的代码就可用求模运算来表示了，如 A+4=E，X+6=D（mod26）。

1．替代密码

替代是古典密码中最基本的变换技巧之一。替代变换要先建立一个替换表，加密时将需要加密的明文依次通过查表，替换为相应的字符，明文字符被逐个替换后，生成无任何意义的字符串（密文），替代密码的密钥就是替换表。

根据密码算法加密时使用替换表数量的不同，替代密码又可分为单表替代密码和多表替代密码。单表替代密码的密码算法加密时使用一个固定的替换表，多表替代密码的密码算法加密时使用多个替换表。

（1）单表替代密码

单表替代密码对明文中的所有字母都使用一个固定的映射（明文字母表到密文字母表），加密的变换过程就是将明文中的每一个字母替换为密文字母表的一个字母，而解密过程与之相反。单表替代密码又可分为一般单表替代密码、移位密码、仿射密码和密钥短语密码。

（2）多表替代密码

多表替代密码的特点是使用两个或两个以上的替代表。著名的维吉尼亚密码和希尔密码均是多表替代密码。维吉尼亚密码是最古老且最著名的多表替代密码体制之一，与移位密码体制相似，但其密码的密钥是动态周期变化的。希尔密码算法的基本思想是加密时将 n 个明文字母通过线性变换，转换为 n 个密文字母，解密时只需做一次逆变换即可。

2．移位密码

移位密码是指将明文的字母保持不变，但字母顺序被打乱后形成密文的密码。移位密码的特点是只对明文字母重新排序，改变字母的位置，而不隐藏它们，是一种打乱原文顺序的替代法。在简单的移位密码中，明文以固定的宽度水平地写在一张图表纸上，密文按垂直方向读出。解密就是将密文按相同的宽度垂直地写在图表纸上，然后水平地读出，即可得到明文。

3．一次一密钥密码

一次一密钥密码是指一个包括多个随机密码的密码字母集，这些密码就好像一个记事本，其中每页上记录一条密码。其使用方法类似日历的使用过程，每使用一个密码加密一条信息后，就将该页撕掉作废，下次加密时再使用下一页的密码。因此，一次一密钥密码是一种理想的加密方案。一次一密钥密码的密钥字母必须是随机产生的。对这种方案的攻击实际上是依赖于产生密钥序列的方法。不要使用伪随机序列发生器产生密钥，因为它们通常有非随机性。采用真随机序列发生器产生密钥的方案就是安全的。

一次一密钥密码在今天仍有应用，主要用于高度机密的低带宽信道。美国与苏联之间的热线电话据说就是用一次一密钥密码本加密的，许多苏联间谍传递的信息也是用一次一密钥密码加密的，至今这些信息仍是保密的，并将一直保密下去。

第二节　数据加密体制

一、对称密钥密码体制及算法

1．对称密钥密码算法

对称密钥密码算法也叫作传统密钥密码算法。在该算法中，加密密钥和解密密钥相同或相近，由其中一个很容易得出另一个，加密密钥和解密密钥都是保密的。在大多数对称密钥密码算法中，加密密钥和解密密钥是相同的，即 $K_e=K_d=K$，对称密钥密码的算法是公开的，其安全性完全依赖于密钥的安全。

对称密钥密码体制是加密和解密使用同样的密钥，这些密钥由发送者和接收者分别保存，在加密和解密时使用。该体制具有算法简单、加密/解密速度快、便于用硬件实现等优点。但它也存在密钥位数少、保密强度不够以及密钥管理（密钥的生成、保存和分发等）复杂等不足之处。特别是在网络中随着用户的增加，密钥的需求量成倍增加。在网络通信中，大量密钥的分配和保管是一个很复杂的问题。

在计算机网络中广泛使用的对称加密算法有 DES、TDEA、IDEA、AES 等。

2．DES 对称加密算法

DES（Data Encryption Standard，数据加密标准）是具有代表性的一种算法。DES 算法最初是由 IBM 公司所研制，于 1977 年由美国国家标准局颁布作为非机密数据的数据加密标准，并在 1981 年由国际标准化组织作为国际标准颁布。

DES 算法采用的是以 56 位密钥对 64 位数据进行加密的算法，主要适用于对民用信息的加密，广泛应用于自动取款机（ATM）、IC 卡、加油站、收费站等商业贸易领域。

（1）DES 算法原理

在 DES 算法中有 Data、Key、Mode 三个参数。其中 Data 代表需要加密或解密的数据，由 8 字节 64 位组成；Key 代表加密或解密的密钥，也由 8 字节 64 位组成；Mode 代表加密或解密的状态。

在 DES 算法中加密和解密的原理是一样的，只是因为 Mode 的状态不同，适用密钥的顺序不同而已。以下以数据加密过程为例予以说明。

（2）DES 算法的加密过程

DES 算法的加密过程如图 7-2 所示。DES 加密有初始置换、子密钥生成、乘积变换和逆初始置换四个主要过程，图左侧的三个过程是明文的处理过程，右侧是子密钥的生成过程。

初始置换（Initial Permutation，IP）是对输入的 64 位数据按照规定的矩阵改变数据位的排列顺序的换位变换，此过程与密钥无关。

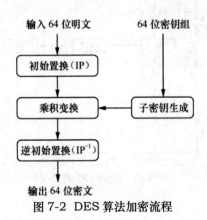

图 7-2 DES 算法加密流程

子密钥生成是由 64 位外部输入密钥通过置换和移位操作生成加密和解密所需的 16 组（每

组 56 位）子密钥的过程。

乘积变换过程非常复杂，是加密过程的关键。该过程通过 16 轮重复的替代、移位、异或和置换操作打乱原输入数据。

逆初始置换（IP-1）与初始置换过程相同，只是置换矩阵是初始置换的逆矩阵。

①初始置换（IP）

将 64 位明文按照初始置换表（见表 5.1）的规则进行置换。其置换过程为：将输入明文的第 58 位置换到第 1 位，第 50 位置换到第 2 位，第 42 位置换到第 3 位，以此类推，……，最后第 7 位置换到第 64 位。

表 7-1 初始置换表

58	50	42	34	26	18	10	2	60	52	44	36	28	20	12	4
62	54	46	38	30	22	14	6	64	56	48	40	32	24	16	8
57	49	41	33	25	17	9	1	59	51	43	35	27	19	11	3
61	53	45	37	29	21	13	5	63	55	47	39	31	23	15	7

②子密钥生成

输入的密钥 K 是 64 位数据，但其中第 8、16、24、32、40、48、56、64 位用于奇偶校验，实际使用的密钥位只有 56 位。对这 56 位密钥通过置换和移位操作可生成加密和解密所需的 16 个 48 位的子密钥。16 个子密钥 K_i 的生成流程如图 7-3 所示，其具体生成步骤如下。

第 1 步：PC1 变换。将 56 位密钥按置换选择 1（PC-1）的规律（见表 7-2）进行置换，变换后分为左右两路（C_0、D_0）各 28 位。

第 2 步：数据左移。将两个 28 位的 C_0 和 D_0 按表 7-3 的规则进行循环左移。表 7-3 中第 1 行表示迭代轮次，第 2 行表示左移的位数。左移的规律是将 C_0 和 D_0 所有的位按表中规定的位数循环左移。

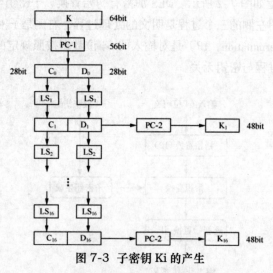

图 7-3 子密钥 Ki 的产生

表 7-2 PC1 变换表

57	49	41	33	25	17	9	1	58	50	42	34	26	18
10	2	59	51	43	35	27	19	11	3	60	52	44	36
63	55	47	39	31	23	15	7	62	54	46	38	30	22
14	6	61	53	45	37	29	21	13	5	28	20	12	4

第 3 步：PC$_2$ 变换和子密钥生成。C$_0$ 和 D$_0$ 左移 1 位后得到 C$_1$ 和 D$_1$，再将 C$_1$ 和 D$_1$ 数据组合后（56 位）按照 PC2 变换的要求变换得到 48 位的子密钥 K$_1$，在进行第 1 轮迭代时使用 K$_1$；同理，将 C1 和 D1 左移 1 位得到 C$_2$ 和 D$_2$，再将 C$_2$ 和 D$_2$ 数据组合后按照 PC2 变换的要求变换得到 48 位的子密钥 K$_2$；……；依此类推，就可以得到 K$_3$、K$_4$、…、K$_{16}$。PC$_2$ 变换如表 5.4 所示。PC$_2$ 变换是将输入的 56 位数据变换为 48 位输出，该变换是一种压缩变换。

表 7-3 循环移位表

轮	1	2	3	4	5	6	7	8	9	10	11	12	13	14	15	16
位数	1	1	2	2	2	2	2	2	1	2	2	2	2	2	2	1

这样，根据不同轮数分别进行左移和压缩变换，分别得到 16 个 48 位的子密钥 K$_1$、K$_2$、…、K$_{16}$。

表 7-4 PC2 变换表

14	17	11	24	1	5	3	28	15	6	21	10
23	19	12	4	26	8	16	7	27	20	13	2
41	52	31	37	47	55	30	40	51	45	33	48
44	49	39	56	34	53	46	42	50	36	29	32

③乘积变换

初始置换后的数据分为左右各 32 位的两部分，左部分为 L0，右部分为 R0，这样，L$_0$=D$_{58}$D$_{50}$D$_{12}$…D$_8$，R$_0$=D$_{57}$D$_{49}$D$_{41}$…D$_7$。乘积变换过程就是将 L$_0$ 和 R$_0$ 按照乘积变换运算公式进行迭代运算，最后得出 L$_{16}$ 和 R$_{16}$。乘积变换是 DES 算法中最复杂的部分，与密钥有关。乘积变换过程包括多次线性变换和非线性变换，如 E（扩展）变换、S 盒变换和 P 变换，如图 7-4 所示。乘积变换过程由如下步骤组成。

（3）DES 算法的解密过程

DES 的解密算法与加密算法相同，解密密钥也与加密密钥相同，区别仅在于进行 16 轮迭代运算时使用的子密钥顺序与加密时是相反的，即第 1 轮用子密钥 K$_{16}$、第 2 轮用 K$_{15}$、…、最后一轮用子密钥 K$_1$。

（4）DES 算法的安全性

DES 是世界上使用最为广泛的一种分组密码算法，被公认为世界上第一个实用的密码算法标准。DES 算法具有算法容易实现、速度快、通用性强等优点。它的出现适应了电子化和信息化的要求，便于硬件实现，该算法可被固化成芯片，应用于加密机中。但 DES 的缺点是密钥位数太短（56 位），而且算法是对称的，密钥中还存在一些弱密钥和半弱密钥，因此容易被采用穷尽密钥方法解密。还由于 DES 算法完全公开，其安全性完全依赖于对密钥的保护，必须有可靠的信道来分发密钥，如采用信使递送密钥等方法。因此，其密钥管理过程非常复杂，不适合在网络环境下单独使用，但可以与非对称密钥算法混合使用。

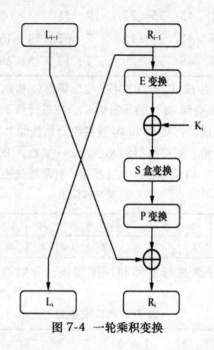

图 7-4 一轮乘积变换

3. 其他对称加密算法简介

（1）TDEA 算法

TDEA（Triple Data Encryption Algorithm，三重 DES）算法，其本质和 DES 算法是一致的，是为了解决 DES 算法密钥过短而出现的。在 TDEA 算法中，使用三个密钥，执行三次 DES 算法，算法的总密钥长度为 168 位（56 位的 3 倍）。

如果将 TDEA 算法中的密钥表示为 K_1、K_2 和 K_3，则它的加密过程如下。

$$C=EK_2\left(EK_1\left(M\right)\right)$$

即发送方使用密钥 K_1 进行第一次加密，然后用密钥 K_2 对上一结果进行解密，再用密钥 K_3 对上一结果进行第三次 DES 加密。

TDEA 的解密的过程如下。

$$M=DK_1\left(EK_2\left(DK_2\left(C\right)\right)\right)$$

即与发送方的操作相反，接收方相应地先用 K_3 解密，然后用 K_2 加密，最后用 K_1 解密。

当 $K_1=K_2=K_3$ 时，则 TDEA 算法就是 DES 算法；当 $K_1=K_3$ 时，TDEA 算法相当于两重 DES，其密钥长度为 112 位。

（2）AES 算法

1997 年美国国家标准技术研究所（NIST）发起了征集 AES（Advanced Encryption Standard，高级加密标准）的活动，最终确定了使用 Rijndael 算法作为 AES 算法。AES 算法是一个非保密的、全球免费使用的分组加密算法，并被确定为替代 DES 的数据加密标准。

Rijndael 算法是由两位比利时科学家提出的一种分组长度和密钥长度都可变的分组密码算法，其分组长度和密钥长度分别可为 128 位、192 位和 256 位。该算法具有加密强度高、可抵御所有已知攻击、运算速度快和灵活性好等特点，成为 AES 最合适的选择。

（3）IDEA 算法

IDEA（International Data Encryption Algorithm，国际数据加密算法）是瑞士著名学者提出的。该算法是在 DES 算法的基础上发展起来的，类似于三重 DES，也是一种分组密码算法，分组长度为 64 位，但密钥长度为 128 位。该算法就是用 128 位密钥对 64 位二进制码数据进行加密，同样用 128 位密钥对 64 位密文进行解密变换。与 DES 算法不同的是，在 IDEA 算法中不使用置换方式。

二、公开密钥密码体制及算法

1．公开密钥密码算法

公开密钥密码算法也叫作非对称密钥密码算法。在该算法中，信息发送方和接收方所使用的密钥是不同的，即加密密钥与解密密钥不同，且由其中的一个很难导出另一个。

美国科学家 Diffie 和 Hellman 于 1976 年提出了公开密钥密码体制的思想。1977 年，由 Rivest、Shamir 和 Adleman 三位科学家共同实现了公开密钥密码体制，其实现算法称为 RSA（以三位科学家名字的首字母组合命名）算法。RSA 算法不仅解决了对称密钥密码算法中密钥管理的复杂性问题，而且也便于进行数字签名。

在公开密钥密码体制中，加密密钥和解密密钥是不同的，其中一个是公开的，称为公钥，另一个是保密的，称为私钥。通常，加密密钥是公开的，解密密钥是保密的，加密和解密的算法也是公开的。

RSA 算法具有密钥管理简单（网上每个用户仅需保密一个密钥，且不需密钥配送）、便于数字签名、可靠性较高（取决于分解大素数的难易程度）等优点，但也具有算法复杂、加密 / 解密速度慢、难于用硬件实现等缺点。

在公开密钥密码算法中，可用私钥 Kd 解密由公钥 Ke 加密后的密文，即 $M=D_{kd}(E_{ke}(M))$，但却不能用加密密钥去解密密文，即 $M \neq D_{ke}(E_{kd}(M))$。

常用的公钥加密算法有：RSA 算法、ElGamal 算法、背包算法、拉宾（Rabin）算法和散列函数算法（MD4、MD5）等。

2．RSA 算法

RSA 算法是典型的公开密钥密码算法，利用公开密钥密码算法进行加密和数字签名的大多数场合都使用 RSA 算法。

（1）RSA 算法的原理

RSA 算法是建立在素数理论（Euler 函数和欧几里得定理）基础上的算法。在此不介绍 RSA 的理论基础（复杂的数学分析和理论推导），只简单介绍其密钥的选取和加、解密的实现过程。

（2）RSA 算法的安全性

RSA 算法的安全性建立在难于对大数进行质因数分解的基础上，因此大数 n 是否能够被分解是 RSA 算法安全的关键。随着计算机计算速度的提高，对于大数 n 的位数要求越来越长。RSA 实验室认为，512 位的 n 已不够安全，应停止使用，现在的个人需要用 668 位的 n，公司要用 1024 位的 n，极其重要的场合应该用 2048 位的 n。另一方面，由于用 RSA 算法进行的都是大数运算，使得 RSA 算法无论是用软件实现还是硬件实现，其速度要比 DES 慢得多。因此，RSA 算法一般只用于加密少量数据。

第三节 数字签名与认证

一、数字签名概述

1. 数字签名

数字签名（Digital Signature）就是附加在数据单元上的一些特殊数据，或是对数据单元所做的密码变换。这种数据或变换允许数据单元的接收者来确认数据单元的来源和数据单元的完整性，防止被人伪造。数字签名是使用密码技术实现的。数字签名能保证信息传输的完整性和发送者身份的真实性，防止交易中的抵赖行为。

数字签名可解决手写签名中签字人否认签字或其他人伪造签字等问题。因此，被广泛用于银行的信用卡系统、电子商务系统、电子邮件以及其他需要验证、核对信息真伪的系统中。利用数字签名信息可辨别数据签名人的身份，并表明签名人对数据信息中包含信息的认可。

手工签名是模拟的，因人而异；而数字签名是数字式的（0、1 数字串），因信息而异。

数字签名具有以下功能。

收方能够确认发方的签名，但不能伪造。

发方发出签过名的信息后，不能再否认。

收方对收到的签名信息也不能否认。

一旦收发双方出现争执，仲裁者可有充足的证据进行裁决。

2. 公钥密码技术用于数字签名

密码技术除了提供加密 / 解密功能外，还提供对信息来源的鉴别、信息的完整性和不可否认性的保证功能，而这三种功能都可通过数字签名实现。在电子商务系统中的安全服务都用到数字签名技术。在电子商务中，完善的数字签名应具备签字方不能抵赖、他人不能伪造、在公证人面前能够验证真伪的能力。

目前数字签名主要是采用基于公钥密码体制的算法，这是公开密钥加密技术的另一种重应用。普通数字签名算法有 RSA、ElGamal、DSA、椭圆曲线数字签名算法和有限自动机数字签名算法等，特殊数字签名有盲签名、代理签名、不可否认签名、门限签名和具有消息恢复功能的签名等，它们与具体应用环境密切相关。

一个由公开密钥密码体制实现的数字签名示意图如图 7-5 所示。但该结构只能实现签名和验证，而没有加密和解密功能。一个典型的由公钥密码体制实现的、带有加 / 解密功能的数字签名和验证示意图如图 7-6 所示。

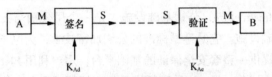

图 7-5　公钥体制实现数字签名

数字签名保证信息完整性的原理是：将要传送的明文通过一种单向散列函数运算转换成信息摘要（不同的明文对应不同的摘要），信息摘要加密后与明文一起传送给接收方，接收方对接收的明文进行计算产生新的信息摘要，再将其与发送方发来的信息摘要相比较。若比较结果一致，则表示明文未被改动，信息是完整的；否则，表示明文被篡改，信息的完整性受到破坏。

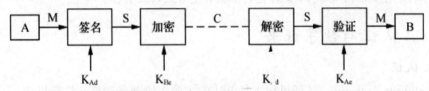

图 7-6　带有加密功能的数字签名和验证

数字签名的主要过程如下。

发送方利用单向散列函数从报文文本中生成一个 128 位的散列值（信息摘要）；

发送方用自己的私钥对这个散列值进行加密来形成发送方的数字签名；

该数字签名将作为报文的附件和报文一起被发送给接收方；

接收方从收到的原始报文中计算出 128 位的散列值（信息摘要）；

接收方用发送方的公开密钥对报文附加的数字签名进行解密得到原散列值。如果这两个散列值相同，则接收方就能确认该数字签名是发送方的。

3．数字签名算法

目前，广泛应用的数字签名算法主要有 RSA 签名、DSS（数字签名系统）签名和 Hash 签名。这三种算法可单独使用，也可混合在一起使用。数字签名是通过密码算法对数据进行加、解密变换实现的，用 DES 算法、RSSA 算法都可实现数字签名。

用 RSA 或其他公钥密码算法的最大好处是没有密钥分配的问题（网络越复杂、网络用户越多，其优点越明显）。因为公钥加密使用两个不同的密钥，其中一个是公开的（公钥），另一个是保密的（私钥）。公钥可以保存在系统目录内、未加密的电子邮件中、电话号码簿或公告牌里，网上的任何用户都可获得该公钥。而私钥是用户专用的，由用户本身持有，它可以对由公钥加密的信息进行解密。实际上 RSA 算法中数字签名是通过一个 Hash 函数实现的。

DSS 是由美国国家标准化研究院和国家安全局共同开发的。由于它是由美国政府颁布实施的，美国政府出于保护国家利益的目的不提倡使用任何削弱政府的、有窃听能力的加密软件，因此，DSS 主要用于与美国政府做生意的公司，其他公司则较少使用。

Hash 是最主要的数字签名方法，也称之为数字摘要法。著名的数字摘要加密方法 MD5 是由 RonRivest 所设计，该编码算法采用单向 Hash 函数将需加密的明文"摘要"成一串 128 位的密文。这样，该"摘要"就可以成为验证明文是否真实的依据。

4．PKI

PKI（Public Key Infrastructure，公钥基础设施）是一个用公钥与技术来实施和提供安全服务的普遍适用的安全基础设施。它是遵循标准的公钥加密技术，为电子商务、电子政务、网上银行和网上证券等行业提供一整套安全保证的基础平台。用户利用PKI基础平台所提供的安全服务，可在网上实现安全通信。PKI这种遵循标准的密钥管理平台，能够为所有网上应用提供加密和数字签名等安全服务所需要的密钥和证书管理。

PKI技术是信息安全技术的核心，也是电子商务的关键和基础技术。PKI的基础技术包括加密、数字签名、数据完整性机制、数字信封、双重数字签名等。

完整的PKI系统必须具有权威认证机构、数字证书库、密钥备份及恢复系统、证书作废系统、应用接口（API）等基本构成部分，PKI也将围绕着这五大系统来着手构建。

二、CA认证与数字证书

1．CA认证

CA（Certificate Authority，认证机构）是PKI的主要组成部分和核心执行机构，一般简称为CA，业界通常称为认证中心。CA是一种具有权威性、可信任性和公正性的第三方机构。在网上的电子交易中，商户需要确认持卡人是否是信用卡或借记卡的合法持有者，同时持卡人也要能够鉴别商户是否合法商户，是否被授权接受某种品牌的信用卡或借记卡支付。为处理这些问题，必须有一个大家都信赖的机构来发放一种数字证书。数字证书就是参与网上交易（交换）活动的各方（如持卡人、商家、支付网关）身份的证明。每次交易时，都要通过数字证书对各方的身份进行验证。CA认证是一种安全控制技术，它可以提供网上交易所需的信任。CA认证的出现和数字证书的使用，使得开放的网络更加安全。CA认证中心作为权威的、可信赖的、公正的第三方，是发放、管理、废除数字证书的机构。其作用是检查证书持有者身份的合法性，并签发证书，以防证书被伪造或篡改，以及对证书和密钥进行管理，承担公钥体系中公钥合法性检验的责任。

CA的组成主要有证书签发服务器、密钥管理中心和目录服务器。证书签发服务器负责证书的签发和管理，包括证书归档、撤销与更新等；密钥管理中心用硬件加密机产生公钥私钥对，CA私钥提供CA证书的签发；目录服务器负责证书和证书撤销列表的发布和查询。

2．数字证书

CA认证中心所发放的数字证书就是网络中标志通信各方身份信息的电子文件，它提供了一种在Internet上验证用户身份的方式。数字证书作用类似于司机的驾驶执照或日常生活中的身份证。人们可以在交往（交易）中使用数字证书来识别对方的身份。因此，数字证书相当于日常生活中的个人身份证，而CA相当于网上公安局，专门发放、管理和验证身份证。

数字证书简称证书，是PKI的核心元素，是数字签名的技术基础。数字证书可证明某一实体的身份及其公钥的合法性，以及该实体与公钥二者之间的匹配关系。证书是公钥的载体，证书上的公钥与唯一实体相匹配。现行的PKI机制一般为双证书机制，即一个实体应具有两个证书，一个是加密证书，另一个是签名证书。加密证书原则上不能用于签名。

证书在公钥体制中是密钥管理的媒介，不同的实体可通过证书来互相传递公钥。CA颁发的证书与对应的私钥存放在一个保密文件里，最好的办法是存放在 IC 卡或 USB Key 中，可以保证私钥不出卡，证书不被拷贝，安全性高，携带方便，便于管理。

数字证书主要用于身份认证、签名验证和有效期的检查。CA 签发证书时，要对证书的格式版本、序列号、有效期、持有者名称、公钥和 CA 签名算法标识等进行签名，以示对所签发证书内容的完整性、准确性负责，并证明该证书的合法性和有效性。

数字证书通常有个人证书、企业证书和服务器证书等类型。个人证书有个人安全电子邮件证书和个人身份证书，前者用于安全电子邮件或向需要客户验证的 Web 服务器表明身份；后者包含个人身份信息和个人公钥，用于网上银行、网上证券交易等各类网上作业。企业证书中包含企业信息和企业公钥，可标识证书持有企业的身份，证书和对应的私钥存储于磁盘或 IC 卡中，可用于网上证券交易等各类网上作业。服务器证书有 Web 服务器证书和服务器身份证书，前者用于 IIS 等多种 Web 服务器；后者包含服务器信息和公钥，可标识证书持有服务器的身份，证书和对应的私钥存储于磁盘或 IC 卡中，用于表征该服务器身份。

以数字证书为核心的加密技术可以对网络上传输的信息进行加解密、数字签名和验证，确保网上传递信息的保密性、完整性，以及交易实体身份的真实性，签名信息的不可否认性，从而保障网络应用的安全性。

三、数字证书应用实例

数字证书可应用于网上的行政管理和商务活动，如用于发送安全电子邮件、访问安全站点、网上证券、网上银行、网上招投标、网上签约、网上办公、网上缴费、网上纳税等网上安全电子事务处理和安全电子交易活动。其应用范围涉及需要身份认证及数据安全的各个行业，包括传统的商业、制造业、流通业的网上交易，以及公共事业、金融服务业、工商、税务、海关、教育科研单位、保险、医疗等网上作业系统。使用数字证书还可以对数据和电子邮件进行加密和签名。

下面介绍数字证书的安装、申请和应用实例，读者从中可以更好地了解数字证书的应用。

1．安装证书服务

第 1 步：在 Windows 组件中安装证书服务。单击"程序"→"设置"→"控制面板"→"添加 / 删除 Windows 组件"，选中"证书服务"复选框，单击"下一步"按钮。

第 2 步：证书通过 Web 注册。在"证书服务"对话框中，勾选"证书服务 CA"和"证书服务 Web 注册支持"，单击"确定"按钮，即可安装证书服务。

证书服务安装后，计算机名和域成员身份都不能更改。

2．创建企业根 CA

在单击"是"按钮，开始"Microsoft 证书服务"的安装过程。CA 的类型包括企业根 CA、企业从属 CA 和独立根 CA。

下面以企业根 CA 为例，介绍 Microsoft 证书服务的安装过程。

第 1 步：在"CA 类型"对话框中，选择"企业根 CA"，并选中"用自定义设置生成密钥对和 CA 证书（U）"项，单击"下一步"按钮，出现"公钥 / 私钥对"对话框。

第 2 步：在"CSP（C）"列表框里选择对应的加密算法提供方，在"散列算法（H）"列表框里选择欲使用的加密算法，单击"下一步"按钮。

第 3 步：在"CA 识别信息"对话框中，可以修改对应的内容，单击"下一步"按钮。

第 4 步：在"证书数据库设置"对话框中，分别选择证书数据库、证书数据库日志和配置信息的保存位置，建议不要保存在操作系统的安装目录下，单击"下一步"按钮。

第 5 步：系统提示"要安装完成，证书服务必须暂时停止 Internet 信息服务"。

第 6 步：在随后出现的对话框中，单击"完成"按钮，即完成"Microsoft 证书服务"的安装。

3．为 Web 服务器申请 CA 认证

（1）证书申请过程

第 1 步：打开"IIS 管理器"，鼠标右键单击"默认网站"选择"属性"，在"目录安全性"选项卡下单击"安全通信"的"服务器证书"按钮，开始证书的申请，单击"下一步"按钮。

第 2 步：在出现的"服务器证书"对话框，选择网站分配证书的方法，如选择"新建证书"，单击"下一步"按钮。

第 3 步：在"延迟或立即请求"对话框，选择"现在准备证书请求，但稍后发送（P）"，单击"下一步"按钮。

第 4 步：在"名称和安全性设置"对话框，输入新证书名称，选择密钥的位长，单击"下一步"按钮。

第 5 步：在"单位信息"对话框，输入单位和部门信息，单击"下一步"按钮。

第 6 步：在出现的对话框中，按要求输入站点公用名称，单击"下一步"按钮。

第 7 步：在出现的对话框中输入站点地理信息，如国家（地区）、省／自治区和市县，单击"下一步"按钮。

第 8 步：在出现的对话框中输入证书请求的文件名，单击"下一步"按钮。

第 9 步：在出现的对话框中输出请求文件摘要，单击"下一步"按钮后，即完成 Web 服务器证书的申请。

申请过程中生成了文本文件 certreq.txt，此文件将提交给 CA。

（2）提交证书申请

如果在生成服务器证书的申请过程中选择了"立即将证书请求发送到联机证书颁发机构"，在生成证书的申请后，即可提交证书申请。操作步骤如下。

第 1 步：用记事本打开证书请求文件，如 c：\certreq.txt，复制所有内容。

第 2 步：在 IE 地址栏打开 http：// 服务器 IP 地址 /certsrv/certrqxt.asp 页面，单击"高级证书申请"按钮。

第 3 步：在"高级证书申请"页面中，单击"使用 base64 编码的 CMC 或 PKCS#10 文件提交一个证书申请，或使用 base64 编码的 PKCS#7 文件续订证书申请"。打开"提交一个证书申请或续订申请"页面。

第 4 步：将刚才复制的"证书请求文件"（c：\certreq.txt）内容粘贴到文本框内，单击"提交"按钮。

（3）颁发证书

打开"管理工具"中的"证书颁发机构"，在左侧 test 相下单击"挂起的申请"，在右侧右键单击任务，选择"所有任务"→"颁发"。

这样就完成了 CA 给 Web 站点颁发证书的工作。在安装证书服务时，如果选择"企业根 CA"则不需要颁发证书，直接处于"颁发状态"；如果选择"独立 CA"则必须颁发证书。

（4）下载证书

第 1 步：在浏览器中打开 Microsoft 证书服务页面，选择"查看挂起的证书申请的状态"。

第 2 步：在"查看挂起的证书申请的状态"页面中单击"保存的申请证书"。

第 3 步：此时显示"证书已颁发"，单选中"Base64 编码"，并单击"下载证书"，如 5.31 所示，完成证书的下载。

（5）在 Web 服务器上安装证书

第 1 步：打开"IIS 管理器"，鼠标右键单击"默认网站"，选择"属性"，打开"目录安全性"选项卡，单击"安全通信"中"服务器证书"按钮，打开 Web 服务器证书安装向导，单击"下一步"按钮。

第 2 步：在"挂起的证书请求"页面点选"处理挂起的请求并安装证书"单击"下一步"按钮。

第 3 步：在窗口中输入包含证书颁发机构响应的文件的路径和名称，单击"下一步"按钮。

第 4 步：在为网站指定 SSL 端口，默认为 443，单击"下一步"按钮。

第 5 步：出现生成的证书摘要，在此可以查看证书的相关信息，单击"下一步"，按钮，即完成 Web 服务器证书安装向导。

（6）在 Web 服务器上查看证书

第 1 步：完成证书的安装后，右键单击"默认网站"选择属性，打开"目录安全性"选项卡。

第 2 步：在"目录安全性"选项卡下单击"安全通信"的"查看证书"按钮，出现 Web 服务器证书信息。

（7）启用安全通道（SSL）

在"目录安全性"选项卡下单击"安全通信"的"编辑"按钮，出现"安全通信"对话框。在安全通信对话框中选中"要求安全通道（SSL）"复选框。在客户端证书栏有三个单选项，具体步骤如下。

忽略客户端证书：无论用户是否拥有证书，都将被授予访问权限，客户端不需要申请和安装客户端证书。

接受客户端证书：用户可以使用客户端证书访问资源，但证书并不是必需的。客户端不需要申请和安装客户端证书。

要求客户端证书：服务器在将用户与资源连接时要请求客户端证书。客户端必须申请和安装客户端证书。

4．用数字证书对文档签名

用数字证书可对自己编辑的 Word（或 Excel）文档进行数字签名。现以 Word 文档为例，介绍数字证书的签名过程。

打开要签名的 Word 文档（Office2003/XP 软件中），单击菜单"工具"→"选项"，打开"安全性"标签；单击中部左侧的"数字签名"按钮，会弹出一个"数字签名"窗口；单击"添加"按钮，从你的数字证书中选择一个（如"liuyuansheng"）进行添加；然后单击"确定"按钮返回，得到添加的数字证书。现在你的数字证书就加到该文档中了，即为该文档加上你的数字签名。当你再次打开签名后的该文件时就会看到 Word 页面最上方显示的文件名后面的括号中有"已签名，未验证"字样。签名后的文档不能再修改，若要保存修改的内容，则会取消其签名。

当别人打开该文档时，单击"工具"→"选项"，打开"安全性"标签后，在此处会看到你的数字证书，就知道该文档是你编写的，因为有你的数字签名。

5．网上银行的数字证书应用

银行数字证书主要用于网上交易的网上银行结算。其主要功能是交易方身份鉴别、保证信息的完整性和信息内容的保密性。交易方身份验证就是要能准确鉴别信息的来源，鉴别彼此通信的对等实体的身份，即银行网站验证证书持有者的身份，而客户也可以通过网站证书验证网站的合法性。

只要用户申请并使用了银行提供的数字证书，即可保证网上银行业务的安全。这样，即使黑客窃取了用户的账户密码，因为他没有用户的数字证书，也无法进入用户的网上银行账户。经过数字签名的网银交易数据是不可修改的，且具有唯一性和不可否认性，从而可以防止他人冒用证书持有者名义进行网上交易，维护用户及银行的合法权益，减少和避免经济及法律纠纷。

第四节　网络通信加密

一、保密通信

为使网络系统资源被充分利用，就要保证网络系统的通信安全。要保证网络系统通信安全，就要充分认识到网络通信系统和通信协议的弱点，采取相应的安全策略，尽可能地减少系统面临的各种风险，保证网络系统具有高度的可靠性、信息的完整性和保密性。

1．TCP/IP 的脆弱

基于 TCP/IP 的服务很多，如 Web 服务、FTP 服务、SMTP 服务、DNS 服务、TFTP 服务、Finger 服务等，这些服务都在不同程度上存在安全缺陷，主要缺陷如下。

（1）SMTP 服务漏洞：电子邮件附件的文件中可能带有病毒，邮箱经常被塞满，电子邮件炸弹令人烦恼，还有邮件溢出等。

（2）TFTP 服务漏洞：TFTP 用于 LAN，它没有任何安全认证，且安全性极差，常被人用来窃取密码文件。

（3）FTP 服务漏洞：有些匿名 FTP 站点为用户提供一些可写的区域，用户可上传一些信息到站点上，这就会浪费磁盘空间、网络带宽等资源，还可能造成"拒绝服务"攻击。

（4）Finger 服务漏洞：Finger 服务可查询用户信息，包括网上成员姓名、用户名、最近的登录时间、地点和当前登录的所有用户名等，这也为入侵者提供了必要的信息和方便。

2．线路安全

通过在通信线路上搭线可以截获（窃听）传输信息，还可以使用相应设施接收线路上辐射的信息，这些就是通信中的线路安全问题。可以采取相应的措施保护通信线路的安全。一种简单但很昂贵的电缆加压技术可保护通信电缆的安全，该技术是将通信电缆密封在塑料套里深埋于地下,并在线路的两端加压。线路上连接了带有报警器的显示器用来测量压力。如果压力下降,则意味着电缆被破坏,维修人员将去维修出现问题的电缆。另一种电缆加压技术不是将电缆埋于地下,而是架空,每寸电缆都暴露在外。如果有人要割电缆,监视器就会启动报警器,通知安全保卫人员;如果有人在电缆上接了自己的通信设备,安全人员在检查电缆时,就会发现电缆的拼接处。加压电缆屏蔽在波纹铝钢包皮中,几乎没有电磁辐射,如果用电磁感应窃密,很容易被发现。

3. 通信加密

网络中的数据加密可分为两个途径,一种是通过硬件实现数据加密,另一种是通过软件实现数据加密。硬件数据加密有链路加密、节点加密和端－端加密方式;软件数据加密就是指使用前述的加密算法进行的加密。

计算机网络中的加密可以在不同层次上进行,最常用的是在应用层、数据链路层和网络层。应用层加密需要所使用的应用程序支持,包括客户机和服务器的支持。这是一种高级的加密,在某些具体应用中非常有效,但它不能保护网络链路。数据链路层加密适用于单一网络链路,仅仅在某条链路上保护数据,而当数据通过其他未被保护的链路时则不被保护。这是一种低级的保护,不能被广泛应用。网络层加密介于应用层加密和数据链路层加密之间,加密在发送端进行,通过不可信的中间网络,到接收端进行解密。

二、网络加密方式

通过硬件实现网络数据加密有链路加密、节点加密和端－端加密三种方式。

1. 链路加密

链路加密(Link Encryption)是传输数据仅在数据链路层上进行加密。链路加密是为保护两相领节点之间链路上传输的数据而设立的。只要把两个密码设备安装在两个节点间的线路上,并装有同样的密钥即可。被加密的链路可以是微波、卫星和有线介质。

2. 节点加密

节点加密(Node Encryption)是为解决数据在节点中是明文的缺点而采取的加密方式。节点加密是在中间节点装有加密和解密装置,由该装置完成一个密钥向另一个密钥的变换。因而,该方式使得在节点内也不会出现明文。

链路加密仅是在通信链路上提供安全性,信息在节点上以明文形式存在。但所有节点在物理上必须是安全的,否则就会泄漏明文内容。然而,为每一个节点提供加密硬件设备和一个安全的物理环境所需要的费用较高。

第五节 VPN 技术

一、VPN 概述

随着电子商务和电子政务应用的日益普及，越来越多的组织希望将处于世界各地的分支机构、供应商和合作伙伴通过 Internet 连接在一起，以加强彼此间的联系，提高信息交换速度。但传统的企业专用网络组建方案成本太高，人们便想到是否可以使用无处不在的 Internet 来构建企业自己的专用网络，于是 VPN（虚拟专用网）技术应运而生。

图 7-7 VPN

VPN：VPN（Virtual Private Network，虚拟专用网）是指依靠 ISP（互联网服务提供商）和其他 NSP（网络服务提供商）在公用网络上建立的专用数据通信网络。

虚拟专用网：VPN 采用认证、访问控制、数据的保密性和完整性等安全措施在公用网络上构建专用网络，使得数据能通过安全的"加密管道"在公用网络中传输。

VPN 对用户端是透明的，用户好像使用一条专用线路在客户计算机和企业服务器之间建立点对点的连接，进行数据的传输，如图所示。

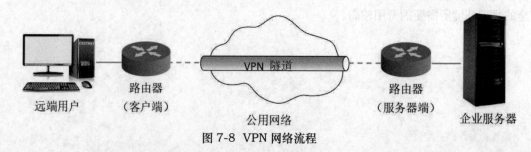

图 7-8 VPN 网络流程

VPN 允许远程通信方、销售人员或企业分支机构使用 Internet 等公用网络的路由基础设施以安全的方式与位于企业局域网端的企业服务器建立连接。对用户来说，公用网络起到了"虚拟专用"的效果，通过 VPN，网络对每个使用者都是"专用"的。

VPN 技术实现了内部网信息在公用信息网中的传输，就如同在茫茫的广域网中为用户搭建了一条专线。它根据使用者的身份和权限，直接将其接入 VPN，非法的用户不能接入 VPN 并使用其服务。

在实际应用中，一个好的 VPN 通常具备费用低、专用性和安全性高、服务质量可靠、可扩充性和灵活性好、管理和维护方便等特点。

图 7-9　VPN 分类

1．远程访问 VPN

它主要是为员工异地访问企业内网而提供的 VPN 解决方案。如图所示，当员工出差到外地后需要访问企业内网的机密信息时，为了避免信息在传输过程中发生泄密，员工主机首先以 VPN 客户端的方式连接到企业的远程访问 VPN 服务器，此后远程主机到内网主机的通信将被加密，从而保证了通信的安全性。

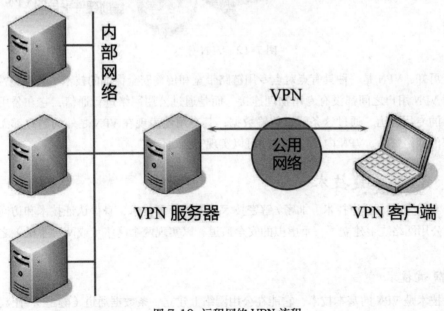

图 7-10　远程网络 VPN 流程

2．网络－网络 VPN

这种方案通过不安全的公用网络实现两个或多个局域网的安全互联，也称为"网络－网络VPN"。如图所示，它在每个局域网的出口处设置 VPN 服务器，当局域网之间需要交换信息时，两个 VPN 服务器之间建立一条安全的隧道，以保证其中的通信安全。这种方式适合企业各分支机构、商业合作伙伴之间的网络互联。

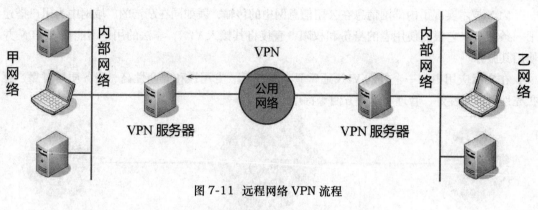

图 7-11 远程网络 VPN 流程

图 7-12 VPN 分类

综上可知，VPN 是一种具有点对点专用链路带宽和传输安全保证的技术。其虚拟性表现在任意一对 VPN 用户之间都没有专用物理连接，而是通过公用网络进行通信，它在公用网络中建立自己的专用隧道，通过这条隧道传输数据；其专用性表现在 VPN 之外的用户都无法访问 VPN 内部的网络资源，VPN 内部用户之间可以实现安全通信。

二、VPN 关键技术

VPN 综合利用了隧道技术、加密 / 解密技术、密钥管理技术、身份认证技术和访问控制技术等，在公用网络之上建立了一个虚拟的安全通道，以实现两个网络（或两台主机）之间的安全连接。

1. 隧道技术

隧道技术是 VPN 的基本技术，它能在公用网络上建立一条数据通道（隧道），让数据包通过这条通道进行传输。

使用隧道技术传递的数据（或负载）可以是不同协议的数据帧或包。隧道协议将这些不同协议的数据帧或包重新封装后在新的包头中发送。新的包头提供了路由信息，从而使封装的负载数据能够通过公用网络传递。

被封装的数据包在公用网络上传递时所经过的逻辑路径称为隧道。使用隧道是为了在不兼容的网络上传输数据，或在不安全网络上提供一个安全路径。隧道是由隧道协议构建的，隧道协议可使用数据加密技术来保护所传输的数据，常用的有第 2 层隧道协议和第 3 层隧道协议。

第 2 层隧道协议

它首先把各种网络协议封装到 PPP（点对点协议）中，再把整个数据包装入隧道协议中。这种双层封装方法形成的数据包依靠第 2 层协议进行传输。第 2 层隧道协议包括 L2F（第 2 层转发）协议、PPTP（点对点隧道协议）和 L2TP（第 2 层隧道协议）等，主要用于实现远程访问 VPN。其中，L2TP 是由 PPTP 与 L2F 融合而成，目前它已成为 IETF（互联网工程任务组）的标准。

第 3 层隧道协议

它把各种网络协议直接装入隧道协议中，形成的数据包依靠第 3 层协议进行传输。第 3 层隧道协议包括 IPSec（互联网安全协议）、GRE（通用路由封装）和 MPLS（多协议标签交换）等。其中，IPSec 是由一组 RFC（请求评议）文档描述的安全协议，它定义了一个系统来选择 VPN 所用的密码算法，确定服务所使用的密钥等，从而在 IP 层提供安全保障。

2．加密 / 解密技术

在 VPN 应用中，加密 / 解密技术是将认证信息、通信数据等由明文转换为密文，以及由密文还原为明文的相关技术，其可靠性主要取决于加密 / 解密的算法及强度。

3．密钥管理技术

密钥管理技术的主要任务是保证密钥在公用网络上安全地传递而不被窃取。VPN 中密钥的分发和管理非常重要。密钥的分发主要采用密钥交换协议进行动态分发。密钥交换协议采用软件方式动态生成密钥，适用于复杂的网络且密钥可快速更新，可以显著提高 VPN 的安全性。

4．身份认证技术

在正式的隧道连接开始之前，VPN 需要确认用户的身份，以便系统进一步实施资源访问控制或对用户授权。在安全机制的协商和密钥的交换等阶段均需要进行身份的认证，以避免恶意用户的攻击。

5．访问控制技术

访问控制技术决定了谁能够访问系统、能访问系统的哪些资源及如何使用这些资源等。采取适当的访问控制措施，能够阻止未授权用户有意或无意地获取数据，或者非法访问系统资源等。

第六节　数据加密技术应用实例

一、加密软件 PGP 及其应用

1．PGP 介绍

PGP（Pretty Good Privacy，完美隐私）是一个采用公开密钥加密与对我密钥加密相结合的加密体制，可对邮件和文件加密的软件。PGP 不仅可以对邮件或文件加密以防止非授权者阅读，还能对其进行数字签名而使接收方可以确信邮件或文件的来源。

PGP 把公开密钥体系的密钥管理方便和对称密钥体系的高速度结合起来，并且在数字签名和密钥认证管理机制上有巧妙的设计。在 PGP 系统中，主要使用 IDEA 算法对数据进行加密。

2．PGP 加密软件的使用

（1）PGP 系统的安装

第 1 步：从网上下载 PGP 软件（可下载 PGP 软件的网站很多，最权威的网站是 www.pgpi.com），下载完成后双击安装文件开始安装。

第 2 步：在出现的"Welcome"界面中，单击"Next"按钮，出现文档说明、ReadMe 及协议界面等，跳过后出现要求选择用户类型对话框。如果用户是第一次使用 PGP，则应选择"No, No, I'm a New User"选项。

第 3 步：单击"Next"按钮，出现选择安装路径及安装组件页面。

第 4 步：选择相应的项后单击"Next"按钮，PGP 软件安装完毕，按要求重新启动系统，系统会自动缩为托盘上的一个小锁头图案。

（2）创建 PGP 密钥

第 1 步：系统重新启动后，PGP 程序要求输入相关注册信息，输入后单击"下一步"按钮，出现 PGP 密钥创建向导。

第 2 步：单击"下一步"按钮后出现对话框，按要求输入用户名及邮箱（该邮箱接收用户的密钥）。

第 3 步：单击"下一步"按钮，出现对话框，按要求输入 8 位以上的字符作为密码，并再确认输入一次。

第 4 步：单击"下一步"按钮，出现对话框，PGP 程序自动生成 PGP 密钥。

第 5 步：单击"下一步"按钮,完成密钥的生成,在随后出现的对话框中单击"完成"按钮,即可见已生成的密钥。

注意：PGP 使用 IDEA 算法加密数据，IDEA 的密钥使用 RSA 算法进行加密。这次选取的是对称密钥（即加密数据用的 IDEA 密钥）。

（3）加密文件

第1步：安装并配置 PGP 成功后，右键单击欲加密的文件，在快捷菜单中选择安装后新增的"PGP"项，继而选择"Encrypt"。

第2步：在出现的对话框中选择所要使用的加密密钥，并在图左下方选中"Text Output"（表示加密后以文件形式输出）。

第3步：单击"OK"按钮后，系统在当前目录下自动产生一个加密后的新文件，新文件增加了"pgp"扩展名。

（4）加密邮件

PGP 加密邮件功能在安装时已和 Outlook 进行了关联，因此如果用 Outlook 来进行邮件的发送，可自动对邮件进行 PGP 加密和签名。在新发送邮件时，单击工具栏"检查"项右面的"?"即可看到下拉菜单，其中"Encrypt Message（PGP）"表示对邮件进行 PGP 加密传送；"Sign Message（PGP）"表示对邮件进行签名。

（5）文件的解密和验证

当需要解密一个加密文件时，双击该加密文件，会出现要求输入密钥的界面。只有在正确输入选择的密钥后，文件才能够转换成明文。如果文件在加密时还经过签名的操作，那么系统会要求输入密码进行验证，然后再解密文件。

（6）其他操作

用户在安装 PGP 软件及选择好相关密钥后，随时都可以使用该软件对文件或邮件进行加密、签名、解密、验证和清除等操作。

图标从左到右的含义依次为：密钥操作、加密文件、文件签名、加密并签名文件、文件解密并验证、销毁文件和彻底销毁文件。

二、Office ／WIN10 文档的安全保护

1．密码保护

在 Office 软件中，密码分为两种："打开文件密码"和"修改文件密码"。用户在打开文件时，如果输入的是"打开文件密码"，则意味着用户对此文档只能读，不能改；如果输入的是"修改文件密码"，则该用户可以修改此文档。

（1）Word 文档的加密和解密

① Word 文档加密

第1步：单击 Word 的"文件"菜单，选择"另存为"项。在出现的"另存为"对话框中，单击"工具"菜单，再选择"安全措施选项"。

第2步：在出现的在"打开文件时的密码"和"修改文件时的密码"处输入"打开文件密码"和"修改文件密码"即可。如果还需要提高密码等级，则单击"高级"，再进行配置即可。

② Word 文档解密

当用户想打开已加密的 Word 文档时，点击打开该文档，出现要求输入打开文件所需密码的界面。当用户输入了正确的密码后单击"确定"按钮，Word 文档即可打开。如果用户对文档还规定了修改密码，那么还会继续出现要求用户输入修改文件密码。如果用户不知道修改密码，

可以单击"只读"按钮，Word 文件仍然可以打开，但此时只能阅读该文档而不能进行修改操作。

（2）Excel 文档的加密和解密

① Excel 文档加密

第 1 步：单击 Excel 的"文件"菜单，选择"另存为"项。在出现的"另存为"对话框中，单击"工具"菜单，在下拉选项中选择"常规选项"。

第 2 步：在保存选项里分别输入 Excel 文件的打开密码和修改密码。

② Excel 文档解密

当用户打开已加密的 Excel 文件时，会出现要求用户输入打开文件所需密码的界面。用户输入正确的密码后，Excel 文件才能打开。如果用户对文件还规定了修改密码，同样还会继续要求用户输入修改文件的密码。如果用户不知道修改密码，可以单击"只读"按钮，Excel 文件仍然可以打开，但只能阅读该文件而不能进行修改操作。

2. 宏安全设置

Office 软件中宏模板的存在，虽然对用户的操作带来了便利，但同时也存在宏病毒的威胁，解决方法就是设立文档的安全级别。

单击"宏安全性"按钮，出现页面。用户可根据自身要求对高、中和低安全级进行选择，比如选择"高"安全性。

3. 保护 Office 文件格式

（1）保护 Word 文件格式

①编辑限制

"编辑限制"功能主要是防止非法用户随意修改文档的内容。在 Word 文档中执行"工具"→"保护文档"命令，在文档右侧展开"保护文档"窗格。选中"仅允许在文档中进行此类编辑"，然后在下拉菜单中选择用户可以进行的操作（如"批注"），就可以防止非法用户随意修改文档原来的内容，只能添加或修改批注的内容。

②启动强制保护

启动强制保护"的目的是使上述设置生效。单击"是，启动强制保护"，出现启动强制保护对话框，按要求输入文档保护的密码。对 Word 文档"启动强制保护"后，工具栏和格式的大部分设置（工具按钮）都变为浅灰色，不能被操作，这就说明设置的保护已经生效。

（2）保护 Excel

①保护 Excel 的单元格

默认情况下，Excel 单元格是处于锁定状态的。如果要查看单元格的保护属性，单击"格式"菜单→"单元格"，选择"保护"选项卡，勾选"锁定"项后"确定"。

②保护 Excel 的工作表

可以看出，只保护单元格是没有实际意义的，需要保护工作表才有意义。单击"工具"菜单→"保护"→"保护工作表"，出现界面。在"取消工作表保护时使用的密码"框中输入保护密码，单击"确定"按钮。

③打开具有格式保护的 Excel 工作表

当用户在具有格式保护的 Excel 工作表中操作时，会出现的界面。这时只能按照图中所示单击"工具"菜单→"保护"→"撤销工作表保护"才能操作工作表。在保护工作表格式时如果有密码保护，那么还需要输入保护工作表格式的密码。

4．文档的自动保存与备份

（1）Word 文件的自动保存与备份

① Word 文档的自动保存

一般用户使用 Word 的目的是编辑文字材料，如编写工程投标书、完成年终总结报告等。但是当用户在编辑文档且尚未存盘时，突然遇到意外事故（如停电），此前的工作将前功尽弃，给用户带来很大损失。使用 Word 自动保存功能，可避免或减少这样的损失。

单击 Word 的"工具"菜单，选择"选项"，单击"保存"选项卡。在图中选中"自动保存时间间隔"并在其后输入或选择自动保存的时间，图中所设为 10 分钟，即每隔 10 分钟系统自动保存一次 Word 文档。

② Word 文件的备份

Word 文件不仅可以自动保存，还可以自动增加一个备份文件。在选中"保留备份"，并单击"确定"按钮。这样，当 Word 文件保存后，系统会保存一份原文件的备份文件（扩展名为 .wbk）。

（2）Excel 文件的自动保存与备份

① Excel 文件的自动保存

打开 Excel 的"工具"菜单，选择"选项"，在打开的窗口中选择"保存"选项卡。在选中"保存自动恢复信息"项，并在其后选定时间间隔，再单击"确定"按钮即可。

② Excel 文件的备份

单击 Excel 的"文件"菜单，选择"另存为"项。在"另存为"页面打开"工具"菜单，选择"常规选项"，在出现的"生成备份文件"并单击"确定"按钮。这样 Excel 文件在保存时就会自动生成备份文件，原文件和备份文件。

5．Excel 文件的特殊配置

（1）隐藏工作表的行或列

作为 Excel 表的特殊用途，隐藏某列或某行数据在实际工作中是有其特殊作用的，如企业的工资表。当某位员工需要查看工资时，按规定一般只能查看自己的工资，但工资表是在一张 Excel 上，这时可将其他员工的工资隐藏起来，只显示需要显示的数据。

①隐藏行列的操作方法

在 Excel 表中右键单击需要隐藏的行（或列），选择"隐藏"项即可。

②恢复隐藏行列的操作方法

将隐藏行的上下行同时选中并右击，选择"取消隐藏"项即可。

（2）隐藏工作表

通常，一个 Excel 文件包含多个工作表。若需要对某个工作表进行隐藏时，其操作如下：进入工作表，单击"格式"菜单，选择"工作表"→"隐藏"，即可对该工作表进行隐藏。

（3）隐藏工作簿

打开工作簿文件，单击"窗口"菜单，选择"隐藏"，即可将该 Excel 文件隐藏起来。

三、RSA 密钥软件的使用

由第二节介绍可知，RSA 是公开密钥加密方法的典型代表。使用 RSA 算法加密数据时，首先需要产生公钥和私钥，再用公钥将信息加密变成密文传给信息接收者。虽然公钥是公开的，但是只有掌握私钥的用户才能够解密密文得到正确的明文信息，从而保护信息的安全。

由于在日常工作中产生公钥和私钥需要耗费大量的时间，因此一般人们会借助密钥产生工具软件随机产生密钥。下面介绍密钥产生软件 RSATool 的应用。

RSATool 软件使用了包括 MPQS 在内的因数分解方法生成整数因子，并创造出强壮的密钥对、自动选择数制转换和进行密钥测试。

1．RSA 密钥的产生

第 1 步：打开 RSATool 程序，出现主界面。在其"Number Base"框中通过下拉菜单选择数的模为 10 进制。

第 2 步：单击"Start"按钮，确定后再随意移动鼠标直到提示信息框出现，获取一个随机数种子。

第 3 步：在"Keysize（Bits）"框中输入数值作为公钥的位数（如 32），再单击"Generate"按钮，该工具软件会产生一些相应的数值，如素数 p=83003，q=78347，其合数（即模数）n=p×q=6503036041，私钥 d=1427344133。

第 4 步：将"Prime（P）"框中的数值复制到"PublicExp.（E）"框中，再将"Number Base"框中的进制数改为 16 进制，此时"Prime（P）"框中的数值即为 16 进制公钥。

第 5 步：再次重复第 2 步：单击"Start"按钮，确定后再随意移动鼠标，以获取一个随机数种子。

第 6 步：在"Keysize（Bits）"框中输入所希望的密钥位数值，可以是从 32 到 4096 的任意数，位数越多安全性越高，但运算速度越慢，选择 1024 位就足够了（本例选 64）。单击"Generate"按钮，该工具软件会产生一些相应的数值，其中"PrivateExp.（D）"框中的数值即是私钥，"Modulus（N）"框中的数值即是模数 n。

2．测试密钥的正确性

第 1 步：单击"Test"按钮，出现"RSA-Test"对话框，在图中的"Message to encrypt"框中随意输入信息，单击"Encrypt"按钮数值进行加密处理。

第 2 步：单击"Decrypt"按钮进行解密，解密后的结果显示在"Result"框中。比较解密后的结果与原输入的数值，若两者相同，则说明产生的密钥有效；若不同，则需要重新产生密钥。

第八章 网络操作系统安全

研究计算机网络安全，首先要考虑的是操作系统安全。任何系统的运行都是建立在操作系统基础上的，就像一栋大楼的安全必须建立在地基安全基础上一样，网络的安全也必须建立在操作系统的安全之上。没有操作系统的安全，其他的安全措施是得不到保证的。

网络操作系统是网络的核心，与单机操作系统相比，它不仅具有操作系统的存储管理、文件管理等功能，还能提供网络服务管理等功能。本章主要介绍网络操作系统的安全及一些安全设置。

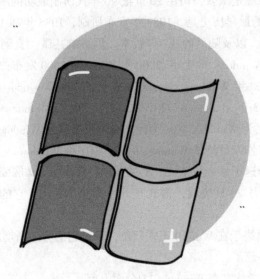

第一节　常用的网络操作系统简介

目前较常用的网络操作系统有 UNIX、Linux、Windows NT/2007/2010/7 等，它们都是属于 C2 安全级别的操作系统。

一、Windows NT

Windows NT（New Technology）是 Microsoft 公司于 1993 年推出的网络操作系统，其中较为成熟的版本是 1996 年推出的 NT4.0。Windows NT 4.0 的成功推出使 Microsoft 公司不仅仅在单机操作系统上独占鳌头，也使 Microsoft 公司成功地占领了网络操作系统市场，逐渐挤占了 Net Ware 操作系统的市场。现在 Net Ware 操作系统的市场已经大幅萎缩，只有个别领域仍在使用。

Windows NT 是一个图形化、多用户、多任务的网络操作系统，具有强大的网络管理功能。与后续的网络操作系统不同的是，Windows NT 具有服务器版本（Windows NT Server）和工作站版本（Windows NT Workstation）。服务器版本使用在服务器上，工作站版本使用在工作站（客户机）上。

二、Windows 操作系统

Windows 系列操作系统是微软公司在 20 世纪 90 年代研制成功的图形化工作界面操作系统，俗称"视窗"。Windows 的最早历史是，1983 年宣布研制，1985 年和 1987 年分别推出 Windows 1.03 版和 Windows 2.0 版，以及随后的 3.1 等版本，但影响甚微。直到 1995 年推出 Windows 95 轰动业界，随后 1998 年 Windows 98 上市；2000 年 Windows 2000 发布；2003 年 Windows（Server，下同）2003/XP 发售；2008 年 Windows vista/2008 发行；2009 年 windows 7/2008R2 发行；2012 年 windows 8/2012 发行；2013 年 windows 8.1/2012R2 发行；2015 年 windows10 发布。

新版 Windows 被命名为 Windows 10。为什么微软直接越过 Windows 9 叫 Win10 呢？因为微软的一个错误：在微软工作人员测试 Windows 9 时，程序将 Windows 9 看成 95 或 98，导致了各种乱码与蓝屏。就这样断送了一个新系统。不过微软高管表示，Windows 8.1 就是 Windows 9。

北京时间 2015 年 7 月 29 日凌晨，微软正式发布了 Win10。它的出现彻底颠覆了之前的 Windows 命名规则。

熟悉的桌面开始菜单终于在 Win 10 正式归位，不过它的旁边新增加了一个 Metro 风格的界面，传统与现代两者在一起了。

2021 年 10 月 5 日，微软宣布 Windows 11 全面上市。

三、UNIX 和 Linux

1.UNIX 系统

UNIX 操作系统是由美国贝尔实验室在 20 世纪 60 年代末开发成功的网络操作系统，一般用于大型机和小型机，较少用于微机。与前述操作系统不同的是，由于各大厂商对 UNIX 系统的开发，UNIX 形成了多种版本，如 IBM 公司的 AIX 系统、HP 公司的 HP–UX 系统、SUN 公司的 Solaris 系统等。UNIX 系统在 70 年代用 C 语言进行了重新编写，提高了 UNIX 系统的可用性和可移植性，使之得到了广泛的应用。

UNIX 系统的主要特点如下。

（1）高可靠性。UNIX 系统主要用在大型机和小型机，这些主机一般都是作为大型企事业单位的服务器使用。而这些服务器一般都是全天候工作的，因此对它的可靠性要求是很高的。

（2）极强的伸缩性。UNIX 系统不仅仅应用于大型机和小型机，也同样适用于 PC 和笔记本电脑，且 UNIX 系统支持的 CPU 可以高达 32 个。

（3）强大的网络功能。在众多网络系统中使用的 TCP/IP 协议族是事实上的网络标准。TCP/IP 协议族就是在 UNIX 系统上开发出来的，因此 UNIX 系统具有强大的网络功能。

（4）开放性。UNIX 系统具有良好的开放性，所有技术说明具有公开性，不受任何公司和厂商的垄断，这使得任何公司都可以在其基础上进行开发，同时也促进了 UNIX 系统的发展。

2.Linux 系统

Linux 系统是类似于 UNIX 系统的自由软件，主要用于基于 Intelx86CPU 的计算机上。由于 Linux 系统具有 UNIX 系统的全部功能，而且是属于全免费的自由软件，用户不需要支付任何费用就可以得到它的源代码，且可以自由地进行修改和补充，因此得到了广大计算机爱好者的支持。经过广大计算机爱好者不断的修改和补充，Linux 系统逐渐成了功能强大、稳定可靠的操作系统。

Linux 系统的主要特点如下。

（1）完全免费。Linux 系统是全免费软件。用户不仅可以免费得到其源代码，而且可以任意修改，这是其他商业软件无法做到的。正是由于 Linux 系统的这一特征，吸引了广大的计算机爱好者对其进行不断的修改、完善和补充，使 Linux 系统得到了不断的发展。

（2）良好的操作界面。Linux 系统的操作既有字符界面也有图形界面。其图形界面类似于 Windows 系统界面，方便熟悉 Windows 系统的用户进行操作。

（3）强大的网络功能。由于 Linux 系统源于 UNIX 系统，而 UNIX 系统具有强大的网络功能，因此，Linux 系统也具有强大的网络功能。

当然，Linux 系统也有明显的不足。Windows 操作系统强大易用，在市场上占有绝大部分的份额，使得大多数软件公司都开发了支持 Windows 系统的应用软件。相对而言，支持 Linux 系统的应用软件很少，使用起来不很方便。不过，随着 Linux 系统的发展，用于 Linux 系统的第三方软件逐渐增多，Linux 的前景是十分光明的。

第二节　操作系统安全与访问控制

一、网络操作系统安全

网络操作系统的安全涉及几方面的问题，其一是操作系统本身的安全性；其二是网络操作系统所提供的网络服务的安全性；其三是如何配置操作系统使它的安全性能够得到保证。网络操作系统的安全性一般会涉及以下基本。

1．主体和客体

（1）主体。主体是指行为动作的主要发动者或施行者，包括用户、主机、程序进程等。作为用户这类主体，为了保护系统的安全，必须保证每个用户的唯一性和可验证性。

（2）客体。客体是指被主体所调用的对象，如程序、数据等。在操作系统中，任何客体都是为主体服务的，而任何操作都是主体对客体进行的。在安全操作系统中必须要确认主体的安全性，同时也必须确认主体对客体操作的安全性。

2．安全策略与安全模型

（1）安全策略。安全策略是指使计算机系统安全的实施规则。

（2）安全模型。安全模型是指使计算机系统安全的一些抽象的描述和安全框架。

3．可信计算基

可信计算基（Trusted Computing Base，TCB）是指构成安全操作系统的一系列软件、硬件和信息安全管理人员的集合，只有这几方面的结合才能真正保证系统的安全。

4．网络操作系统的安全机制

（1）硬件安全。硬件安全是网络操作系统安全的基础。

（2）安全标记。对于系统用户而言，系统必须有一个安全而唯一的标记。在用户进入系统时，这个安全标记不仅可以判断用户的合法性，而且还应该防止用户的身份被破译。

（3）访问控制。在合法用户进入系统后，安全操作系统还应该能够控制用户对程序或数据的访问，防止用户越权使用程序或数据。

（4）最小权力。操作系统配置的安全策略是使用户仅仅能够获得其工作需要的操作权限。

（5）安全审计。安全操作系统还应该做到对用户操作过程的记录、检查和审计。安全审计可以检查系统的安全性，并对事故进行记录以供网络信息安全员了解有关安全事件发生的时间、地点等信息，帮助网络信息安全员修补系统漏洞。

二、网络访问控制

1.访问控制的基本

访问控制（Access Control）是指定义和控制主体对客体的访问权限，具体可分为身份验证和授权访问。身份验证是指对访问用户进行的身份鉴别，以保证只有合法用户才能进行对系统的访问；授权访问是指对用户进入系统后所能访问的资源的控制，只有被授予了相应权限的用户才能对所授权访问的资源进行访问。

2.访问控制的分类

访问控制一般可分为自主访问控制（Discretionary Access Control）和强制访问控制（Mandatory Access Control）两种类型。

自主访问控制是指用户有权对自己所创建的对象和信息进行访问权限控制。从 1.5 节《可信计算机标准评价标准》中有关计算机安全级别分类的内容来看，自主级和 C2 级标准。

强制访问控制是指由系统对对象和信息进行强制的访问控制管理。从《可信计算机标准评价标准》来看，强制访问控制方式符合 B1 级、B2 级和 B3 级标准，系统的安全性能更高。

三、网络操作系统漏洞与补丁程序

由于网络操作系统是大型的软件系统，所包含的功能和服务众多，参与编写网络操作系统的软件开发人员人数众多、软件开发周期较长，因此虽然系统在作为商业软件推出前会做相应的测试和评估，但是由于各种原因的影响，所推出的操作系统仍然存在着一些性能上的不足和安全上的缺陷或漏洞。多数情况下正是由于网络操作系统漏洞的存在，才使得黑客有机可乘，入侵网络系统。

网络系统漏洞是指网络的硬件、软件、网络协议以及系统安全策略上的缺陷，黑客可以利用这些缺陷在没有获得系统许可的情况下访问系统或破坏系统。

1.漏洞的类型

（1）从漏洞形成的原因区分，有程序逻辑结构漏洞、程序设计错误漏洞、协议漏洞和人为漏洞。

程序逻辑结构漏洞是程序员在编制程序时，由于程序逻辑结构设计不合理或错误所造成的漏洞，如 Windows 的中文输入法漏洞。

程序设计错误漏洞是程序员在编制程序时，由于技术上的错误或代码安全意识不强所造成的漏洞，如缓存区溢出漏洞。

协议漏洞是指 TCP/IP 协议族存在的安全缺陷。TCP/IP 协议族是计算机网络的通信协议，因 TCP/IP 协议族在最初设计上主要考虑的是协议的开放性和实用性，对于安全性的考虑较少，因而在 TCP/IP 协议族中存在着很多安全方面的漏洞，如 SYN 洪泛攻击。

人为漏洞是指由于人为原因使系统存在的安全漏洞，如系统管理员密码设置过于简单、使用了没有经过检查的外来程序等。

（2）从漏洞是否为人们所知区分，有已知漏洞、未知漏洞和 0day 漏洞。

已知漏洞是指已经被人们发现的程序错误，该程序错误可能会对系统造成威胁，并且在各种安全站点、黑客站点上广为公布。对于已知漏洞，一般系统开发商会有针对性地开发出相应的程序予以修补，黑客也会开发出相应的漏洞利用程序。对于用户而言，主要的漏洞攻击来源于已知漏洞，这是由于大多数用户没有及时进行系统的升级或修补；就技术难度而言，能够利用未知漏洞进行攻击的人是很少的。

未知漏洞是指在程序中存在但还没有被人们发现的漏洞。由于用户没有针对未知漏洞的安全配置，因此未知漏洞对系统的安全性威胁是很大的。未知漏洞转换成已知漏洞是漏洞被发现的必然过程，但未知漏洞可能首先被系统开发商或安全组织发现，也可能首先被黑客组织发现。

0day 漏洞是指未知漏洞已经变成了已知漏洞，但还没有被大多数人所知，只是掌握在少数人手里的漏洞。0day 漏洞如果是刚刚被系统开发商或安全组织发现，则不一定很快就有相应的解决方案；但 0day 漏洞如果先被黑客组织发现，则系统安全可能会受到巨大的威胁。

2.WindowsNT 的典型漏洞

（1）账户数据库漏洞

①在 WindowsNT 操作系统中，用户的信息及口令均保存在 SAM（Security Accounts Management，安全账户管理）数据库中。而 SAM 数据库允许被 Administrator、Administrator、Administrator 组成员、备份操作员、服务器操作员以及所有具备数据备份权限的账户所复制。这样的 SAM 备份数据并不安全，能够被一些工具软件所破译，从而使系统的用户名及密码泄密。

解决措施：严格限制具备数据备份权限的人员账户；对 SAM 数据库的任何操作进行审计；增加密码的强度，提高密码被破译的难度。

②SAM 账户数据库能够被木马或病毒通过具有备份权限的账户所复制。

解决措施：减少有备份权限的账户上网的概率，尽量使用只有普通权限的账户上网。

（2）SMB 协议漏洞

SMB（Server Message Block，服务器消息块）是 Microsoft 公司的一种可以读取 SAM 数据库和其他一些服务器文件的协议。SMB 协议存在较多的漏洞，如不需授权就可以访问 SAM 数据库、允许远程访问共享目录、允许远程访问 Registry 数据库；另外，SMB 在验证用户身份时使用的是一种很容易被破译的加密算法。

解决措施：采取措施禁用 135 ~ 142 端口（SMB 协议需要开启 135 ~ 142 端口）。

（3）Guest 账户漏洞

Guest 账户如果处于开放状态，那么其他账户可以以 Guest 账户身份进入系统。

解决措施：给 Guest 账户设置一个复杂的密码或禁用 Guest 账户。

（4）默认共享连接漏洞

系统在默认情况下具有共享连接属性,任何用户都可以使用 "\\IPaddess\C$" "\\IPaddess\D$"等方式访问系统的 C 盘、D 盘等。

解决措施：关闭系统的默认共享连接属性。

（5）多次尝试连接次数漏洞

默认情况下系统没有对用户尝试连接系统的次数进行限制,用户可以不断地尝试连接系统。

解决措施：使用安全策略，限制连接次数。

（6）显示用户名漏洞

默认情况下系统会显示最近一次登录系统的用户名，这会给非法用户企图进入系统减少了一次安全屏障。因为非法用户尝试进入系统时只要猜测用户密码而不需猜测用户名了。

解决措施：在注册表中修改关于登录的信息，不显示曾经登录的用户名。

（7）打印漏洞

系统中具有打印操作员权限的用户对打印驱动程序具有系统级的访问权限，这会方便黑客通过在打印驱动程序中插入木马或病毒从而控制系统。

解决措施：严格限制打印操作组成员，严格审计事件记录。

3.Windows2000 的典型漏洞

（1）登录输入法漏洞

当用户登录进入系统时，可以通过使用输入法的帮助功能绕过系统的用户验证，并且能够以管理员权限访问系统。默认情况下 Windows2000 系统存在输入法漏洞，该漏洞的危害是很大的。

解决措施：删除不需要的输入法；删除输入法的相关帮助文件（存放在 C :\WINNT\help 下）；升级 Microsoft 的安全补丁。

（2）空连接漏洞

空连接是指在没有提供用户名与密码的情况下使用匿名用户与服务器建立的会话。建立空连接以后，攻击者就可以获取用户列表、查看共享资源等，从而为入侵系统做好准备。

解决措施：关闭 IPC$ 共享。

（3）Telnet 拒绝服务攻击漏洞

当 Telnet 启动连接但初始化的对话还未被复位的情况下，在一定的时间间隔内如果连接用户没有提供登录的用户名及密码，Telnet 的对话将会超时，直到用户输入一个字符后连接才会被复位。如果攻击者连接到系统的 Telnet 守护进程，并且阻止该连接复位，那么他就可以有效地拒绝其他用户连接该 Telnet 服务器，实现拒绝服务攻击。

解决措施：升级微软的安全补丁。

（4）IIS 溢出漏洞

Windows2000 存在 IIS 溢出漏洞。当使用溢出漏洞攻击工具攻击系统时，会使 Windows 开放相应的端口，从而使系统洞开，易于被攻击。

解决措施：升级微软的专用安全补丁。

（5）Unicode 漏洞

Unicode 漏洞是属于字符编码的漏洞，是由于 Windows2000 在处理双字节字符时所使用的编码格式与英文版本不同所造成的。由于 IIS 不对超长序列进行检查，因此在 URL 中添加超长的 Unicode 序列后，可绕过 Windows 安全检查。

解决措施：升级 Microsoft 公司的专用安全补丁。

（6）IIS 验证漏洞

IIS 提供了 Web、FTP 和 Mail 等服务，并支持匿名访问。当 Web 服务器验证用户失败时，将返回 "401 Access Denied" 信息。如服务器支持基本认证，攻击者将主机头域置空后，Web 服务器返回包含内部地址的信息，因此，可利用该问题对服务器的用户口令进行暴力破解。

解决措施：设置账号安全策略防止暴力破解。

（7）域账号锁定漏洞

在使用 NTLM（NTLAN Manager）认证的域中，Windows 2000 主机无法识别针对本地用户制订的域账号锁定策略,使穷举密码攻击成为可能。

解决措施:安装 Microsoft 公司的安全升级包。

(8)ActiveX 控件漏洞

ActiveX 控件主要用于支持基于网络的信用注册。当该控件被用于提交 "PKCS#10" 的信用请求,并在请求得到许可后被存放于用户信用存储区。该控件可使网页通过复杂的过程来删除用户系统的信用账号。攻击者还可建立利用该漏洞的网页,以攻击访问该站点的用户或直接将网页作为邮件发送来攻击。

解决措施:安装 Microsoft 公司的安全升级包。

4.Windows XP 的典型漏洞

Windows XP 系统总体上比前面几种系统的安全性和可管理性强很多。但随着 Windows XP 系统使用时间的推移,也逐渐暴露出不少缺陷。目前,已发现的典型漏洞有如下几种。

(1)升级程序带来的漏洞

在将 Windows XP 升级为 Windows XP Pro 时,IE5.0 会重新安装。但在系统重新安装时会将以前的漏洞补丁程序删除,并且会导致微软公司的升级服务器无法判断 IE 是否有漏洞。

解决措施:及时升级微软公司的安全补丁。

(2)UPnP 服务漏洞

UPnP(通用即插即用)是面向无线设备、PC 和智能应用的服务。该服务提供普遍的对等网络连接,在家用信息设备、办公网络设备间提供 TCP/IP 连接和 Web 访问功能,并可用于检测和集成 UPnP 硬件。在 Windows XP 系统中该服务默认是启用的,而 UPnP 协议存在安全漏洞,可使攻击者在非法获取 Windows XP 的系统级访问后发动攻击。

解决措施:禁用 UPnP 服务,及时升级 Microsoft 公司的安全补丁。

(3)压缩文件夹漏洞

Windows XP 的压缩文件夹可按攻击者的选择运行代码。在安装 "Plus!" 包的 WindowsXP 系统中,"压缩文件夹" 功能允许将 Zip 文件作为普通文件夹处理。这样的处理方法存在着如下两方面的漏洞。

①在解压缩 Zip 文件时会有未经检查的缓冲存在于程序中以存放被解压文件,因此很可能导致浏览器崩溃或攻击者的代码被运行。

②解压缩功能可以在非用户指定目录中放置文件,这样可使攻击者在用户系统的已知位置中放置文件。

解决措施:不下载或拒收不信任的 ZIP 压缩文件。

(4)服务拒绝漏洞

Windows XP 系统支持点对点协议(PPTP),该协议是作为远程访问服务实现的 VPN 技术协议。由于在控制用于建立、维护和拆除 PPTP 连接的代码段中存在未经检查的缓存,导致 WindowsXP 的实现中存在漏洞。通过向一台存在该漏洞的服务器发送不正确的 PPTP 控制数据,攻击者可损坏核心内存并导致系统失效,中断所有系统中正在运行的进程。

该漏洞可攻击任何一台提供 PPTP 服务的服务器,对于 PPTP 客户机,攻击者只需激活 PPTP 会话即可进行攻击。对遭到攻击的系统,可以通过重启来恢复正常。

解决措施:不启动默认的 PPTP。

（5）Windows Media Player 漏洞

Windows Media Player 是 Windows 中的媒体播放软件。在 WindowsXP 系统中，Windows Media Player 漏洞主要产生两个问题。一是信息泄漏，它给攻击者提供一种可在用户系统上运行代码的方法；二是脚本执行，当用户选择播放一个特殊的媒体文件，又浏览一个特殊建造的网页时，攻击者就可利用该漏洞运行脚本。

解决措施：将要播放的文件先下载到本地再播放。

（6）虚拟机漏洞

当攻击者在网站上拥有恶意的"Java Applet"并引诱用户访问该站点时，可通过向 JDBC（Java Data Base Connectivity）类传送无效的参数使宿主应用程序崩溃。这样，攻击者可以在用户机器上安装任意 DLL，并执行任意的本机代码，潜在地破坏或读取内存数据。

解决措施：经常进行相关软件的安全更新。

（7）热键漏洞

热键是系统为方便用户的操作而提供的服务功能。但设置热键后，由于 WindowsXP 的自注销功能，可使系统"假注销"，其他用户即可通过热键调用程序。虽然无法进入桌面，但由于热键服务还未停止，仍可使用热键启动应用程序。

解决措施：关闭不需要的热键功能；启动屏幕保护功能，并设定密码。

（8）账号快速切换漏洞

Windows XP 具有账号快速切换功能，使用户可快速地在不同的账号间进行切换。该切换功能的设计存在问题，使用时易造成账号锁定，使所有非管理员账号均无法登录。

解决措施：禁用账号快速切换功能。

5. 补丁程序

补丁程序是指对于大型软件系统在使用过程中暴露的问题而发布的解决问题的小程序。就像衣服烂了就要打补丁一样，软件也需要。软件是软件编程人员所编写的，编写的程序不可能十全十美，所以也就免不了会出现 BUG，而补丁就是专门修复这些 BUG 的。补丁是由软件的原作者编制的，因此可以访问他们的网站下载补丁程序。

按照对象分类，补丁程序可分为系统补丁和软件补丁。系统补丁是针对操作系统的补丁，软件补丁是针对应用软件的补丁。

按照安装方式分类，补丁程序可分为自动更新的补丁和手动更新的补丁。对于自动更新的补丁，只需要在系统连接网络后，单击"开始"→"Windows Update"即可。对于需要手动更新的补丁，则需要先到软件提供商的网站上下载相应的补丁程序，再在本机上执行。

按照补丁的重要性分类，补丁程序可分为高危漏洞补丁、功能更新补丁和不推荐补丁。高危漏洞补丁是一定要安装的补丁；功能更新补丁是可以选择安装的补丁；不推荐补丁可能不成熟，在安装前需要认真考虑是否真的需要。

第三节　网络操作系统的安全设置实例

Windows 系统的安全设置一般可以通过管理电脑属性、配置组策略、修改注册表的方式进行。下面介绍常用的操作系统安全设置方法。

一、Windows 系统的安全设置

1. 通过管理电脑属性来实现系统安全

管理电脑属性的操作方法：右键单击"我的电脑"，选择"管理"，出现"计算机管理"界面。

（1）关闭 Guest 账户

Guest 账户是 Windows 系统安装后的一个默认账户。客户可以使用该账户，攻击者也可以使用该账户。使用 Guest 账户连接网络系统时，服务器不能判断连接者的身份，因此，为了安全起见最好关闭该账户。

第 1 步：展开"本地用户和组"，单击"用户"，在右面的窗口中显示目前系统中的用户信息，图标上有"×"的用户表示已经停用。

第 2 步：停用 Guest 账户。右键单击"Guest"，选择"属性"，出现"Guest 属性"窗口；勾选"账户已禁用"，单击"确定"按钮，Guest 账户即被停用（图标上有"×"）。

（2）修改管理员账户

Windows 系统默认的管理员账户是"Administrator"且不能删除，在 Windows2000 中甚至不能停用。为了减少系统被攻击的风险，将默认的管理员账户改名是很有必要的。右击"Administrator"，选择"重命名"，在用户名 Administrator 处出现闪烁的光标，即可修改 Administrator 的名称。必要时，再给 Administrator 设置一个高强度的密码。

（3）设置陷阱账户

所谓"陷阱"，就像生活中猎人挖的陷阱一样，是专门给猎物预备的。新建一个账户作为陷阱账户，名称不妨就叫作"Administrator"，但它不属于管理员组而仅仅是一个有最基本权限的用户，其密码设置得复杂一些。当攻击者检测到系统中有 Administrator 账户时，就会花大力气去破解，这样网络管理员就可以采取反追踪措施去抓住攻击者，即使 Administrator 账户被破解也没有关系，因为这个账户根本就没有任何权限。

（4）关闭不必要的服务

作为网络操作系统，为了提供一定的网络服务功能，必须要开放一些服务。从安全角度出发，开放的服务越少，系统就越安全。因此，有必要将不需要的服务关闭。

展开"计算机管理"→"服务和应用程序"→"服务"，在右面窗口中即可看到系统服务的内容。Windows XP 和 Windows 2003 中可以禁用的服务。

（5）关闭不必要的端口

计算机之间的通信必须要开放相应的端口。但从安全角度考虑，系统开放的端口越少就越安全，因此有必要减少开放的端口，或从服务器角度出发指定开放的端口。如果不清楚某个端口的作用，可以在 Windows\system32\drivers\etc 中找到 services 文件并使用记事本打开，就可以得知某项服务所对应的端口号及使用的协议。关闭开放端口的操作如下。

第1步：依次单击"开始"→"设置"→"网络连接"，右键单击"本地连接"，选择"属性"，找到"Internet 协议（TCP/IP）属性"，单击"高级"按钮；在出现的窗口中，选择"选项"子项。

第2步：单击"属性"按钮，勾选"启用 TCP/IP 筛选"项。

第3步：如果主机是 Web 服务器，只开放 80 端口，则可单击"TCP 端口"上方的单选项"只允许"，再单击"添加"按钮。在出现的"添加筛选器"对话框中填入端口号 80，单击"确认"按钮即可。

（6）设置屏幕保护密码

当网络管理员暂时离开主机时，为了保证系统不被其他人操作，需要设置屏幕保护密码。设置屏幕保护密码的操作如下。

右键单击"桌面"空白处，选择"属性"，在对话框里选择"屏幕保护程序"选项卡。在"屏幕保护程序"栏的下拉菜单选择屏幕保护时采用的程序；在"等待"框里输入执行屏幕保护的时间（单位分钟），并勾选"在恢复时使用密码保护"。这样，当系统检测到"等待"时间内主机没有执行任何操作时，系统就会自动执行屏幕保护程序。系统执行屏幕保护程序后，用户要操作该主机必须再输入登录用户的密码，方可解开屏保。

但"屏幕保护程序"也存在着一定安全隐患，因为执行屏幕保护程序的时间间隔最少是 1 分钟，即当管理员离开主机 1 分钟后屏幕保护程序才启动。如果非法用户在 1 分钟以内操作主机，屏幕保护程序就不起作用了。这样，用户只有采用其他方式锁定系统。

2. 通过管理组策略来实现系统安全

打开组策略：单击"开始"→"运行"，在"运行"里输入"gpedit.msc"，按"确定"按钮后即可出现"组策略"编辑器界面。

（1）配置系统密码策略

配置系统密码策略的目的是使用户使用符合策略要求的密码，以免出现某些用户设置的密码过于简单（弱口令）等问题。配置系统密码策略的操作如下。

第1步：打开"密码策略"。在"组策略"编辑器中依次展开"计算机配置"→"Windows 设置"→"安全设置"→"账户策略"→"密码策略"，在右侧窗口中显示可进行配置的密码策略。

第2步：配置密码复杂性要求。右键单击"密码必须符合复杂性要求"，选择"属性"，出现窗口。选中"已启用"，再单击"应用"→"确定"，即可启动密码复杂性设置。

注意：执行此项安全设置后，用户在设置密码时必须符合相应的规则才能成功，如密码不能与账户同名、长度至少是 6 位字符、至少使用三种类型的字符（字母区分大小写）等。

第3步：配置密码最小长度。右键单击"密码长度最小值"，选择"属性"。输入字符的长度最小值，再单击"应用"→"确定"即可。

第4步：配置密码最长使用期限。右键单击"密码最长存留期"，选择"属性"。输入密码的过期时间（本例为 30 天，系统默认为 42 天），单击"确定"即可。

第 5 步：配置密码最短使用期限。配置"密码最短存留期"的方法类似于"密码最长存留期"。"密码最短使用期限"是指用户在更改密码前使用的时间（单位是天）。"密码最短使用期限"是"0"则意味着用户可以立即修改密码。另外，"密码最短使用期限"必须小于"密码最长使用期限"（本例为 5），除非"密码最长使用期限"为 0。

第 6 步：配置强制密码历史。右键单击"强制密码历史"，选择"属性"，出现窗口；选择"保留密码历史"的数字（本例为 3），再"确定"即可。"强制密码历史"的意思是用户在修改密码时必须满足所规定记住密码的个数而不能再次使用旧密码。本例选定"3"，说明用户必须在第 4 次更换密码时才能重复使用第 1 次使用过的密码。

上述系统"密码策略"的各项配置结果。

（2）配置系统账户锁定策略

第 1 步：展开账户锁定策略。在"组策略"编辑器中依次展开"计算机配置"→"Windows 设置"→"安全设置"→"账户策略"→"账户锁定策略"，在右侧窗口中显示可进行配置的账户策略。

第 2 步：配置账户锁定阈值。右键单击"账户锁定阈值"，选择"属性"。

输入无效登录锁定账户的次数，单击"应用"→"确定"即可。"账户锁定阈值"规定的是当用户登录系统时，导致账户被锁定的登录失败的次数。这样可避免非法用户无限制的进行密码尝试。这类似于日常生活中人们在 ATM 机上取款时允许输入错误密码的次数。

第 3 步：配置账户锁定时间。右键单击"账户锁定时间"，选择"属性"，出现窗口，设定时间后点击"确定"按钮。"账户锁定时间"是指用户登录系统时到达锁定阈值后，账户被锁定的时间（分）。该参数必须在设置"账户锁定阈值"后才能设置，如果"账户锁定时间"为 0，意味着此账户会一直锁定直至管理员解除对此账户的锁定。

第 4 步：配置复位账户锁定计数器。右键单击"复位账户锁定计数器"，选择"属性"，出现窗口，设定时间后点击"确定"按钮。"复位账户锁定计数器"是指当用户账户被锁定后将用户登录失败计数器复位到 0 所需要的时间（分）。该时间必须小于等于"账户锁定时间"。该参数必须在设置"账户锁定阈值"后才能设置。

（3）配置审核策略

审核策略是对系统发生的事件或进程进行记录的过程，网络管理员可以根据对事件的记录检查系统发生故障的原因等，这可对维护系统起到参考作用。

在"组策略"编辑器中依次展开"计算机配置"→"Windows 设置"→"安全设置"→"本地策略"→"审核策略"，在右侧窗口中显示可进行配置的审核策略。

在"审核策略"中可配置项较多，实际应用中需要配置多少"审核策略"项，由网络管理员根据具体情况确定。审核策略包括"审核策略更改""审核登录事件""审核对象访问"等项。具体审核策略项的安全设置一般包括"无审核""成功""失败"等。"成功"项是指对事件或进程成功的情况下进行记录；"失败"项是指对事件或进程失败的情况下进行记录。

下面仅举例说明配置审核策略项的方法：右键单击某项策略，如"审核登录事件"，选择"属性"，出现属性窗口。勾选所选项，单击"确定"按钮。出现窗口，系统对登录成功和失败的事件都会进行记录。

（4）用户权限分配

用户权限分配是对系统中用户或用户组的权限进行分配的策略项。一般情况下可采用默认设置，网络管理员也可根据系统的实际情况进行修改。

配置方法：在"组策略"编辑器中依次展开"计算机配置"→"Windows 设置"→"安全设置"→"本地策略"→"用户权利指派"项，在右侧窗口中显示出系统默认用户（组）所具有的权限。"用户权限分配"中的配置策略项较多，在实际网络系统中需要配置多少"用户权限分配"项，可由网络管理员根据实际情况对系统中"用户权限分配"的各策略项进行配置。

（5）配置"安全选项"

配置方法：在"组策略"编辑器中依次展开"计算机配置"→"Windows 设置"→"安全设置"→"本地策略"→"安全选项"。在右侧窗口中显示可配置的安全选项策略。"安全选项"中的配置项较多，在实际网络系统中需要配置多少"安全选项"项，需要网络管理员根据实际情况进行判断和配置，下面仅举例说明。

①不显示系统最后登录的用户账户

默认情况下，系统保留最后一个登录用户的账户。但这样会使非法用户在尝试登录系统时，可以利用已知用户账户，只需尝试用户的密码即可，使系统减少了一层安全屏障。可以采用配置安全策略方法使系统不显示最后一个登录系统的用户账户。其配置操作如下。

右键单击策略里的"交互式登录：不显示上次的用户名"，选择"属性"。在出现的窗口中点选"已启用"，再单击"应用"→"确定"按钮，该项策略已启用。

②配置安全选项，使光驱不能被远程使用

在"安全选项"里右键单击"设备：只有本地登录的用户才能访问 CD-ROM"项，选择"属性"；选中"已启用"，再单击"应用"→"确定"按钮，该项策略"已启用"。

（6）配置只允许用户执行的程序

在 Windows2003 系统中，可对用户设置可以执行的程序，这样用户就只能执行配置中所规定的程序，从而增强系统的安全性。该类的配置操作如下。

第 1 步：在"组策略"编辑器中依次展开"用户配置"→"管理模板"→"系统"，在右侧窗口中列出众多"设置"项及其"状态"。

第 2 步：右键单击"设置"项中的"只运行许可的 Windows 应用程序"，选择"属性"。

在出现的"属性"窗口里选中"已启用"，再单击"显示"按钮，出现"显示内容"窗口。

第 3 步：在"显示内容"窗口中单击"添加"按钮，在"添加项目"对话框中输入允许用户执行的程序，单击"确定"按钮即可。

（7）隐藏驱动器

在工作中有时因特殊用途，会对用户隐藏一些驱动器，在组策略中可以实现这一目的，其配置操作如下。

第 1 步：在"组策略"编辑器中依次展开"用户配置"→"管理模板"→"Windows 组件"→"Windows 资源管理器"，在右侧窗口列出很多"设置"项及其"状态"。

第 2 步：右键单击"设置"项中的"隐藏'我的电脑'中的这些指定的驱动器"，选择"属性"。

第 3 步：在出现的属性窗口中打开"设置"选项卡，选中"已启用"，并在"选择下列组合中的一个"下拉菜单中选择设置限制项，最后单击"确定"按钮即可。

（8）配置开始菜单和任务栏

在某些特殊场所应用中，需要对"开始菜单"和"任务栏"做特殊的管理。如在网吧，一般不允许用户使用"运行"命令，不允许注销用户等，这些要求都可以通过配置组策略来实现。

第1步：在"组策略"编辑器中依次展开"用户配置"→"管理模板"→"任务栏和『开始』菜单"，在右侧窗口中显示出很多"设置"项及其"状态"。

第2步：如果需要在开始菜单中取消"搜索"命令，则配置"从『开始』菜单中删除'搜索'菜单"为"已启用"即可。

第3步：如果需要在开始菜单中取消"注销"命令，则配置"删除『开始』菜单上的'注销'"为"已启用"即可。

3．通过管理注册表来实现系统安全

注册表（Registry）是 Windows 系统中的重要数据库，用于存储计算机软硬件系统和应用程序的设置信息。因此，用户在不清楚某项注册表含义的情况下，切勿进行修改或删除，否则系统可能被破坏。

（1）注册表的结构

单击"开始"→"运行"，输入"Regedit"并执行，即可进入注册表编辑器。

在左侧窗口中由"我的电脑"开始，以下是五个分支，每个分支名都以 HKEY 开头（称为主键），展开后可以看到主键还包含多级的次键（Sub KEY），注册表中的信息就是按照多级的层次结构组织的。当单击某一主键或次键时，右边窗口中显示的是所选主键或次键包含的一个或多个键值（Value）。键值由键值名称（Value Name）和数据（Value Data）组成。

①主键 HKEY_CLASSES_ROOT。该主键用于管理文件系统，记录的是 Windows 操作系统中所有的数据文件信息。当用户双击一个文档或程序时，系统可以通过这些信息启动相应的应用程序来打开文档或程序。

②主键 HKEY_CURRENT_USER。该主键用于管理当前用户的配置情况。在该主键中可以查阅当前计算机中登录用户的相关信息，包括个人程序、桌面设置等。

③主键 HKEY_LOCAL_MACHINE。该主键用于管理系统中所有硬件设备的配置情况，该主键中存放用来控制系统和软件的设置，如总线类型、设备驱动程序等。由于这些设置是针对使用 Windows 系统的用户而设置的，是公共配置信息，与具体用户无关。

④主键 HKEY_USER。该主键用于管理系统中所有用户的配置信息。系统中每个用户的信息都保存在该文件夹中，如用户使用的图标、开始菜单的内容、字体、颜色等。

⑤主键 HKEY_CURRENT_CONFIG。该主键用于管理当前用户的系统配置情况，其配置信息是从 HKEY_LOCAL_MACHINE 中映射出来。

（2）注册表的备份与还原（导出与导入）

因为注册表中保存的是操作系统的重要配置信息，在对注册表进行操作前最好先对注册表做好备份。下面介绍注册表的备份及还原操作。

①导出注册表（备份）

单击注册表中的"文件"菜单，选择"导出"，出现窗口，选择保存路径，并在"文件名"框中输入所保存的注册表文件的名称；再选择导出范围（全部或分支）；最后单击"保存"按钮。这样就完成了注册表的导出工作。

②导入注册表（恢复）

当注册表出现错误时，可以将原来导出的注册表进行导入（恢复）操作以恢复注册表。

单击注册表中的"文件"菜单，选择"导入"；在出现的窗口中，查找到原来所导出的注册表文件；点击"打开"按钮。这样就完成了注册表的导入工作。

（3）利用注册表进行系统的安全配置

①清除系统默认共享

Windows 系统在默认情况下会产生默认的共享文件夹。虽然这个默认的共享文件夹在"网上邻居"中是不可见的，那只不过是因为在默认的共享文件夹名字后加了一个"$"符号的缘故，但是对于熟悉 Windows 系统的用户来说这种不可见只是一个摆设而已。攻击者可以通过使用"\\IP 地址 \ 共享名"的方式进入共享文件夹。系统的默认共享内容就是系统主机的盘符，如 C$ 就是 C 盘、D$ 就是 D 盘，因为系统的默认共享对于系统的安全性的危害是相当大的，因此有必要将系统的默认共享清除。清除系统默认共享有如下几种方法。

方法 1：右键单击"我的电脑"，选择"管理"，展开"共享文件夹"，选择"共享"，出现窗口。在右侧窗口中可以看见系统共享文件夹 C$ 的共享路径实际上就是系统的 C 盘根目录。右键单击右侧窗口的 C$，在出现的菜单中选择"停止共享"，即可清除系统的默认共享。

这种清除默认共享的方法操作简便，但不是一劳永逸的，因为在系统每一次启动后都需进行一次这样的操作。

方法 2：在系统字符界面下，执行删除默认共享的命令，并将其做成一个批处理命令，放到系统的"启动"程序中。这样系统每次启动时会首先执行"启动"中的程序，就可删除系统默认共享。

方法 3：通过修改注册表实现：在注册表中展开"HKEY_LOCAL_MACHINE\SYSTEM\CurrentControlSet\Services\Lanmanserver\parameters"注册表项，双击右窗格中的"AutoShareServer"，将其键值改为"0"即可。利用这种方法清除默认共享是一劳永逸的。

②禁止建立空连接

前文已经提到，"空连接"实质上是建立的匿名连接。在 Windows 系统中，IPC$（InternetProcessConnection）是共享"命名管道"的资源，它是为了让进程间通信而开放的命名管道。

可以通过验证用户名和密码获得相应的权限，在远程管理计算机和查看计算机的共享资源时使用。利用 IPC$，连接者可以与目标主机建立一个空的连接而无需用户名与密码。利用这个空连接，连接者还可以得到目标主机上的用户列表。Windows 系统默认情况下是开放 IPC$ 的，通常所说的空连接漏洞就是指 IPC$ 漏洞。

禁止建立空连接的方法：在注册表中展开"HKEY_LOCAL_MACHINE\SYSTEM\CurrentControlSet\Control\LSA"注册表项，双击右侧窗口中的"RestrictAnonymous"，将其键值改为"1"即可。

③不显示系统最后登录的用户账户

第 1 步：在注册表中展开"HKEY_LOCAL_MACHINE\SOFTWARE\Microsoft\WindowsNT\CurrentVersion\Winlogon"，右键单击"Winlogon"，选"新建"→"字符串值"。

第 2 步：在右侧窗口中，出现"新值 #1"项。右键单击"新值 #1"项，选择"重命名"，

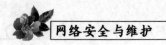

输入新名称"DONTDISPLAYLASTUSERNAME";再右键单击该项,选择"修改"。在出现的将"数值数据"框中输入 1,单击"确定"按钮即可。

④禁止光盘的自动运行

默认情况下,当光盘插入到计算机时,Windows 会执行自动运行功能,光盘中的应用程序就会被自动运行。这样,如果光盘中的应用程序具有危害性,系统的安全性就会到了威胁。

通过修改注册表,就可以达到禁止光盘自动运行的目的。在注册表中展开"HKEY_LOCAL_MACHINE\SYSTEM\CurrentControlSet\Services\Cdrom"。

右键单击右侧窗口的"AutoRun",选择"修改"。在出现的"编辑 DWORD 值"窗口的"数值数据"数据框中填入 0,即可禁止光盘的自动运行。

⑤防止 U 盘病毒传播

随着 U 盘应用的普及,U 盘病毒也越来越猖獗。因为在 U 盘根目录下有一个 Autorun.inf 文件,当用户双击 U 盘图标时,该文件就会启动其中所指向的执行文件。可通过修改注册表来禁止 Autorun.inf 文件的自动执行。在注册表中展开"HKEY_CURRENT_USER\Software\Microsoft\Windows\CurrentVersion\Explorer\MountPoints2",右键单击"MountPoints2",选择"权限",出现权限窗口。将 Administrator 和 Administrators 的"完全控制"和"读取"权限均设置为"拒绝",再单击"确定"按钮即可。

⑥禁止木马病毒程序的自行启动

很多木马病毒程序都是随操作系统的启动而启动的,这是由于它们能够通过注册表中的 RUN 值进行加载而实现自启动。通过修改注册表的权限,可以限制它们的自启动。在注册表中展开"HKEY_LOCAL_MACHINE\Software\Microsoft\Windows\CurrentVersion\Run"。右键单击"Run",选择"权限",出现窗口。单击"添加"按钮,添加一个"Everyone"用户组,将"Everyone"用户组的"完全控制"和"读取"权限设置为拒绝,再单击"确定"按钮即可。

⑦修改系统默认的 TTL 值

TTL(生存时间)是 IP 协议包中的一个值,其作用是提醒系统,数据包在网络中传输的时间是否太长而应被丢弃。当人们对网上主机进行 Ping 操作时,本地机器会发出一个数据包,数据包经过一定数量的路由器传送到目的主机。当数据包通过一个路由器后,TTL 值就自动减 1。如果 TTL 值减少到"0"时,数据包还没有传送到目的主机,那么数据包就自动丢弃。当人们使用 Ping 工具连接时,Ping 的结果会显示对方系统的 TTL 值。

⑧禁止远程修改注册表

为了保护系统安全,一般情况下应该拒绝远程用户修改注册表。其操作步骤为:在注册表中展开"HKEY_LOCAL_MACHINE\SYSTEM\CurrentControlSet\Control\Secure pipeservers\winreg"项。新建"DWORD"项,将其名称命名为"RemoteRegAccess",其值取为"1"。这样,系统即可拒绝远程修改注册表。

⑨禁止操作注册表编辑器

为了保护系统的安全,系统管理员应该禁止一般用户操作注册表。其操作步骤为:打开注册表"HKEY_CURRENT_USER\Software\Microsoft\Windows\CurrentVersion\Policies",新建"system"项。在"system"项新建"DWORD"项,名称命名为"Disableregistrytools",取值为"1"。这样,重新启动系统后,在用户操作注册表编辑器时将提示不允许操作。

⑩禁止操作组策略编辑器

网络管理员可以通过对组策略的配置来管理系统的许多功能。为了不使一般用户滥用组策略编辑操作，可通过对注册表的配置来限制对组策略的使用。其操作步骤为：打开注册表"HKEY_CURRENT_USER\Software\Policies\Microsoft\MMC"，在"MMC"项新建"DWORD"项，名称命名为"RestrictToPermittedSnapins"，取值为"1"。重新启动系统后，在一般用户操作组策略时将提示不允许操作。

二、Linux 系统的安全设置

Linux 系统在大多数人看来比 Windows 系统安全，不像 Windows 系统那样经常爆出安全漏洞，经常发布安全补丁。其实，从技术角度看，它们的安全性能差不多，都属于 C2 安全级系统。Windows 系统之所以被认为安全性能较差，主要是因为使用和研究 Windows 的人数众多，被研究和发现的系统漏洞自然就多。Linux 系统的安全性也值得关注，本节简单介绍 Linux 系统的安全性问题。

1．BIOS 的安全

虽然有很多种工具可以读取 BIOS 的密码，也有很多的 BIOS 有通用密码，但是设置 BIOS 密码保护是必要的。设置 BIOS 密码后可以防止通过在 BIOS 改变启动顺序，而从其他设备启动。这就可以阻止别人试图用特殊的启动盘启动系统，还可以阻止别人进入 BIOS 改动其中的设置。

系统安装完毕后，除了硬盘启动外，要在 BIOS 中禁止除硬盘以外的任何设备启动。

2．加载程序的启动

启动加载程序时尽量使用 GRUB 而不使用 LILO。虽然它们都可以加入启动口令，但是 LILO 在配置文件中使用明文口令，而 GRUB 是使用 MD5 算法加密的。加密码保护后可以防止使用被定制的内核来启动系统，并在没有其他操作系统的情况下，将启动等待时间设为 0。LILO 的配置文件在 /etc/lilo.conf 中，GRUB 的配置文件在 /boot/grub/grub.conf 中。

（1）编辑 lilo.conf 文件

```
boot=/dev/had
map=/boot/map
install=/boot/boot.b
time-out=00# 把启动等待时间设为 0
prompt
Default=linux
restricted# 增加此行
password=# 设置密码
image=/boot/vmlinuz-2.2.14-12
label=linux
initrd=/boot/initrd-2.2.14-12.img
root=/dev/hda6
read-only
```

（2）将密码设置为 root 权限读取

#chmod600/etc/lilo.conf

（3）更新系统

#/sbin/lilo‑v

（4）将"/etc/lilo.conf"文件变为不可改变

#chattr+i/etc/lilo.conf

3．sudo 的使用

尽量不要对用户分配 root 权限，但有时用户会使用一些需要 root 权限的命令。sudo 是一种以限制在配置文件中的命令为基础，在有限时间内给用户使用并且记录到日志中的工具，其配置在 /etc/sudoers 文件中。当用户使用 sudo 时，需要输入自己的口令以验证使用者身份，随后可以使用定义好的命令。当使用配置文件中没有的命令时，将会有报警的记录。

4．限制 SU 用户个数

SU（替代用户）命令允许用户成为系统中其他已存在的用户。如果不希望任何人通过 SU 命令改变为 root 用户或对某些用户限制使用 SU 命令，可以在 SU 配置文件（在"/etc/pam.d/"目录下）的开头添加如下两命令行。

auth sufficient /lib/security/pam_rootok.so debug

auth required /lib/security/Pam_wheel.so group=wheel

这样，只有"wheel"组的成员可以使用 SU 命令成为 root 用户。可将允许的用户添加到"wheel"组，这些用户就可以使用 SU 命令成为 root 用户。

5．系统登录安全

通过修改 /etc/login.defs 文件可以对登录错误延迟、记录日志、登录密码长度限制、过期限制等进行设置，以增加系统安全性。

/etc/login.defs

PASS_MAX_DAYS90# 设置登录密码有效期为 90 天

PASS_MIN_DAYS0# 设置登录密码最短修改时间

PASS_MIN_LEN8# 设置登录密码最小长度为 8 位

PASS_WARN_AGE5# 设置登录密码过期提前 5 天提示修改

FAIL_DELAY10# 设置登录错误时等待时间 10 秒

FAILLOG_ENAByes# 将登录错误记录到日志

6．关闭不必要的服务

安装 RedHatLinux 后会有上百个服务进程，但服务越多开放的端口就越多，安全隐患就越大。因此系统只保留必要的服务就可以了。使用"chkconfig‑list"命令可以查看系统打开的服务进程；使用"chkconfig‑del"命令可以删除指定的服务进程。

7．删除不必要的用户和组

Linux 系统可以删除的用户有 news、uucp 和 gopher，可以删除的组有 news、uucp 和 dip。

Linux 系统删除用户的命令为 userdel‑rusername；删除组的命令为 groupdel‑rgroupname。

8．限制 NFS 服务

如果希望禁止用户任意地共享目录，可以增加对 NFS 的限制，锁定 /etc/exports 文件，并取消事先定义共享的目录。如果不希望用户共享，只限制用户访问，就需要修改 NFS 的启动脚本，编辑 /etc/init.d/nfs 文件，找到守护进程一行并将其注释掉。

/etc/init.d/nfs

#daemonrpc.nfsd$RPCNFSDCOUNT

9．密码安全

Linux 在默认安装时其密码长度是 5 个字节，但该长度稍短，需要对密码长度进行修改。修改最短密码长度要编辑 login.defs 文件，将密码长度由 5 改为 8 的操作为。

PASS_MIN_LEN 5 改为

PASS_MIN_LEN 8

10．禁止显示系统欢迎信息

修改 "/etc/inetd.conf" 文件，将命令行

telnet stream tcp nowait root /usr/sbin/tcpd in.telnetd

修改为

telnet stream tcp nowait root /usr/sbin/tcpd in.telnetd –h

11．禁止未经许可的删除或添加服务

chattr +i /etc/services

12．禁止从不同的控制台登录 root

"/etc/securetty" 文件允许定义 root 用户可以从哪个 TTY 设备登录。通过编辑 "/etc/securetty" 文件，将不需要登录的 TTY 设备前添加 "#" 标志，从而禁止从该 TTY 设备登录 root。

13．禁止使用 Control－Alt－Delete 命令

在 "/etc/inittab" 文件中将命令行

ca：：ctrlaltdel：/sbin/shutdown–t3–rnow

改为

#ca：：ctrlaltdel：/sbin/shutdown–t3–rnow

然后，使命令生效：

#/sbin/init q

14．给 "/etc/rc.d/init.d" 下的 script 文件设置权限

给执行或关闭启动时执行的程序 script 文件设置权限。使只有 root 用户才允许读、写和执行该目录下的 script 文件。

#chmod–R700/etc/rc.d/init.d/*

15．隐藏系统信息

默认情况下当用户登录到 Linux 系统时，会显示该 Linux 系统的名称、版本、内核版本、服务器名称等信息。这些信息足以使攻击者了解并入侵系统，因此需要通过修改配置使系统只

显示一个"login："提示符而不显示其他任何信息。

（1）编辑"/etc/rc.d/rc.local"文件，在下面显示的每一行前加一个"#"符号，把输出信息的命令注释掉。

This will overwrite /etc/issue at every boot. So, make any changes you

want to make to /etc/issue here or you will lose them when you reboot

#echo "" > /etc/issue

#echo "$R" >> /etc/issue

#echo "Kernel $（uname –r）on $a $（uname – m）" >> /etc/issue

#

#cp –f /etc/issue /etc/issue.net

echo >> /etc/issue

（2）删除"/etc"目录下的"isue.net"和"issue"文件。

rm –f /etc/issue

rm –f /etc/issue.net

16．阻止系统响应 Ping 请求

Ping 命令是经常使用的命令，攻击者通过使用 Ping 命令可以判断对方是否在线，从而再进一步实施攻击行为。在 Linux 系统中，可以通过修改 /etc/rc.d/rc.local 文件，使系统不响应 Ping 请求，从而使攻击者无法判断主机是否在线。修改该文件的方法如下。

e cho 1 > ; /proc/sys/net/ipv4/icmp_echo_ignore_all

第九章　网络数据库安全

在当今信息时代，几乎所有企事业单位的核心业务处理都依赖于计算机网络系统。在计算机网络系统中最为宝贵的就是数据。

数据在计算机网络中具有存储和传输两种状态。当数据在数据库中保存时，处于存储状态；而在与其他用户或系统交换时，数据处于传输状态。无论是数据处于存储状态还是传输状态，都可能会受到安全威胁，因此就要保护数据库系统中的数据安全。

第一节　数据库安全概述

　　人为错误、硬盘损毁、电脑病毒、自然灾难等都有可能造成数据库中数据的丢失。如果丢失了系统文件、客户资料、技术文档、人事档案文件、财务账目文件等，企事业单位的业务将难以正常进行。因此，所有的企事业单位管理者都应采取数据库的有效保护措施，使得事件发生后，能够尽快地恢复系统中的数据，恢复系统的正常运行。

　　为了保护数据安全，可以采用很多安全技术和措施。这些技术和措施主要有数据完整性技术、数据备份和恢复技术、数据加密技术、访问控制技术、用户身份验证技术、数据的真伪鉴别技术和并发控制技术等。

一、数据库安全

1. 数据库安全的

　　数据库安全是指数据库的任何部分都不会受到侵害，或未经授权的存取和修改。数据库安全性问题一直是数据库管理员（DBA）所关心的问题。

　　数据库是按照数据结构组织、存储和管理数据的仓库。人们时刻都在和数据打交道，如存储在个人掌上电脑（PDA）中的数据、家庭预算的电子数据表等。对于少量、简单的数据，如果与其他数据之间的关联较少或没有关联，则可将它们简单地存放在文件中。普通记录文件没有系统结构来系统地反映数据间的复杂关系，也不能强制定义个别数据对象。但是企业数据都是相关联的，不可能使用普通的记录文件来管理大量的、复杂的系列数据，比如银行的客户数据、生产厂商的生产控制数据等。

　　数据库管理系统（DBMS）已经发展了三十多年。在关系型数据库中，数据项保存在行中，文件就像是一个表。关系被描述成不同数据表间的匹配关系。区别关系模型和网络及分级型数据库的重要一点，就是数据项关系可以被动态的描述或定义，而不需要因为结构改变而重新加载数据库。DBMS是专门负责数据库管理和维护的计算机软件系统，是数据库系统的核心。它不仅负责数据库的维护工作，还能保护数据库的安全性和完整性。

　　数据库安全主要包括数据库系统的安全性和数据库数据的安全性两层含义。

　　数据库系统的安全性要求在系统级控制数据库的存取和使用，应尽可能地堵住潜在的各种漏洞，防止非法用户利用这些漏洞侵入数据库系统，保证数据库系统不因软硬件故障及灾害的影响而使系统不能正常运行。数据库系统安全包括硬件运行安全、物理控制安全、操作系统安全、灾害和故障恢复、防止电磁信息泄漏等。

　　数据库数据的安全性措施应能确保在数据库系统关闭后，数据库数据存储媒体被破坏时或数据库用户误操作时，数据库数据信息不至于丢失。数据库数据的安全性要求在对象级控制数据库的存取和使用的机制，哪些用户可存取指定的模式对象及在对象上允许有哪些操作类型。数据库数据安全包括有效的用户名／口令鉴别、用户访问权限控制、数据存取权限控制、审计跟踪和数据加密等。

2．数据库系统的缺陷和威胁

网络数据库一般采用客户机／服务器（C/S）模式。在 C/S 结构中，客户机向服务器发出请求，服务器为客户机提供完成这个请求的服务。如当某用户查询信息时，客户机将用户的要求转换成一个或多个标准的信息查询请求，通过网络发给服务器，服务器接到客户机的查询请求后，完成相应操作，并将查出的结果通过网络回送给客户机。

大多数企业、组织以及政府部门的电子数据都保存在各种数据库中。这些数据包含一些敏感信息，比如员工薪水、医疗记录、员工个人资料等。数据库服务器还掌握着敏感的金融数据，包括交易记录、商业事务和账号数据，以及专业信息、市场计划等资料。

（1）数据库的安全漏洞和缺陷

常见的数据库安全漏洞和缺陷如下。

忽略数据库的安全。人们通常认为只要把网络和操作系统的安全搞好了，所有的应用程序也就安全了。现在的数据库系统会有很多方面因误用或漏洞影响到安全，而且常用的关系型数据库都是"端口型"的，这就表示任何人都能绕过操作系统的安全机制，利用分析工具试图连接到数据库上。

没有内置一些基本安全策略。由于常用数据库系统都是"端口型"的，操作系统核心安全机制不提供数据库的网络连接，比如 SQL Server，可以使用 Windows NT 的安全机制来弥补上面的缺陷，但多数运行 SQL Server 的环境并不一定都是 Windows NT 环境。由于系统管理员账号不能改变，如果没有设置密码，入侵者就能直接登录并攻击数据库服务器，没有任何东西能够阻止他们获得具有更高权限的系统账号。

数据库账号密码容易泄漏。多数数据库提供的基本安全特性，都没有相应机制来限制用户必须选择健壮的密码。许多数据库系统的密码都能给入侵者提供访问数据库的机会，更有甚者，有些密码就储存在操作系统的普通文本文件中。

操作系统后门。多数数据库系统都有一些特性来方便 DBA 操作，这些也成为数据库主机操作系统的后门。

木马威胁。著名的木马能够在数据库系统的密码改变存储过程中修改密码，并告知入侵者。

（2）对 DBMS 的威胁

对 DBMS 构成的威胁主要有篡改、损坏和窃取三种表现形式。

篡改是指对数据库中的数据未经授权进行修改，使其失去原来的真实性。篡改的形式具有多样性，在造成影响之前却很难发现它。产生这种威胁的原因主要有个人利益驱动、隐藏证据、恶作剧和无知等。

损坏是指对网络系统中数据的损坏。产生这种威胁的原因主要有破坏、恶作剧和病毒。破坏往往都带有明确的动机；恶作剧者往往是出于爱好或好奇而给数据造成损坏；计算机病毒不仅对系统文件进行破坏，也对数据文件进行破坏。

窃取一般是对敏感数据进行的。窃取的手法除了将数据复制到软盘之类的可移动介质上，也可以把数据打印后取走。

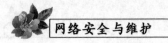

二、数据库的安全保护

一个强大的数据库安全系统应当确保其中信息的安全性，并对其进行有效地管理控制。

可采用管理细分和委派原则、最小权限原则、账号安全原则和有效审计原则等数据库安全管理原则实现对数据库的安全保护。

1. 数据库的安全性

为了保证数据库数据的安全可靠和正确有效，DBMS 必须提供统一的数据保护功能。数据保护，主要包括数据库的安全性、完整性、并发控制和恢复。下面以多用户数据库系统 Oracle 为例，介绍数据库的安全特性。

数据库的安全性是指保护数据库以防止不合法的使用所造成的数据泄露、更改或破坏。在数据库系统中有大量的计算机系统数据集中存放，为许多用户所共享，这样就使安全问题更为突出。在数据库系统中可提供数据库安全性控制，来实施数据库的数据保护。

（1）数据库安全性控制方法

数据库安全性控制是指尽可能地采取一些措施来杜绝任何形式的数据库非法访问。常用的安全措施有用户标识和鉴别、用户存取权限控制、定义视图、数据加密、安全审计以及事务管理和故障恢复等。

①用户标识和鉴别。用户标识和鉴别的方法是由系统提供一定的方式让用户标识自己的身份。系统内部记录着所有合法用户的标识，每次用户要求进入系统时，由系统进行核实，通过鉴别后才提供其使用权。一般利用只有用户知道的信息鉴别用户、只有用户具有的物品鉴别用户和用户的个人特征鉴别用户等方法鉴别用户身份。

②用户存取权限控制。用户存取权限是指不同的用户对于不同的数据对象有不同的操作权限。存取权限由数据对象和操作类型两个要素组成。定义一个用户的存取权限就是要定义这个用户可以在哪些数据对象上进行哪些类型的操作。存取权限有系统权限和对象权限两种。系统权限由 DBA 授予某些数据库用户，只有得到系统权限，才能成为数据库用户。对象权限是授予数据库用户对某些数据对象进行某些操作的权限，它既可由 DBA 授权，也可由数据对象的创建者授权。

③定义视图。为不同的用户定义不同的视图，可以限制用户的访问范围。通过视图机制把需要保密的数据对无权存取这些数据的用户隐藏起来，可以对数据库提供一定程度的安全保护。实际应用中常将视图机制与授权机制结合起来使用，先用视图机制屏蔽一部分保密数据，再在视图上进一步进行授权。

④数据加密。数据加密是保护数据在存储和传输过程中不被窃取或修改的有效手段。

⑤安全审计。安全审计是一种监视措施。对于某些高度敏感的保密数据，系统跟踪记录有关这些数据的访问活动，并将跟踪的结果记录在审计日志（auditlog）中，根据审计日志记录可对潜在的窃密企图进行事后分析和调查。

⑥事务管理和故障恢复。事务管理和故障恢复主要是对付系统内发生的自然因素故障，保证数据和事务的一致性和完整性。故障恢复的主要措施是进行日志记录和数据复制。在网络数据库系统中，分布式事务首先要分解为多个子事务到各个站点的数据库上去执行，各数据库服务器间还必须采取合理的算法进行分布式并发控制和提交，以保证事务的完整性。事务运行的

每一步结果都记录在系统日志文件中，并且对重要数据进行复制，发生故障时根据日志文件利用数据副本准确地完成事务的恢复。

（2）数据库的安全机制

多用户数据库系统（如 Oracle）提供的安全机制可做到如下方面。

防止非授权的数据库存取。

防止非授权的模式对象的存取。

控制磁盘使用。

控制系统资源使用。

审计用户动作。

Oracle 服务器提供了一种任意存取控制，是一种基于特权限制信息存取的方法。用户要存取某一对象必须有相应的特权授予该用户，已授权的用户可任意地授权给其他用户。Oracle 采用任意存取控制来控制全部用户对命名对象的存取。用户对对象的存取受特权控制。

（3）模式和用户机制

Oracle 使用多种不同的机制管理数据库安全性，其中有模式和用户两种机制。模式为模式对象的集合，模式对象如表、视图、过程和包等。每一个 Oracle 数据库有一组合法的用户。

当建立一个数据库用户时，对该用户建立一个相应的模式，模式名与用户名相同。一旦用户连接一个数据库，该用户就可存取相应模式中的全部对象，一个用户仅与同名的模式相联系，所以用户和模式是类似的。

2．数据库安全性策略

（1）系统安全性策略

按照数据库系统的大小和管理数据库用户所需的工作量，数据库安全性管理者可能只是拥有创建、修改或删除数据库用户的一个特殊用户，或是拥有这些权限的一组用户。只有那些值得信任的个人才应该有管理数据库用户的权限。

数据库用户可以通过操作系统、网络服务或数据库进行身份确认。数据库系统可采取相应的安全性策略，如 DBA 必须有创建和删除文件的操作系统权限，而一般数据库用户不应有创建和删除数据库文件的操作系统权限，以及 DBA 必须有修改操作系统账户安全性区域的操作系统权限才能为数据库用户分配角色。

（2）数据安全性策略

数据的安全性考虑应基于数据的重要性。如果数据不是很重要，那么数据的安全性策略可以放松一些。然而，如果数据很重要，那么应该有一套谨慎的安全性策略，用它来维护对数据对象访问的有效控制。

（3）用户安全性策略

一般用户应具有密码和权限以管理安全性。如果用户通过数据库进行用户身份的确认，那么建议使用加密密码的方式与数据库进行连接；对于那些用户很多、应用程序和数据对象很丰富的数据库，应充分利用"角色"机制的方便性对权限进行有效管理。

必须针对终端用户制定相应的安全性策略。如对于一个有很多用户的大规模数据库，DBA 可以决定用户组分类，为这些用户组创建用户角色，把所需的权限和应用程序角色授予每一个用户角色，以及为用户分配相应的用户角色。当处理特殊应用要求时，DBA 也必须明确地把一些特定的权限授予给用户。

（4）DBA 安全性策略

当数据库创建好以后，立即更改有管理权限的 SYS 用户和 SYSTEM 用户的密码，防止非法用户访问数据库。当作为 SYS 和 SYSTEM 用户连入数据库后，用户有强大的权限用各种方式对数据库进行改动。

（5）应用程序开发者安全性策略

数据库应用程序开发者是唯——类需要特殊权限完成自己工作的数据库用户。开发者需要诸如创建表、创建过程等系统权限。但为了限制开发者对数据库的操作，只应该把一些特定的系统权限授予开发者。应用程序开发者不允许创建新的模式对象。所有需要的表、索引过程等都由 DBA 创建，这可保证 DBA 能完全控制数据空间的使用和访问数据库信息的途径。但有时应用程序开发者也需这两种权限的混合。

3．数据库的安全保护层次

数据库系统的安全除依赖自身内部的安全机制外，还与外部网络环境、应用环境、从业人员素质等因素有关。因此，从广义上讲，数据库系统的安全框架可以划分为三个层次：网络系统层次、操作系统层次和 DBMS 层次。这三个层次构筑成数据库系统的安全体系，与数据库安全的关系是逐步紧密的，防范的重要性也逐层加强，从外到内保证数据的安全。

（1）网络系统层次安全

随着 Internet 的发展和普及，越来越多的公司将其核心业务向互联网转移，各种基于网络的数据库应用系统如雨后春笋般涌现出来，面向网络用户提供各种信息服务。可以说，网络系统是数据库应用的外部环境和基础，数据库系统要发挥其强大的作用离不开网络系统的支持，数据库系统的用户（如异地用户、分布式用户）也要通过网络才能访问数据库的数据。网络系统的安全是数据库安全的第一道屏障，外部入侵首先就是从入侵网络系统开始的。

网络系统开放式环境面临的威胁主要有欺骗（Masquerade）、重发（Replay）、报文修改、拒绝服务（DoS）、陷阱门（Trapdoor）、特洛伊木马（Trojan Horse）、应用软件攻击等。这些安全威胁是无时、无处不在的，因此必须采取有效的措施来保障网络系统的安全。

（2）操作系统层次安全

操作系统是大型数据库系统的运行平台，为数据库系统提供了一定程度的安全保护。目前操作系统平台大多为 Windows 2000/2003/XP 和 UNIX，安全级别通常为 C2 级。主要安全技术有访问控制、系统漏洞分析与防范、操作系统安全管理等。

访问控制安全策略用于配置本地计算机的安全设置，包括密码策略、账户策略、审核策略、IP 安全策略、用户权限分配、资源属性设置等。具体可以体现在用户账户、口令、访问权限、审计等方面。

（3）DBMS 层次安全

数据库系统的安全性很大程度上依赖于 DBMS。如果 DBMS 的安全性机制非常强大，则数据库系统的安全性能就好。目前市场上流行的是关系型 DBMS，其安全性功能较弱，这就导致数据库系统的安全性存在一定的威胁。

由于数据库系统在操作系统下都是以文件形式进行管理的，因此入侵者可以直接利用操作系统漏洞窃取数据库文件，或者直接利用操作系统工具非法伪造、篡改数据库文件内容。

DBMS 层次安全技术主要用来解决这些问题，即当前面两个层次已经被突破的情况下仍能保障数据库数据的安全，这就要求 DBMS 必须有一套强有力的安全机制。采取对数据库文件进行加密处理是解决该层次安全的有效方法。这样，即使数据不幸泄露或丢失，也难以被人破译和阅读。

4．数据库的加密保护

大型 DBMS 的运行平台（如 Windows 和 UNIX）一般都具有用户注册、用户识别、任意存取控制（DAC）、审计等安全功能。虽然 DBMS 在操作系统的基础上增加了不少安全措施，但操作系统和 DBMS 对数据库文件本身仍然缺乏有效的保护措施。有经验的网上黑客也会绕过一些防范措施，直接利用操作系统工具窃取或篡改数据库文件内容。这种隐患被称为通向 DBMS 的"隐秘通道"，它所带来的危害一般数据库用户难以察觉。

在传统的数据库系统中，DBA 的权力至高无上，他既负责各项系统的管理工作，如资源分配、用户授权、系统审计等，又可以查询数据库中的一切信息。为此，不少系统以种种手段来削弱 DBA 的权力。

对数据库中存储的数据实现加密是一种保护数据库数据安全的有效方法。数据库的数据加密一般是在通用的 DBMS 之上，增加一些加密／解密控件，来完成对数据本身的控制。与一般通信中加密的情况不同，数据库的数据加密通常不是对数据文件加密，而是对记录的字段加密。当然，在数据备份到离线的介质上送到异地保存时，也有必要对整个数据文件加密。

实现数据库加密以后，各用户或用户组的数据由用户使用自己的密钥加密，DBA 对获得的信息无法随意进行解密，从而保证了用户信息的安全。另外，通过加密，数据库的备份内容成为密文，从而能减少因备份介质失窃或丢失而造成的损失。由此可见，数据库加密对企业内部的安全管理也是不可或缺的。

也许有人认为，对数据库加密以后会严重影响数据库系统的效率，使系统不堪重负。事实并非如此。如果在数据库客户端进行数据加密，对数据库服务器的负载及系统运行几乎没有影响。目前，加密卡的加／解密速度一般为 1Mbps，对中小型数据库系统来说，这个速度即使在服务器端进行数据的加／解密运算也是可行的。可以考虑在三个不同层次实现对数据库数据的加密，这三个层次分别是操作系统层、DBMS 内核层和 DBMS 外层。

在操作系统层，无法辨认数据库文件中的数据关系，从而无法产生合理的密钥，也无法进行合理的密钥管理和使用。所以，对于大型数据库来说，在操作系统层对数据库文件进行加密，目前还难以实现。

在 DBMS 内核层实现加密，是指数据在物理存取之前完成加／解密工作。这种加密方式的优点是加密功能强，且加密功能几乎不会影响 DBMS 的功能，可以实现加密功能与 DBMS 之间的无缝耦合。但这种方式的缺点是在服务器端进行加密，加重了数据库服务器的负载。

比较实际的做法是将数据库加密系统做成 DBMS 的一个外层工具。采用这种加密方式时，加密运算可以放在客户端进行，其优点是不会加重数据库服务器的负载并可实现网上传输加密，缺点是加密功能会受到一些限制，与 DBMS 之间的耦合性稍差。

5．数据库的审计

对于数据库系统，数据的使用、记录和审计是同时进行的。审计的主要任务是对应用程序或用户使用数据库资源的情况进行记录和审查，一旦出现问题，审计人员对审计事件记录进行分析，查出原因。因此，数据库审计可作为保证数据库安全的一种补救措施。数据库系统的审计过程是记录、检查和回顾系统安全相关行为的过程。通过对审计记录的分析，可以明确责任个体，追查违反安全策略的违规行为。审计过程不可省略，审计记录也不可更改或删除。

由于审计行为将影响 DBMS 的存取速度和反馈时间，因此，必须在安全性和系统性能之间综合考虑，需要提供配置审计事件的机制，以允许 DBA 根据具体系统的安全性和性能需求做出选择。这些可由多种方法实现，如扩充、打开 / 关闭审计的 SQL 语句，或使用审计掩码。

数据库审计有用户审计和系统审计两种方式。

用户审计。进行用户审计时，DBMS 的审计系统记录下所有对表和视图进行访问的企图，以及每次操作的用户名、时间、操作代码等信息。这些信息一般都被记录在数据字典中，利用这些信息可以进行审计分析。

系统审计。系统审计由系统管理员进行，其审计内容主要是系统一级命令及数据库客体的使用情况。

数据库系统的审计对象主要有设备安全审计、操作审计、应用审计和攻击审计。设备安全审计主要审查系统资源的安全策略、安全保护措施和故障恢复计划等；操作审计是对系统的各种操作进行记录和分析；应用审计是审计建立于数据库上整个应用系统的功能、控制逻辑和数据流是否正确；攻击审计是指对已发生的攻击性操作和危害系统安全的事件进行检查和审计。

第二节　数据库的数据安全

一、数据库的数据特性

1. DBMS 特性

DBMS 是专门负责数据库管理和维护的计算机软件系统。它是数据库系统的核心，不仅负责数据库的维护工作，还能保护数据库的安全性和完整性。通过 DBMS，应用程序和用户可以取得所需的数据。然而，与文件系统不同，DBMS 定义了所管理的数据之间的结构和约束关系，且提供了一些基本的数据管理和安全功能。

（1）数据的安全性

在网络应用上，数据库必须是一个可以存储数据的安全地方。DBMS 能够提供有效的备份和恢复功能，来确保在故障和错误发生后，数据能够尽快地恢复并被应用所访问。对于一个企事业单位来说，把关键和重要的数据存放在数据库中，要求 DBMS 必须能够防止未授权的数据访问。

只有 DBA 对数据库中的数据拥有完全的操作权限，并可以规定各用户的权限。DBMS 保证对数据的存取方法是唯一的。每当用户想要存取敏感数据时，DBMS 就进行安全性检查。在数据库中，对数据进行各种类型的操作（检索、修改、删除等）时，DBMS 都可以对其实施不同的安全检查。

（2）数据的共享性

一个数据库中的数据不仅可以为同一企业或组织内部的各个部门所共享，也可为不同组织、不同地区甚至不同国家的多个应用和用户同时进行访问，而且还不能影响数据的安全性和完整性，这就是数据共享。数据共享是数据库系统的目的，也是它的一个重要特点。

数据库中数据的共享主要体现在以下方面：

不同的应用程序可以使用同一个数据库。

不同的应用程序可以在同一时刻去存取同一个数据。

数据库中的数据不但可供现有的应用程序共享，还可为新开发的应用程序使用。

应用程序可用不同的程序设计语言编写，可以访问同一个数据库。

（3）数据的结构化

基于文件的数据的主要优势就在于它利用了数据结构。数据库中的文件相互联系，并在整体上服从一定的结构形式。数据库具有复杂的结构，不仅是因为它拥有大量的数据，同时也因为在数据之间和文件之间存在着种种联系。数据库的结构使开发者避免了针对每一个应用都需要重新定义数据逻辑关系的过程。

（4）数据的独立性

数据的独立性就是数据与应用程序之间不存在相互依赖关系，即数据的逻辑结构、存储结构和存取方法等不因应用程序的修改而改变，反之亦然。从某种意义上讲，一个 DBMS 存在的理由就是为了在数据组织和用户应用之间提供某种程度的独立性。数据库系统的数据独立性可分为物理独立性和逻辑独立性两方面。

物理独立性。数据库物理结构的变化不影响数据库的应用结构，从而也就不影响其相应的应用程序。这里的物理结构是指数据库的物理位置、物理设备等。

逻辑独立性。数据库逻辑结构的变化不影响用户的应用程序，数据类型的修改或增加、改变各表之间的联系等都不会导致应用程序的修改。

以上两种数据独立性都依靠 DBMS 来实现。到目前为止，物理独立性已实现，但逻辑独立性实现起来非常困难。因为数据结构一旦发生变化，一般情况下，相应的应用程序都要进行修改。

2．数据的完整性

数据完整性的目的就是保证网络数据库系统中的数据处于一种完整或未被损坏的状态。数据完整性意味着数据不会由于有意或无意的事件而被改变或丢失。相反，数据完整性的丧失，就意味着发生了导致数据被改变或丢失的事件。为此，应首先检查造成数据完整性破坏的原因，以便采取适当的方法予以解决，从而提高数据完整性的程度。

（1）影响数据完整性的因素

通常，影响数据完整性的主要因素有硬件故障、软件故障、网络故障、人为威胁和意外灾难等。另外，数据库中的数据和存储在硬盘、光盘、软盘中的数据由于各种因素影响而失效（失去原数据功能），这也是影响数据完整性的一个方面。

①硬件故障

常见的影响数据完整性的主要硬件故障有硬盘故障、I/O 控制器故障、电源故障和存储器故障等。任何高性能的机器都不可能长久地运行下去。

计算机系统运行过程中最常见的问题是硬盘故障。硬盘是一种很重要的设备，用户的文件系统、数据和软件等都存放在硬盘上。虽然每个硬盘都有一个平均无故障时间，但它并不意味着硬盘不会出问题。在每次硬盘出现问题时，用户最着急的并非硬盘本身的价值，而是硬盘上存放的数据。

I/O 控制器也可引起用户的数据丢失。因为 I/O 控制器有可能在某次读写过程中将硬盘上的数据删除或覆盖。这样的事情其实比硬盘故障更严重，因为硬盘出现故障时还有可能通过修复措施挽救硬盘上的数据，但如果数据完全被删除了，就没有办法恢复了。虽然 I/O 控制器故障发生概率很小，但它毕竟存在。

电源故障也是数据丢失的一种原因。由于电源故障可能来自外面电源停电或内部供电出现问题等原因，所以系统掉电是不可预计的。系统突然断电时，存储器中的数据将会丢失。

如硬盘、光盘、软盘等外存储器，经常由于磕碰、振动或其他因素影响使得存储介质表面损坏或出现其他故障，而使数据丢失或无法读出。除此以外，设备及其备份的故障、芯片和主板故障也会引起数据的丢失。

②软件故障

软件故障也是威胁数据完整性的一个重要因素。常见的软件故障有软件错误、文件损坏、数据交换错误、容量错误和操作系统错误等。

软件具有安全漏洞是个常见的问题。有的软件出错时，会对用户数据造成损坏。最可怕的事件是以超级用户权限运行的程序发生错误时，它可以把整个硬盘从根目录开始删除。

在应用程序之间，交换数据是常有的事。当文件转换过程中生成的新文件不具有正确的格式时，数据的完整性将受到威胁。

软件运行不正常的另一个原因在于资源容量达到极限。如果磁盘根目录被占满，将使操作系统运行不正常，引起应用程序出错，导致数据丢失。

操作系统存在漏洞，这是众所周知的。此外，系统的应用程序接口（API）被开发商用来为最终用户提供服务，如果这些 API 工作不正常，就会使数据被破坏。

③网络故障

网络故障通常由网卡和驱动程序问题、网络连接问题等引起。

网卡和驱动程序实际上是不可分割的，多数情况下，网卡和驱动程序故障并不损坏数据，只造成使用者无法访问数据。但当网络服务器网卡发生故障时，服务器通常会停止运行，这就很难保证被打开的那些数据文件不被损坏。

数据传输过程中，往往由于互联设备（如路由器、网桥）的缓冲区容量不够大而引起数据传输阻塞现象，从而导致数据包丢失。相反，互联设备也可能有较大的缓冲区，但由于调动这么大的信息流量造成的时延有可能会导致会话超时。此外，网络布线上的不正确，也会影响到数据的完整性。

④人为威胁

人为活动对数据完整性造成的影响是多方面的。人为威胁使数据丢失或改变是由于操作数据的用户本身造成的。分布式系统中最薄弱的环节就是操作人员。人类易犯错误的天性是许多难以解释的错误发生的原因，如意外事故、缺乏经验、工作压力、蓄意的报复破坏和窃取等。

⑤灾难性事件

通常所说的灾难性事件有火灾、水灾、风暴、工业事故、蓄意破坏和恐怖袭击等。

灾难性事件对数据完整性有相当大的威胁。如美国的"9·11"事件，很多大公司和机构的数据完全被毁坏。如果没有做好备份，这些损失是巨大的。灾难性事件对数据完整性之所以能造成严重的威胁，原因是灾难本身难以预料，特别是那些工业事件和恐怖袭击。另外，灾难所破坏的是包含数据在内的物理载体本身，所以，灾难基本上会将所有的数据毁灭。

（2）数据完整性策略

最常用的保证数据库数据完整性的策略是容错技术。恢复数据完整性和防止数据丢失的容错技术有：备份和镜像、归档和分级存储管理、转储、奇偶检验和突发事件的恢复计划等。

容错的基本思想是在正常系统的基础上，利用附加资源（软硬件冗余）来达到降低故障的影响或消除故障的目的，从而可自动地恢复系统或达到安全停机的目的。也就是说，容错是以牺牲软硬件成本为代价达到保证系统的可靠性的，如双机热备份系统。

3．数据的并发控制

（1）数据的一致性和并发控制

数据库是一种共享资源库，可为多个应用程序所共享。在许多情况下，由于应用程序涉及的数据量可能很大，常常会涉及输入/输出的交换。为了有效地利用数据库资源，可能有多个程序或一个程序的多个进程并行运行，这就是数据库的并发操作。

在多用户数据库环境中，多个用户程序可并行地存取数据库。并发控制是指在多用户环境下，对数据库的并行操作进行规范的机制，其目的是为了避免对数据的修改、无效数据的读出与不可重复读数据等，从而保证数据的正确性与一致性。并发控制在多用户模式下是十分重要的，但这一点经常被一些数据库应用人员忽视，而且因为并发控制的层次和类型非常丰富和复杂，有时使人在选择时比较迷惑，不清楚衡量并发控制的原则和途径。

一致性的数据库就是指并发数据处理响应过程已完成的数据库。例如：一个会计数据库，当它的记入借方与相应的贷方记录相匹配的情况下，它就是数据一致的。

一个实时的数据库就是指所有的事务全部执行完毕后才响应。如果一个正在运行数据库服务器的系统出现了故障而不能继续进行数据处理，原来事务的处理结果还存在缓存中而没有写入到磁盘文件中，当系统重新启动时，系统数据就是非实时性的。

数据库日志被用来在故障发生后恢复数据库时保证数据库的一致性和实时性。

（2）隔离和封锁措施

当今流行的关系型数据库系统（如 Oracle，SQL Server 等）是通过事务隔离与封锁机制来定义并发控制所要达到的目标的。根据其提供的协议，可以得到几乎任何类型的合理的并发控制方式。

并发控制数据库中的数据资源必须具有共享属性。为了充分利用数据库资源，应允许多个用户并行操作数据库。数据库必须能对这种并行操作进行控制，以保证数据在不同的用户使用时的一致性。在多用户数据库中一般采用某些数据封锁措施来解决并发操作中的数据一致性和完整性问题。封锁是防止存取同一资源的用户之间出现破坏性干扰的机制，该干扰是指不正确地修改数据或更改数据结构。

Oracle 能自动地使用不同封锁类型来控制数据的并行存取，防止用户之间的破坏性干扰。

Oracle 为一个事务自动地封锁某一资源，以防止其他事务对同一资源的排他性封锁，在某种事件出现或事务不再需要该资源时自动释放。

并发控制的实现途径有多种，如果 DBMS 支持，最好是运用其自身的并发控制能力。如果系统不能提供这样的功能，可以借助开发工具的支持，还可以考虑调整数据库应用程序，另外有的时候可以通过调整工作模式来避开这种会影响效率的并发操作。

二、数据备份与恢复

在日常工作中，人为操作错误、系统软件或应用软件缺陷、硬件损毁、电脑病毒、黑客攻击、突然断电、意外宕机、自然灾害等诸多因素都有可能造成计算机中数据的丢失。数据的丢失极有可能演变成一场灭顶之灾。因此，数据备份与恢复功能就显得格外重要。

1．数据备份

（1）数据备份的

数据备份是指为防止系统出现操作失误或系统故障导致数据丢失，而将全系统或部分数据集合从应用主机的硬盘或阵列中复制到其他存储介质上的过程。网络系统中的数据备份，通常是指将存储在计算机系统中的数据复制到磁带、磁盘、光盘等存储介质上，在网络以外的地方另行保管。这样，当网络系统设备发生故障或发生其他威胁数据安全的灾害时，能及时地从备份的介质上恢复正确数据。

数据备份的目的就是为了使系统崩溃时能够快速地恢复数据，使系统迅速恢复运行。那么就必须保证备份数据和源数据的一致性和完整性，消除系统使用者的后顾之忧。如果没有了数据，一切的恢复都是不可能实现的，因此备份是一切灾难恢复的基石，任何灾难恢复系统实际上都是建立在备份基础上的。

现在不少企业也意识到了这一点，采取了系统定期检测与维护、双机热备份、磁盘镜像或容错、备份磁带异地存放、关键部件冗余等多种预防措施。这些措施一般能够进行数据备份，并且在系统发生故障后能够进行快速恢复。数据备份和恢复系统通过将计算机系统中的数据进行备份和脱机保存后，当系统中的数据因某种原因丢失、混乱或出错时，即可将原备份的数据从备份介质中恢复回系统，使系统重新工作。数据备份与恢复是数据保护措施中最直接、最有效、最经济的方案，也是任何计算机信息系统不可缺少的一部分。数据备份能够用一种增加数据存储代价的方法保护数据安全，这对拥有重要数据的大型企事业单位是非常重要的。因此数据备份和恢复通常是大中型企事业单位网络系统管理员每天必做的工作之一；对于个人计算机用户，数据备份也是非常必要的。传统的数据备份主要是采用内置或外置的磁带机进行冷备份。一般来说，各种操作系统都附带了备份程序。但是随着数据的不断增加和系统要求的不断提高，附带的备份程序根本无法满足需求。要想对数据进行可靠的备份，必须选择专门的备份软硬件，并制定相应的备份及恢复方案。

（2）数据备份的类型

按数据备份时的数据库状态的不同可分为冷备份、热备份和逻辑备份。

①冷备份（Cold Backup）

冷备份是指在关闭数据库的状态下进行的数据库完全备份。备份内容包括所有的数据文件、控制文件、联机日志文件、ini 文件等。但是，在进行冷备份时数据库不能被访问。

②热备份（Hot Backup）

热备份是指在数据库处于运行状态时，对数据文件和控制文件进行的备份。使用热备份必须将数据库运行在归档方式下，因此，在进行热备份的同时可以进行正常的数据库操作。

③逻辑备份

逻辑备份是最简单的备份方法，可对数据库中某个表、某个用户或整个数据库进行导出。

使用这种方法，数据库必须处于打开状态，而且如果数据库不是在 restrict 状态将不能保证导出数据的一致性。

（3）数据备份策略

需要进行数据备份的部门都要先制定数据备份策略。数据备份策略包括确定需备份的数据内容（如进行完全备份、增量备份、差别备份，还是按需备份）、备份类型（如采用冷备份还是热备份）、备份周期（如以月、周、日，还是小时为备份周期）、备份方式（如采用手工备份还是自动备份）、备份介质（如以光盘、硬盘、磁带，还是优盘做备份介质）和备份介质的存放等。下面是按需进行数据备份的几种方式。

①完全备份（Full Backup）

所谓完全备份，就是按备份周期（如一天）对整个系统中所有的文件（数据）进行备份。这种备份方式比较流行，也是克服系统数据不安全的最简单方法，操作起来也很方便。有了完全备份，网络管理员便可恢复从备份之日起网络系统的所有信息，恢复操作也可一次性完成。如当发现数据丢失时，只要用故障发生前一天备份的磁带即可恢复丢失的数据。但这种方式的不足之处是由于每天都对系统进行完全备份，在备份数据中必定有大量的内容是重复的，这些重复的数据占用了大量的磁带空间，这对用户来说就意味着增加成本。另外，由于进行完全备份时需要备份的数据量大，因此备份所需时间较长。对于那些业务繁忙，备份窗口时间有限的单位来说，选择这种备份策略是不合适的。

②增量备份（Incremental Backup）

所谓增量备份，就是指每次备份的数据只是上一次备份后增加和修改过的内容，即备份的都是已更新过的数据。比如，系统在星期日做了一次完全备份，然后在以后的六天里每天只对当天新的或被修改过的数据进行备份。这种备份的优点很明显：没有或减少了重复的备份数据，既节省存储介质空间，又缩短了备份时间。但它的缺点是恢复数据过程比较麻烦，不可能一次性完成整体的恢复。

③差别备份（Differential Backup）

差别备份也是在完全备份后对新增加或修改过的数据进行的备份，但它与增量备份的区别是每次备份都把上次完全备份后更新过的数据进行备份。比如，星期日进行完全备份后，其余六天中的每一天都将当天所有与星期日完全备份时不同的数据进行备份。差别备份可节省备份时间和存储介质空间，只需两盘磁带（星期日备份磁带和故障发生前一天的备份磁带）即可恢复数据。差别备份兼具了完全备份的数据丢失时恢复数据较方便和增量备份的节省存储介质空间及备份时间的优点。

完全备份所需的时间最长，占用存储介质容量最大，但数据恢复时间最短，操作最方便，当系统数据量不大时该备份方式最可靠；但当数据量增大时，很难每天都做完全备份，可选择周末做完全备份，在其他时间采用耗时最少的增量备份或耗时介于两者之间的差别备份。在实际备份应用中，通常也是根据具体情况，采用这几种备份方式的组合，如年底做完全备份，月底做完全备份，周末做完全备份，而每天做增量备份或差别备份。

④按需备份

除以上备份方式外，还可采用随时对所需数据进行备份的方式进行数据备份。所谓按需备份，就是指除正常备份外，额外进行的备份操作。额外备份可以有许多理由，比如，只想备份很少几个文件或目录，备份服务器上所有的必需信息，以便进行更安全的升级等。这样的备份在实际中经常遇到，它可弥补冗余管理或长期转储的日常备份的不足。

2.数据恢复

数据恢复是指将备份到存储介质上的数据恢复到网络系统中的操作，它与数据备份是一个相反的过程。数据恢复措施在整个数据安全保护中占有相当重要的地位，因为它关系到系统在经历灾难后能否迅速恢复运行。通常，在遇到下列情况时应使用数据恢复功能进行数据恢复。

硬盘数据被破坏。需要查询以往年份的历史数据，而这些数据已从现系统上清除。系统需要从一台计算机转移到另一台计算机上运行时，可将使用的相关数据恢复到新计算机上。

（1）恢复数据时的注意事项

进行数据恢复时，应先将硬盘数据备份。

进行恢复操作时，应明确恢复何年何月的数据。当开始恢复数据时，系统首先识别备份介质上标识的备份日期是否与用户选择的日期相同，如果不同将提醒用户更换备份介质。

应指定少数人进行此项操作。

不要在恢复过程中关机、关电源或重新启动机器。

不要在恢复过程中打开驱动器开关或抽出备份盘，除非系统提示换盘。

（2）数据恢复的种类

一般来说，数据恢复操作比数据备份操作更容易出问题。数据备份只是将信息从磁盘上复制出来，而数据恢复则要在目标系统上创建文件。在创建文件时会出现许多差错，如超过容量限制、权限问题和文件覆盖错误等。数据备份操作不需知道太多的系统信息，只需复制指定信息即可；而数据恢复操作则需要知道哪些文件需要恢复，哪些文件不需要恢复等等。

数据恢复操作通常可分为三类，全盘恢复、个别文件恢复和重定向恢复。

①全盘恢复

全盘恢复是将备份到介质上的指定系统信息全部转储到它们原来的地方。全盘恢复一般应用在服务器发生意外灾难时导致数据全部丢失、系统崩溃或是有计划的系统升级、系统重组等。

②个别文件恢复

个别文件恢复就是将个别已备份的最新版文件恢复到原来的地方。对大多数备份来说，这是一种相对简单的操作。个别文件恢复要比全盘恢复常用得多。利用网络备份系统的恢复功能，很容易恢复受损的个别文件（数据）。只要浏览备份数据库或目录，找到该文件（数据），启动恢复功能，系统将自动驱动存储设备，加载相应的存储媒体，恢复指定文件（数据）。

③重定向恢复

重定向恢复是将备份的文件（数据）恢复到另一个不同的位置或系统上，而不是做备份操作时它们所在的位置。重定向恢复可以是整个系统恢复，也可以是个别文件恢复。重定向恢复时需要慎重考虑，要确保系统或文件恢复后的可用性。

第三节　网络数据库的安全问题及对策举例研究

跨入新时期之后，我国迎来了信息时代，计算机的出现可以说是满足大众工作以及生活多方面需求，而网络数据库广泛性应用更代表着计算机在发展中质的飞跃，但是计算机也带给大众一定的烦恼，即数据库方面的安全问题，由于计算机本身具备公开性以及开放性等特点，由此也就加大了网络数据被破坏或者是被窃取的内在风险，对于个体数据保密造成了不良影响，而本文基于此就当前计算机方面网络数据库潜在安全问题进行着手分析，之后对优化网络数据库方面安全性提出建议，以期为后续关于网络相应数据库方面研究提供理论上的参考依据。

众所周知，近些年计算机实现了广泛性应用，大众在应用计算机的时候一方面生活更加便捷，另一方面工作效率也得以提升，而企业应用计算机更是实现了生产方式以及经营方式等方面的更新优化，可以说计算机具备较强的便民性。然而计算机并非光有优点，其在数据库方面潜在安全问题更是引起国家以及社会大众普遍关注。从数据库本质上讲就是对海量性信息数据进行处理以及配置和相应的存储，而在此过程中一旦数据被篡改窃取，小则需要重建信息库，大则引起经济损失，因此当前对计算机方面数据库进行安全上的研究探讨十分必要。

一、初探计算机方面网络数据库潜在安全问题

1. 安全问题之感染病毒

当前计算机方面数据库潜在安全问题体现在感染病毒上，具体来讲，网络信息发展较为快速，而在该种环境之下数据之间的交换频率也是越来越高，而交换数据信息的环节中无疑是面临着数据感染内在风险，这一方面和安全技术的缺失有关，另一方面则和病毒防护欠佳有关，首先从安全技术缺失来讲，很多用户无论是个体还是企业虽然知道安全技术，但是对于具体防火墙应用以及安装等不够了解，因此也就促使防火墙该种安全技术无法发挥应有的功能，换句话来讲相当于敞开了大门迎接病毒的侵入；其次从病毒防护来讲，如果是程序编译相关人员出现工作疏忽或者是操作失误，也会产生病毒手动植入状况，此外从病毒本身来讲具备较强的寄生性以及较长时间的潜伏性，这对于数据库之中的数据来讲安全威胁较大，一旦病毒进入到计算机实际系统之后，还会对系统日常有效运行带来阻碍作用，甚至是促使系统陷入运行瘫痪或者是运行崩溃状态之中。

2. 安全问题之账号权限较低

现今计算机方面数据库潜在安全问题还体现在账号权限较低上，具体来讲，当前科技力量较为强大，计算机中的相应系统也是在向精准化道路发展，然而计算机本身的性能提升很大程度上促使部分操作人员安全意识松懈，换句话来讲部分的数据库相关操作人员认为当前计算机实际系统功能已经得到较好优化，自身个体并不需要较为关注安全方面问题，因此也就出现了密码或者是相应的账号设置较为简单的状况，此外更加没有依据安全提示对密码账号以良好安

全检测；在设置数据库过程中更加没有配备专业人员，由此也会出现较低的维护效率以及调试效率状况，综合上述这些内容无疑是对数据库带来了较大安全隐患。

二、探析优化计算机方面网络数据库实际安全性建议

1. 安全建议之安全技术以及病毒防护的强化

现今针对计算机来讲可以说安全屏障较多，而防火墙则从属于其中一种，也是应用较为广泛的一种，因此当前优化计算机方面数据库实际安全需要从防火墙该种安全技术上下功夫具体来讲，当计算机进行了防火墙实际设置之后，基本上已经和外网形成了隔离，防火墙也就是隔离墙或者是隔离屏障，而防火墙的存在会限制计算机之中相关功能，限制的功能仅仅是部分，在该种状况之下没有权限用户如果实际进入系统之中则可以应用未被限制的剩余其他功能，部分限制功能无法被开启应用，此外防火墙还能够针对外界相关用户起到良好的限制作用，避免其进入；当然防火墙还可以针对外网资源方面的日常访问用以安全限制，而依托于系统硬件以及软件两方面良好防护则能够促使网络安全性大大提升，这对信息传输中病毒不良侵入无疑是奠定了坚实基础。

除了应用防火墙安全技术之外，病毒防护的强化也非常重要，因为防火墙仅仅是将病毒阻挡在外，而对于数据库之中已经感染的相关病毒则需要进行有效的查杀，从上文中不难知道病毒进入系统之后会破坏其中程序并导致系统死机瘫痪等，因此为了强化病毒防护就需要将多种杀毒软件良好应用其中，如金山以及360等软件均具备较强杀毒功能，直接打开软件启动杀毒程序，便可以将计算机之中的病毒良好的查找出来，之后进行自动的清理和有效的防治，最终促使数据库实现安全性有效提高

2. 安全建议之提升账号权限

时代在不断发展，而社会也在不断更新，在该种环境背景之下我国对于信息建设高度关注，而信息建设过程中也日益凸显出一定的问题，而优化计算机方面数据库实际安全性还需要提升账号权限。具体来讲，无论是个体还是企业均需要对账号密码引起重视，提升账号密码难度，如进行账号的实际申请过程中限制人数，仅仅是重要人员或者是核心人员方可拥有自身的账号密码，其他人员只可以浏览公共网页，账号需要是数字以及大小写字母三者的总和，而密码也需要是数字以及大小写字母三者的总和，并严禁账号密码设置为生日以及工作证件号码或者是自身电话等，账号密码设置完毕之后必须要依据安全提示进行检查，如果提示设置简单，需要重新设置。此外还需要配置专业人员进行数据库维护调试，进而通过该种方式将数据库实际安全性大大提升。

3. 结语

综上分析可知，现今数据库方面存在的病毒感染以及账号权限较低等安全问题，无疑是对于社会个体信息安全带来了严重威胁，对此要想提升数据库实际性能强化安全保障就需要进行病毒防护以及应用安全技术等，这样才能提供大众以及企业更为放心的计算机使用环境，旨在为后续数据库优化安全发展献出自己的一份微薄之力。

第十章　网络软件安全

当今，各种计算机犯罪的手段和攻击软件安全的技术不断地更新和进步，攻击者们总是在不断地研究老的安全技术并试图找到其漏洞后攻破，危害应用软件的安全。新的安全技术是对补充现有安全技术体系的一个好的尝试，同时还可以提高攻击者的攻击难度，加强了应用软件的安全性。

第一节　网络协议的安全性

一、TCP/IP 的安全性

TCP/IP 是著名的异构网络互连的通信协议族，通过它可实现各种异构网络或异种机之间的互连通信。TCP/IP 已成为当今最成熟、应用最广的网络互连协议族。Internet 上采用的就是 TCP/IP 协议族，该协议族也可用于任何其他网络，如局域网，以支持异种机的联网或异构型网络的互联。网络中计算机上只要安装了 TCP/IP 协议族，它们之间就能相互通信。

TCP/IP 是由 100 多个协议组成的协议集，TCP 和 IP 是其中两个最重要的协议。TCP 和 IP 两个协议分别属于传输层和网络层，在 Internet 中起着不同的作用。

1．TCP/IP 协议族

基于 TCP/IP 协议族的网络体系结构比 OSI 参考模型结构更简单。TCP/IP 可分为 4 层，分别是网络接口层、网络层（IP 层）、传输层（TCP 层）和应用层，如图 10-1 所示。

网络接口层负责接收 IP 数据报，并把这些数据报发送到指定网络中。它与 OSI 模型中的数据链路层和物理层相对应。

网络层要解决主机到主机的通信问题，该层的主要协议有 IP 和 ICMP。IP 是 Internet 中的基础协议，它提供了不可靠的、尽最大努力的、无连接的数据报传递服务。ICMP 是一种面向连接的协议，用于传输错误报告控制信息。由于 IP 提供了无连接的数据报传送服务，在传送过程中若发生差错或意外情况则无法处理数据报，这就需要 ICMP 向源节点报告差错情况，以便源节点对此做出相应的处理。

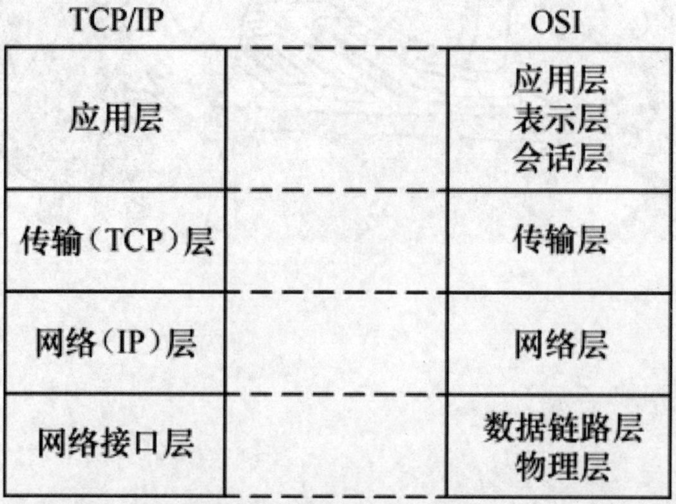

TCP/IP		OSI
应用层		应用层 表示层 会话层
传输（TCP）层		传输层
网络（IP）层		网络层
网络接口层		数据链路层 物理层

图 10-1　TCP/IP 结构与 OSI 结构

传输层的基本任务是提供应用程序之间的通信，这种通信通常叫作端到端通信。传输层可提供端到端之间的可靠传送，确保数据到达无差错，不乱序。传输层的主要协议有 TCP 和 UDP。TCP 是在 IP 提供的服务基础上，支持面向连接的、可靠的传输服务。UDP 是直接利用 IP 进行 UDP 数据报的传输，因此 UDP 提供的是无连接、不保证数据完整到达目的地的传输服务。由于 UDP 不使用很烦琐的流控制或错误恢复机制，只充当数据报的发送者和接收者，因此，UDP 比 TCP 简单得多。

应用层为 TCP/IP 体系结构的最高层，在该层应用程序与协议相互配合，发送或接收数据。TCP/IP 协议族在应用层上有远程登录协议（Telnet）、文件传输协议（FTP）、电子邮件协议（SMTP）、域名系统（DNS）等，它们构成了 TCP/IP 的基本应用程序。

2．TCP/IP 安全性分析

TCP/IP 协议族本身也存在着一些不安全因素，它们是黑客实施网络攻击的重点目标。

TCP/IP 协议族是建立在可信环境下的，这种基于地址的协议本身就存在泄漏口令、经常会运行一些无关程序等缺陷。互联网技术屏蔽了底层网络硬件细节，使得异种网络之间可以互相通信。这就给黑客攻击网络以可乘之机。由于大量重要的应用程序都以 TCP 作为其传输层协议，因此 TCP 的安全性问题会对网络带来很大影响。

（1）TCP

TCP 使用三次握手机制建立一条连接。攻击者可利用这三次握手过程建立有利于自己的连接（破坏原连接），若他们再趁机插入有害数据包，则后果更严重。

TCP 把通过连接传输的数据看成是字节流，用一个 32 位整数对传送的字节编号。初始序列号（ISN）在 TCP 握手时产生，产生机制与协议实现有关。攻击者只要向目标主机发送一个连接请求，即可获得上次连接的 ISN，再通过多次测量来回传输路径，得到进攻主机到目标主机之间数据包传送的来回时间（RTT）。已知上次连接的 ISN 和 RTT，很容易就能预测出下一次连接的 ISN。若攻击者假冒信任主机向目标主机发出 TCP 连接，并预测到目标主机的 TCP 序列号，攻击者就能伪造有害数据包，使之被目标主机接收。

（2）IP 和 ICMP

IP 提供无连接的数据包传输机制，其主要功能有寻址、路由选择、分段和组装。传输层把报文分成若干个数据包，每个包在网关中进行路由选择，穿越一个个物理网络从源主机到达目标主机。在传输过程中每个数据包可能被分成若干小段，以满足物理网络中最大传输单元长度的要求，每一小段都当作一个独立的数据包被传输，其中只有第一个数据包含有 TCP 层的端口信息。在包过滤防火墙中根据数据包的端口号检查是否合法，这样后续数据包就可以不经检查而直接通过。攻击者若发送一系列有意设置的数据包，来覆盖前面的具有合法端口号的数据包，那么该路由器防火墙上的过滤规则就会被旁路，攻击者便达到了进攻目的。

IP 的改进：IPv6 设计的两种安全机制被加进了 IPv4，其中一种称为 AH（Authentication Header）机制，提供验证和完整性服务，但不提供保密服务；另一种称为 ESP（Encapsulation Security Payload）机制，提供完整性服务、验证服务以及保密服务。

ICMP 是在网络层与 IP 一起使用的协议。如果一个网关不为 IP 分组选择路由、不能递交 IP 分组或测试到某种不正常状态，如网络拥挤影响 IP 分组的传递，那么就需要 ICMP 来通知源端主机采取措施，避免或纠正这些问题。ICMP 被认为是 IP 不可缺少的组成部分，是 IP 正常工作的辅助协议。

ICMP 存在的安全问题有：攻击者可利用 ICMP 重定向报文破坏路由，并以此增强其窃听能力；攻击者可利用不可达报文对某用户节点发起拒绝服务攻击。

3．TCP/IP 层次安全

TCP/IP 的不同层次提供不同的安全性。例如，在网络层提供虚拟专用网络（VPN），在传输层提供安全套接层（SSL）服务等。

（1）网络接口层安全

网络接口层与 OSI 模型中的数据链路层和物理层相对应。物理层安全主要是保护物理线路的安全，如保护物理线路不被损坏，防止线路的搭线窃听，减少或避免对物理线路的干扰等。数据链路层安全主要是保证链路上传输的信息不出现差错，保护数据传输通路畅通，保护链路数据帧不被截收等。

网络接口层安全一般可以达到点对点间较强的身份验证、保密性和连续的信道认证，在大多数情况下也可以保证数据流的安全。有些安全服务可以提供数据的完整性或至少具有防止欺骗的能力。

（2）网络层安全

网络层安全主要是基于以下几点考虑。

控制不同的访问者对网络和设备的访问。

划分并隔离不同安全域。

防止内部访问者对无权访问区域的访问和误操作。

IP 分组是一种面向协议的无连接的数据包，因此，要对其进行安全保护。IP 包是可共享的，用户间的数据在子网中要经过很多节点进行传输。从安全角度讲，网络组件对下一个邻近节点并不了解。因为每个数据包可能来自网络中的任何地方，因此如认证、访问控制等安全服务必须在每个包的基础上执行。又由于 IP 包的长度不同，可能要考虑每个数据包以获得与安全相关的信息。

国际上有关组织已经提出了一些对网络层安全协议进行标准化的方案，如安全协议 3 号（SP3）就是美国国家安全局以及标准技术协会作为安全数据网络系统（SDNS）的一部分而制定的。网络层安全协议（NLSP）是由 ISO 为无连接网络协议（CLNP）制定的安全协议标准。事实上，这些安全协议都使用 IP 封装技术。IP 封装技术将纯文本的数据包加密，封装在外层 IP 报头里，当这些包到达接收端时，外层的 IP 报头被拆开，报文被解密，然后交付给接收端用户。网络层安全协议可用来在 Internet 上建立安全的 IP 通道和 VPN。其本质是：纯文本数据包被加密，封装在外层的 IP 报头里，对加密包进行 Internet 上的路由选择；到达接收端时，外层的 IP 报头被拆开，报文被解密，然后送到收报地点。

网络层安全性的主要优点是它的透明性，即提供安全服务不需要对应用程序、其他通信层次和网络部件做任何改动。主要缺点是网络层一般对属于不同进程和相应条例的包不做区别。对所有去往同一地址的包，它将按照同样的加密密钥和访问控制策略来处理。

简言之，网络层非常适合提供基于主机对主机的安全服务。相应的安全协议可用来在 Internet 上建立安全的 IP 通道和 VPN。

（3）传输层安全

由于 TCP/IP 协议族本身很简单，没有加密、身份验证等安全特性，因此必须在传输层建立安全通信机制，为应用层提供安全保护。传输层网关在两个节点之间代为传递 TCP 连接并进行控制。常见的传输层安全技术有 SSL、SOCKS 和 PCT 等。

在 Internet 中提供安全服务的一个想法就是强化它的 IPC 界面。具体做法包括双端实体的认证、数据加密密钥的交换等。Netscape 公司遵循这一思路，制定了建立在可靠的传输服务基础上的安全套接层（SSL）协议。

与网络层安全机制相比，传输层安全机制的主要优点是提供基于进程的安全服务。这一基础如果再加上应用级的安全服务，就可以向前跨越一大步。原则上，任何 TCP/IP 应用，只要应用传输层安全协议，就必定要进行若干修改以增加相应的功能，并使用不同的 IPC 界面。传输层安全机制就是要对传输层 IPC 界面和应用程序两端都进行修改。另外，基于 UDP 的通信很难在传输层建立起安全机制。网络层安全机制的透明性使安全服务的提供不要求应用层做任何改变，这对传输层来说是做不到的。

（4）应用层安全

网络层／传输层的安全协议允许为主机／进程之间的数据通道增加安全属性。本质上，这意味着真正的数据通道还是建立在主机或进程之间，但却不能区分在同一通道上传输的一个具体文件的安全性要求。比如，如果一个主机与另一个主机之间建立一条安全的 IP 通道，那么所有在这条通道上传输的 IP 包都自动地被加密。同样，如果一个进程和另一个进程之间通过传输层安全协议建立一条安全的数据通道，那么两个进程间传输的所有消息就都要自动地被加密。

如果确实要区分一个具体文件的不同安全性要求，那就必须借助于应用层的安全性。提供应用层的安全服务实际上是处理单个文件安全性的手段。例如，一个电子邮件系统可能需要对要发出信件的个别段落实施数据签名。较低层协议提供的安全功能一般不知道任何要发出的信件的段落结构，从而不可能知道该对哪一部分进行签名。应用层是唯一能够提供这种安全服务的层次。

应用层提供的安全服务，通常都是对每个应用（包括应用层协议）分别进行修改和扩充，加入新的安全功能。现已实现的 TCP/IP 应用层的安全措施有：基于信用卡安全交易服务的安全电子交易（SET）协议，基于信用卡提供电子商务安全应用的安全电子付费协议（SEPP），基于 SMTP 提供电子邮件安全服务的私用强化邮件（PEM），基于 HTTP 协议提供 Web 安全使用的安全性超文本传输协议（S-HTTP）等。

二、软件安全策略

在企业网络管理中，可利用域控制器实现对某些软件的使用限制。当用户利用域账户登录到本机电脑时，系统会根据这个域账户的访问权限，判断其是否有某个应用软件的使用权限。当确定其没有相关权限时，操作系统就会拒绝用户访问该应用软件，从而管理企业员工的操作行为。这就是域环境中的软件限制策略。

1．软件限制策略原则

（1）应用软件与数据文件的独立原则

在使用软件限制策略时，应坚持"应用软件与数据文件独立"的原则，即用户即使具有数据文件的访问权限，但若没有其关联软件的访问权限，仍然不能打开这个文件。比如，某个用户从网上下载了一部电影，虽然他作为所有者具有对该数据文件进行访问的权限，但软件限制策略限制了该用户账户对任何视频播放软件的访问，因此，该用户仍然无法播放这部电影。

这就是应用软件与数据文件独立的原则，该原则在实际应用中非常有用。因为很难控制用户从网络上下载文件，如用户可从网络上下载歌曲，甚至通过 U 盘等移动存储介质从企业外部把文件拷贝到内部电脑中，这些行为很难控制。但是可以做到对用户的应用程序进行控制，只需把这些应用程序控制好，即使用户私自下载了受限制的文件，用户最终也不能打开。

（2）软件限制策略的冲突处理原则

软件限制策略与其他组策略一样，可以在多个级别上进行设置。即可将软件限制策略看成是组策略中的一个特殊分支。所以，软件限制策略可以在本地计算机、站点、域或组织单元等多个环节进行设置。每个级别又可以针对用户与计算机进行设置。

当在各个设置级别上的软件限制策略发生冲突时，应考虑优先性问题。一般来说，其优先性的级别从高到低为"组织单元策略""域策略""站点策略"和"本地计算机策略"。这就是说组织单元策略要比域策略的优先级高。如在域策略中限制用户使用视频播放器，而在一个组织单元中允许该单元中的账户具有视频软件的权限，即使这个组织单元在这个域中，只要账户属于这个组织单元，仍然可以使用视频软件。

最好把软件限制策略设定在域中与组织单元中，而不是其他两个级别。在域中，实现一些共有的配置，如限制企业员工使用 QQ 或 MSN 聊天工具等。而在组织单元中，一般情况下继承域的相关配置，这样就可以保证有一个比较统一的软件限制策略管理平台。若设置级别太多，特别是在本地计算机上设置，则会破坏这个统一平台。

（3）软件限制的规则

默认情况下，软件限制策略提供了"不受限的"和"不允许的"两种软件限制规则。

"不受限的"规则规定所有用户都可以运行指定的应用软件。只要用户具有数据文件的访问权限，就可以利用软件打开该文件。因此，应用软件的访问权限与数据文件的访问权限是独立的。用户只具有应用软件或数据文件的访问权限往往还不够，只有当两者权限都有，才能够打开相关的文件。

"不允许的"规则规定所有用户，都不能运行指定应用软件，无论其是否对数据文件具有访问权限。

系统默认的策略是所有软件运行都是"不受限的"，即只要用户对于数据文件有访问权限，就可以运行对应的应用软件。

2．软件限制策略的应用

企业的网络管理员一般都遇到过这种困扰，老板不希望员工在工作时间聊 QQ 或玩游戏，但总有员工会私下安装被禁止的软件。如果使用监控软件进行监视，这样就有侵犯隐私之嫌；如果客户端是 Windows XP Professional，使用其中的软件限制策略即可达到目的。

简单地说，软件限制策略是一种技术，通过这种技术，管理员可以决定哪些程序是可信赖的，哪些是不可信赖的。对于不可信赖的程序，系统会拒绝执行。通常，管理员可利用文件路径、文件 Hash 值、文件证书、特定扩展名文件，以及其他强制属性等方式鉴别软件是否可信赖。

　　软件限制策略不仅可以在单机的 Windows XP 操作系统中设置，还可以通过域对所有加入该域的客户机进行设置，并设置成影响某个特定用户或用户组，或所有用户。另一方面，可能因为错误的设置而导致某些系统组件无法运行（如禁止运行所有 msc 后缀的文件而无法打开组策略编辑器），这样，只要重新启动系统到安全模式，然后使用 Administrator 账号登录并删除或修改这一策略即可。因为安全模式下使用 Administrator 账号登录是不受这些策略影响的。现以单机形式进行说明，并设置软件限制策略影响所有用户。

　　假设员工的计算机仅可运行操作系统自带的所有程序（C 盘）和工作所必需的 Office 软件，且 Office 程序安装在 D 盘，员工电脑的操作系统为 Windows XP Pro fessional。在这种环境下，单击"开始"→"运行"，对话框中输入"Gpedit.msc"，打开组策略编辑器，可发现有"计算机配置"和"用户设置"条目。如果希望对本地登录到网络的所有用户生效，则使用"计算机配置"下的策略；如果希望对某个特定用户或用户组生效，则使用"用户配置"下的策略。

　　在开始配置之前还需考虑一个问题，即所允许的软件都有哪些特征，所禁用的软件又有哪些特征。用户应设计出一种最佳的策略，能使所有需要的软件正确运行，使所有不必要的软件都无法运行。本例中假设用户允许的大部分程序都位于系统盘（C 盘）的"Program Files"及"Windows"文件夹下，因此可以通过文件所在路径的方法决定哪些程序是被信任的。而对于安装在 D 盘的 Office 程序，可通过任意路径或文件 Hash 值的方法来决定。

　　软件限制规则的简单操作如下。

　　第 1 步：打开"计算机配置"→"Windows 设置"→"安全设置"→"软件限制策略"条目，在"操作"菜单下选择"创建新的策略"（在 Windows XP/SP1 系统上，默认是没有任何策略的，但对于 Windows XP/SP2 系统，已经建好了默认策略）。系统将会创建"安全级别"和"其他规则"两个新条目。其中在安全级别条目下有"不允许的"和"不受限的"两条规则。前者明确默认情况下所有软件都不允许运行，只有特别配置过的少数软件才可以运行；而后者明确默认情况下所有软件都可以运行，只有特别配置过的少数软件才被禁止运行。本例中需要运行的软件都已经确定，因此需要使用"不允许的"作为默认规则。双击"不允许的"或右键单击后选择"属性"，然后点击"设为默认"按钮，并在同意警告信息后继续。

　　第 2 步：打开"其他规则"条目，可看到默认情况下已有了根据注册表路径设置的 4 个规则，且默认都设置为"不受限的"。不要修改这 4 个规则，否则系统运行将会遇到麻烦，因为这 4 个路径都涉及重要系统程序及文件所在的位置。位于系统盘下"Program Files"文件夹及"Windows"文件夹下的文件是允许运行的，而这 4 条默认规则已经包含了这些路径。

　　第 3 步：右键单击右侧面板的空白处，选择"新散列规则"，出现窗口。再单击"浏览"按钮，定位所有允许使用的 Office 程序的可执行文件，并双击加入。

　　第 4 步：在窗口"安全级别"下拉菜单下选择"不受限的"，依次单击"设为默认值"按钮→"应用"按钮→"确定"按钮退出。这样，就完成了软件的可执行文件均为不受限的设置。

　　此外，根据用户的实际情况还可选择使用"强制"策略和"指派文件类型"策略。强制策略可限定软件限制策略应用到哪些文件以及是否应用到 Administrator 账户；指派文件类型策略可指定具有哪些扩展名的文件可以被系统认为是可执行文件，可以添加或删除某种类型扩展名的文件。

当软件显示策略设置好后，一旦被限制的用户试图运行被禁止的程序，那么系统将会立刻发出警告并拒绝执行。

第二节 IP 安全协议（IPSec）

一、IPSec 概述

IP 安全协议（IP Security，IPSec）是一个网络安全协议的工业标准，也是目前 TCP/IP 网络的安全化协议标准。IPSec 最主要的功能是为 IP 通信提供加密和认证，为 IP 网络通信提供透明的安全服务，保护 TCP/IP 通信免遭窃听和篡改，有效抵御网络攻击，同时保持其易用性。

IPSec 的目标是为 IP 提供高质量互操作的基于密码学的一整套安全服务，其中包括访问控制、无连接完整性、数据源验证、抗重放攻击、机密性和有限的流量保密。这些服务都在 IP 层提供，可以为 IP 层及其上层协议提供保护。

IPSec 不是一个单独的协议，它包括网络认证协议（AH，也称认证报头）、封装安全载荷协议（ESP）、密钥管理协议（IKE）以及一些用于网络认证和加密的算法等。其中 AH 协议定义了认证的应用方法，提供数据源认证和完整性保证；ESP 协议定义了加密和可选认证的应用方法，提供可靠性保证。在进行 IP 通信时，可以根据实际安全需求同时使用这两种协议或选择使用其中的一种。AH 和 ESP 都可以提供认证服务，不过，AH 提供的认证服务要强于 ESP。IPSec 规定了如何在对等层之间选择安全协议、确定安全算法和密钥交换，向上层提供访问控制、数据源认证、数据加密等网络安全服务。IPSec 可应用于 VPN、应用级安全和路由安全三个不同的领域，但目前主要用于 VPN。

IPSec 既可以作为一个完整的 VPN 方案，也可以与其他协议（如 PPTP、L2TP）配合使用。它工作在 IP 层（网络层），为 IP 层提供安全性，并可为上一层应用提供一个安全的

网络连接，提供一种基于端－端的安全模式。由于所有支持 TCP/IP 的主机进行通信时，都要经过 IP 层的处理，所以提供了 IP 层的安全性就相当于为整个网络提供了安全通信的基础。鉴于 IPv4 的应用仍然很广泛，所以后来在 IPSec 制定中将 IPv6 中的安全支持也增添进了 IPv4。

IPSec 可用于 IPv4 和 IPv6 环境，它有两种工作模式，一种是隧道模式，另一种是传输模式。在隧道模式中，整个 IP 数据包被加密或认证，成为一个新的更大的 IP 包的数据部分，该 IP 包有新的 IP 报头，还增加了 IPSec 报头。在传输模式中，只对 IP 数据包的有效负载进行加密或认证，此时继续使用原始 IP 头部。隧道模式主要用在网关和代理上，IPSec 服务由中间系统实现，端节点并不知道使用了 IPSec。在传输模式中，两个端节点必须都实现 IPSec，而中间系统不对数据包进行任何 IPSec 处理。

通信双方如果要用 IPSec 建立一条安全的传输通道，需要事先协商好将要采用的安全策略，包括加密机制和完整性验证机制及其使用的算法、密钥、生成期限等。一旦收发双方协商好使

用的安全策略,双方(两台计算机)之间就建立了一个安全关联 SA。IETF(互联网工程任务组)已经提出了一个安全关联和密钥交换方案的标准方法,它将 Internet 安全关联和密钥管理协议(ISAKMP)以及 Oakley 密钥生成协议进行了合并。ISAKMP 集中了安全关联管理,减少了连接时间。Oakley 生成并管理用来保护信息的身份验证密钥。为保证通信的成功和安全,ISAKMP/Oakley 执行密钥交换和数据保护两个阶段的操作。通过使用在两台计算机上协商而达成一致的加密和身份验证算法,保证机密性和身份验证。

二、IPsec 的加密与完整性验证机制

IPSec 可对数据进行加密和完整性验证。其中,AH 协议只能用于对数据包包头进行完整性验证,而 ESP 协议可用于对数据的加密和完整性验证。

IPSec 的认证机制使 IP 通信的数据接收方能够确认数据发送方的真实身份以及数据在传输过程中是否遭篡改。IPSec 的加密机制通过对数据进行编码来保证数据的机密性,以防数据在传输过程中被窃听。为了进行加密和认证,IPSec 还需要有密钥的管理和交换功能,以便为加密和认证提供所需要的密钥并对密钥的使用进行管理。以上三方面的工作分别由 AH、ESP 和 IKE 三个协议规定。

1. 认证协议 AH

IPSec 认证协议(AH)为整个数据包提供身份认证、数据完整性验证和抗重放服务。AH 通过一个只有密钥持有人才知道的"数字签名"对用户进行认证。这个签名是数据包通过特别的算法得出的独特结果。AH 还能维持数据的完整性,因为在传输过程中无论多小的变化被附加,数据包头的数字签名都能把它检测出来。两个最常用的 AH 标准是 MD5 和 SHA-1,MD5 使用最多达 128 位的密钥,而 SHA-1 通过最多达 160 位的密钥提供更强的保护。

AH 协议为 IP 通信提供数据源认证和数据完整性验证,它能保护通信免受篡改,但并不加密传输内容,不能防止窃听。AH 在发送和接收端使用共享密钥来保证身份的真实性;使用 Hash 算法在每一个数据包上添加一个身份验证报头来实现数据完整性验证。验证过程中需要预约好收发两端的 Hash 算法和共享密钥来保证身份的真实性;使用 Hash 算法在一个数据包上添加一个身份验证报头来实现数据完整性验证。验证过程中需要预约好收发两端的 Hash 算法和共享密钥。

为了建立 IPSec 通信,两台主机在连接前必须互相认证,有如下三种认证方法。

(1)Kerberos 方法。KerberosV5 常用于 Windows2003 操作系统,是其缺省认证方式。Kerberos 能在域内进行安全协议认证,使用时,它既对用户的身份进行验证,也对网络服务进行验证。Kerberos 的优点是可以在用户和服务器之间相互认证,也具有互操作性。Kerberos 可以在 Server2003 域和使用 Kerberos 认证的 UNIX 环境系统之间提供认证服务。

(2)公钥证书(PKI)方法。PKI 用来对非受信域的成员、非 Windows 系统客户或没有运行 KerberosV5 协议的计算机进行认证,认证证书由一个证书机关系统签署。

(3)预共享密钥方法。在预共享密钥认证中,计算机系统必须认同在 IPSec 策略中使用的一个共享密钥,使用预共享密钥仅当证书和 Kerberos 无法配置的场合。

2．封装安全载荷协议 ESP

封装安全载荷协议（ESP）通过对数据包的全部数据或载荷内容进行加密来保证传输信息的机密性，避免其他用户通过监听打开信息交换的内容，因为只有受信任的用户才拥有密钥打开内容。此外，ESP 也能提供身份认证、数据完整性验证和防止重发的功能。在隧道模式中，整个 IP 数据报都在 ESP 负载中进行封装和加密。当该过程完成以后，真正的 IP 源地址和目的地址都可以被隐藏为 Internet 发送的普通数据。这种模式的一种典型用法就是在防火墙与防火墙之间通过 VPN 的连接进行的主机或拓扑隐藏。在传输模式中，只有更高层协议帧（TCP、UDP、ICMP 等）被放到加密后的 IP 数据报的 ESP 负载部分。在这种模式中，源和目的 IP 地址以及所有的 IP 报头域都是不加密发送的。

ESP 主要使用 DES 或 3DES 算法为数据包提供加密保护。例如，主机 A 用户将数据发送给主机 B 用户。因为 ESP 提供机密性，所以数据被加密。接收端在验证过程完成后，数据包的数据将被解密。B 用户可以确定确实是 A 用户发送的数据并且数据未经修改，其他人无法读取这些数据。

ESP 报头提供集成功能和 IP 数据的可靠性。集成功能保证了数据没有被恶意黑客破坏，可靠性保证使用密码技术的安全。对 IPv4 和 IPv6，ESP 报头都列在其他 IP 报头后面。ESP 编码只有在不被任何 IP 报头扰乱的情况下才能正确发送数据包。

ESP 数据格式由头部、加密数据和可选尾部三部分组成。使用 ESP 进行安全通信之前，通信双方需要先协商好一组将要采用的加密策略，包括使用的算法、密钥以及密钥的有效期等。加密数据部分除了包含原 IP 数据包的有效负载之外，填充域（用来保证加密数据部分满足块加密的长度要求）等部分在传输时也是加密过的。

三、IPSec 设置与应用实例

1．IPSec 的基本配置

AH 和 ESP 报头中没有指明用来产生认证数据和负载数据的算法，这意味着可以使用不同的算法。这样，如果出现了一个新的算法，系统可以不作明显改动地将该算法合成进 IPSec 标准中。目前，MD5 和 SHA 是用来产生认证数据的两种算法。ESP 使用的加密算法有 DES、3DES、RC5 和 IDEA。

一旦确定了 IPSec 安全级别，接下来就是配置 IPSec 的安全性。IPSec 策略配置是把安全需求转换为一项或多项 IPSec 策略，针对个人用户、工作组、应用系统、站点或跨国企业等不同的安全要求，网络安全管理员可以配置多种 IPSec 策略分别满足其需求。每项 IPSec 策略包含一条或多条 IPSec 规则，每条 IPSec 规则包含一个过滤列表、过滤动作、认证方法以及连接类型等。

过滤列表决定了受安全规则制约的 IP 流量类型，一旦过滤器被触发，就会采取过滤动作。过滤动作指明了对于过滤列表中所标出的 IP 地址所采取的安全措施。

下面介绍 IPSec 的基本配置及选择不同算法的过程。

选择"开始"→"程序"→"管理工具"→"本地安全策略"路径，打开"本地安全设置"窗口。单击"IP 安全策略，在本地机器"。最初窗口显示客户端、服务器、安全服务器这三种预定义的策略项。在每个预定义策略的描述中详细解释了该策略的操作原则。如果想要修改系统预定义的策略细节，可以右键单击相应的策略并选择"属性"进行修改。

（1）创建 IP 安全策略

第 1 步：右键单击"IP 安全策略，在本地机器"，选择"创建 IP 安全策略"项，打开"安全策略向导"，单击"下一步"继续。在弹出的对话框中为新的 IP 安全策略命名并填写策略描述。

第 2 步：单击"下一步"，选择"激活默认响应规则"复选项，然后单击"下一步"。

第 3 步：接受默认的选项"Active Directory 默认值（Kerberos V5 协议）"作为默认响应规则身份验证方法，单击"下一步"继续。

第 4 步：选中"编辑属性"复选框，并单击"完成"按钮。这样就完成了 IPSec 的初步配置。完成初步配置后，将弹出新 IP 安全策略属性窗口。

（2）配置安全策略和规则

用户添加自己定义的"IP 安全规则"。在不选择"使用'添加向导'"情况下（撤销下面复选框中的"√"），单击"添加"按钮。出现的"新规则属性"窗口。在这里用户就可以对新规则的各项属性进行如下设置。

①IP 筛选列表设置

第 1 步：在窗口单击"添加"按钮，打开"IP 筛选器列表"对话框，如图 10–13 所示。

第 2 步：输入新 IP 筛选器列表的名称、描述信息并在不选择"使用'添加向导'"情况下，单击"添加"按钮。弹出的"筛选器属性"窗口。筛选器属性包含寻址、协议和描述三个选项卡："寻址"可对 IP 数据流的源地址、目标地址进行规定；"协议"可对数据流所使用的协议进行规定，如果选择了"TCP"或"UDP"协议，还可以对源端和目的端使用的端口号做出规定；"描述"可对新筛选器做出简单描述。

第 3 步：在"寻址"选项卡中选择 IP 数据流的源地址和目标地址。

第 4 步：选择"协议"选项卡，在出现的窗口中选择协议类型，如选择"ICMP"或"TCP"等。

第 5 步：单击"确定"按钮后，完成对"筛选器属性"的设置。

②筛选器操作设置

"筛选器操作"选项卡是整个 IPSec 设计的关键，它将对符合"IP 筛选器"的数据流进行相应处理。

第 1 步：选择的第 2 项选项卡"筛选器操作"，在出现的窗口中在不选择"使用'添加向导'"情况下单击"添加"按钮，出现的"新筛选器操作属性"窗口。

第 2 步：在这里可以对新筛选器操作的细节进行设置。其中，可以选择"许可""阻止"对符合"IP 筛选器"的数据流进行过滤。此处选择"协商安全"，以便对允许的通信进行进一步的安全设置。

第 3 步：单击"添加"按钮，出现"新增安全措施"窗口，选择添加相应的安全措施。可选的安全措施有"加密并保持完整性""仅保持完整性"和"自定义"三种。

第 4 步：自定义包括数据和地址不加密的完整性算法、数据完整性算法（如 MD5、SHA–1）、数据加密算法（如 DES、3DES）和密钥生存期等。在此选择"自定义"，再单击"设置"按钮，出现窗口，用户可按要求进行选择。

第 5 步：选择后单击"确定"按钮，回到窗口，在此可以添加多个安全措施，并通过"上移""下移"按钮指定和另一计算机协商时采取的安全措施首选的顺序，并可对某次设置进行修改和删除。

在"安全措施"选项卡中还有如下三个选项。

"接收不安全的通信，但总是用IPSec响应"：接收由其他计算机初始化的不受保护的通信，但在本机应答或初始化时总是使用安全的通信。

"允许和不支持IPSec的计算机进行不安全的通信"：允许来自或到其他计算机的不受保护的通信。

"会话密钥完全向前保密"：确保会话密钥和密钥材料不被重复使用。

注意：以上内容设置结束，单击"确定"按钮回到"筛选器操作"选项卡后，必须选中刚才添加的新筛选器操作项。再选择"IP筛选器列表"选项卡，选中"新IP筛选器列表"，单击"确定"后即将其保存。

③身份验证方法设置

身份验证方法向每一位用户保证其他的计算机或用户的身份。每一种身份验证方法都提供必要的手段来保证身份。

第1步：单击中的"身份验证方法"选项卡，在出现的窗口中单击"添加"按钮。

第2步：在出现的窗口中选择身份验证方法。Windows2000/XP/2003系统支持三种身份验证方法：KerberosV5协议、CA证书和预共享密钥。

④隧道设置

单击"隧道设置"选项卡，出现窗口。当只与特定的计算机通信并且知道该计算机的IP地址时，选择"隧道终点由此IP地址指定"并输入目标计算机的IP地址。

⑤连接类型

为每一个规则指定的连接类型可以决定计算机的连接（网卡或调制解调器）是否接受IPSec策略的影响。每一个规则拥有一种连接类型，此类型指定是否应用到LAN连接、远程访问连接或所有网络连接上。

（3）新IP属性的常规设置

第1步：新创建的IP安全策略属性窗口还有一个"常规"选项卡。在此可以输入新IP安全策略的名称和描述，更改"检查策略更改时间"。

第2步：单击"高级"按钮，在出现的"密钥交换设置"对话框中对密钥交换进行高级设置。

2．IPSec的防火墙配置

Windows系统可提供给用户免费使用的防火墙，它不同于通常所说的内置防火墙，但是却可以提供更好的安全策略，这就是IPFilter。IPFilter包含于IPSec中，是Windows2000

操作系统以后新加入的技术。其原理很简单，当接收到一个IP数据包时，IPFilter使用其头部在一个规则表中进行匹配。当找到一个相匹配的规则时，IPFilter就按照该规则制定的方法对接收到的IP数据包进行处理。这里的处理只有丢弃或转发两种选择。

IPFilter只是IPSec的一部分功能。对于不在域中的个人用户，IPSec的数据加密是用不到的。下面介绍如何用IPFilter构建防火墙，实现常用防火墙的部分功能。

（1）IPFilter防火墙配置的准备工作

由于IPFilter属于IPSec的一部分，所以在使用及配置IPFilter前需要保证IPSec服务的正常运行。

第1步：单击"开始"→"运行"，输入 services.msc 并回车，进入服务设置窗口。在服务设置窗口中找到名为 ipsecservices 的服务，保证它是"启动"的。

第2步：如果该服务没有启动，则双击其名称，单击"启动"按钮启动该服务，然后再将其启动方式设置为"自动"，这样才能保证下面设置好的 IPFilter 防火墙过滤信息可以随系统启动而启动，从而保证对数据包的过滤功能生效。

如果用户在服务名称中没有找到 ipsecservices 服务也不要紧，该项服务可以在 Windows2000 操作系统全系列 /XPPro/.NetServer 中找到。

（2）配置 IPFilter

有配置防火墙或过滤策略经历的读者在配置 IPFilter 上也是非常容易的。配置策略和访问控制列表以及过滤规则是一样的。可通过 MMC 加载 IPSec 模块来实现此功能。

第1步：单击"开始"→"运行"，输入 MMC 并回车，启动管理单元控制台窗口。

第2步：默认情况下只有"控制台根节点"一个选项。可通过主菜单的"文件"下拉后选择"添加／删除管理单元"来加载 IPSec 模块。在出现的"添加／删除管理单元""窗口的独立"选项卡下单击"添加"按钮。

第3步：在出现的"添加独立管理单元"选项中，选择"IP 安全策略管"，添加。系统会要求用户选择这个管理单元要管理的计算机或域。由于这里是对本地计算机进行操作，所以选"添加"按钮进行添加。系统会要求用户选择这个管理单元要管理的计算机。本地计算机进行操作，所以选择"本地计算机"后单击"完成"按钮。

第4步：添加后就可在控制台窗口的"控制台根节点"下看到"IP 安全策略,在本地计算机"的项目。在"IP 安全策略,在本地计算机"上右键单击并选择"管理 IP 筛选器表和筛选器操作"，出现管理 IP 筛选器表。

用户也可以单击"开始"→"运行"后，输入 secpol.msc 并回车，在打开的窗口中可以直接选择"管理 IP 筛选器表和筛选器操作"。这种方法更加简单快捷。

第5步：在默认情况下有对"所有 ICMP 通讯量"和对"所有 IP 通讯量"进行过滤的规则。可以通过单击"添加"按钮添加新的规则。

第6步：系统会自动生成一个"新 IP 筛选器列表"的规则，可在该窗口中选中"使用'添加向导'"项，单击"添加"按钮，继续加入一个具体的过滤项。

第7步：系统将自动启动 IP 筛选器向导。单击"下一步"后，出现选择 IP 地址的窗口。指定 IP 通信的源地址，类似于规则中的源地址。可供选择的有特定的 IP 子网、特定的 IP 地址、特定的 DNS 名称、任何 IP 地址和本机 IP 地址。如果选择子网，网，会出现需要填写 IP 地址和子网掩码的对话框；如果选择 IP 地址，则出现要填写的 IP 地址框；如果选择 DNS 名称，则出现需填写主机名的框。

第8步：设置完单击"下一步"按钮，出现指定 IP 通讯的目的地址窗口。当用户想对某个域名进行过滤时，可以在目的地址处选择"一个特定的 DNS 名称"，然后在主机名处输入对应的域名，如 www.163.com。设置完后单击"下一步"继续。由于与 www.163.com 对应的有很多 IP 地址，而且是动态的，因此系统会首先查看本地 DNS 缓存，读取缓存中对应的 IP 地址进行过滤。

第 9 步：选择通信协议类型，包括常用的 TCP 和 UDP，还可以设置为"任意"。

第 10 步：单击"下一步"后出现完成 IP 筛选器建立向导窗口，单击"完成"按钮结束操作。

第 11 步：这时可在 IP 筛选器列表窗口中看到新添加的规则。由于这些规则都是在同一个筛选器中，所以规则可以同时生效。

第 12 步：单击"添加"和"关闭"按钮保存此前的设置，可在"IP 筛选器列表"中看到新建立的名为"新 IP 筛选器列表"的筛选器。

默认情况下，IPFilter 的作用是单方面的，如发送端用户是 A，接收端用户是 B，则防火墙只对 A → B 的流量起作用，而忽略对 B → A 的流量。若选中 Mirror（双向），则防火墙对 A → B、B → A 的双向流量都进行处理（相当于一次添加了两条规则）。

此时，在通过本机访问 www.163.com 网站时会收到失败的响应消息，这是因为刚才只是简单建立了过滤规则而没有明确具体信息。在实际使用中明确过滤的源地址、目的地址和使用协议后，就可以使用此方法结合 IPSec 中的 IPFilter 达到防火墙过滤非法数据包的功能。

（3）IPFilter 高级技巧

①备份设置的过滤规则

如果用户已经建立了很多条过滤规则，那么如何将其保存以备以后使用或者其他计算机使用呢？实际上操作起来很简单，右键单击"IP 安全策略，在本地计算机"，选择"所有任务"下的"导出策略"即可。在其他计算机上使用"所有任务"下的"导入策略"，就可以实现多台计算机快速使用同一个策略的功能。

②单防火墙的多策略

如果用户使用的是笔记本电脑，经常在家中和单位场合交替使用，若使 IPFilter 过滤系统拥有多项策略，使用该防火墙系统就方便了。这样，可在家中使用一套过滤方案，在单位使用另一套过滤方案。使 IPFilter 过滤系统拥有多项策略的方法很简单，按照上述步骤在"IP 筛选器列表"中建立多个筛选器，依次命名为"单位 IPSec 设置"和"家庭 IPSec 设置"。这样就可在不同场所使用不同过滤列表了。

③快速还原初始设置

有时在为 IPFilter 添加了一些过滤规则后，发现网络无法使用了，这说明用户添加规则的时候出现了问题。如果一个一个的删除这些过滤规则是可以的，但是太麻烦。IPFilter 有一个默认设置，用户可以通过 IPFilter 中的"恢复默认设置"功能来完成还原初始设置。方法是在"IP 安全策略，在本地计算机"上右键选择"所有任务"下的"还原默认策略"即可。这样原来设置的所有策略都将被清空。

第三节　加密文件系统（EFS）

加密文件系统（Encrypting File System，EFS）是 Windows 文件系统的内置文件加密工具，它以公共密钥加密为基础，使用 Crypto API 架构，提供一种透明的文件加密服务。EFS 可对存储在 NTFS 磁盘卷上的文件和文件夹执行加密操作。对于 NTFS 卷上的文件和数据，都可以直接被操作系统加密保存，这在很大程度上提高了数据的安全性。Windows 2000/XP/2003 系统都配备了 EFS。

一、NTFS 的安全性

NTFS（New Technology File System）是 Windows 系列操作系统环境的、基于安全性的标准文件系统，它能够提供各种 FAT 不具备的安全性、可靠性与先进性。NTFS 是建立在保护文件和文件夹数据基础上的，一种节省存储资源、减少磁盘占用量的先进的文件系统。

NTFS 文件系统具有文件权限管理、数据压缩、数据加密、磁盘配额、动态磁盘管理等特性，这对用户管理计算机和用户权限、管理磁盘空间、管理敏感数据都很方便，并提供访问控制列表（ACL）和文件系统日志功能。

1．NTFS 的安全特性

（1）磁盘自我修复功能

NTFS 可以对硬盘上的逻辑错误和物理错误进行自动检测和修复，因此，在 NTFS 分区上用户很少需要运行磁盘修复程序。NTFS 通过使用标准的事务处理日志和恢复技术来保证分区的一致性。当发生系统失效事件时，NTFS 使用日志文件和检查点信息自动恢复文件系统的一致性。

（2）数据压缩功能

NTFS 文件系统提供了数据压缩功能。用户可以压缩不常使用的数据从而节省磁盘空间。这种压缩对于用户是透明的，当用户访问使用 NTFS 压缩的文件或文件夹时，系统在后台自动解压缩数据，用户看不到解压缩的过程，访问结束后系统再自动压缩数据。

（3）数据加密功能

NTFS 的数据加密特性称为加密文件系统（EFS）。用户可以用 EFS 加密 NTFS 分区中的数据。Windows 2000/XP（专业版）/2003 系统都支持 EFS。EFS 提供透明的文件加密服务和数据恢复能力，系统管理员可以恢复另一用户加密的数据；EFS 也可以实现多用户共享存取一个已经加密的文件夹。

（4）文件权限管理和审核功能

用 NTFS 权限指定某个用户、组或计算机在某种程度上对特定的文件和文件夹进行访问及修改。对于文件和文件夹，可以赋予用户、组或计算机以读、写、读和运行、修改和完全控制的权限。默认情况下，Windows 系统赋予每个用户对 NTFS 文件和文件夹完全控制权限。

在 NTFS 分区中，权限是可以继承的。通常情况下，文件夹中的文件和子文件夹可继承父文件夹的权限。继承下来的权限不能更改。在 NTFS 分区内或分区间拷贝文件，在 NTFS 分区间移动文件或文件夹时，文件或文件夹将继承目标文件夹的权限。而当在同一 NTFS 分区内移动文件或文件夹时，权限将被保留。

在采用 NTFS 格式的 Windows 2000/2003 系统中，应用审核策略可以对文件夹、文件以及活动目录对象进行审核，审核结果记录在安全日志中。通过安全日志可以查看哪些组或用户对文件夹、文件或活动目录对象进行了何种级别的操作，从而发现系统可能面临的非法访问，通过采取相应的措施将这种安全隐患减到最低。

（5）磁盘配额管理功能

NTFS 支持磁盘配额管理，并可对每个用户的磁盘使用情况进行跟踪和控制。通过监测可以标识出超过配额报警阈值和配额限制的用户，从而采取相应的措施。当用户使用超出了一定的服务器磁盘空间后，系统可发出警告或禁止用户对服务器磁盘的使用，并将事件记录到系统日志中。这样，域用户便不能随意使用服务器磁盘空间，也不能在服务器磁盘中随便存放个人文件。当然，磁盘配额在个人计算机中也可使用，并可使磁盘管理更加方便。

（6）事件日志功能

在 NTFS 文件系统中，任何操作都被看成是一个"事件"。事件日志一直监督着整个操作，其作用不在于它能挽回损失，而在于它能监督所有事件，从而让系统知道完成了哪些任务，哪些任务还没有完成，保证系统不会因突发事件而紊乱，最大限度地降低对系统的破坏。

（7）动态磁盘功能

Windows 2000/2003 系统具有动态磁盘特性。动态磁盘可提供基本磁盘不具备的一些特性，如创建可跨越多个磁盘的卷（如跨区卷和带区卷）和具有容错能力的卷（如镜像卷和 RAID-5 卷）。动态磁盘可提供更加灵活的管理和使用特性，如动态磁盘没有卷数量的限制，只要磁盘空间允许，用户可以在动态磁盘中任意建立卷。

在动态磁盘上创建带区卷可同时对多块磁盘进行读写，从而提高磁盘使用磁盘上创建镜像卷时，所有内容自动实时被镜像到镜像磁盘中，即使遇到磁盘失效也不必担心数据损失。在动态磁盘上创建带有奇偶校验的带区卷，可保证提高性能的同时为磁盘增加容错性。

2．NTFS 安全性应用实例

（1）数据压缩功能的应用

现以"xnzz"文件夹为例，使用 NTFS 的数据压缩功能对其进行压缩。

第 1 步：右键单击该文件夹，单击"属性"按钮，出现图"xnzz 属性"窗口。

第 2 步：选择"常规"选项卡，单击"高级"按钮，出现"高级属性"窗口。

第 3 步：选择"压缩内容以便节省磁盘空间"单选项，然后单击"确定"按钮回到"xnzz 属性"窗口。

第 4 步：单击"确定"按钮，出现"确认属性更改"窗口，图中显示其属性更改为"压缩"。如选择"仅将更改应用于该文件夹"项，则系统只将文件夹设置为压缩文件夹，里面的内容并未经过压缩，但以后在该文件夹下创建的文件或文件夹将被压缩；如选择"将更改应用于该文件夹，子文件夹和文件"项，则文件夹下的所有内容均被压缩。单击"确定"按钮后进行压缩，压缩完毕即关闭窗口并使设置生效。

在 Windows XP 操作系统中，系统自动将压缩的文件夹变为蓝色，以便区分。而在 Windows 2000 操作系统中，需要在"文件夹选项"中进行配置才能实现这种效果。

（2）磁盘配额管理功能的应用

现以 D 盘为例，使用 NTFS 的磁盘配额管理功能对其进行磁盘配额管理。

第 1 步：打开资源管理器，右键单击磁盘 D，选择"属性"，在出现的窗口中选择"配额"选项卡。

第 2 步：选择"启用配额管理"项。如果要限制卷中所有用户的磁盘使用，选择"拒绝将磁盘空间给超过配额限制的用户"项，并在下面的默认磁盘限制中选择"将磁盘空间限制为"

单选项，在其后的框中输入用户可用的空间数，并在"将警告等级设为"栏中设定当用户使用到多少空间时进行警报。以上内容填写后单击"确定"按钮，系统将进行磁盘配额管理操作。

注意：磁盘管理计算的依据是非压缩的使用量，即使在相应的磁盘中存储了压缩文件，在计算使用量时仍然以解压缩后文件的大小计算；磁盘配额按照所有者计算文件，只有在相应卷内所有者是你的文件才会被记入磁盘空间用量中；对于不同的磁盘分区，分别记录磁盘用量，而不是计算磁盘总用量。

二、EFS 加密和解密应用

1．EFS 软件

在使用 EFS 加密一个文件或文件夹时，系统首先会生成一个由伪随机数组成的 FEK（文件加密密钥），然后利用 FEK 和数据扩展标准 X 算法创建加密文件，并把它存储到硬盘上，同时删除未加密的原文件。随后系统利用用户的公钥加密 FEK，并把加密后的 FEK 存储在同一个加密文件中。当用户访问被加密的文件时，系统首先利用用户的私钥解密 FEK，然后利用 FEK 解密原加密文件。在首次使用 EFS 时，如果用户还没有公钥/私钥对（统称为密钥），则要先生成密钥，然后再加密数据。EFS 加密文件的时候，使用对该文件唯一的对称加密密钥，并使用文件拥有者 EFS 证书中的公钥对这些对称加密密钥进行加密。因为只有文件的拥有者才能使用密钥对中的私钥，所以也只有他才能解密密钥和文件。

EFS 加密系统对用户是透明的，即如果用户加密了一些数据，那么他对这些数据的访问将是完全允许的，并不会受到任何限制。如果用户持有一个已加密 NTFS 文件的私钥，那么他就能够打开这个文件，并透明地将该文件作为普通文档使用。而其他非授权用户试图访问加密过的数据时，就会收到"访问拒绝"的提示。这说明非授权用户无法访问经过 EFS 加密后的文件。即使是有权访问计算机及其文件系统的用户，也无法读取这些加密数据。

当使用 EFS 对 NTFS 文件系统的文件或文件夹进行安全处理时，操作系统将使用 Crypto API 所提供的公钥和对称密钥加密算法对文件或文件夹进行加密。EFS 作为操作系统级的安全服务，内部实现机制非常复杂，但管理员和用户使用起来却非常简单。EFS 加密的用户验证过程是在登录 Windows 系统时进行的，只要登录到 Windows 系统，就可以打开任何一个被授权的加密文件，而并不像第三方加密软件那样在每次存取时都要求输入密码。

当保存文件时 EFS 将自动对文件进行加密，当用户重新打开文件时系统将对文件进行自动解密。除加密文件的用户和具有 EFS 文件恢复证书的管理员之外，没有人可以读写经过加密处理的文件或文件夹。因为加密机制建立在文件系统内部，它对用户的操作是透明的，而对攻击者来说却是加密的。

如果把未加密的文件复制到经过加密的文件夹中，那么这些文件将会被自动加密。若想将加密文件移出来，如果移动到 NTFS 分区上，文件依旧保持加密属性。NTFS 分区上保存的数据还可以被压缩，但是一个文件不能同时被压缩和加密。Windows 系统的系统文件和系统文件夹无法被加密。系统根目录中的文件不能被加密。

发生诸如用户私钥丢失或雇员离开公司等突发事件时，EFS 提供了一种恢复代理机制，可以恢复经 EFS 加密的文件信息。当使用 EFS 时，系统将自动创建一个独立的恢复密钥对，并存储在管理员 EFS 文件恢复证书中。恢复密钥对的公钥用于加密原始的加密密钥，并在紧急情况下使用私钥来恢复加密文件的密钥，从而恢复经过加密的文件。Windows 2000 系统在单机和工作组环境下，默认的恢复代理是 Administrator；Windows XP 系统在单机和工作组环境下没有默认的恢复代理；域环境中所有加入域的 Windows 2000/XP 计算机，默认的恢复代理都是域管理员。这一切又可保证被加密数据的安全性。

使用 EFS 加密功能要保证两个条件，第一要保证操作系统是 Windows 2000/XP/2003，第二要保证文件所在的分区格式是 NTFS 格式（FAT32 分区里的数据是无法加密的）。

2．EFS 加密和解密的应用

（1）EFS 加密文件或文件夹

如要对 C 盘下的"4321"文件夹进行 EFS 加密，其操作过程如下。

第 1 步：右键单击要加密的文件夹，选择"属性"，出现该文件夹的属性窗口。

第 2 步：在"属性"窗口中单击"高级"按钮，在弹出的"高级属性"窗口中，选中"加密内容以保护数据"，单击"确定"按钮。

第 3 步：在随后的属性窗口中单击"应用"按钮，出现"确认属性更改"对话框。如选择"仅将更改应用于该文件夹"，系统将只对文件夹加密，文件夹里面已有的内容不会被加密，但是此后在文件夹中创建的文件或文件夹将被加密；如选择"将更改应用于该文件夹、子文件夹和文件"，文件夹内部的所有内容均被加密。

第 4 步：单击"确定"按钮，完成加密操作。

现在已有了一个被 EFS 加密过的文件夹，以后如果用户要对某个文件或文件夹进行 EFS 加密，也可以把它们移到该文件夹中，这样这些文件或文件夹就会被自动加密。

（2）密钥备份和解密文件 / 文件夹

如果用户重装了系统，此后即使再利用原来的用户名和密码，也无法打开 EFS 加密过的文件或文件夹。这是因为加密时的密钥信息保存在原系统中，重装系统后原密钥信息丢失。因此用户在加密时应该及时备份密钥，这样以后即使重装系统，也可利用备份密钥打开加密文件或文件夹。

在 WindowsXP 系统中，备份密钥的操作过程如下。

第 1 步：单击"开始"→"运行"，输入"certmgr.msc"并回车，打开证书管理器（密钥的导出和导入工作都将在这里进行）。

第 2 步：选择"当前用户"→"个人"→"证书"路径，可以看见一个与用户名同名的证书（如果用户还没有加密任何数据，这里是不会有证书的）。假如有多份证书，可选择"预期目的"为"加密文件系统"的那个证书。

第 3 步：右键单击"证书"，在菜单中选择"所有任务"→"导出"，弹出一个"证书导出向导"窗口。

第 4 步：单击"下一步"按钮，出现导出密钥窗口，在窗口中会询问用户是否导出私钥。这里要选择"是，导出私钥"选项。

第 5 步：单击"下一步"按钮，出现对话框。按照提示要求，输入和确认该用户的密码后，单击"下一步"按钮后选择想要保存的路径并"确认"，最后私钥（文件后缀为 PFX）便成功导出。若在选择"不，不要导出私钥"，按照提示要求输入后便可导出证书（文件后缀为 CER）。

至此，导出任务完成（导出成功）。

以后利用这些备份密钥（证书和私钥），即可恢复加密数据。其他用户如果获得本用户的备份密钥，也能轻松解密其加密文件，因此一定要保管好备份密钥。

（3）找回 EFS 加密文件

当加密文件的系统账户出现问题或重装系统后，EFS 加密文件就无法访问了。可以采用如下两种解决方法。

①利用备份的 PFX 私钥

如果备份有 PFX 私钥文件，可以很容易地利用它打开加密文件，其操作过程如下。

第1步：找到备份的 PFX 私钥文件，右键单击该文件，并选择"安装 PFX"，系统弹出"证书导入向导"。

第2步：单击"下一步"按钮，在出现的对话框中输入要导入的文件名称，如 EFS.pfx。

第3步：单击"下一步"按钮，在出现的对话框中输入当初导出证书时输入的密码。

第4步：单击"下一步"按钮，在出现的证书存储窗口中选择"根据证书类型，自动选择证书存储区"项。

第5步：单击"下一步"按钮并在出现的窗口中单击"完成"按钮，出现导入成功提示。此后就可以访问 EFS 加密文件了。

②利用备份的 CER 证书

假如用户以前未备份 PFX 私钥文件，但是备份过 CER 证书，如果又重装了系统，就没有办法打开加密文件了；假如用户还没有重装系统，则可利用备份的 CER 证书进行类似 PFX 的操作。

第1步：找到备份的 CER 证书文件，右键单击该文件，并选择"安装证书(I)"，系统将弹出"证书导入向导"窗口。

第2步：在出现的"证书存储"对话框中选择"将所有的证书放入下列存储区"，并单击"浏览"按钮。

第3步：在出现的选择证书存储窗口中选择"个人"存储区并单击"确定"按钮，即可把证书导入到"个人"存储区。

第4步：单击"确定"按钮，完成证书导入工作。可以看到证书"导入成功"的提示。此后就可以访问 EFS 加密文件了。

（4）解密 EFS 加密的文件或文件夹

如果用户要对已被 EFS 加密过的文件或文件夹解密，或是想取消已对某个文件或文件夹进行的 EFS 加密，则可采取如下操作过程。

第1步：打开 Windows 系统的资源管理器，右键单击已加密的文件或文件夹，选择"属性"项。

第2步：在"常规"标签上单击"高级"按钮，在弹出的窗口中，取消"加密内容以便保护数据"复选框前面的"√"。

第3步：确定后在出现的"确认属性更改"窗口中就显示对属性的更改为"解密"，最后单击"确定"按钮即可。

3．EFS 的其他操作

EFS 系统除了具有对文件或文件夹的加密 / 解密功能外，还有如下一些常用操作。

（1）禁用 EFS 加密功能

如果用户不喜欢 EFS 功能，可以彻底禁用它。单击"开始"→"运行"，输入"regedit"并回车，打开注册表编辑器，依次展开 HKEY_LOCAL_MACHINE\SOFTWARE\Microsoft\WindowsNT\CurrentVersion\EFS，然后新建一个 DWORD 值 EfsConfiguration，并将其键值设为 1。这样本机的 EFS 加密功能就被彻底禁用了。

（2）将 EFS 选项添加至快捷菜单

如果想将 EFS 选项添加至快捷菜单，其操作过程为：单击"开始"→"运行"，输入"regedit"并回车，打开注册表编辑器，依次展开 HKEY_LOCAL_MACHINE\SOFTWARE\Microsoft\Windows\CurrentVersion\Explorer\Advanced，然后新建一个 DWORD 值 EncryptionContextMenu，并将它的键值设为 1。注意，为确保对注册表进行修改，应在自己的计算机上拥有管理员账号。这样当用户右键单击某一存储于 NTFS 磁盘卷上的文件或文件夹时，加密或解密选项便会出现在弹出的快捷菜单上。

（3）加密文件夹下的子文件夹

在利用 EFS 加密的过程中用户常会遇到这种情况：用户需要加密某一个文件夹，此文件夹下还有很多子文件夹，而用户有时不想加密位于此文件夹下的某一个或几个子文件夹。这时，可以采用如下两种方法之一解决。

第一，将不需要加密的子文件夹剪切移出，单独设立文件夹，脱离与原文件夹的关系，然后再加密原文件夹。这也是很多用户常用的方法。这样做的缺点是破坏了原来的目录结构，加密和保持原有的目录结构产生了矛盾。

第二，在不需要加密的子文件夹下建立一个名为"Desktop.ini"的文件，打开该文件并录入以下内容。

[encryption]

Disable=1

录入完毕后保存并关闭该文件。这样，以后如要加密其父文件夹，当加密到该子文件夹时就会遇到错误的信息提示，单击"忽略"后即可跳过对该子文件夹的加密，而其父文件夹的加密不会受到影响。

（4）在命令提示符下加密 / 解密文件

如果用户不喜欢在图形界面中操作，还可以在命令提示符下用 cipher 命令完成对文件和文件夹的加密 / 解密操作。其命令格式为如下。

cipher[/e/d] 文件夹或文件名 [参数]

如要为 C 盘根目录下的 ABCD 文件夹加密，就输入"cipher/ec : \ABCD"并回车即可。如要对该文件夹进行解密，则输入"cipher/dc :\ABCD"并回车即可。命令格式中"e"是加密参数，"d"是解密参数，其他更多的参数和用法请在命令提示符后输入"cipher/ ？"即可得到。

第四节　SSL 与 SSH 协议

本节介绍在网络中保证系统数据安全传输和应用的 SSL 和 SSH 协议。

一、SSL 协议与应用

1. SSL 协议概述

SSL（Secure Sockets Layer，安全套接层）协议是一种在客户端和服务器端之间建立安全通道的协议，它已被广泛用于 Web 浏览器与服务器之间的身份认证和加密数据传输。SSL 是基于 Web 应用的安全协议，主要提供用户和服务器的合法性认证、数据加密解密和数据完整性的功能。

SSL 采用公开密钥技术，其目的是保证发收两端通信的保密性和可靠性。现行的 Web 浏览器普遍将 HTTP 和 SSL 结合，从而实现 Web 服务器和客户端浏览器之间的安全通信。

SSL 采用 TCP 作为传输协议提供数据的可靠性传输。SSL 工作在传输层之上，独立于更高层应用，可为更高层协议（如 HTTP、FTP 等）提供安全服务。SSL 协议在应用层协议通信之前就已完成了加密算法、通信密钥的协商和服务器认证工作。在此之后应用层协议所传送的数据都会被加密，从而保证通信的保密性。

SSL 不是一个单独的协议，而是由多个协议构成的，主要部分是记录协议和握手协议。SSL 记录协议建立在可靠的传输协议（如 TCP）之上，利用 IDEA、DES、3DES 或其他加密算法进行数据加密和解密，为高层协议提供数据封装、压缩、加密等基本功能的支持；SSL 握手协议建立在 SSL 记录协议之上，允许通信实体在交换应用数据之前协商密钥的算法、交换加密密钥和对客户端进行认证（可选）。

2. SSL 协议应用

使用 SSL 安全机制时，客户端与服务器端要先建立连接，服务器把它的数字证书与公钥一起发送给客户端；然后客户端随机生成会话密钥，用从服务器得到的公钥对会话密钥进行加密，并把会话密钥在网络上传递给服务器；会话密钥只有在服务器端用私钥才能解密。这样，客户端和服务器端就建立了一个的安全通道。

SSL 是一个保证网络通信安全的协议族，对通信对话过程进行安全保护。例如，一台客户机与一台主机连接，首先要初始化握手协议，然后建立一个 SSL，对话开始。直到对话结束，SSL 协议都会对整个通信过程加密，并且检查其完整性。建立 SSL 安全机制后，只有 SSL 允许的客户机才能与 SSL 允许的 Web 站点进行通信，并且在使用 URL 资源定位器时，输入"https：//"而不是"http：//"。

在 SSL 中使用的证书有服务器证书和客户机证书两种类型，每一种都有自己的格式和用途。服务器证书中包含服务器的相关信息，用于客户在共享敏感信息之前对服务器加以识别。Web

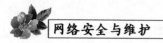

服务器只有安装了有效的服务器证书后才拥有安全通信功能。客户机证书包含请求访问站点的客户机的个人信息，在允许其访问站点之前由服务器加以识别。

下面以 Windows2000Server 服务器和 WindowsXP 客户机为例介绍 SSL 安全通信。

（1）安装根证书

首先要在 Windows2000Server 系统中安装证书服务。默认情况下，没有安装该服务，需要安装光盘。

第1步：打开控制面板中的"添加或删除程序"选项，选择"添加 / 删除 Windows 组件"，选中"证书服务"，然后单击"下一步"按钮。

第2步：选择"独立根 CA"的安装类型。在选中"独立根 CA"项，单击"下一步"按钮给自己的 CA 起一个名字，即可完成安装。

安装完成后就可以启动 IIS 管理器来申请数字证书了。

启动 IIS 管理器，选择需要配置的 Web 站点。在此以"ssl.try.cn"站点为例进行 SSL 的安装和设置。为 ssl.try.cn 站点属性。

第1步：依次选择站点属性的"目录安全性"→"安全通信"→"服务器证书"，出现服务器证书窗口。由于是第一次配置，要先创建一个新证书。选中"创建一个新证书"，再单击"下一步"按钮。

第2步：在出现的"稍后或立即请求"窗口，选中"现在准备请求，但稍后发送"后，单击"下一步"按钮。

第3步：出现窗口。用默认的站点名称和加密位长设置即可。

第4步：单击"下一步"按钮，出现组织信息窗口。对于"组织"和"组织部门"，可以随意选择（如"aaaa"和"bbbb"），也可以用默认的网站名称。

第5步：单击"下一步"按钮，出现"站点的公用名称"窗口。"站点的公用名称"最好使用服务器的名称，如果更改就要重新申请 SSL 了。

第6步：填写好公用名称后单击"下一步"按钮，出现"地理信息"窗口。在此输入一些相关的地理信息，根据所在区域选择即可（如上海市）。

第7步：单击"下一步"按钮，出现"证书请求文件名"窗口。每个证书都会有一个代表证书申请信息的文件生成，文件名为"certreq.txt"，可将其保存在 C 盘根目录下。

第8步：单击"下一步"按钮，出现"请求文件摘要"显示窗口。再单击"下一步"按钮，就完成了证书的安装，接下来就可应用到网站中。

（2）申请证书

完成上面的设置后，要把刚生成的服务器证书提交给刚刚在本地安装的证书服务器或发送给相关的证书颁发机构，获得所要使用的证书。在此先介绍在本地服务器上申请和颁发证书的过程。默认情况下，证书服务器完成安装后会在本地 IIS 的默认 Web 服务器里生成几个虚拟目录，先启用"默认 Web 站点"。

第1步：打开 http：//localhost/CertSrv/default.asp 网页，出现选择申请证书窗口。

第2步：单击"下一步"按钮，在出现的"选择申请类型"窗口中选择"高级申请"。

第3步：单击"下一步"按钮后出现"高级证书申请"窗口。在该窗口中，选择使用 base64 编码文件提交一个证书申请。

第4步：单击"下一步"按钮，出现"提交一个保存的申请"窗口，把刚生成的 certreq.txt 内容拷贝到证书申请的框中，然后单击"提交"按钮。提交成功后，会返回一个页面告知用户证书已成功提交，现在是挂起状态，就等 CA 中心来颁发这个证书了。

第5步：启动管理工具里的证书颁发机构，在待定申请中找到刚刚申请的条目，然后右键单击选择颁发机构即可。证书颁发成功后，在证书列表中找到刚才颁发的证书，双击其属性，然后在详细信息中选择证书。需要把证书导出到一个文件（如 c：\tryssl.cer）中。

第6步：再次回到 IIS 的 Web 管理界面，重新选择证书申请，此时出现界面，就是"挂起的证书请求"了。

第7步：选择"处理挂起的请求并安装证书"单选框，单击"下一步"按钮，在出现的所示窗口中选择导出的 tryssl.cer 文件。单击"下一步"按钮，即可完成 SSL 的安装。

默认安装后，SSL 并没有启动。用户需要自己设置 Web 站点的加密通道，并确定 HTTPS 使用的端口（如 433）。站点属性设置后首次通过 HTTPS 进入站点时，会出现"安全警报"窗口，用户选择"是"按钮表示同意当前证书。

用户也可点击"查看证书"按钮，以查看证书的相关信息。

此时，网站的所有信息在网上就是以加密方式传送了，任何人都无法轻易了解其中的内容。

注意：加密 SSL 通道后会比没有加密时的 Web 浏览速度慢一些，这是因为加密通道额外占用一些 CPU 资源。对于那些没有任何秘密要求的 Web 站点就不需要用加密的 SSL 通道，只对那些重要的目录和站点才有必要。

二、SSH 协议与应用

SSH（Secure Shell，安全外壳）协议是由 IETF 网络工作组制定、建立在应用层和传输层基础上的安全协议，已经得到广泛应用。它具有易于使用、安全性和灵活性好等优点，是一种在不安全网络上提供安全远程登录及其他安全网络服务的协议。

1．SSH 协议概述

TCP/IP 本质上是不安全的，因为它们允许在网络上以明文传送数据、用户账号和用户口令，攻击者可以通过窃听等手段很容易地截获这些信息。而且 TCP/IP 应用层服务（如 FTP、Telnet 和 PoP 等）的简单安全验证方式也有其弱点，很容易受到"中间人"方式的攻击。所谓"中间人"攻击，就是"中间人"冒充真正的服务器接收用户传给服务器的数据，然后再冒充用户把数据传送给真正的服务器。服务器和用户之间传送的数据会被"中间人"做手脚，这就会出现严重的安全问题。

使用 SSH，用户可以把所有传输的数据进行加密，这样可以防止"中间人"攻击方式，同时也能防止 DNS 欺骗和 IP 欺骗。SSH 有很多功能，既可以代替 Telnet，又可以为 FTP、PoP、PPP 等提供安全"通道"。

SSH 分为客户端和服务器端两部分。服务器端是一个守护进程（demon），在后台运行并响应来自客户端的连接请求。服务器端一般是 sshd 进程，提供对远程连接的处理，一般包括公钥认证、密钥交换、对称密钥加密和非安全连接。客户端包含 ssh 程序和 scp（远程拷贝）、slogin（远程登录）、sftp（安全文件传输）等应用程序。

从客户端来看，SSH 提供基于口令和基于密钥的两种级别的安全验证。

基于口令的安全验证：只要用户知道自己的账号和口令，就可以登录到远程主机，并且所有传输的数据都会被加密。但这种验证方式不能保证用户正在连接的服务器就是自己希望连接的服务器，可能会有其他服务器在冒充真正的服务器，即受到"中间人"方式的攻击。

基于密钥的安全验证：用户必须为自己创建一对密钥，并把公开密钥放在需要访问的服务器上。如果用户要连接到 SSH 服务器上，客户端软件就会向服务器发出请求，请求以用户密钥进行安全验证；服务器收到请求后，先在该服务器的用户根目录下寻找用户的公钥，然后将其与用户发送过来的公钥进行比较。如果两个密钥一致，服务器就用公钥加密"质询"（challenge）并将其发送给客户端软件。客户端收到"质询"后就可以使用用户私钥解密，然后将其发送给服务器。

SSH 是建立在应用层和传输层基础上的安全认证协议，它主要由传输层协议、用户认证协议和连接协议三部分组成，共同实现 SSH 的安全保密机制。

（1）SSH 传输层协议

SSH 传输层协议是 SSH 提供安全功能的主要部分，它提供加密技术、密码主机认证及数据保密性和完整性保护等安全措施，此外它还提供数据压缩功能，以提高信息传送的速度。通常这些传输层协议建立在面向连接的 TCP 数据流之上，也可能用于其他可靠数据流上。SSH 协议中的认证是基于主机的，不执行用户认证。当 SSH 建立用户和远程主机之间的 TCP/IP 连接时，双方首先要交换标识串（包含 SSH 和软件的版本号），然后进行密钥交换。

（2）SSH 用户认证协议

SSH 用户认证协议用来实现服务器和客户端用户之间的身份认证，它运行在传输层协议之上。SSH 认证包括主机认证和用户认证两部分，可以使用口令认证、用户公钥认证和基于主机名字的认证方式。

主机认证可以基于预共享密钥和公钥算法，采用"质询/应答"的方式实现。最简单的方法是：用对方的公钥加密一个随机数据串，然后传送给对方；如果对方能正确解密，返回正确的随机数据串，则可以证明对方的身份。主机认证可采用基于预共享密钥的方式和基于证书的方式来实现。

用户认证是在主机认证的基础上实现的，如果没有主机认证，可能会发生以下情况：用户连接到虚假服务器，导致口令以及私有信息的泄漏；用户的口令被窃取后，攻击者可以方便地连接到 SSH 服务器上。用户认证可以是基于主机的，也可以是基于用户名的。基于主机的用户认证可以通过公钥算法来实现，基于用户名的用户认证可以采用系统口令的方式或利用用户的公钥来实现。

（3）SSH 连接协议

SSH 连接协议运行在用户认证协议上，可将多个加密隧道分成逻辑通道，提供交互式登录、远程命令执行、转发 TCP/IP 连接和 X.11 连接。

当安全的传输层连接建立之后，客户端将发送一个服务请求；当用户认证连接建立之后将发送第二个服务请求。这就允许新定义的协议可以与上述协议共存。SSH 连接协议提供用途广泛的各种通道，为设置安全交互 Shell 会话、传输任意的 TCP/IP 端口和 X.11 连接提供标准方法。

2．使用 SSH 建立安全通信

SSH 最常见的应用就是取代传统的 Telnet、FTP 等网络应用程序，通过 SSH 登录到远方机器上执行用户希望执行的命令。在不安全的网络通信环境中，它可提供很强的验证机制和安全的通信环境。SSH 开发者的原意是用它来取代 UNIX 系统的 rcp、rlogin、rsh 等指令程序，但经过适当包装后，发现它在功能上完全可以取代传统的 Telnet、FTP 等应用程序。

WinSSHD 是一个适用于 WindowsNT/2000/XP/2003 系统的 SSH 服务器，它支持 SSH2、SFTP、SCP 和端口转发。用户可在 Windows2003 操作系统中安装 WinSSHD，实现安全通信。

（1）SSH 服务器架构

WinSSHD 安装完成后启动 WinSSHD 服务器，打开 WinSSHD 界面。在"Server"选项卡的"Hostkeys"项中可以查看已有的 Keypair。如果要设置新的密钥对，单击"Managehostkeys"按钮，弹出"WinSSHDHostkeys"窗口。再单击"GenerateNewKeypair"按钮，弹出"GenerateNewKeypair"对话框。在进行相应的设置后单击"Generate"按钮。

在"Server"选项卡中，单击"Settings"项中的"Editadvancedsettings"按钮，弹出"AdvancedWinSSHDSettings"窗口。在左侧窗口中依次展开"Settings"→"Accesscontrol"→"Hosts：IPrules"，单击窗口下端的"AddingnewentrytoIPrules"窗口。在此可添加 IP 规则，如 IP 地址为 192.168.1.0，这表示允许 192.168.1.0/254.254.254.0 网络通过 SSH 访问本计算机。

（2）SSH/SCP 客户端

WinSCP 是一款在 Windows 系统中使用 SSH 的图形化 SFTP 客户端软件，它的主要功能就是在本地与远程计算机间安全地复制文件。

安装成功 WinSCP 软件后打开该软件，弹出窗口。单击左侧的"会话"选项，在右侧"主机名"文本框中输入目标主机的 IP 地址或主机名，再输入用户的"用户名"和"密码"后，单击"登录"按钮。

如果用户是第一次连接服务器，会弹出"警告"窗口。这是要求用户连接并保存服务器的 DDS 密钥。单击"是（Y）"按钮，进行连接并添加密钥到缓存。连接成功后，会弹出 WinSCP 的联机窗口。该窗口分为左右两部分，左边是本地文件列表，右边是远程文件列表。WinSCP 可以执行所有基本的文件操作，如下载和上传。如果要下载远程文件，只要将右边列表中的文件拖动到左边窗口中即可。同时允许为文件和目录重命名、改变属性、建立符号链接和快捷方式。

第五节　网络软件安全实例连环锁技术研究

连环锁技术就是我国试图研究的一个新的安全技术，希望能对现有的安全技术体系起到一定的补充。

一、安全技术连环锁

在我构架访问控制层的过程和测试中，曾多次考虑到假如应用软件安全系统受到攻击时，我们利用访问控制层能不能更进一步的提高安全性能。比如现今的一些攻击方式如"探测攻

击""伪装攻击"等。这些类型的攻击往往旨在冒充合法对象或者强行截取数据包来达到破解机密数据的目的。详细地说,就是当服务器 A 要向主机 B 发送数据包,会先查询本地的 ARP(地址解析协议)缓存表,是将网络层(IP 层,也就是相当于 051 的第三层)地址解析为数据连接层(MAC 层,也就是相当于 051 的第二层)的 MAC 地址。在找到 B 的 IP 地址对应的 MAC 地址后,才会进行数据传输。如果未找到,则广播 A 一个 ARP 请求报文,请求 IP 地址为 Ib 的主机 B 回答物理地址 Pb。网上所有主机包括 B 都收到这个 ARP 请求,但只有主机 B 识别自己的 IP 地址,于是向 A 服务器发回一个 ARP 响应报文。其中就包含有 B 的 MAC 地址,A 接收到 B 的应答后,就会更新本地的 ARP 缓存。接着使用这个 MAC 地址发送数据包(由网卡附加 MAC 地址)。如果此时有攻击者利用其他主机 C 伪装成主机 B,响应 A 的广播,即可以截取 A 发送至 B 的加密数据包,然后破解得到机密数据。

为了尽可能有效的抵御这类攻击,将一个完整的数据包分出两部分由不同的源通过不同信道发送给应用端明显具有较高的安全性。而先前构建的访问控制层就很适合做这第二个源,也就是第二个数据包的中转站。同时,把两个数据包的解密过程锁在一起,使得攻击者通过先后获得不同数据包解密得到数据的可能更加小。所以,我就开始尝试新技术连环锁的建立和架构。

连环锁是一个新尝试的安全技术,是对现有的安全访问控制方法的改进。

当数据层发送信息至应用层时,我们首先把数据包分成两个不同的加密包分别发向访问控制层和应用层,访问控制层在这里将作为一个中转站,得到从数据层发送来的数据包后,进行解密,然后再次加密后向应用层发送一个加密包。

应用层将会收到由访问控制层和数据层发送过来的两个加密数据包,单独解开任何一个加密包都不能得到有效的数据,且在应用层内部将两包的解密过程关联,使其在解开其中任何一包后,如果在设定时间内未能得到另一包的解密数据,则整个解密过程会重置而失败。这样设计的好处是可以一定程度上降低攻击端先后截取两个数据包进行解密得到数据的可能。

连环锁可以在加强数据的安全性的同时不加长解密的时间和效率(理想状态下)。

二、连环锁的加密算法选择

连环锁技术是一种加密数据包的传输技术和方法,但是从数据层到访问控制层,再从访问控制层再到应用层,所使用的加密算法仍然要采用现今一些最常用的加密算法,当然,选择何种加密算法将会直接影响到连环锁技术的效率。现有的成熟加密算法大致分为三类:

对称加密算法(秘密钥匙加密),非对称加密算法(公开密钥加密),以及散列算法。

1. 对称加密算法

对称加密算法用来对敏感数据等信息进行加密,通常指加密和解密使用相同密钥的加密算法。对称加密算法的优点在于加解密的高速度和使用长密钥时的难破解性。假设两个用户需要使用对称加密方法加密然后交换数据,则用户最少需要 2 个密钥并交换使用,如果企业内用户有 n 个,则整个企业共需要 nX(n-l)个密钥,密钥的生成和分发将成为企业信息部门的噩梦。对称加密算法的安全性取决于加密密钥的保存情况,但要求企业中每一个持有密钥的人都保守秘密是不可能的,他们通常会有意无意地把密钥泄漏出去—如果一个用户使用的密钥被入侵者所获得,入侵者便可以读取该用户密钥加密的所有文档,如果整个企业共用一个加密密钥,那整个企业文档的保密性便无从谈起。常用的对称加密算法包括：

DES（Data Encryptinn Standard）：数据加密标准，速度较快，适用于加密大量数据的场合。

3DES（TriPleDEs）：是基于 DES，对一块数据用三个不同的密钥进行三次加密，强度更高。

AES（Advanced Encryption Standard）：高级加密标准，是下一代的加密算法标准，速度快，安全级别高；

标准范例：AES 算法加密

AES 的加密体系是一种分组加密方法，因为信息的内容是以 128 位长度的分组为加密单元的。加密密匙长度有 128，192 或 256 位多种选择。而 DES 加密的分组长度是 64 比特，而密匙长度只有 64 比特。三重 DES 加密的分组长度通常是 64 比特，而密匙长度上 112 比特。所以 AES 主要有两个优点：（1）即使是纯粹的软件实现，AES 也是很快的。（2）对分析算法抗击差分密码分析及线性密码分析具有能力。

优缺点：

对称加密算法的优点在于加解密的高速度。同时也有较高的安全性，不过要达到这个效果，需要使用非常多不同的秘钥，反而在密钥管理的环节上降低了安全性

2．非对称加密算法

非对称加密算法通常指加密和解密使用不同密钥的加密算法，也称为公私钥加密。假设两个用户要加密交换数据，双方交换公钥，使用时一方用对方的公钥加密，另一方即可用自己的私钥解密。如果企业中有 n 个用户，企业需要生成 n 对密钥，并分发 n 个公钥。由于公钥是可以公开的，用户只要保管好自己的私钥即可，因此加密密钥的分发将变得十分简单。同时，由于每个用户的私钥是唯一的，其他用户除了可以通过信息发送者的公钥来验证信息的来源是否真实，还可以确保发送者无法否认曾发送过该信息。非对称加密的缺点是加解密速度要远远慢于对称加密，在某些极端情况下，甚至能比非对称加密慢上 1000 倍。常见的非对称加密算法如下：

RSA：由 RSA 公司发明，是一个支持变长密钥的公共密钥算法，需要加密的文件块的长度也是可变的；

DSA：数字签名算法，是一种标准的 055（数字签名标准）；ECC：椭圆曲线密码编码学。

标准范例：RSA 算法加密

RSA 算法是第一个能同时用于加密和数字签名的算法，也易于理解和操作。RSA 是被研究得最广泛的公钥算法，从提出到现在已近二十年，经历了各种攻击的考验，逐渐为人们接受，普遍认为是目前最优秀的公钥方案之一。RSA 的安全性依赖于大数的因子分解，但并没有从理论上证明破译 RSA 的难度与大数分解难度等价。优缺点：

非对称加密算法的优点在于使用公钥加密，管理上十分简单，同时，由于每个用户的私钥是唯一的，其他用户除了可以通过信息发送者的公钥来验证信息的来源是否真实，还可以确保发送者无法否认曾发送过该信息。缺点是加解密速度要远远慢于对称加密。

3．散列算法

散列是信息的提炼，通常其长度要比信息小得多，且为一个固定长度。加密性强的散列一定是不可逆的，这就意味着通过散列结果，无法推出任何部分的原始信息。任何输入信息的变化，哪怕仅一位，都将导致散列结果的明显变化，这称之为雪崩效应。散列还应该是防冲突的，

即找不出具有相同散列结果的两条信息。具有这些特性的散列结果就可以用于验证信息是否被修改。单向散列函数一般用于产生消息摘要，密钥加密等，常见的有：

（1）MDS（Message Digest Algorithms）：是 RSA 数据安全公司开发的一种单向散列算法。

（2）SLLA（Secure Hash Algorithm）：可以对任意长度的数据运算生成一个 160 位的数值；

标准范例：MDS 算法加密

MDS 将任意长度的"字节串"变换成一个 128bit 的大整数，并且它是一个不可逆的字符串变换算法，换句话说就是，即使你看到源程序和算法描述，也无法将一个 MDS 的值变换回原始的字符串，从数学原理上说，是因为原始的字符串有无穷多个，这有点像不存在反函数的数学函数。

优缺点：

Hash 加密算法快速简洁，不过它是一种不可还原的单项算法，一般用于不可还原的密码存储、信息完整性校验等。

第十一章　入侵检测系统

入侵检测（Intrusion Detection）指对入侵行为的发觉，是一种通过观察行为、安全日志或审计数据检测入侵的技术，相应开发的软硬件设备称为入侵检测系统（Intrusion Detection System，IDS）。入侵检测是继防火墙之后保护网络系统的第二道防线，属于主动网络防御技术。

本章将介绍入侵检测的概念、原理、方法和技术，讲述入侵检测系统（IDS）的原理、结构和检测方法。

通过学习本章内容，读者可以理解入侵检测的基本概念和原理，掌握 IDS 的构成、分析方法和常用检测方法，了解 IDS 在网络系统中的部署和不足，最后可了解 IDS 的一些新技术。

第一节 入侵检测概述

非法入侵是指非法获得一个系统的访问权或者扩大对系统的特权范围。入侵网络主要有物理入侵、系统入侵和远程入侵三种，其中物理入侵不在本章讨论的范畴；系统入侵是指在一个已经拥有用户权限的状态想取得管理员权限的入侵行为。而远程入侵是指在远程非正规用户访问状态下，通过技术手段控制目标系统。防范远程入侵是保证网络安全的主要任务。

一、入侵检测的概念

入侵检测，顾名思义，就是对入侵行为的发觉，通过对计算机网络或计算机系统中若干关键点收集信息并对其进行分析，从中发现网络或系统中是否有违反安全策略的行为和被攻击的迹象。入侵检测有动态和静态之分，动态检测用于预防和审计，静态检测用于恢复和评估。

1．入侵检测系统 IDS

入侵检测是检测和识别针对计算机和网络系统，或者更广泛意义上的信息系统的非法攻击，或者违反安全策略事件的过程。它从计算机系统或者网络环境中采集数据、分析数据、发现可疑攻击行为或者异常事件，并采取一定的相应措施拦截攻击行为，降低可能的损失。入侵检测系统（Intrusion Detection System，IDS）是一种对网络传输进行即时监视，在发现可疑传输时发出警报或者采取主动反应措施的网络安全设备。它与其他网络安全设备的不同之处在于，IDS 是一种积极主动的安全防护技术。

IDS 最早出现在 1980 年。1990 年，根据信息来源，IDS 分化为基于网络的 IDS 和基于主机的 IDS。根据检测方法又可分为异常入侵检测和滥用入侵检测。基于主机的 IDS（简称 HIDS）监测一台主机的特征和该主机发生的可疑活动相关的事件；基于网络的 IDS（简称 NIDS）监测特定的网段或设备的流量并分析网络、传输和应用协议，以识别可疑的活动。

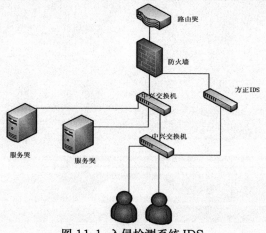

图 11-1 入侵检测系统 IDS

　　不同于防火墙，IDS入侵检测系统是一个监听设备，没有跨接在任何链路上，无须网络流量流经它便可以工作。后又出现分布式IDS。目前，IDS发展迅速，已有人宣称IDS将取代防火墙。入侵检测系统的市场在近几年中飞速发展，许多公司投入到这一领域。Venustech（启明星辰）、Internet Security System（ISS）、思科、赛门铁克等公司都先后推出IDS设备。

2.IDS 的组成

　　IETF把一个入侵检测系统分为4个组件。

　　（1）事件产生器（Event Generators）。它的目的是从整个计算环境中获得事件，并向系统的其他部分提供此事件。

　　（2）事件分析器（Event Analyzers）。它经过分析得到数据，并产生分析结果。

　　（3）响应单元（Response Unit）。它是对分析结果作出反应的功能单元，它能作出切断连接、改变文件属性等响应，也可以只是简单地报警。

　　（4）事件数据库（Event Database）。事件数据库是存放各种中间和最终数据的地方的统称，它可以是复杂的数据库，也可以是简单的文本文件。

　　传统的操作系统加固技术和防火墙隔离技术等都属于静态的安全防御技术，对网络环境下日新月异的攻击手段缺乏主动的反应。而入侵检测技术属于动态安全防御技术，它通过对入侵行为的过程与特征的研究，使安全系统对入侵事件和入侵过程能做出实时响应。而由于性能的限制，防火墙通常不能提供实时的入侵检测能力。入侵者可绕过防火墙或者入侵者就在防火墙内。入侵检测是防火墙的合理补充，帮助系统对付网络攻击，扩展了系统管理员的安全管理能力（包括安全审计、监视、进攻识别和响应），提高了信息安全基础结构的完整性。它从计算机网络系统中的若干关键点收集信息，并分析这些信息，看看网络中是否有违反安全策略的行为和遭到袭击的迹象。

　　入侵检测被认为是防火墙之后的第二道安全闸门，在不影响网络性能的情况下对网络进行监测，在发现入侵后，及时作出响应，包括切断网络连接、记录事件和报警等，提供对内部攻击、外部攻击和误操作的实时保护。实现过程如下：

　　（1）监视、分析用户及系统活动；

　　（2）系统构造和弱点的审计；

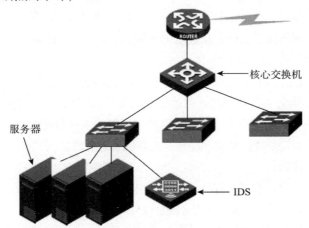

图 11-2　IDS 在服务器群交换机上的位置

（3）识别反映已知进攻的活动模式并向相关人士报警；

（4）异常行为模式的统计分析；

（5）评估重要系统和数据文件的完整性；

（6）操作系统的审计跟踪管理，并识别用户违反安全策略的行为。

IDS 部署于服务器区域的交换机上示意图如图 11-2 所示。

入侵检测系统不但可使系统管理员了解网络系统（包括程序、文件和硬件设备等）的任何变更，还能给网络安全策略的制定提供指南。更重要的是，它配置简单，易于管理，即使是非专业人员也容易操作。

二、入侵检测过程

入侵检测系统收集系统和非系统中的信息，然后对收集到的数据进行分析，并采取相应措施。因此，入侵检测过程分为信息收集、信息分析和结果处理三个阶段。

1 信息收集

信息收集包括收集系统、网络、数据及用户活动的状态和行为方面的数据。而且，需要在计算机网络系统中的若干关键点（不同网段和不同主机）进行收集，这除了尽可能扩大检测范围外，还有一个重要的原因就是，对来自不同源的信息进行特征分析、比较，以便发现问题。

入侵检测主要依赖于收集信息的可靠性和正确性，而信息的收集和报告一般是通过软件进行的，这就要求入侵检测系统的软件本身应具有相当的坚固性，防止因被篡改而收集到错误的信息。如：黑客可把 UNIX 系统的 PS 指令替换为一个不显示入侵过程的指令，或者是把编辑器替换成一个读取不同于指定文件的文件（黑客隐藏了初试文件并用另一版本代替）。入侵检测利用的信息来自以下三个方面。

（1）系统和网络日志文件

黑客经常会在系统日志文件中留下他们的踪迹，日志中包含发生在系统和网络上的不寻常和不期望活动的证据，这些证据表明有人正在入侵或已成功入侵了系统。通过查看日志文件，发现成功的入侵或入侵企图，并快速启动相应的应急响应程序。日志文件中记录了各种行为类型，每种类型又包含不同的信息，如：记录"用户活动"类型的日志，就包含登录、用户 ID 改变、用户对文件的访问、授权和认证信息等内容。对用户活动来讲，不正常的或不期望的行为就是重复登录失败、登录到不期望的位置及企图访问非授权的重要文件等。

（2）非正常的目录和文件改变

网络中的文件系统往往包含大量软件和数据文件，这些文件常常是黑客修改或破坏的目标。目录或文件的非正常改变（包括修改、创建和删除），特别是那些正常情况下被限制访问的目录或文件，往往是一种产生的信号。黑客为隐藏在系统中入侵活动的痕迹，经常替换、修改和破坏这些系统文件，主要是替换系统程序或修改系统日志文件。

（3）非正常的程序执行

网络系统中的程序执行包括：操作系统、网络服务、用户启动的程序和特定目的的应用程序等，如：Web 服务器。每个在系统上执行的程序由一到多个进程来实现，一个进程的执行行为由它运行时执行的操作来表现，操作执行的方式不同，它利用的系统资源也就不同。操作包括计算、文件传输、设备和其他进程，以及与网络间其他进程的通信。一个进程出现了不期望的行为，表明黑客正在入侵你的系统。黑客可能会将程序或服务的运行分解，从而导致它失败，或以非管理员意图的方式操作。

2．信息分析

对收集到的有关系统、网络、数据及用户活动的状态和行为等信息，一般通过模式匹配、统计分析和完整性分析三种技术方法进行分析，其中前两种方法用于实时的入侵检测，而第三种方法则用于事后分析。

（1）模式匹配

模式匹配就是将收集到的信息与已知的网络入侵模式数据库进行比较，一种攻击模式可用一个过程（如：执行一条指令）或一个输出（如：获得权限）表示，从而发现违背安全策略的行为，匹配的过程如：通过字符串匹配以寻找一个简单的条目或指令，或利用数学表达式表示安全状态的变化。模式匹配方法的特点是：只需收集相关的数据集合，系统负荷较轻，技术成熟，且检测准确率和效率高。但是，该方法的不足是：无法检测到未知的黑客攻击，需要不断地升级才能检测日益更新的黑客攻击。

（2）统计分析

做统计分析有一个前提，先要给系统对象（如：用户、文件、目录和设备等）创建一个统计描述，对正常使用时的一些测量属性（如：访问次数、操作失败次数和延时等）进行描述和统计。测量属性的平均值将被用来与网络系统的行为进行比较，任何观察值在正常值范围之外时，如：默认用 GUEST 账户登录的，突然出现 ADMIN 账户的登录，说明有入侵发生，从而检测到一些未知的入侵和更为复杂的入侵，但统计分析的缺点是：误报和漏报率较高，且不适应用户正常行为的突然改变。目前常用的统计分析方法有：基于专家系统的分析、基于模型推理的分析和基于神经网络的分析等，目前还处于研发之中。

（3）完整性分析

这是指分析系统中某个文件或对象是否完整（即是否被更改），这包括文件和目录的内容及属性。完整性分析利用加密机制，如：MD5，分析和识别微小的变化，对发现被更改的、被特洛伊木马化的应用程序特别有效。其特点是：不管模式匹配方法和统计分析方法能否发现入侵，只要某种攻击导致了文件或其他对象的任何改变，完整性分析方法都能发现。不足的是：完整性分析需以批处理的方式，只能用于事后分析而不具有实时性。但是如果在每一天的某个特定时间内，开启完整性分析模块对网络系统进行全面的检查，完整性检测方法仍然是保护网络安全的重要手段。

3．结果处理

结果处理包括：控制台按照告警产生预先定义的响应，向管理员报警并采取相应措施，如：重新配置路由器或防火墙、终止进程、切断连接、改变文件属性等。

三、入侵检测系统的结构

早在 1987 年，D.Denning 就提出一个通用的入侵检测系统模型，如图 11-3 所示。该模型由以下六大部分组成。

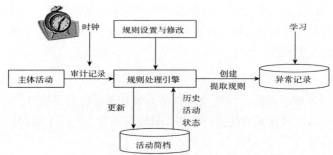

图 11-3 Denning 的通用入侵检测模型

（1）主体。目标系统上活动的实体，如：用户。

（2）对象。系统资源，如：文件、设备、命令等。

（3）审计记录。主体与对象之间的活动记录，包括：资源利用、时间、错误信息等。

（4）活动简档。与审核记录一样记录主体对对象的操作信息，包括：频度、数量等信息。

（5）异常记录。主要是记录主体与对象交互时出现的异常。

（6）活动规则。规则是检查入侵是否发生的处理依据，由处理引擎解析，结合上述记录统计信息，实现入侵检测。

许多网络安全系统对内部人员滥用行为的防范，往往都比较脆弱，审计记录是目前检测授权用户滥用行为的有效方法，尽管大多数计算机系统都收集各种类型的审计数据，但是其中很多不能对这些审计数据进行自动分析，而且这些审计记录包含了大量与安全无关的信息，要从中找到可疑的入侵活动非常困难。为此，Denning 的入侵检测模型提出通过规则处理引擎，实时处理审计信息，并对可疑主体进行登记，直到违反规则，下面简要介绍几个入侵检测模型。

1.IDES 模型

IDES（Intrusion Detection Expert System，入侵检测专家系统）是一个综合的入侵检测系统，使用统计分析算法检测非规则异常入侵行为，同时还使用一个专家系统检测模块，对已知的入侵攻击模式进行检测，以期望进化该入侵检测系统。IDES 运行在独立的硬件平台上，处理从一个或多个目标系统通过网络传送过来的审计数据，它提供与系统无关的机制，实时地检测违反安全规则的活动。

IDES 系统设计模型如图 11-4 所示，分成四个部分：IDES 目标系统域、领域接口、IDES 处理引擎和 IDES 用户接口。

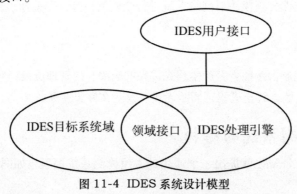

图 11-4 IDES 系统设计模型

2.CIDF 模型

为了提高 IDS 产品、组件及与其他安全产品之间的互操作性，美国国防高级研究计划署（DARPA）和互联网工程任务组（IETF）的入侵工作组（IDWG），发起制订了一系列建议草案，从体系结构、API、通信机制、语言格式等方面规范 IDS 的标准，提出了公共入侵检测框架 CIDF 模型，这个模型的工作主要包括四部分：IDS 的体系结构、通信机制、描述语言和应用编程接口 API。

CIDF 在 IDES 和 NIDES 系统的基础上，提出将入侵检测系统分为四个基本组件：事件产生器、事件分析器、响应单元和事件数据库。CIDF 模型架构如图 11-5 所示。

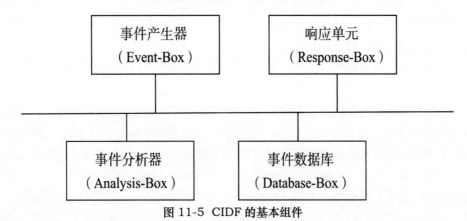

图 11-5　CIDF 的基本组件

在 CIDF 模型中，事件产生器、事件分析器和响应单元均以应用程序的形式出现，而事件数据库则采用文件或数据流的形式。很多 IDES 都以数据收集组件、数据分析组件和控制台三个术语，分别代替事件产生器、事件分析器和响应单元。

CIDF 模型将 IDS 需要分析的数据统称为事件（Event），它既可以是网络中的数据包，也可以是从系统日志或其他途径得到的信息。以上 CIDF 模型的四个组件代表的都是逻辑实体，其中任何一个组件可能是某台计算机上的一个进程甚至线程，也可能是多台计算机上的多个进程，它们之间采用 GIDO（General Intrusion Detection Object，统一入侵检测对象）格式进行数据交换。GIDO 是对事件进行编码的标准通用格式（由 CIDF 描述语言 CISL 定义），GIDO 数据流可以是发生在系统中的审计事件，也可以是对审计事件的分析结果。各子系统通过 GIDO 交换数据，进行联合处理。同样，GIDO 的通用性也让其运行在不同的环境下，提高了组件之间的消息共享和互通能力。

第二节　入侵检测系统的分类

从数据源看，入侵检测分为两大类：基于主机的入侵检测和基于网络的入侵检测，下面分别讲述其工作原理和优劣。

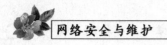

一、基于主机的入侵检测系统

基于主机的入侵检测系统（HIDS）始于 20 世纪 80 年代早期，通常采用查看针对可疑行为的审计记录来执行。它对新的记录条目与攻击特征进行比较，并检查不应该被改变的系统文件的校验和来分析系统是否被侵入或者被攻击。如果发现与攻击模式匹配，IDS 系统通过向管理员报警和其他呼叫行为来响应。它的主要目的是在事件发生后提供足够的分析来阻止进一步的攻击。反应的时间依赖于定期检测的时间间隔。实时性没有基于网络的 IDS 系统好。

HIDS 通常安装在被重点检测的主机之上，如：数据库服务器，主要是对该主机的网络实时连接及系统审计日志进行智能分析和判断。如果其中主体活动十分可疑（特征或违反统计规律），入侵检测系统就会采取相应措施。

1．基于主机 IDS 的主要优点

基于主机的 IDS 可以检测外部和内部入侵，这一点是基于网络的 IDS 或者防火墙所不及的。具体有以下优点。

（1）监视所有系统行为。基于主机的 IDS 能够监视所有的用户登录和退出，甚至用户所做的所有操作，审计系统在日志里记录的策略改变，监视关键系统文件和可执行文件的改变等。可提供比基于网络的 IDS 更为详细的主机内部活动信息。比如，有时它除了指出入侵者试图执行一些"危险的命令"外，还能分辨出入侵者干了什么事、他们运行了什么程序、打开了哪些文件、执行了哪些系统调用等。

（2）有些攻击在网络的数据流中很难发现，或者根本没有通过网络在本地进行，这时基于网络的 IDS 系统将无能为力。

（3）适应交换和加密。基于主机的 IDS 系统可以较为灵活地配置在多台关键主机上，不必考虑交换和网络拓扑问题。这对关键主机零散地分布在多个网段上的环境特别有利。某些类型的加密也是对基于网络的入侵检测的挑战。依靠加密方法在协议堆栈中的位置，它可能使基于网络的系统不能判断确切的攻击。基于主机的 IDS 没有这种限制。

（4）不要求额外的硬件。基于主机的 IDS 配置在被保护的网络设备中，不要求在网络上增加额外的硬件。

（5）主机 IDS 通常比网络 IDS 误报率要低。因为检测在主机上运行的命令序列比检测网络流更简单，系统的复杂性也低得多。主机 IDS 在不使用诸如"停止服务""注销用户"等响应方法时，风险较低。

2．基于主机 IDS 的主要缺点

（1）看不到网络活动的状况。

（2）运行审计功能要占用额外系统资源。

（3）主机监视感应器对不同的平台不能通用。

（4）管理和实施比较复杂。

基于主机的 IDS 的入侵检测方法有以下两种。

（1）异常检测（Anomaly Detection）。异常检测采集有关的合法用户在某段时间内的行为数据，然后统计检验被监测的行为，以较高的置信度确定该行为是否不是合法用户的行为。以下是两种统计异常检测的方法。

①阈值检测（Detection Threshold ）：此方法涉及为各种事件发生的频率定义阈值，定义的阈值应该与具体的用户无关。

②基于配置文件的检测（Profile Based）：为每一个用户建立一个活动配置文件，用于检测单个账户行为的变化。

（2）特征检测（Signature Detection）。特征检测涉及试图定义一级规则或者攻击的模式，可用于确定一个给定的行为是入侵者的行为。从本质上讲，异常检测方法试图定义正常的（或者称为预期的）行为，而特征检测方法则试图定义入侵特有的行为。异常检测对于假冒正常用户行为有效，假冒者不可能完全正确地模仿他们感兴趣的账户的行为模式。另一方面，这样的技术无法对付违法者。对于此类攻击，特征检测方法可能能够通过在上下文中识别事件和序列来发现渗透。实际中，系统可能会使用这两种方法的组合来有效对抗更广范围的攻击。

在上面讲述的两种入侵检测方法中，异常检测有两个类别：阈值检测和基于配置文件的检测。阈值检测与一段时间间隔内特殊事件发生的次数有关。如果次数超过预期发生的合理数值，则认为存在入侵。阈值分析就其自身来看，即使对于复杂度一般的攻击行为来说也是一种效率低下的粗糙检测方案。基于配置文件的异常检测归纳出单个用户或者相关用户组的历史行为特征，用于发现有重大偏差的行为。配置文件包括一组参数，因此单个参数上的偏差可能无法引发警报。基于配置文件的入侵检测度量标准的实例有计数器、计量器、间隔计时器和资源利用。利用这些信息来检测当前用户的行为是否与历史行为相符，如果出现异常，就报警。

二、基于网络的入侵检测系统

1．概念

基于网络的入侵检测（Network intrusion Detection ）使用原始的裸网络包作为源。利用工作在混杂模式下的网卡，实时监视和分析所有的通过共享式网络的传输。当前，部分产品也可以利用交换式网络中的端口映射功能，监视特定端口的网络入侵行为。一旦攻击被检测到，响应模块将按照配置对攻击做出响应。这些响应包括：发送电子邮件、寻呼、记录日志、切断网络连接等。

2．工作原理

基于网络的入侵检测系统(NIDS)通常部署在比较重要的网段内，监视网段中的各种数据包，通过实时地或者接近实时地对每一个数据包进行特征分析，发现入侵模式。NIDS 可以检测网络层、传输层和应用层协议的活动。如果数据包与系统内置的某些规则吻合，入侵检测系统就会发出警报甚至直接切断网络连接，目前，大部分入侵检测系统是基于网络的。需注意的是，基于网络的 IDS 主要是检测网络上流向易受攻击的计算机系统的数据包流量，而基于主机的 IDS 系统检测的是主机上用户和软件的活动情况，两者不同。

基于网络的 IDS 通过一个运行在随机模式下的网络适配器，实时监视并分析通过网络的所有原始网络包，即基于网络的 IDS 用原始网络包作为数据源，攻击识别模块使用四种技术识别攻击标志。即模式、表达式或字节匹配，频率或阈值，低级事件的相关性和统计学意义上的异常现象。

3．传感器

典型的 NIDS 大量使用传感器监控数据包流量、一个或多个服务器负责 NIDS 管理功能，以及一个或者多个管理控制台提供人机交互的接口和分析流量模式，从而检测入侵的工作可以在传感器、管理服务器或者在二者的组合上完成。传感器在基于网络的 IDS 中充当着数据收集及基本分析的功能，传感器监视整个网络，并将数据收集起来，传到 NIDS 的检测中心。

传感器有两种模式：内嵌传感器（Inline Sensor）与被动传感器（Passive Sensor）。内嵌传感器位于某一网段内部，以使正在监控的流量必须通过传感器。内嵌方式的优点是可以与防火墙或者局域网交换机进行逻辑组合，从而不需要单独的物理设备，只需要一个 NIDS 软件就可以拥有传感器的功能。被动传感器监控网络流量的备份，实际的流量并没有通过这个设备。从通信流的角度来看，被动传感器比内嵌传感器更有效，因为它不会添加一个额外的处理步骤，额外的处理步骤会导致数据包延迟。图 11-6 是两种传感器模式的工作方式。

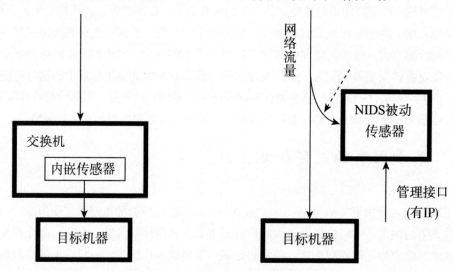

图 11-6　NIDS 传感器示意图

被动传感器通过一个直接的物理分接器连接到网络传输介质，如：光缆。分接器为传感器提供介质上传送的所有网络流量的一个副本，因为是物理接入，并不需要原有网络的参与，这样不会造成内嵌模式传感器的包延迟问题。分接器的网络接口卡（NIC）通常不配置 IP 地址，它仅仅采集所有流入的流量，而不影响网络性能。传感器连接到网络的第二个 NIC 具有 IP 地址，以使传感器能与 NIDS 管理服务器进行通信。

4．主要优点

基于网络的入侵检测系统具有以下优点。

（1）基于网络的 ID 技术不要求在大量的主机上安装和管理软件，允许在重要的访问端口检查面向多个网络系统的流量。在一个网段只需要安装一套系统，则可以监视整个网段的通信，因而花费较低。

（2）基于主机的 IDS 不查看包头，因而会遗漏一些关键信息，而基于网络的 IDS 检查所有的包头来识别恶意和可疑行为。如：许多拒绝服务攻击（DoS）只能在它们通过网络传输时检查包头信息才能识别。

（3）基于网络 IDS 的宿主机通常处于比较隐蔽的位置，基本上不对外提供服务，因此也比较坚固。这样对于攻击者来说，消除攻击证据非常困难。捕获的数据不仅包括攻击方法，还包括可以辅助证明和作为起诉证据的信息。而基于主机 IDS 的数据源则可能已经被精通审计日志的黑客篡改。

（4）基于网络的 IDS 具有更好的实时性。例如，它可以在目标主机崩溃之前切断 TCP 连接，从而达到保护的目的。而基于主机的系统是在攻击发生之后，用于防止攻击者的进一步攻击。

（5）检测不成功的攻击和恶意企图。基于网络的 IDS 可以检测到不成功的攻击企图，而基于主机的系统则可能会遗漏一些重要信息。

（6）基于网络的 IDS 不依赖于被保护主机的操作系统。

（7）网络入侵检测系统能够检测来自网络的攻击，它能检测到超过授权的非法访问。

（8）网络 IDS 不需改变服务器等主机的配置。它不在业务系统的主机中安装额外的软件，不影响这些机器的 CPU、I/O 与磁盘等资源的使用，不会影响业务系统的性能。

（9）由于网络 IDS 不像路由器、防火墙等关键设备方式工作，它不会成为系统中的关键路径。部署一个网络 IDS 的风险比主机 IDS 的风险小。

（10）网络入侵检测系统近年内有向专门的设备发展的趋势，安装这样的一个网络入侵检测系统非常方便，只需将定制的设备接上电源，做很少一些配置，将其连到网络上即可。

5．主要缺点

（1）对加密通信无能为力。

（2）对高速网络无能为力。

（3）不能预测命令的执行后果。

三、入侵防护系统

入侵防护系统（Intrusion Prevention System，IPS）是一种新型安全防护系统。IPS 的设计基于一种全新的思想和体系结构，工作于串联（IN–Line）方式，以硬件方式实现网络数据流的捕获和检测，使用硬件加速技术进行深层数据包分析处理。突破了传统 IDS 只能检测不能防御入侵的局限性，它实际上是一个内嵌的基于网络的 IDS（NIDS），通过丢弃数据包阻止传输及检测可疑流量。此外，IPS 还能监视交换机上的端口（这些端口接收所有的网络流量），然后发送命令给一个路由器或者防火墙阻止网络流量。对于基于主机的 IPS，它是一个能够阻止进入数据包流量的一种入侵检测系统。也有人认为 IPS 是防火墙功能的增强，在防火墙的指令集中增加IDS 的算法就构成 IPS，它像防火墙一样阻止可疑网络数据包。与入侵检测系统类似，入侵防护系统同样也具有基于主机的和基于网络的两种。下面介绍这两种系统的特征。

1．基于主机的 IPS

基于主机的入侵防护系统（简称 HIPS）同时使用特征检测技术和异常检测技术识别攻击。在前一种情况中，重点分析数据包中应用有效载荷的特定内容，寻找那些已经被识别为恶意数据的模式。而在异常检测中，IPS 主要寻找那些显示出恶意代码特征的程序行为。HIPS 主要检测以下恶意行为：

（1）对系统资源的修改；

（2）特权升级利用；

（3）缓冲区溢出利用；

（4）访问电子邮件通信录；

（5）目录遍历。

HIPS 通过分析以上攻击,为特定的平台定制适当的 HIPS 功能。除了特征检测和异常检测外,HIPS 还能使用沙箱方法（Sandbox Approach）（沙箱方法适用于移动代码, 如: Java Applet 和脚本语言）, HIPS 将这些代码隔离在一个独立的系统区域内, 然后运行代码并监视其行为。如果受监视代码违反了预告定义的策略或者符合预告定义的行为特征, 它将被停止并且禁止在正常系统环境中执行。

入侵防护系统通常以组件形式存在于桌面杀毒软件中, 目前随着云计算功能的完善, 杀毒软件已经将庞大的病毒特征库迁移到云计算服务器, 而留在本地的将主要是以防护功能为主体的系统, 这套系统就与 NIPS 有着相似的功能, 能监视应用程序的行为特征。

HIPS 提供的桌面系统保护的范围包括以下四个方面。

（1）系统调用（System Call）。内核控制着对系统资源（比如存储器、I/O 设备和处理器）的访问。如果要使用这个资源, 用户应用程序需要调用系统调用进入系统内核空间。任何攻击代码将执行至少一个系统调用, HIPS 能检查每个系统调用的恶意特征。

（2）文件系统访问（File System Access）。HIPS 确保文件访问系统调用是非恶意的并且符合既定的安全策略。

（3）系统注册表设置（System Registry Setting）。HIPS 确保系统注册表保持其完整性。

（4）主机输入 / 输出（Host Input/Output）。I/O 通信可能传播攻击代码和恶意程序。HIPS 检测并加强合法的客户端与网络及客户端与其他设备交互。

2．基于网络的 IPS

基于网络的 IPS（NIPS）实质上是一个具有丢弃数据包和拆除 TCP 连接权限的内嵌 NIDS。和 NIDS 一样, NIPS 仍采用特征检测和异常检测技术, 它使用在防火墙中并不常见的一种技术, 叫作流数据保护技术。这种技术要求对一个数据包序列中应用有效载荷进行重新组装。每当数据流中的一个数据包到达时, IPS 设备对流的全部内容进行过滤。当一个数据包被确定为恶意时, 最后到达的及所有属于可疑数据流的数据包都会被丢弃。

NIPS 识别恶意数据包的方法如下。

（1）模式匹配（Pattern Matching）。扫描进入的数据包, 寻找数据库中已知攻击的特定的字节序列（即特征）。

（2）状态匹配（State Matching）。在一个上下文相关的传输流中扫描攻击特征码, 而不是在各个数据包中查找。

（3）协议异常（Protocol Anomaly）。按照 RFC 中提及的标准集寻找偏差。

（4）传输异常（Traffic Anomaly）。寻找不寻常传输活动, 例如, 一个 UDP 数据包洪泛流或者网络中出现的一个新设备。

（5）统计异常（Statistical Anomaly）。开发一些正常传输活动和吞吐量的基线, 并且在基线发生偏离时进行报警。

IPS 串联于网络之中，且往往处于网络的总出口处，如果性能较差，将会成为网络传输的瓶颈。因此，选择 IPS 时，除需要考察其功能外，还应当重点考虑其处理性能。

四、分布式入侵检测系统

分布式入侵检测系统（Distributed Intrusion Detection System，DIDS）与基于主机的入侵检测系统不同，它由多个部件组成，分布在网络的各个部分，完成相应的功能，如进行数据采集、分析等，通过中心的控制部件进行数据汇总、分析、产生入侵报警等。如图 11-7 所示。

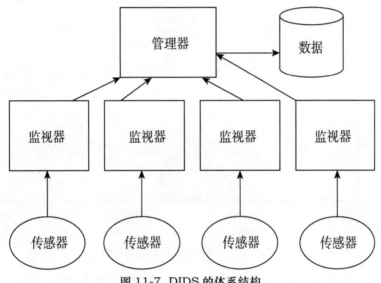

图 11-7　DIDS 的体系结构

在分布式结构中，多个检测器分布在网络环境中，直接接受传感器的数据，有效地利用各个主机的资源，消除了集中式检测的运算瓶颈和安全隐患，同时由于大量的数据不用在网络中传输，降低了网络带宽的占用，提高了系统的运行效率。在安全上，由于各个监测器分布、独立进行探测，任何一个主机遭到攻击都不影响其他部分的正常工作。增加了系统的健壮性。分布式检测系统在充分利用系统资源的同时，还可以实现对分布式攻击等复杂网络行为的检测。

第三节　入侵检测系统的关键技术

入侵检测系统的关键技术就在于它采用什么检测方法，检测方法是最关键的核心技术。入侵检测系统的检测技术主要有异常检测（也称基于行为的检测）和误用检测（也称基于规则的检测）两种。下面加以详细介绍。

一、基于行为的检测

基于行为的检测又称做基于异常的入侵检测。入侵检测基于如下假设：入侵者的行为和合法用户的行为之间存在可能量化的差别。当然，不能期望入侵者的攻击和授权用户对资源的正常使用之间能够做到清晰、精确的区分。事实上，两者之间会有一些重叠的部分。

图 11-8 抽象地指出这样一个本质：检测任务和入侵检测系统的设计都期望永远是对立的。尽管入侵者的典型行为与授权用户典型行为不同，但这些行为间仍有重叠部分。因此，如果对入侵者行为发现更多,但是也容易导致大量的误报（False Positive），即将授权用户误认为入侵者。相反，如果入侵者行为的定义过于严格，将导致漏报（False Negative）增加，可能漏过真实的入侵者。因此，基于行为的入侵检测系统是一个折中的技术。

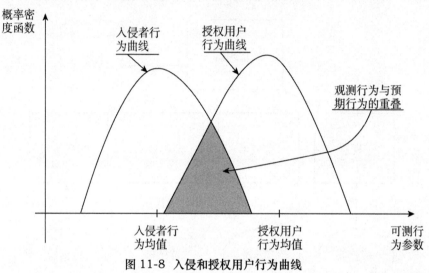

图 11-8 入侵和授权用户行为曲线

基于用户行为检测属于概率模型检测范畴。通过对授权用户与非授权用户之间的行为参数来检测入侵。在这类方法中，授权用户历史记录是检测的基础，以此作为检测的依据。目前在基于用户行为领域的研究已经做了很多，如：通过神经网络算法，以授权用户的行为作为训练样本，以期望能通过神经网络来检测异常用户行为；还有基于数据挖掘方法论的研究等，这些都基于授权用户与非授权用户之间的差别进行，通过特殊算法综合降低误报率和漏报率。

在异常 IDS 中具体又有以下检测方法。

1．基于贝叶斯推理检测法

该法是通过在任何给定的时刻，测量变量值，推理判断系统是否发生入侵事件。基于特征选择检测法指从一组度量中挑选出能检测入侵的度量，用它来对入侵行为进行预测或分类。基于贝叶斯网络检测法则用图形方式表示随机变量之间的关系，通过指定的与邻接节点相关的一个小的概率集来计算随机变量的联接概率分布。按给定全部节点组合，所有根节点的先验概率和非根节点概率构成这个集。贝叶斯网络是一个有向图，弧表示父、子节点之间的依赖关系。当随机变量的值变为已知时，就允许将它吸收为证据，为其他的剩余随机变量条件值判断提供计算框架。

2．基于模式预测的检测法

该法中事件序列不是随机发生的，而是遵循某种可辨别的模式，是基于模式预测的异常检测法的假设条件，其特点是事件序列及相互联系被考虑到了，只关心少数相关安全事件是该检测法的最大优点。

3．基于统计的异常检测法

该法是根据用户对象的活动为每个用户都建立一个特征轮廓表，通过对当前特征与以前已经建立的特征进行比较，来判断当前行为的异常性。用户特征轮廓表要根据审计记录情况不断更新，其保护许多衡量指标，这些指标值要根据经验值或一段时间内的统计值而得到。

4．基于机器学习检测法

该法是根据离散数据临时序列学习获得网络、系统和个体的行为特征，并提出了一个实例学习法 IBL（Independent Based Learning），IBL 是基于相似度的，该方法通过新的序列相似度计算将原始数据（如：离散事件流和无序的记录）转化成可度量的空间。然后，应用 IBL 学习技术和一种新的基于序列的分类方法，发现异常类型事件，从而检测入侵行为。其中，成员分类的概率由阈值的选取来决定。

5．数据挖掘检测法

数据挖掘的目的是要从海量的数据中提取出有用的数据信息。网络中会有大量的审计记录存在，审计记录大多都是以文件形式存放的。靠手工方法发现记录中的异常现象是不够的，所以将数据挖掘技术应用于入侵检测中，能从审计数据中提取有用的知识，然后用这些知识去检测异常入侵和已知的入侵。采用的方法有：KDD（Knowledge Discoveryin Database）算法，其优点是善于处理大量数据的能力与数据关联分析的能力，但是实时性较差。

6．基于应用模式的异常检测法

该方法是根据服务请求类型、服务请求长度、服务请求包大小分布计算网络服务的异常值。通过实时计算的异常值和所训练的阈值比较，从而发现异常行为。

7．基于文本分类的异常检测法

该方法是将系统产生的进程调用集合转换为“文档”。利用 K 邻聚类文本分类算法，计算文档的相似性。

二、基于规则的检测

基于规则的检测又叫作误用检测。它的检测方法是运用已知攻击方法，根据已定义好的入侵模式，判断这些入侵模式是否出现。因为入侵很多都是利用系统的脆弱性，通过分析入侵过程的特征、条件、排列及事件间关系，可以具体描述入侵行为。基于规则的检测也被称为违规检测（Misuse Detection）。这种方法由于依据具体特征库进行判断，所以检测准确度很高，并且因为检测结果有明确的参照，也为系统管理员采取相应措施提供了方便。

基于规则的入侵检测具体有下面三种方法。

1．专家系统法

专家系统将有关入侵知识转化成 if-then 结构的规则，即将构成入侵所要求的条件转换为 if 部分，将发现入侵采取的相应措施转化成 then 部分。当其中某个或部分条件满足时，系统就判断为入侵行为发生。其中的 if-then 结构构成了描述具体攻击的规则库，状态行为和环境可根据审核事件得到，推理机根据规则和行为完成判断工作。

2．模式匹配法

模式匹配是通过把收集到的信息与网络入侵和系统误用模式数据库中的已知信息进行比较，从而对违背安全策略的行为进行发现。模式匹配法可以显著地减少系统负担，有较高的检测率和准确率。能减少系统占用，并且技术已相当成熟。但是，该技术需要不断进行升级以对付不断出现的攻击手法，因此，不能用来检测未知攻击。

3．状态转换法

状态转换法将入侵过程看作一个行为序列，这个行为序列导致系统从初始状态转入被入侵状态。分析时首先针对每一种入侵方法确定系统的初始状态和被入侵状态，以及导致状态转换的转换条件，即导致系统进行被入侵状态必须执行的操作（特征事件）。然后用状态图来表示每一个状态和特征事件，这些事件被集成于模型中，所以检测时不需要一个个地查找审计记录。但是，状态转换是针对事件序列分析，所以不善于分析过分复杂的事件，而且不能检测与系统状态无关的入侵。

在图 11–9 中，一个用户在连续四次并且在短时间之内登录失败，将从 T1 状态转到 T2 状态。目前大多数网站都在登录时都提供了验证码登录方式，该验证码以图像方式呈现，而且字符做了变形处理，图像加了杂色处理等，这些方式都是保证网站对于非人类登录进行最大限度的限制。然而这些技术目前有用过头的嫌疑，在用户第一次登录时，也要求输入验证码，尽管对于用户来说，识别验证码对于人类而言不是很难，但不免有些许麻烦。目前有一些网站已经启用了状态转换功能，即在用户前三次登录失败都只需要输入用户名和密码，不需要密码，当连续在短时间之内输入错误，系统将给予警告提示，并需要提交验证码。

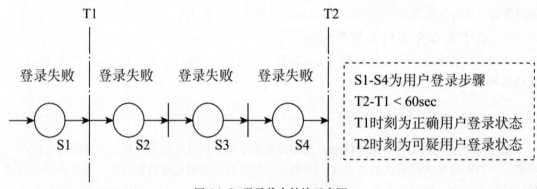

图 11-9 登录状态转换示意图

基于行为的入侵检测具有通用性强、漏报率低、操作方便等优点，但同时也存在着误检率高、阈值难以确定等缺点。基于知识的入侵检测具有检测准确度高、虚警率低、方便管理员做出响应等优点，但同时也存在着漏报率高、系统依赖性强、移植性不好等缺点。

第四节　入侵检测系统的部署

在实际当中，要根据网络的不同安全需求，选取不同类型的入侵检测系统，采取不同的部署方式。部署包括：对网络入侵检测和主机入侵检测等不同类型入侵检测系统的部署与规划。同时，根据主动防御网络的需求，还需要对入侵检测系统的报警方式进行部署和规划。IDS 在网络体系结构的具体位置，取决于使用 IDS 的目的。它既可在防火墙前面，监视以整个内部网为目标的攻击，又可在每个子网上都放置网络感应器，监视网络上的一切活动。

一、基于网络的部署

IDS 是一个监听设备，没有跨接在任何链路上，无须网络流量流经它便可以工作。因此，对 IDS 的部署，要求 IDS 应挂接在所有所关注流量都必须流经的链路上。在这里，"所关注流量"指的是来自高危网络区域的访问流量和需要进行统计、监视的网络报文。

在交换式网络中，IDS 的位置选择在尽可能靠近攻击源或者受保护资源的位置。这些位置通常是：服务器区域的交换机上；Internet 接入路由器之后的第一台交换机上；重点保护网段的局域网交换机上。

1．部署方式

1）IPS 在线部署方式

部署于网络的关键路径上，对流经的数据流进行2-7层深度分析，实时防御外部和内部攻击。如图 11-10 所示。

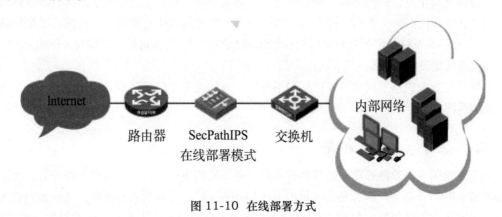

图 11-10　在线部署方式

2）IDS 旁路部署方式

对网络流量进行监测与分析，记录攻击事件并告警。如图 11-11 所示。

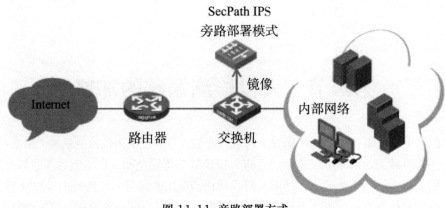

图 11-11　旁路部署方式

2. 部署位置不同的工作特点

基于网络的入侵检测系统根据检测器部署位置的不同，而具有不同的工作特点。

（1）入侵检测引擎放在防火墙之外

此时入侵检测系统能接收到防火墙外网口的所有信息，管理员通过 IDS 检测来自 Internet 的攻击，如与防火墙联动，可动态阻断发生攻击的连接。

（2）入侵检测引擎放在防火墙之内

此时 IDS 检测穿透防火墙的攻击和来自于局域网内部的攻击，管理员通过 IDS 知道哪些攻击真正对自己的网络构成了威胁。

（3）防火墙内外都装有入侵检测引擎

此时 IDS 检测来自内部和外部的所有攻击，管理员通过 IDS 知道是否有攻击穿透防火墙，明确对自己网络所面对的安全威胁。

（4）将入侵检测引擎安装在其他关键位置

安装在需要重点保护的网段，如：企业财务部的子网，对该子网中发生的所有连接进行监控；也可安装在内部两个不同子网之间，监视两个子网之间的所有连接。根据网络的拓扑结构的不同，入侵检测系统的监听端口可以接在集线器（Hub）上、交换机的调试端口（Spanport）上、或专为监听所增设的分接器（Tap）上。

部署并配置完成基于网络的入侵检测系统后，为提高系统保护级别，可再部署基于主机的入侵检测系统。

二、基于主机的部署

基于主机的入侵检测系统一般部署在用户一些重要的主机上，如：数据库服务器、通信服务器或 WWW 服务器等。部署基于主机的 IDS（HIDS）后，可降低入侵概率，减少数据被无关人员破坏或者盗取的风险，保护主机的安全。基于主机的 IDS 采用针对主机的异常检测方法，也需要进行相关配置，但其部署相对简单，因为减少了网络部署环节。如图 11-12 所示。

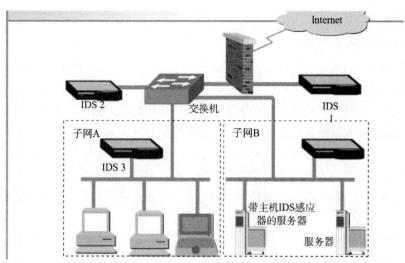

图 11-12　带 HIDS 的 IDS 部署

不过，基于主机的 IDS 的安装费时费力，同时每一台主机还需要根据自身的情况，做一些特别的安装和设置，其日志和升级维护也较为烦琐。

三、报警策略

入侵检测系统在检测到入侵行为的时候，需要报警并做出相应的动作。如何报警和选取什么样的报警，需要根据整个网络的环境和安全的需求进行确定。也就是说入侵检测系统得到报警数据之后，并不是立即发出报警，而是根据一定的报警策略再做出报警，因为马上报警可能产生大量的误报、漏报。所以，入侵检测系统一般都需要有报警策略，通过对入侵检测系统产生的报警数据做进一步的联合处理之后，再发出报警，提高检测效果。入侵检测系统直接产生的报警数据主要有以下这些问题。

（1）各种安全系统产生的报警信息过多过快，难以及时处理。如：一个 C 类网络中的网络 IDS，一天可能产生上千条报警。

（2）一个异常事件可能会触发多个安全系统，产生几个不同的报警信息，分析者很难判断这些报警是否独立。

（3）报警事件往往不是孤立的，它们之间存在逻辑关系，要揭示这种关系，得出一个全面综合的分析很困难。

（4）由于各安全系统及分析中心存在时间误差、时间偏移和延时等因素，要为报警序列建立准确的时序关系，并加以分析变得非常困难。

为了解决上述问题，现代入侵检测系统采取联合、关联或组合等方法，先对大量的直接报警数据（事件）进行分析、加工和整理，然后再行报警，这样可提高报警的准确率，降低误报率和漏报率。

四、IDS 的局限性

入侵检测系统不是万能的，它也存在不足之处。主要是：IDS 对数据的检测、对自身攻击的防护、对攻击活动检测的可靠性还不高；在应对被攻击时，对其他传输的检测会被抑制；另外，高虚警率也是个大问题。

1．网络 IDS 的局限性

（1）网络 IDS 只检查它直接连接网段的通信，不能检测在不同网段的网络包。在使用交换以太网的环境中就会出现监测范围的局限。而安装多台网络入侵检测系统的传感器，会使部署整个系统的成本大大增加。网络入侵检测系统采用特征检测的方法，只能检测出普通攻击，而很难进行复杂的需要大量计算与分析时间的攻击检测。

（2）网络 IDS 将大量的数据传回分析系统中，监听特定的数据包会产生大量的分析数据流量。为此，有些系统采用一定方法减少回传的数据量，对入侵判断的决策由传感器实现，而中央控制台成为状态显示与通信中心，不再作为入侵行为分析器。这样的系统中的传感器其协同工作能力较弱。

（3）网络 IDS 处理加密的会话过程较为困难，通过加密通道的攻击尚不多，随着 IPv6 的普及，这个问题会越来越突出。

2．主机 IDS 的局限性

基于主机的入侵检测产品通常安装在被重点检测的主机之上，负责对该主机的网络实时连接及系统审计日志进行智能分析和判断。当其中主体活动十分可疑（特征或违反统计规律）时，IDS 就会采取相应措施。

基于主机 IDS 的局限性。

（1）主机 IDS 安装在需要保护的设备上。如：当一个数据库服务器需要保护时，就在该服务器上安装 IDS，但这会降低应用系统的效率，同时会带来一些额外的安全问题。如：安装了主机 IDS 后，原来不允许安全管理员访问的服务器变成了可访问的。

（2）主机 IDS 需要服务器固有的日志与监视能力。如果服务器没有配置日志功能，则必须重新配置，这将给运行中的业务系统带来不可预见的性能影响。

（3）全面部署主机 IDS 代价较大。人们很难将所有主机都用主机 IDS 保护，只能选择部分主机实施保护。那些未安装主机 IDS 的机器将成为保护的盲点，入侵者可利用这些机器到达攻击目标。

（4）主机 IDS 除了监测自身的主机以外，并不监测网络上的情况，同时入侵行为分析的工作量将随着监测主机数目的增加而加大。

总的来看，IDS 的不足还表现在：①不能在没有用户参与的情况下对攻击行为展开调查；②不能在没有用户参与的情况下阻止攻击行为的发生；③不能克服网络协议方面的缺陷；④不能克服设计原理方面的缺陷；⑤响应不够及时，签名数据库更新得不够快。⑥经常是事后检测，适时性较差。

第五节　入侵检测新技术

入侵检测虽是一种传统的安全技术，但近十年来也在不断发展中。先后出现一些新的检测技术，如：基于免疫的入侵检测、基于遗传的入侵检测、基于数据挖掘的入侵检测、基于 Agent 的入侵检测等。下面分别进行介绍。

一、基于免疫的入侵检测

基于免疫的入侵检测方法是通过模仿生物有机体的免疫系统工作机制，使得受保护的系统能够将非自我（Nonself）的非法行为与自我（Self）的合法行为区分开来。生物免疫系统对外部入侵病原进行抵御并对自身进行保护，一旦抵御了一个未知病原（抗原）的攻击后，即对该病原产生抗体（即获得免疫能力），当该病原再次入侵时即可进行迅速有效的抵御。以人的免疫系统为例，现实的人体总是处于各种各样的有害病原的包围之中，人体免疫系统的目标就是保护人体不受侵害并保持自身功能的连续性。

免疫系统面临的主要问题是将不属于自我的有害东西与其他东西区别开来。一旦发现一个病原，免疫系统马上采取措施将其消灭。针对不同病原要采取不同的措施，完成此项任务的部件叫受动器（Effectors）。对于不同的病原免疫系统要选择不同的受动器去消灭。基于免疫的入侵检测系统要遵循以下原则。

1．分布式保护（Distributed Protection）

基于免疫学的入侵检测系统由分布于整个系统的多个代理或组件组成。这些组件之间相互作用，以提供对系统的分布式保护，没有控制中心或协同中心，因此，不会由于某个节点的失败，导致整个系统的崩溃。

2．多样性（Diversity）

在入侵检测系统中要有多种多样的组件，以提供多种模式识别，使系统能对各种入侵进行检测。

3．健壮性（Robustness）

系统中要有足够多的组件，使得损失几个组件也不会对系统性能造成太大影响。这种可任意使用的组件加上整个系统控制的无中心化，使得系统具有较强的健壮性。

4．适应性（Adaptability）

系统要有自适应能力，能够通过学习越来越准确地辨识病原，适应性加记忆性，使系统获得更强的免疫能力。

5．记忆性（Memory）

系统要能够记住由适应性学习得到的入侵病原的特征结构，使系统在以后遇到此类似的结构或特征的入侵时，能快速地做出反应。这种记忆特点使得系统能对已知攻击实现快速检测。

6．隐含的策略描述（Implicit Policy Specification）

系统对"自我"（正常行为）的定义通过试验隐式确定，而不是通过明确的规则描述来定义。这样不必担心由规则描述不当或由规则泄露引起的安全问题。

7．灵活性（Flexibility）

系统能根据需要灵活地进行资源分配。遇到严重的侵袭时能动用较多的资源，产生较多的组件；而在其他时候，则动用较少的资源。

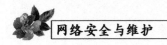

8．可扩充性（Scalability）

从分布式处理的角度来看，系统各组件之间的通信与交互是局部化的，因此系统应是可扩充的。也就是说，仅需要少量的开销就可实现组件数量的增加。

9．异常检测（Anomaly Detection）

系统要有对新病原的检测能力，异常检测对于一个系统的生存至关重要，因为在系统的生命周期中，总是要遇到没有遇到过的新病原。

基于免疫的入侵检测实际上综合了异常检测和误用检测两种方法。

二、基于遗传算法的入侵检测

遗传算法是一类称为进化算法的一个实例。进化算法吸收达尔文自然选择法则（适者生存）优化问题解决。遗传算法用允许染色体的结合或突变，以形成新个体的方法来使用已编码表格（也称为染色体）。这些算法在多维优化问题处理方面的能力已经得到认可，在多维最优化问题中，染色体由优化的变量编码值组成。

在基于遗传算法的入侵检测研究中，入侵检测处理把事件数据定义为：假设向量，向量指示是一次入侵，或指示不是一次入侵。然后测试假设是否是正确的，并基于测试结果设计一个改进的假设。重复这个处理直至找到一个解决方法为止。

在这个处理过程中遗传算法的角色是设计改进的假设。遗传算法分析分为两步：第 1 步包括用一个位串对问题的解决办法进行编码，第 2 步是与一些进化标准比较，找一个最合适的函数测试群体中的每个个体（如：所有可行的问题解决办法）。采用遗传算法可使用一个假设向量集，n 维（n 是潜在的已知攻击数）的 H（每个重要事件流对应一个向量）被应用到区分系统事件问题上。如果 H 代表一次攻击，则定义为 1，否则为 0。

最适合的因数有两部分。首先，一个特定攻击对系统的危险性乘以假设向量值，然后由一个二次消耗函数对结果进行调整，删除不实际的假设。这一步改进了在可能攻击间的区别。处理的目标是优化分析的结果，直至一个已检测的攻击是真实的（或然率接近于 1）或一个已测攻击是错误的（或然率接近于 0）。

基于遗传算法的入侵检测用于异常检测效果令人满意。在实验操作中，正确肯定的平均或然率（现实攻击的准确检测）是 0.996，错误肯定的平均或然率（没有攻击的检测）是 0.0044。所需的构造过滤器的时间也很短。对于一个 200 次攻击的样本集，一般用户持续使用系统超过 30 分钟才能生成的审计记录，该系统只需 10 分 25 秒即可完成。

但基于遗传算法的入侵检测用于误用检测，则存在明显的不足：一是不能考虑由事件缺席描述的攻击（例如："程序员不使用 cc 作为编译器" 规则）；二是个别事件用二进制表达形式时，系统不能检测多个同时攻击；三是如果几个攻击有相同的事件或组事件，并且攻击者使用这个共性进行攻击，系统找不到优化的假设向量；四是最大的不足是，系统不能在审计跟踪中精确地定位攻击。因此，不会有临时性结果出现在检测器的结果中。

三、基于数据挖掘的智能化入侵检测

数据挖掘指从大量实体数据中抽出模型的处理。这些模型经常在数据中发现，对其他检测方式不是很明显。基于数据挖掘的入侵检测模型使用数据挖掘技术建立，采用基于规则异常检测相似的方法，这个方法能发现用于描述程序和用户行为系统特性的使用模式。然后，系统特性集由引导方法处理形成识别异常和误用概要的分类器（检测引擎）。尽管有许多方法可用于数据挖掘，挖掘审计数据最有用的三种方法是分类、连接分析和顺序分析。

（1）分类给几个预定义中的一个种类赋一个数据条目（这一步与根据一些标准在"树"中排序数据是相似的）。分类算法输出分类器，例如判定树或规则。在入侵检测中，一个优化的分类器能可靠地识别落入正常或异常种类的审计数据。

（2）连接分析识别数据实体中字段间的自相关和互相关。在入侵检测中，一个优化的连接分析算法能识别最能揭示入侵的系统特性集。

（3）顺序分析使顺序模式模型化。这些模型能揭示哪些审计事件典型地发生在一起，并且拥有扩展入侵检测模型，包括临时统调度量的密钥。这些度量能提供识别拒绝服务攻击的能力。

基于粗糙集和规则树的增量式知识获取算法，即增量式学习，是人工智能领域的一个重要问题。度量决策表和决策规则不确定性的方法是对二者不确定性度量的关系进行研究，将决策表的局部最小确定性作为控制规则生成过程中的阈值来控制规则生成。这样得到一种在不确定性条件下，完全由数据自主控制规则生成的机器学习方法，建立了一种不确定性条件下的自主式知识学习模型。

入侵检测作为一种积极主动的安全防护技术，提供了对内部、外部攻击和误操作的实时保护，在网络系统遭到破坏之前对攻击进行拦截和响应。入侵检测的实质就是对审计数据进行分析和定性，数据挖掘强大的分析方法可以用于入侵检测的建模。使用数据挖掘中有关算法对审计数据进行关联分析和序列分析，可以挖掘出关联规则和序列规则。通过这种方法，管理员不再需要手动分析并编写入侵模式，也无须在建立正常使用模式时，凭经验去猜测其特征项，具有很好的可扩展性和适应性。

运用数据挖掘技术对网络异常模式进行检测、提取和分析，将网络数据进行适当的预处理，再根据数据挖掘技术和攻击检测的特征去检测异常入侵。

第十二章 新网络安全威胁与应对

随着互联网技术的发展，网络安全的危害已经从传统网络攻击影响的线上网络空间，扩展到国家安全、国防安全、关键基础设施安全、社会安全、家庭安全，乃至人身安全。因此，网络安全已经从"信息安全"时代，进入了"大安全"时代。

在大安全时代，网络攻击带来了新威胁和巨大挑战，网络威胁格局也日新月异，几乎每天都有新的威胁出现。跟踪并准备面对这些威胁，可以帮助安全和风险管理领导者提高组织的弹性，从而更好地做好这些威胁的应对工作。

第一节 云计算安全

本节主要介绍云计算的概念、主要特征、服务模式、安全风险、防护体系等内容。

一、云计算概述

云计算（Cloud Computing）的定义有多种说法，至少可以找到上百种解释。美国国家标准与技术研究院（NIST）给出的定义是：云计算是一种按使用量付费的模式，这种模式提供可用的、便捷的、按需的网络访问，进入可配置的计算资源共享池（资源包括网络、服务器、存储、应用软件、服务），这些资源能够被快速提供，只需投入很少的管理工作，或与服务供应商进行很少的交互。用通俗的话说，云计算就是通过大量在云端的计算资源进行计算，如：用户通过自己的电脑发送指令给提供云计算的服务商，通过服务商提供的大量服务器进行"核爆炸"的计算，再将结果返回给用户。我国国家标准 GB/T 31167—2014《信息安全技术云计算服务安全指南》给出的定义是：云计算是通过网络访问可扩展的、灵活的物理或虚拟共享资源池，并按需自助获取和管理资源的模式。不管哪种定义，可以简洁地说，云计算是一种基于互联网提供信息技术服务的模式，其旨在通过网络把多个成本相对较低的计算实体整合成一个具有强大计算能力的完美系统，并借助基础设施即服务（IaaS）、平台即服务（PaaS）、软件即服务（SaaS）等先进的商业模式，把这强大的计算能力分布到终端用户手中。通俗讲就是把以前需要本地处理器计算的任务交到了远程服务器上去做。这是一种革命性的举措，打个比方，这就好比是从古老的单台发电机模式转向了电厂集中供电的模式。它意味着计算能力也可以作为种商品进行流通，就像煤气、水电一样，取用方便、费用低廉，最大的不同在于它是通过互联网进行传输的。

云计算的一个核心理念就是通过不断提高云的处理能力，进而减少用户终端的处理负担，最终使用户终端简化成一个单纯的输入 / 输出设备，并能按需享受"云"的强大计算处理能力。例如，WebChat 应用，用户访问 WebChat 的时候就会发现其中有很多图片处理、网页浏览、在线办公软件的应用，这些应用无论用户计算机的性能如何，只要带宽允许，都是可以流畅运行的，因为很多数据处理和存储都交给了云端服务器计算。

1. 云计算服务模式

根据云计算服务提供的资源类型不同，云计算的服务模式主要可分为三类。

（1）基础设施即服务（Infrastructure as a Service，IaaS）。在 IaaS 模式下，消费者通过 Internet 可以从完善的虚拟计算机、存储、网络等计算机基础设施获得服务，如硬件服务器的租用。消费者可在这些资源上部署或运行操作系统、中间件、数据库和应用软件等，但是消费者通常不能管理或控制云计算基础设施，仅仅能控制自己部署的操作系统、存储和应用，也能部分控制使用的网络组件，如主机防火墙。

（2）平台即服务（Platform as a Service，PaaS）。在 PaaS 模式下，消费者可以通过互联网

获得云计算基础设施之上的软件开发和运行平台，如标准语言与工具、数据访问、通用接口等。PaaS 实际上是指将软件研发的平台作为一种服务提交给消费者，消费者可利用该平台开发和部署自己的软件，但是通常不能管理或控制支撑平台运行所需的低层资源，如网络、服务器、操作系统、存储等，仅可对应用的运行环境进行配置，控制自己部署的应用。PaaS 作为一个完整的开发服务，提供了从开发工具、中间件到数据库软件等开发者构建应用程序所需的所有开发平台的功能。例如，Azure，其服务平台包括 Windows Azure、Microsoft SQL 数据库服务、Microsoft.Net 服务等组件。

（3）软件即服务（Software as a Service，SaaS）。在 SaaS 模式下，消费者可以通过互联网云获得运行在云计算基础设施之上的应用软件，即通过互联网提供软件的模式。消费者不需要购买软件，可利用不同设备上的客户端（如 Web 浏览器）或程序接口，通过网络访问和使用这些应用软件，如电子邮件系统、协同办公系统等。客户通常不能管理或控制支撑应用软件运行的低层资源，如网络、服务器、操作系统、存储等，但可对应用软件进行有限的配置管理。

IaaS、PaaS、SaaS 是云计算的三种服务模式，但是三者之间并没有非常明确的划分。较高层次的服务提供商可以独立建立服务资源，也可以借用较低层次云服务商提供的服务资源，例如，SaaS 服务可以由提供商独立提供，也可以由 SaaS 应用开发者在租用的其他 PaaS 平台上提供。事实上，随着服务模式层面的不断上移，服务的功能和需要满足的条件呈现递增被包含关系，如 SaaS 不仅关注低层（PaaS、IaaS）的实现，还需要考虑软件的具体功能实现和优化。云计算的根本目的是解决问题，IaaS、PaaS、SaaS 都试图去解决同一个商业问题，即用尽可能少甚至是零资本的支出，获得功能、扩展能力、服务和商业价值。

2．云计算部署模式

根据云计算服务范围的不同，可以分为私有云、公有云、社区云和混合云 4 种部署模式。

（1）私有云。云计算平台仅提供给某个特定的客户使用。私有云的云计算基础设施可由云服务商拥有、管理和运营，这种私有云称为场外私有云（或外包私有云）；也可由客户自己建设、管理和运营，这种私有云称为场内私有云（或自有私有云）。

（2）公有云。云计算平台的客户范围没有限制。公有云的云计算基础设施由云服务商拥有、管理和运营。

（3）社区云。云计算平台限定为特定的客户群体使用，群体中的客户具有共同的属性（如职能、安全请求、策略等）。社区云的云计算基础设施可由云服务商拥有、管理和运营，这种社区云称为场外社区云；由群体中的部分客户自己建设、管理和运营，这种社区云称为场内社区云。

（4）混合云。上述两种或两种以上部署模式的组合称为混合云。

3．云计算的主要特征

云计算具有以下主要特征。

（1）按需服务。在云计算模式下，客户不需要投入大量资金去建设、运维和管理自己专有的计算机基础设施，只需要为动态占用的资源付费，即按需购买服务。客户能根据需要获得所需计算资源，如自主确定资源占用时间和数量等。

（2）虚拟化。云计算支持客户在任意位置、使用各种终端获取应用服务。所请求的资源来自"云"，而不是固定的有形的实体。应用在"云"中某处运行，但实际上客户无须了解、也不用担心应用运行的具体位置。只需要计算机、移动电话、平板等不同终端，就可以通过网络服务来实现需要的一切，甚至包括超级计算这样的任务。

（3）资源池化。云服务商将资源（如计算资源、存储资源、网络资源等）提供给多个客户使用，这些物理的、虚拟的资源根据客户的需求进行动态分配或重新分配，能避免因需求突增导致客户业务系统的异常或中断。云计算的备份和多副本机制可提高业务系统的健壮性，避免数据丢失和业务中断。同时，云计算提高了资源的利用效率，通过关闭空闲资源组件等降低能耗；通过多用户共享机制、资源的集中共享可以满足多个客户不同时间段对资源的峰值要求，避免按峰值需求设计容量和性能而造成的资源浪费。资源利用效率的提高有效降低了云计算服务的运营成本，减少能耗，实现了绿色 IT。

（4）快速方便。客户采用云计算服务不需要建设专门的信息系统，可以根据需要，快速、灵活、方便地获取和释放计算资源，缩短业务系统建设周期，使客户能专注于业务的功能和创新，提升业务响应速度和服务质量，实现业务系统的快速部署。对于客户来讲，这种资源是"无限"的，能在任何时候获得所需资源量。

（5）服务可计量。云计算可按照多种计量方式（如按次付费或充值使用等）自动控制或量化资源，可以像自来水、电、煤气那样计费，计量的对象可以是存储空间、计算能力网络带宽或账户数等。

二、云计算安全风险

云计算作为一种新兴的计算资源利用方式，还在不断发展之中，传统信息系统的安全问题在云计算环境中大多依然存在，与此同时还出现了一些新的网络安全问题和风险。

1. 客户对数据和业务系统的控制能力减弱

传统模式下，客户的数据和业务系统都位于客户的数据中心，在客户的直接管理和控制下。在云计算环境里，客户将自己的数据和业务系统迁移到云计算平台上，失去了对这些数据和业务的直接控制能力。客户数据及在后续运行过程中生成、获取的数据都处于云服务商的直接控制下，云服务商具有访问、利用或操控客户数据的能力。

将数据和业务系统迁移到云计算平台后，安全性主要依赖于云服务商及其所采取的安全措施。云服务商通常把云计算平台的安全措施及其状态视为知识产权和商业秘密，客户在缺乏必要的知情权的情况下，难以了解和掌握云服务商安全措施的实施情况和运行状态，难以对这些安全措施进行有效监督和管理，不能有效监管云服务商的内部人员对客户数据的非授权访问和使用，增加了客户数据和业务的风险。

2. 客户与云计算服务提供商之间的网络安全责任难以界定

传统模式下，按照谁主管谁负责、谁运行谁负责的原则，网络安全责任主体相对容易确定。在云计算模式下，云计算平台管理和运行主体与数据拥有主体不同，目前缺少有效的手段和措施清楚界定相互之间的责任。云计算不同的服务模式和部署模式也增加了界定网络安全责任的难度。实际应用中，云计算环境更加复杂，云计算服务提供商还可能采购、使用其他云服务，如 SaaS 服务模式下，服务提供商可能将其服务建立在其他云计算服务提供商的 PaaS 或 IaaS 之上，这种情况导致了责任更加难以界定。

3. 可能产生司法管辖权错位问题

在云计算环境里，客户很难掌控数据的实际存储位置，甚至都不知道数据到底是托管在哪里，有可能存储在境外数据中心，这改变了数据和业务的司法管辖关系，可能会产生法规遵从的安全风险。

4. 客户对数据所有权很难保障

在云计算环境里，客户数据存放在云计算平台上，如果云计算服务提供商不配合，客户很难将自己的数据安全迁出或备份，而且当服务终止或发生纠纷时，云计算服务提供商还可能删除或不归还客户数据，这些将损害客户对数据的所有权和支配权。云计算服务提供商通过对客户资源消耗、通信流量、缴费等数据的收集分析，可以获取大量的客户相关信息，客户对这些信息的所有权很难得到保障。

5. 客户数据的安全保护更加困难

在云计算环境里，虚拟化等技术的大量应用实现了多客户共享计算资源，但虚拟机之间的隔离和防护容易受到攻击，存在跨虚拟机非授权数据访问的风险。通常，云计算服务提供商采用加密技术保障数据安全，但这存在数据无法完全读取的风险，甚至普通的加密方法都可能让可用性问题变得很复杂。云计算服务提供商可能使用其他云计算服务和第三方应用组件，增加了云计算平台的复杂性，这使得有效保护客户数据安全更加困难，客户数据被非授权访问、篡改、泄露和丢失的风险增大。

6. 客户数据残留风险

云计算服务提供商拥有数据的存储介质，服务日常管理与维护，客户不能直接参与管理，更谈不上控制这些存储介质。当服务终止时，云计算服务提供商应该完全删除或销毁客户数据，包括备份数据和业务运行过程中产生的客户相关数据。目前，客户还缺乏有效的机制、标准或工具来验证云计算服务提供商是否完全删除或销毁了所有数据，这就存在客户数据仍完整保存或残留在存储介质中的可能性，导致存在客户数据泄露或丢失的风险。

7. 容易产生对云服务商的过度依赖

云计算缺乏统一的标准和接口，不同云计算平台上的客户数据和业务难以相互迁移，同样也难以迁移回客户的数据中心。另外，云计算服务提供商出于对自身利益的考虑，往往不愿意为客户提供数据和业务迁移能力。当客户在采用了云计算服务后，对云计算服务提供商的依赖性极大，这导致客户业务随云计算服务提供商的干扰或停止服务而停止运转的风险增大，也可能导致数据和业务迁移到其他云计算服务提供商的代价过高。目前，云计算服务市场尚未成熟，可供客户选择的云计算服务提供商有限，这也导致客户可能过度依赖云计算服务提供商。

三、云计算安全防护体系

鉴于云计算的复杂性，其安全问题是一个涵盖技术、管理，甚至法律、法规的综合体，是云计算推广和应用的最大挑战之一。本节描述云计算安全防护框架和设计要求。

1. 云计算安全责任界定

云计算环境复杂，安全保障涉及多个责任主体，至少云计算服务提供商和客户应共同负责云计算安全问题。某些情况下，云计算服务提供商可能采用其他组织的计算资源和服务，这些组织也应该承担安全保障责任。

对于 SaaS、PaaS、IaaS 三种不同的云计算服务模式，由于它们对计算资源的控制范围不同，各类主体承担的安全责任也有所不同。如图 12-1 所示，图中两侧的箭头示意了云计算服务提供商和客户的控制范围，具体为：

（1）在 SaaS 模式下，客户仅需要承担自身数据安全和客户端的安全相关责任，云计算服务提供商承担其他安全责任；

（2）在 PaaS 模式下，客户和云计算服务提供商共同承担软件平台层的安全责任，客户自己开发和部署的应用及其运行环境的安全责任由客户承担，其他安全责任由云计算服务提供商负责；

（3）在 IaaS 模式下，客户和云计算服务提供商共同承担虚拟化计算资源层的安全责任，客户自己部署的操作系统、运行环境和应用的安全责任由客户承担，云计算服务提供商承担虚拟机监视器及底层资源的安全责任。

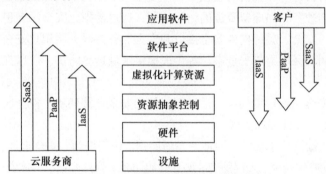

图 12-1 服务模式与控制范围的关系

图 12-1 中，云计算服务提供商直接控制和管理云计算的设施层（物理环境）、硬件层（物理设备）、资源抽象和控制层，承担所有安全责任。应用软件层、软件平台层、虚拟化计算资源层的安全责任则由云计算服务提供商和客户共同承担，越靠近底层的云计算服务（即 IaaS），客户的管理和安全责任越大；反之，云计算服务提供商的管理和安全责任越大。

考虑到云计算服务提供商可能使用第三方的服务，如 SaaS、PaaS 服务提供商可能依赖于 IaaS 服务提供商的基础资源服务，在这种情况下，第三方承担相应的安全保障责任。

2. 云计算安全防护技术框架

依据等级保护"一个中心三重防护"的设计思想，结合云计算功能分层框架和云计算安全特点，构建云计算安全防护技术框架。其中，一个中心指安全管理中心，三重防护包括安全计算环境、安全区域边界和安全通信网络。

用户通过安全的通信网络以网络直接访问、API 接口访问和 Web 服务访问等方式安全地访问云服务方提供的安全计算环境，用户终端自身的安全保障不在本部分范畴内。安全计算环境包括资源层安全和服务层安全。其中，资源层分为物理资源和虚拟资源，需要明确物理资源安全设计技术要求和虚拟资源安全设计要求，其中物理与环境安全不在本部分范畴内。服务层是对云服务方所提供服务的实现，包含实现服务所需的软件组件，根据服务模式的不同，云服务方和云租户承担的安全责任不同。服务层安全设计需要明确云服务方控制的资源范围内的安全设计技术要求，并且云服务方可以通过提供安全接口和安全服务为云租户提供安全技术和安全防护能力。云计算环境的系统管理、安全管理和安全审计由安全管理中心统一管控。结合本框架可对不同等级的云计算环境进行安全技术设计，同时通过服务层安全支持可对不同等级云租户端（业务系统）实现安全设计。

3. 云计算安全保护环境设计要求

云服务方的云计算平台可以承载多个不同等级的云租户信息系统，云计算平台的安全保护等级应不低于其承载云租户信息系统的最高安全保护等级，并且云计算平台的安全保护等级应不低于第二级，因此本分部的安全设计技术要求从第二级开始。

（1）第二级云计算安全保护环境设计

第二级云计算平台安全保护环境的设计目标是：实现云计算环境身份鉴别、访问控制、安全审计、客体安全重用等通用安全功能，以及增加镜像和快照保护接口安全等云计算特殊需求的安全功能，确保对云计算环境具有较强的自主安全保护能力。设计策略是：资源层以身份鉴别为基础，提供对物理资源和虚拟资源的访问控制，通过虚拟化安全、多租户隔离等实现租户虚拟资源虚拟空间的安全，通过提供安全接口和安全服务为服务层租户安全提供支撑。以区域边界协议过滤与控制和区域边界安全市计等手段提供区域边界防护，以增强对云计算环境的安全保护能力。

第二级云计算安全保护环境的设计通过第二级的安全计算环境、安全区域边界、安全通信网络及安全管理中心的设计加以实现。

①安全计算环境设计技术要求主要涉及身份鉴别、访问控制、安全审计、数据完整性保护、数据备份与恢复、虚拟化安全、入侵防范，恶意代码防范、软件容错、客体安全重用、接口安全、镜像和快照安全、个人信息保护13个方面。

②安全区域边界设计技术要求主要涉及结构安全、访问控制、入侵防范、安全审计4个方面。

③安全通信网络设计技术要求主要涉及数据传输保密性、数据传输完整性、可用性和安全审计4个方面。

④安全管理中心设计技术要求主要涉及系统管理、安全管理和审计管理3个方面。

（2）第三级云计算安全保护环境设计

第三级云计算安全保护环境的设计目标是在第二级云计算安全保护环境的基础上，增加数据保密性、集中管控安全、可信接入等安全功能，使云计算环境具有更强的安全保护能力。设计策略是增加对云服务方和云租户各自管控范围内的集中监控、集中审计要求，数据传输和数据存储过程中的保密性保护要求，以及为第三方的安全产品、安全审计接入提供安全接口的要求，以增强对云计算环境的安全保护能力。

第三级云计算安全保护环境的设计通过第三级的安全计算环境、安全区域边界、安全通信网络及安全管理中心的设计加以实现。

①安全计算环境对第二级的身份鉴别、访问控制、安全审计、数据完整性保护、数据备份

与恢复、虚拟化安全、入侵防范、恶意代码防范、软件容错、客体安全重用、接口安全 1 个方面的设计技术要求进行增强，并增加了对数据保密性保护、网络可信连接保护和配置可信检查 3 个方面的设计要求。

②安全区域边界对第二级的结构安全、访问控制、入侵防范、安全审计 4 个方面设计要求进行增强，并增加了对恶意代码防范的设计要求。

③安全通信网络对第一级的数据传输保密性、数据传输完整性、可用性和安全审计 4 个方面的设计要求进行了增强，并增加了可信接入保护的设计要求。

④安全管理中心对第二级的系统管理、安全管理和审计管理 3 个方面的设计要求进行了增强。

（3）第四级云计算安全保护环境设计

第四级云计算安全保护环境的设计目标是在第三级云计算安全保护环境的基础上，增加专属服务器集群、异地灾备等安全功能，使云计算环境具有更强的安全保护能力。设计策略是增加为云计算平台承载的租户四级业务系统部署独立的服务集群，异地灾备、外部通信授权等保护要求，以增强对云计算环境的安全保护能力。

第四级计算安全保护环境的设计通过第四级的安全计算环境、安全区域边界、安全通信网络及安全管理中心的设计加以实现。

①安全计算环境对第三级的身份鉴别、访问控制、安全审计、数据备份与恢复、虚拟化安全 5 个方面的设计技术要求进行增强。

②安全区域边界对第三级的结构安全、访问控制、入侵防范和安全审计等四个方面的设计要求进行增强。

③安全通信网络对第三级的数据传输保密性、安全审计两个方面的设计要求进行增强。④安全管理中心对第三级的安全管理设计要求进行增强。

4. 云计算定级系统互联设计要求

云计算定级系统互联的设计目标是对相同或不同等级的定级业务应用系统之间的互联、互通、互操作进行安全保护，确保用户身份的真实性、操作的安全性及抗抵赖性，并按安全策略对信息流向进行严格控制，确保进出安全计算环境、安全区域边界及安全通信网络的数据安全。定级系统互联既包括同一云计算平台上的不同定级业务系统之间的互联互通，也包括不同云计算平台定级系统之间的互联互通。同一云计算平台上可以承载不同等级的云租户信息系统，云计算平台的安全保护等级不应低于云租户信息系统的最高安全等级。

云计算定级系统互联的设计策略是：在各定级系统的安全计算环境、安全区域边界和安全通信网络的基础上，通过安全管理中心增加相应的安全互联策略，保持用户身份、主 / 客体标记、访问控制策略等安全要素的一致性，对互联系统之间的互操作和数据交换进行安全保护。

设计要求主要包括安全互联部件和跨定级系统安全管理中心。安全互联部件需按照互联互通的安全策略进行信息交换，且安全策略由跨定级系统安全管理中心实施；跨定级系统安全管理中心实施跨定级系统的系统管理、安全管理和审计管理。

第二节　物联网安全

一、物联网概述

物联网（Internet of Things，IoT，也称为 Web of things）就是把所有物品通过射频识别等信息传感设备与互联网连接起来，形成的一个巨大网络，其目的是实现智能化识别、管理和控制。

实际上，物联网并没有一个统一的标准定义，但从物联网本质上看，物联网是现代信息技术发展到一定阶段后出现的一种聚合性应用与技术提升，将各种感知技术、现代网络技术和人工智能与自动化技术聚合与集成应用，使人与物智慧对话，创造一个智慧的世界，已成为全球新一轮科技革命与产业变革的核心驱动和经济社会绿色、智能、可持续发展的关键基础与重要引擎。

1. 物联网产生的背景

1990 年，施乐公司的网络可乐贩卖机（Networked Coke Machine）是被认为物联网的最早的实践。物联网这个概念的提出是 1999 年在美国召开的移动计算和网络国际会议上，在计算机互联网的基础上，利用 RFID（射频识别）技术、无线数据通信技术等，构造一个实现全球物品信息实时共享的实物互联网。

2003 年，美国《技术评论》提出传感网络技术将是未来改变人们生活的十大技术之首。

2005 年 11 月 17 日，国际电信联盟（TTU）在突尼斯举行的信息社会世界峰会（WSIS）上发布了《ITU 互联网报告 2005：物联网》，引用了"物联网"的概念。此时，物联网的定义和范围已经发生了变化，覆盖范围有了较大拓展，不再只是指基于 RFID 技术的物联网。物联网概念的兴起，很大程度上得益于 ITU 的这个报告，但报告并没有对物联网给出一个清晰的定义。

2008 年后，为了促进科技发展，寻找经济新的增长点，各国政府开始重视下一代的技术规划，将目光放在了物联网上。2009 年，美国将新能源和物联网列为振兴经济的两大重点。这一年，IBM 首次提出了"智慧地球"这一概念，具体地说，就是把感应器嵌入和装备到电网，铁路、桥梁、隧道、公路、建筑、供水系统、大坝、油气管道等各种物体中，并且被普遍连接，形成物联网。同年，中国将物联网正式列为国家五大新兴战略性产业之一，写入"政府工作报告"，物联网在中国受到了极大的关注。

2020 年，"新基建"得到进一步发展，5G 基站、工业互联网、数据中心等领域加快建设。而物联网作为新型基础设施的重要组成部分，同样得到快速发展。为了推动物联网技术的发展及应用，2020 年我国物联网及与物联网技术相关的政策频出。

2021 年，物联网设备将增长到惊人的 460 亿台。这些设备大多数只有一个处理器和少量内存。物联网渗透了我们的社会。

2.物联网的技术架构

从技术架构上来看，物联网可分为三层：感知层，网络层和应用层。

（1）感知层。感知层由各种传感器及传感器网关构成，其主要功能是识别物体和采集信息，如各种物理量、标识、音/视频多媒体数据等，进行本地数据处理并传送给互联网，相当于人的眼、耳、鼻、喉和皮肤等神经末梢。数据采集需要利用各种传感器、RFID、多媒体信息采集、二维码和实时定位等技术。

（2）网络层。网络层由各种私有网络、互联网、有线和无线通信网、网络管理系统和云计算平台等组成，相当于人的神经中枢和大脑，负责传递和处理感知层获取的信息。网络层主要关注来自于感知层的，经过初步处理的数据经由各类网络的传输问题，涉及智能路由器，不同网络传输协议的互通，自组织通信等多种网络技术。

（3）应用层。应用层是物联网和用户（包括人、组织和其他系统）的接口，它与行业需求结合，实现物联网的智能应用。

3.物联网基本特征

由物联网的概念和技术架构可以看出物联网与传统互联网相比具有明显的不同。

（1）物联网是各种感知技术的广泛应用。物联网上部署了海量的多种类型传感器，每个传感器都是一个信息源，不同类别的传感器所捕获的信息内容和信息格式不同。传感器获得的数据具有实时性，按定的频率周期性地采集环境信息，不断更新数据。

物联网是一种建立在互联网上的泛在网络。物联网技术的重要基础和核心仍旧是互联网，通过各种有线和无线网络与互联网融合，将物体的信息实时准确地传递出去。在物联网上的传感器定时采集的信息需要通过网络传输，由于其数量极其庞大，形成了海量信息，在传输过程中，为了保障数据的正确性和及时性，必须适应各种异构网络和协议。

（3）物联网具有智能处理能力。物联网将传感器和智能处理相结合，利用云计算、模式识别等各种智能技术，扩充其应用领域。从传感器获得的海量信息中分析、加工和处理出有意义的数据，以适应不同用户的不同需求，发现新的应用领域和应用模式。

4.物联网分类

根据服务对象和范围，物联网分为以下几种。

（1）私有物联网（Private IoT）。私有物联网一般面向单一机构内部提供服务。可能由机构或其委托的第三方实施和维护，主要存在于机构内部的内网中，也可存在于机构外部。

（2）公有物联网（Public IoT）。公有物联网基于互联网向公众或大型用户群体提供服务。一般由机构（或其委托的第三方，但这种情况较少）运维。

（3）社区物联网（Community IoT）。社区物联网向一个关联的"社区"或机构群体（如一个城市政府下属的各委办局：公安局、交通局、环保局、城管局等）提供服务。通常由两个或以上的机构协同运维，主要存在于内网和专网中。

（4）混合物联网（Hybrid IoT）。混合物联网是上述的两种或以上物联网的组合，但后台有运维实体。

5.物联网关键技术

物联网是继互联网后又一次的技术革新，其关键技术包括传感网技术、射频识别技术、

M2M 技术、云计算和大数据技术。

（1）传感网技术。在物联网中，首要的问题是准确、可靠地获取信息，而传感器是获取信息的主要途径与手段。传感器是一种用来感知环境参数的检测装置，如声、光、电、热等信息，并能将检测到的信息按一定规律变换成电信号或所需形式输出，以满足信息的传输、处理、存储和控制等要求。大量传感器节点构成的无线网络系统就是传感网，也称为无线传感网（Wireless Sensor Networks，WSN）。它能够实时检测、感知和采集各种信息，并对这些信息进行处理后通过无线网络发送出去。物联网正是通过各种传感器，以及由它们组成的无线传感网来感知整个物质世界的。

传感网处于物联网底层，是所有信息的来源，其安全性至关重要。除面临一般无线网络信息泄露、信息篡改等各种威胁外，传感网还面临节点容易被操纵的威胁，因此需要采取运行状态和信号传输安监测、节点身份认证等措施进行保护。

（2）射频识别技术。射频识别（Radio Frequency Identification，RFID），俗称电子标签，是利用射频信号实现无接触信息传递和识别的技术，是物联网关键的技术之一。RFID 系统一般由三部分组成：标签、读写器和信息处理系统。标签负责发送数据给读写器，是一个内部保存数据的无线收发装置，每件物体有一个识别编码，也就是用于身份验证的 ID，表明了该物体的唯一性；读写器负责捕捉和处理标签数据，提供接口给后台信息处理系统；信息处理系统则是在读写器与标签之间进行数据通信所必需的软件集合。

RFID 技术在应用中具有很多优势。RFID 识别过程是非接触式的，无须人工干预，可识别高速运动物体并可同时识别多个标签，可工作于各种恶劣环境。RFID 对物体的唯一标识性，使其成为物联网的热点技术之一。

（3）M2M 技术。M2M 通过实现人与人（Manto Man）、人与机器（Manto Machine）、机器与机器（Machineto Machine）的通信，让机器、设备和应用与后台信息系统共享信息，对设备和资产实现有效地监控与管理。M2M 系统主要由无线终端、传输通道和行业应用中心三部分构成。无线终端是特殊的行业应用终端，传输通道是从无线终端到用户端的行业应用中心之间的通道，行业应用中心是终端上传数据的集中点。

（4）云计算和大数据技术。随着物联网的发展，物联网终端数量急剧增长，而且每个物体都与该物体的唯一标识符相关联，在应用过程中数据流庞大，因此需要一个海量数据库收集、存储、处理与分析这些数据，为用户行动提供决策支撑。传统数据中心已难以满足这种计算需求，这就需要引入云计算和大数据技术，为物联网提供高效的计算、存储能力。

二、物联网安全风险

本节首先确定物联网系统中需要保护的对象，然后再分析这些保护对象可能面临的安全威胁，也就是风险源。

1. 物联网系统中需要保护的对象

物联网系统中需要保护的对象应视具体应用情境而定，本节给出的保护对象覆盖交通和物流、智慧家居、智慧城市、智能工厂、零售、电子医疗和能源等应用场景。

（1）人员。当物联网系统中的关键服务被转移或中断时，就可能出现影响人员的威胁。一个恶意服务可能返回错误信息或被故意修改的信息，这可能产生极度危险的后果。例如，在电子医疗应用中，这种情况可能危害病人的生命安全。这也正是在电子医疗应用中，大多数关键决定还是需要人工进行干预的原因所在。

（2）个人隐私。物联网系统中，个人隐私通常指用户不想公开的信息，或者是用户想限制访问范围的信息。

（3）通信通道。通信通道面临两方面的安全威胁：一是通信通道本身可能受到攻击，如受到黑洞、蠕虫、资源消耗等攻击；二是通信通道中传输的数据完整性可能遭到破坏，如遭到篡改、重放攻击等。

（4）末端设备。物联网系统中存在大量末端设备，如标签、读写器、传感器等。实际应用中，物联网系统应提供各种安全措施，保护这些设备，以及这些设备的关键信息的完整性、保密性。

（5）中间设备。物联网系统中的中间设备（如网关，通常用来连接物联网系统中受限域和非受限域）为末端设备提供服务，破坏或篡改这些中间设备可能产生拒绝服务攻击。

（6）后台服务。后台服务通常指物联网系统中服务器端的应用服务，如数据收集服务器为传感器节点提供的通信服务。攻击或破坏后台服务对物联网系统中某些应用通常是致命的威胁，必须采取安全防护措施防止此类威胁的发生。

（7）基础设施服务。基础设施服务是指发现、查找和分析等服务，它们是物联网系统中的关键服务，也是物联网最基本的功能。同样的道理，安全服务（如授权、鉴别、身份管理、密钥管理等）也是物联网基础设施服务之一，保护着系统中不同对象之间的安全交互。

（8）全局系统/设施。全局系统设施是指从全局角度出发，考虑物联网系统中需要保护的服务。例如，智能家居应用中，如果设备间底层通信受到攻击或破坏，就可能导致智能家居应用中所有服务完全中断。

2. 物联网面临的主要安全风险

下面从身份欺诈（Spoofing Identity）、数据篡改（Tampering with Data）、抵赖（repudiation）、信息泄露（information disclosure）、拒绝服务（Denial of Service）和权限升级（Elevation of Privilege）等方面分析物联网应用面临的安全风险。

（1）身份欺诈。物联网系统中，身份欺诈就是一个用户非法使用另一个用户的身份。这种攻击的实施通常需要利用系统中的各种标识符，包括人员、设备、通信流等。

（2）数据篡改。数据篡改就是攻击者试图修改物联网系统中交互数据内容的行为。很多情况下，攻击者只对物联网系统中原始数据进行微小改动，就可触发数据接受者的某些特定行为，达到攻击效果。

（3）抵赖。抵赖是指一个攻击者在物联网系统中实施了非法活动或攻击行为，但事后拒绝承认其实施了非法活动或攻击行为，而系统中没有安全防护措施证明该攻击者的恶意行为。

（4）信息泄露。信息泄露是指物联网系统中信息泄露给了非授权用户。在一些物联网应用授权模型中，可能有大批用户会被授权能够访问同一信息，这将导致在一些特定条件下信息泄露情况的发生。

（5）拒绝服务。拒绝服务攻击是指导致物联网系统中合法用户不能继续使用某一服务的行为。某些情况下，攻击者可能细微调整拒绝服务攻击进而达到攻击效果，此时尽管用户还可以使用某一服务，但是用户无法得到所期望的服务结果。

（6）权限升级。权限升级通常发生在定义了不同权限用户组的物联网系统中。攻击者通过各种手段和方法获得更高的权限（多数情况是获得整个系统的管理员权限），然后对访问对象实施任意行为。这可能破坏系统，甚至完全改变系统的行为。

三、物联网安全防护体系

本节描述物联网系统安全保护设计框架、物联网安全保护环境设计要求，以及物联网定级系统互联设计要求。

1．物联网系统安全保护设计框架

物联网系统安全保护设计包括各级系统安全保护环境的设计及其安全互联的设计。各级系统安全保护环境由安全计算环境、安全区域边界、安全通信网络和（或）安全管理中心组成，其中安全计算环境、安全区域边界、安全通信网络是在计算环境、区域边界、通信网络中实施相应的安全策略。定级系统互联由安全互联部件和跨定级系统安全管理中心组成。

安全管理中心支持下的物联网系统安全保护设计框架如图 12-2 所示，物联网感知层和应用层都由完成计算任务的计算环境和连接网络通信域的区域边界组成。

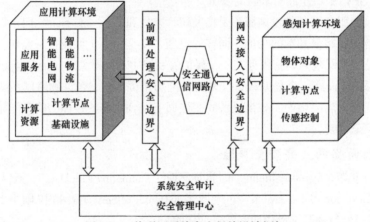

图 12-2　物联网系统安全保护设计框架

安全计算环境：包括物联网系统感知层和应用层中对定级系统的信息进行存储、处理及实施安全策略的相关部件，如感知设备、感知层网关、主机及主机应用等。

安全区域边界：包括物联网系统安全计算环境边界，以及安全计算环境与安全通信网络之间实现连接并实施安全策略的相关部件，如感知层和网络层之间的边界、网络层和应用层之间的边界等。

安全通信网络：包括物联网系统安全计算环境和安全区域之间进行信息传输及实施安全策略的相关部件，如网络层的通信网络，以及感知层和应用层内部安全计算环境之间的通信网络等。

安全管理中心：包括对定级物联网系统的安全策略及安全计算环境、安全区域边界和安全通信网络上的安全机制实施统管理的平台，包括系统管理、安全管理和审计管理三部分，只有第二级及第二级以上的安全保护环境设计有安全管理中心。

物联网系统根据业务和数据的重要性可以划分不同的安全防护区域，所有系统都必须置于相应的安全区域内，并实施一致的安全策略。物联网系统安全区域划分如图 12-3 所示，该图指出了物联网系统的三层架构和三种主要的安全区域划分方式，以及安全计算环境、安全区域边界、安全通信网络、安全管理中心在物联网系统中的位置。

①安全区域 A 包括应用层安全计算环境、感知层安全计算环境、网络层组成的安全通信网络，以及安全区域边界。

②安全区域 B 包括应用层安全计算环境、网络层组成的安全通信网络、安全区域 B1，以及安全区域边界。

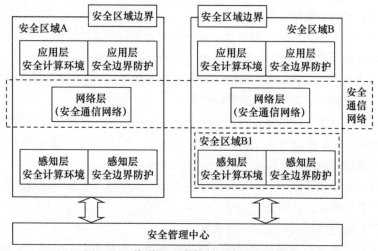

图 12-3　物联网系统安全区域划分示意图

③安全区域 B1 作为安全区域 B 的子域，包括感知层安全计算环境及其安全边界。

图 12-3 中每个安全区域由安全区域边界进行防护，安全区域 A 和安全区域 B 通过安全通信网络进行通信，安全区域内部的应用层和感知层通过网络层实现物联网数据信息和控制信息的双向传递。物联网系统的网络层可被视为安全通信网络的逻辑划分，将感知层采集的数据信息向上传输到应用层，并将应用层发出的控制指令信息向下传输到感知层。

2. 物联网系统安全保护环境设计要求

（1）第一级物联网系统安全保护环境设计

第一级物联网系统安全保护环境的设计目标是实现定级系统的自主访问控制，使系统用户对其所属客体具有自我保护的能力。设计策略是以身份鉴别为基础，按照物联网对象进行访问控制。感知层以身份标识和身份鉴别为基础，提供数据源认证；以区域边界准入控制提供区域边界保护；以数据校验等手段提供数据的完整性保护。

第一级物联网系统安全保护环境的设计通过第一级的安全计算环境、安全区域边界及安全通信网络的设计加以实现。

①安全计算环境设计技术要求主要涉及身份鉴别、访问控制、数据完整性保护和恶意代码防范 4 个方面。

②安全区域边界设计技术要求主要涉及区域边界包过滤、恶意代码防范和准入控制 3 个方面。

③安全通信网络设计技术要求主要涉及通信网络数据传输完整性保护、感知层网络数据传

输完整性保护、感知层网络数据传输新鲜性保护、异构网安全接入保护4个方面。

（2）第二级物联网系统安全保护环境设计

第二级物联网系统安全保护环境的设计目标是在第一级系统安全保护环境的基础上，增加感知层访问控制、区域边界审计等安全功能，使系统具有更强的安全保护能力。设计策略是：感知层以身份鉴别为基础，提供对感知设备和感知层网关的访问控制；以区域边界协议过滤与控制和区域边界安全审计等手段提供区域边界防护，以增强系统的安全保护能力。

第二级物联网系统安全保护环境的设计通过第二级的安全计算环境、安全区域边界、安全通信网络及安全管理中心的设计加以实现。

①安全计算环境对第一级的身份鉴别、访问控制、数据完整性保护3个方面的设计技术要求进行增强，并增加系统安全审计、数据保密性保护、客体重用安全3个方面的设计要求。

②安全区域边界对第一级的恶意代码防范和准入控制进行增强，并增加区域边界安全审计、完整性保护、协议过滤与控制3个方面的设计要求。

③安全通信网络对第一级的通信网络数据传输完整性保护、感知层网络数据传输完整性保护、异构网安全接入保护进行增强，并增加通信网络安全审计、通信网络数据传输保密性保护、感知层网络敏感数据传输保密性保护3个方面的设计要求。

④安全管理中心相比于第一级的设计要求，增加了安全管理中心设计技术要求，主要涉及系统管理、安全管理和审计管理3个方面。

（3）第三级物联网系统安全保护环境设计

第三级物联网系统安全保护环境的设计目标是在第二级系统安全保护环境的基础上，增加区域边界恶意代码防范、区域边界访问控制等安全功能，使系统具有更强的安全保护能力。设计策略是：感知层实现感知设备和感知层网关双向身份鉴别；以区域边界恶意代码防范、区域边界访问控制等手段提供区域边界防护；以密码技术等手段提供数据的完整性和保密性保护，以增强系统的安全保护能力。

第三级物联网系统安全保护环境的设计通过第三级的安全计算环境、安全区域边界、安全通信网络及安全管理中心的设计加以实现。

①安全计算环境对第二级的身份鉴别、访问控制、数据完整性保护、系统安全审计、数据保密性保护5个方面的设计要求进行增强，把恶意代码防范升级为程序可信执行保护，并增加网络可信连接保护和配置可信检查2个方面的设计要求。

②安全区域边界对第二级安全审计、完整性保护、准入控制、协议过滤与控制4个方面的要求进行增强，增加访问控制的设计要求。

③安全通信网络对第二级的通信网络安全审计、通信网络数据传输完整性保护、感知层网络数据传输完整性保护、异构网安全接入保护4个方面的要求进行增强，并增加通信网络可信接入保护的设计要求。

④安全管理中心对第二级的系统管理进行增强。

（4）第四级物联网系统安全保护环境设计

第四级物联网系统安全保护环境的设计目标是在第三级系统安全保护环境的基础上，增加专用通信协议或安全通信协议、数据可用性保护等安全功能，使系统具有更强的安全保护能力。设计策略是：感知层以专用通信协议或安全通信协议服务等手段提供数据的完整性和保密性保护，通过关键感知设备和通信线路的冗余保证系统可用性，增强系统的安全保护能力。

第四级物联网系统安全保护环境的设计通过第四级的安全计算环境、安全区域边界、安全通信网络及安全管理中心的设计加以实现。

①安全计算环境对第三级的身份鉴别、访问控制、系统安全审计、数据完整性保护、数据保密性保护、程序可信执行保护、网络可信连接保护、配置可信检查 8 个方面的设计要求进行增强，并增加数据可用性保护的设计要求。

②安全区域边界对第三级区域边界访问控制、安全审计、完整性保护、协议过滤与控制、恶意代码防范 5 个方面的要求进行增强，

③安全通信网络对第三级的通信网络安全审计、通信网络数据传输完整性保护、通信网络可信接入保护、异构网安全接入保护 4 个方面的要求进行增强。

④安全管理中心对第三级的安全管理和审计管理进行增强。

3. 物联网定级系统互联设计要求

定级系统互联的设计目标是：对相同或不同等级的定级系统之间的互联、互通、互操作进行安全保护，确保用户身份的真实性、操作的安全性及抗抵赖性，并按安全策略对信息流向进行严格控制，确保进出安全计算环境、安全区域边界及安全通信网络的数据安全。

定级系统互联的设计策略是：在各定级系统的计算环境安全、区域边界安全和通信网络安全的基础上，通过安全管理中心增加相应的安全互联策略，保持用户身份、主 / 客体标记、访问控制策略等安全要素的一致性，对互联系统之间的操作和数据交换进行安全保护。

物联网定级系统互联设计要求包括互联部件和跨定级系统安全管理中心两方面。安全互联部件需按互联、互通的安全策略进行信息交换，安全策略由跨定级系统安全管理中心实施；跨定级系统安全管理中心跨定级系统的系统管理、安全管理和审计管理。

第三节 工控系统安全

本节主要介绍工业控制系统的组成、面临的安全风险及安全防护措施。

一、工控系统概述

工业控制系统（Industrial Control System，ICS，简称工控系统）是几种类型控制系统的总称，包括监控和数据采集（Supervisory Control And Data Acquisition，SCADA）系统、分布式控制系统（Distributed Control Systems，DCS）、可编程逻辑控制器（Programmable Logic Controllers，PLC），以及确保各组件通信的接口技术等，目的是确保工业基础设施自动化运行、业务流程的监控和管理等。工控系统广泛运用于工业、能源、交通、水利、电力及市政等关键基础设施领域，通常这些系统可能相互关联和相互依存，是一个国家稳定发展的重要基础。

1. 工控系统的基本运行过程

一个典型工控系统的基本运行过程如图 12-4 所示，主要由控制回路、人机界面（HMI）、

远程诊断和维护工具组成。有时，这些控制回路是嵌套和 / 或级联的。

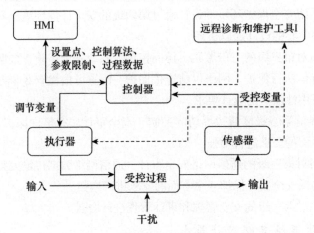

图 12-4 工控系统典型运行过程

（1）控制回路。控制回路包括测量传感器、控制器硬件(如 PLC)、执行器(如控制阀)、断路器、开关和电机，以及变量间通信。控制变量由传感器传送到控制器，而控制器负责解释信号，并根据设置点生成相应的调节变量，然后将这个调节变量传送给执行器。控制回路在确定过程状态时，因干扰引起控制过程变化而产生的新传感器信号将被再次传送给控制器。

（2）人机界面。人机界面（HMI）是一套软件和硬件，管理和控制 ICS 的界面，通过人们可以监控和配置设置点、控制算法，并在控制器中调整和建立参数。HMI 还可以
显示进程状态信息、历史信息、报告和其他信息。例如，HMI 可以是控制中心的专用平台、无线局域网上的笔记本电脑或连接到互联网的任何系统上的浏览器。

（3）远程诊断和维护工具。远程诊断和维护工具用于预防、识别和恢复运行异常或故障的诊断和维护工具。除上述组件之外，工控系统中还有很多其他组件。

①主终端单元（MTU）。MTU 是 SCADA 系统的主设备，而远程终端装置（RTU）和 PLC 设备位于远程场站，通常作为从设备。

②远程终端装置（RTU）。RTU 也称为遥测遥控装置，用于 SCADA 远程站点，提供特殊用途的数据采集和控制等功能。RTU 是现场设备，往往配备无线电接口，用来支持有线通信不可达的远程站点。在实际工程实践过程中，PLC 有时被用于担任 RTU 的工作。

③智能电子设备（IED）。IED 是一种"智能"传感器 / 执行器，可实现数据采集、与其他设备通信和执行本地过程和控制等功能。在 SCADA 和 DCS 系统中，IED 可用于实现本地级别的自动化控制功能。

④输入 / 输出（I/O）服务器。I/O 服务器负责收集、缓冲来自 PLC、RTU 和 IED 等组件的过程信息，并提供对过程信息的访问。I/O 服务器也可用于与第三方控制元件的接口，如 HMI。

2. SCADA、PLC 和 DCS 简介

（1）监测控制和数据采集（SCADA）系统

SCADA 系统将数据采集系统、数据传输系统和 HMI 软件集成起来，对现场的运行设备进行监视和控制，可实现数据采集、设备控制、测量、参数调节及各类信号报警等功能。根据实际系统的复杂性和设置，对任何单独系统的控制、操作或任务都可自动进行或遵照人工命令执行。

如图 12-5 所示，通常 SCADA 系统包括控制中心、场站、通信网络三部分。控制中心设有 MTU、通信路由器、HMI、工程师工作站、历史数据服务器等，都通过局域网进行连接，负责收集并记录场站信息，在 HMI 上显示信息，以及实现集中告警、趋势分析和报告等。场站负责控制本地执行器和传感器。场站往往具有远程访问能力，可使场站操作员执行远程诊断和维修。场站和控制中心使用标准或专有通信协议传输信息，如电话线、电缆、光纤、无线电频率（如广播）、微波和卫星等。

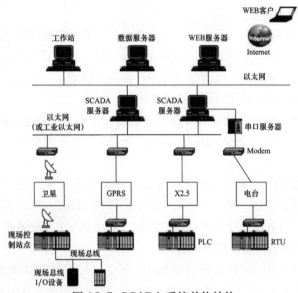

图 12-5 SCADA 系统总体结构

（2）可编程逻辑控制器（PLC）

PLC 实质是种专用于工业控制的计算机，与微型计算机具有类似的硬件结构。它采用一类可编程存储器，其内部可存储程序，执行各种用户指令，进而实现 I/O 控制、逻辑、定时、计数、通信、算术，以及数据和文件处理等功能。PIC 可用在 SCADA 和 DCS 系统中，作为整个分级系统的控制部件，监控和管理本地过程。当用在 SCADA 系统中时，PLC 提供与 RTU 相同的功能，可通过工程师工作站上的一个编程接口访问，数据存储在一个历史数据库中。当用在 DCS 中时，PLC 通常被实现为本地控制器。

（3）分布式控制系统（DCS）

DCS 又称为集散控制系统，通常采用若干个控制器（过程站）对一个生产过程中的众多控制点进行控制，各控制器间通过网络连接，并可进行数据交换。DCS 一般由控制器、I/O 设备、工程师工作站、通信网络、图形及编程软件等部分组成。其中，系统网络是 DCS 的基础和核心，决定了系统的实时性、可靠性和扩充性，因此不同厂家都在这方面进行了精心地设计。与 SCADA 相比，DCS 系统通常在位于一个更密闭的工厂或工厂为中心的区域使用局域网（LAN）技术通信，通常采用比 SCADA 系统更大程度的闭环控制，以适应监督控制更为复杂的工业控制过程。

3. 工控系统与 IT 系统的差异

最初，工控系统（ICS）与 IT 系统相比差异很大，ICS 是运行专有控制协议、使用专门硬件和软件的系统。现在，ICS 越来越多地使用互联网协议（IP）、行业标准的计算机和操作系统（OS），已经与普通 IT 系统很相似了。但是，这些工控系统与外界隔离大大减少后，也存在着网络安全漏洞和事故的风险，产生了更大的安全需求。与传统 TT 系统相比，ICS 面临的安全风险有其自身的特点，需要采取特殊的防护措施。下面简要描述 ICS 的特殊安全需求。

（1）性能要求。ICS 通常要求实时性，即无论在任何情况下，在确定的时间限度内必须完成信息的传送，相比之下，高吞吐量通常是没有必要的。而 IT 系统通常需要高吞吐量，使可以承受某种程度的延时和抖动。

（2）可用性要求。许多 ICS 过程在本质上是连续的，意外中断或停止是不可接受的。在某些情况下，正在生产的产品或正在使用的设备比传输的信息更重要。因此，由于高可用性、可靠性和可维护要求，ICS 很少采用典型管理措施，如重新启动。一些 ICS 会采用冗余组件，且常常并行运行，当主要组件不可用时保证连续性。

（3）风险管理要求。相对于典型 IT 系统关注数据保密性和完整性，ICS 更关注人身安全和容错（以防止损害生命或危害公众健康或信心）、合规性、设备的损失、知识产权损失，以及产品的丢失或损坏等。

（4）体系架构安全焦点。在一个典型的 T 系统中，要着重保护 IT 资产运行和相关信息，尤其是集中存储和处理的信息。而对于 ICS，PIC、操作员工作站、DCS 控制器等边缘客户端则需要着重保护，因为它们直接负责生产过程的控制。由于 ICS 中央服务器可能对每一个边缘设备产生不利影响，因此其也需要特别保护。

（5）物理相互作用。在一个典型的 IT 系统中，不会与环境产生物理交互。ICS 可能与其域中的物理过程和后果产生非常复杂的相互作用，这可以体现在物理事件中。

（6）时间要求紧迫的响应。在一个典型的 IT 系统中，不需要特别考虑数据流就可以实现访问控制。对于一些 ICS 而言，自动响应时间或对人机交互系统的响应是非常关键的。例如，在 HMI 上进行密码认证和授权不能妨碍或干扰 ICS 的紧急行动，不能中断或影响信息流。必须采取严格的物理安全控制措施保护对这些系统的访问。

（7）系统操作。ICS 的操作系统和应用程序可能无法使用典型 IT 安全实践。ICS 控制网络往往比较复杂，需要不同层次的专业知识。例如，控制网络通常由控制工程师管理，而不是 IT 人员。ICS 中的软件和硬件都更难以在运行时进行升级，且许多系统可能不提供某些功能，如加密功能、错误日志、密码保护等。

（8）资源的限制。因为 ICS 及其实时操作系统往往是资源受限的系统，没有计算资源用来加载流行的安全功能，所以 ICS 通常不提供典型的 IT 安全功能。在某些情况下，根据 ICS 供应商许可和服务协议，甚至不允许使用第三方安全解决方案。

（9）通信。与通用的 IT 环境不同，ICS 通常使用专有通信协议进行现场设备控制和内部处理器通信。

（10）变更管理。变更管理对维持 IT 系统和控制系统的完整性都是至关重要的。未打补丁的软件可能给系统带来致命的安全漏洞。I 系统可根据适当的安全策略和程序实时、自动更新软件，包括安全补丁。ICS 往往无法及时更新软件，一是因为这些更新需要由应用程序的供应商和最终用户充分测试后才能实施，而且更新带来的 ICS 中断必须是在事先规划和预定好的时间段内；二是一些操作系统供应商已不再为旧版本提供支持，导致修补程序可能不适用。ICS

中硬件和固件变更管理也存在同样的问题。

（11）管理支持。典型的 IT 系统允许多元化的管理支持模式，允许多个供应商提供服务，也允许一个供应商为不同产品提供管理支持。而 ICS 通常只能采用单一的供应商提供服务，很难从其他供应商处获得支持解决方案。

（12）组件寿命。由于技术的快速发展，典型 IT 系统组件的寿命一般为 3 ~ 5 年。在许多情况下，ICS 采用的技术和组件是定制化的，因此它们的生命周期通常在 15 ~ 20 年，甚至更长。

（13）组件访问。典型的 IT 系统组件通常是本地的和容易访问的，而 ICS 组件可能是可以分离、远程部署的，访问它们需要付出较大的物理资源。

二、工控系统安全风险

随着工控系统网络化、系统化、自动化、集成化的不断发展，其面临的安全威胁日益增长，纵观以往发生的典型安全事件，工控系统面临着来自自然环境、人为错误或疏忽大意、设备故障、病毒等恶意软件，以及敌对威胁（如黑客、僵尸网络的操控者、犯罪组织、国外情报机构、恶意软件的作者、恐怖分子、工业间谍、内部攻击者等）等安全风险。

在工控安全事件中，目前最著名的事件是伊朗核设施遭受"震网"（Stuxnet）病毒攻击事件。该病毒于 2010 年 6 月首次被检测出来，是全球范围内第一个已知的网络武器，攻击者利用巧妙、精心设计的机制，对伊朗核设施进行了成功攻击，迫使伊朗核计划推迟。

震网病毒攻击目标明确、战术清晰。攻击对象是 WinCC 软件（主要用于工业控制系统的数据采集与监控，一般部署在与外界物理隔离的专用内部局域网中）的 6.2 和 7.0 两个版本。首先，震网病毒感染核电站建设人员使用的互联网计算机或 U 盘；然后利用"0day"漏洞，通过 U 盘交叉使用，将攻击代码传播到计算机上，进而侵入到核电站物理隔离的内网；最后通过内网扩散技术找到攻击目标 WinCC 服务器，破坏系统的核心文件，接管系统中的控制代码，让离心机电流频率加快，最终导致离心机损坏，完成攻击。

震网病毒采取了多种手段进行渗透和传播，技术高超。震网病毒利用了 6 个漏洞发动攻击，其中有 5 个为"0day"攻击漏洞，3 个为 Windows 全新漏洞，2 个为 WinCC 软件未公开漏洞；整个攻击过程综合采用了 Rootkit 技术、内核驱动程序技术、用户态 Hook AP 技术对病毒进行了隐藏和保护；同时，震网病毒采用 Realtek 半导体公司在 2010 年 1 月 25 日刚刚被注销的软件签名来躲避杀毒软件（捕获病毒样本显示时间戳为 2010 年 3 月）。这体现了攻击者分工明确、配合默契，拥有的技术能力远超越了一般黑客，具有网络战的性质。

除网络战威胁外，当前还要防范恐怖分子对工控系统的威胁。恐怖分子的活动空间已经从网下转向网上，除使用爆炸物等传统暴力手段制造恐怖袭击外，越来越多的恐怖组织正在试图通过互联网对关键基础设施发动攻击，而大多数关键基础设施运行所依赖的系统就是工控系统。

三、工控系统安全防护体系

本节描述工控系统的安全防护技术框架和安全保护环境设计要求。

1. 工控系统安全防护技术框架

（1）保护对象

从功能角度出发，工控系统从下到上分为5层架构：

①第0层，现场设备层；

②第1层，现场控制层；

③第2层，过程监控层；

④第3层，生产管理层；

⑤第4层，企业资源层，即其他的信息系统。

（2）工控系统安全防护技术框架

工控系统安全防护采用安全管理中心支持下的计算环境、区域边界、通信网络三重防御体系（图12-6），以及分层、分区的架构，结合工控系统总线协议复杂多样、实时性要求强、节点计算资源有限、设备可靠性要求高、故障恢复时间短、安全机制不能影响实时性等特点进行设计，以实现可信、可控、可管的系统安全互联、区域边界安全防护和计算环境安全。

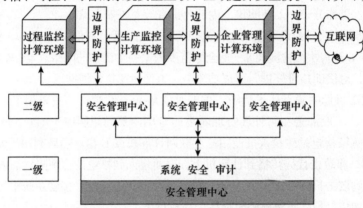

图12-6 工控系统安全防护技术框架

（3）工控系统的安全区域

工控系统分为4层，即第0～3层为工控系统等级保护的范畴，即为本防护方案覆盖的区域；横向上对工控系统进行安全区域的划分，根据工控系统中业务的重要性、实时性、业务的关联性、对现场受控设备的影响程度，以及功能范围、资产属性等，形成不同的安全防护区域，所有系统都必须置于相应的安全区域内，具体分区以工业现场实际情况为准（本防护方案的分区为示例性分区，分区方式包括但不限于：第0～2层组成一个安全区域、第0～1层组成一个安全区域、同层中有不同的安全区域等）。

分区原则根据业务系统或其功能模块的实时性、使用者、主要功能、设备使用场所、各业务系统间的相互关系、广域网通信方式及对工控系统的影响程度等。对于额外的安全性和可靠性要求，在主要的安全区还可以根据操作功能进步划分成子区，将设备划分成不同的区域可以帮助企业有效地建立"纵深防御"策略。将具备相同功能和安全要求的各系统的控制功能划分成不同的安全区域，并按照方便管理和控制为原则为各安全功能区域分配网段地址。

工控系统等级保护等级分为四级，防护方案设计逐级增强，但防护方案设计中的防护类别相同，只是安全保护设计的强度不同。防护类别包括：安全计算环境，包括将工控系统0～3

层中的信息进行存储、处理及实施安全策略的相关部件；安全区域边界，包括安全计算环境边界，以及安全计算环境与安全通信网络之间实现连接并实施安全策略的相关部件；安全通信网络，包括安全计算环境和信息安全区域之间进行信息传输及实施安全策略的相关部件；安全管理中心，包括对定级系统的安全策略及安全计算环境、安全区域边界和安全通信网络上的安全机制实施统管理的平台，包括系统管理、安全管理和审计管理三部分。

2. 工控系统安全保护环境设计要求

（1）第一级工控系统信息安全保护环境设计

第一级工控系统信息安全保护环境的设计目标是对第一级工控系统的信息安全保护系统实现定级系统的自主访问控制，使系统用户对其所属客体具有自我保护的能力。设计策略是以身份鉴别为基础，按照工控系统对象进行访问控制。监控层、控制层提供按照用户和（或）用户组对操作员站和工程师站的文件及数据库表的自主访问控制，以实现用户与数据的隔离，设备层按照用户和（或）用户组对安全和保护系统、基本控制系统的组态数据，配置文件等的自主访问控制，使用户具备自主安全保护的能力；以包过滤和状态检测的手段提供区域边界保护；以数据校验和恶意代码的防范等手段提供数据和系统的完整性保护。

第一级工控系统信息安全保护环境的设计通过第一级的安全计算环境、安全区域边界及安全通信网络的设计加以实现。

①安全计算环境设计技术要求涉及身份鉴别、访问控制、数据完整性保护、恶意代码4个方面。

②安全区域边界设计技术要求涉及区域边界包过滤、恶意代码防范两个方面。

③安全通信网络设计技术要求涉及通信网络数据传输完整性保护、通信网络异常监测两个方面。

（2）第二级工控系统信息安全保护环境设计

第二级工控系统信息安全保护环境的设计目标是在第一级工控系统信息安全保护环境的基础上，增加系统安全审计等安全功能，并实施以用户为基本粒度的自主访问控制，使系统具有更强的自主安全保护能力。设计策略是以身份鉴别为基础，提供单个用户和（或）用户组对共享文件、数据库表、组态数据等的自主访问控制；以包过滤手段、状态检测提供区域边界保护；以数据校验和恶意代码防范等手段，同时通过增加系统安全审计等功能，使用户对自己的行为负责，提供用户数据保密性和完整性保护，以增强系统的安全保护能力。

第二级工控系统信息安全保护环境的设计通过第二级的安全计算环境、安全区域边界、安全通信网络的设计加以实现。

①安全计算环境对第一级的设计技术要求进行增强，并增加安全审计、数据保密性保护、客体安全重用、控制过程完整性保护4个方面的设计要求。

②安全区域边界对第一级的设计技术要求进行增强，并增加区域边界安全审计、完整性保护方面的设计要求。

③安全通信网络对第一级的设计技术要求进行增强，并增加通信网络安全审计、数据传输保密性保护、网络数据传输的鉴别保护、对通过无线网络攻击的防护等方面的设计要求。

④安全管理中心设计技术要求涉及系统管理和设计管理。

（3）第三级工控系统信息安全保护环境设计

第三级工控系统信息安全保护环境的设计目标是在第二级工控系统信息安全保护环境的基础上，增强身份鉴别、审计等功能同时增加区发边界之间的安全通信管道。设计策略是在第二级工控系统信息安全保护环境的基础上，相应增强身份鉴别、审计等功能；增加边界之间的安全通信管道，保障边界安全性。

第三级工控系统信息安全保护环境的设计通过第三级的安全计算环境、安全区域边界、安全通信网络及安全管理中心的设计加以实现。

①安全计算环境对第二级的设计技术要求进行增强。

②安全区域边界对第二级的设计技术要求进行增强，并增加区域边界访问控制的设计要求。

③安全通信网络对第二级的设计技术要求进行增强。

④安全管理中心对第二级的设计技术要求进行增强，并增加安全管理方面的设计要求。

（4）第四级工控系统信息安全保护环境设计

第四级工控系统信息安全保护环境的设计目标是在第三级工控系统信息安全保护环境的基础上，对于关键的控制回路的相关信息安全保护设计要求做了阐述，要求设计者在有安全风险的场合提供适合工控应用特点的保护方法和安全策略，通过实现基于角色的访问控制及增强系统的审计机制等一系列措施，使系统具有在统一安全策略管控下，提供高强度的保护敏感资源的能力。

设计策略是在第三级工控系统信息安全保护环境设计的基础上，构造基于角色的访问控制模型，表明主、客体的级别分类和非级别分类的组合，以此为基础，按照基于角色的访问控制规则实现对主体及其客体的访问控制。

第四级工控系统信息安全保护环境的设计通过第四级的安全计算环境、安全区域边界、安全通信网络及安全管理中心的设计加以实现。

在对关键的控制回路的安全保护设计中，针对安全威胁及控制系统的脆弱性提出信息安全保护要求，考虑到功能安全和信息安全都是在为保障同一个运行安全共同目标的基础上，尽可能地在可用性、完整性、机密性、实时性等诸因素间妥善平衡，为了安全考虑，尽量采用国产化控制器及控制系统。

①安全计算环境对第三级的设计技术要求进行增强，并增加程序安全执行保护、可信路径和资源控制方面的设计要求。

②安全区域边界对第三级的设计技术要求进行增强。

③安全通信网络对第三级的设计技术要求进行增强，并增加通信网络可信接入保护方面的设计要求。

④安全管理中心对第三级的设计技术要求进行增强。

⑤工控系统安全保护环境结构化设计技术要求包括安全保护部件结构化、安全保护部件互联结构化和重要参数结构化3个方面。

3. 安全管理中心设计要求

（1）设计目标

对工控系统中各个分离的安全体系进行统一管理、统一审计、统一运营，形成一个完整的安全保障体系，从而实现了高效、全面的网络安全防护、检测和响应，使得工控系统避免了安全孤岛的出现，实现了安全一体化管理，能够发现更多潜在安全风险，还减少了运维人员，节省了 IT 成本。

对于相同或不同等级的定级系统之间的互联、互通、互操作的安全防护，需要确保用户身份的真实性、操作的安全性及抗抵赖性，并按安全策略对信息流向进行严格控制，确保进出安全计算环境、安全区域边界及安全通信网络的数据安全。

（2）设计思路

安全管理中心能够以 Syslog、SNMP、ODBC/JDBC、文件 / 文件夹、WMI、FTP、Net–BIOS、OPSEC 网络探针等多种方式收集 PIC/DCS 控制器 RTU 等工业控制现场控制设备、信息安全设备、网络设备、服务器、工作站等设备的安全相关日志及报警信息，可以统一管理和配置工业控制信息安全设备，能够呈现工业控制相关设备的网络流量、性能及操作命令级的安全隐患，并可以通过系统细粒度的权限控制，实现不同操作人员呈现不同的系统界面，满足各级人员对工控安全整体分析和控制的需要。

对于相同或不同等级的定级系统之间，在各定级系统的计算环境安全、区域边界安全和通信网络安全的基础上，通过安全管理中心增加相应的安全互联策略，保持用户身份、主客体标记、访问控制策略等安全要素的一致性，对互联系统之间的互操作和数据交换进行安全保护。

（3）设计技术要求

包括系统管理、安全管理、审计管理、安全互联部件设计、跨定级系统安全管理中心设计、安全管理中心部署、安全管理中心自身安全、安全管理中心配置等方面的技术要求。

参考文献

［1］丛佩丽，陈震.网络安全技术［M］.北京：北京理工大学出版社，2021.

［2］杨红梅，孟楠作.5G时代的网络安全［M］.北京：人民邮电出版社，2021.

［3］孙宝云，漆大鹏.网络安全治理教程［M］.北京：国家行政管理出版社，2020.

［4］郭文普，杨百龙，张海静.通信网络安全与防护［M］.西安：西安电子科技大学出版社，2020.

［5］李剑.计算机网络安全［M］.北京：机械工业出版社，2019.

［6］秦科.网络安全协议［M］.成都：电子科技大学出版社，2019.

［7］360互联网安全中心.中国网民网络安全意识调研报告［R/OL］.http://zt.360.cn/1101061855.php?dtid=1101062370&did=490805436.